高等学校机械专业系列教材

机

设计与实践

○ 苗玉彬 主编

中国教育出版传媒集团

高等教育出版社·北京

内容简介

本书以机电系统的“控制实现”为主线，将机电系统元器件、控制器及其控制软件代码的编写以及设计工具的使用等与系统控制功能的具体实现有机结合，并配有大量应用实例，读者通过对本书的学习，能够掌握低压电器基本元件、继电器-接触器控制系统、单片机原理与应用、可编程控制器(PLC)等机电系统基础技术模块的概念和原理，初步具有机电产品与系统的设计能力，为从事机电控制系统设计制造、技术开发、应用研究等方面的创新工作打下坚实基础。

本书强调基础性，突出实用性和新颖性，逻辑主线清晰，各章结构合理、案例丰富、可操作性强。本书可作为机械工程、能源与动力工程、工业工程、核科学与核技术等相关专业本科生、研究生的控制技术课程及仿真实践类课程教学用书，或作为相近专业的教学参考书，也适合从事机电工程的技术人员参考。

图书在版编目(CIP)数据

机电系统设计与实践/苗玉彬主编.--北京：高等教育出版社，2023.9

ISBN 978-7-04-060598-3

Ⅰ.①机… Ⅱ.①苗… Ⅲ.①机电系统-系统设计 Ⅳ.①TH-39

中国国家版本馆 CIP 数据核字(2023)第 099533 号

Jidian Xitong Sheji yu Shijian

策划编辑 杜惠萍 责任编辑 杜惠萍 封面设计 贺雅馨 版式设计 童 丹
责任绘图 黄云燕 责任校对 刘丽娴 责任印制 朱 琦

出版发行 高等教育出版社
社 址 北京市西城区德外大街 4 号
邮政编码 100120
印 刷 天津鑫丰华印务有限公司
开 本 787mm×1092mm 1/16
印 张 19.25
字 数 460 千字
购书热线 010-58581118
咨询电话 400-810-0598
网 址 http://www.hep.edu.cn
http://www.hep.com.cn
网上订购 http://www.hepmall.com.cn
http://www.hepmall.com
http://www.hepmall.cn
版 次 2023 年 9 月第 1 版
印 次 2023 年 9 月第 1 次印刷
定 价 42.00 元

本书如有缺页、倒页、脱页等质量问题，请到所购图书销售部门联系调换

物 料 号 60598-00

前 言

随着以互联网+、工业 4.0 为代表的新工业技术不断推进，工业生产已经进入智能化时代。现代化机电产品是以“控制”为核心、机械与电子紧密结合的功能系统，机电控制系统作为机电控制技术的具体实现装置，是机电系统中极其重要的组成部分。

本书是在上海交通大学机械与动力工程学院“机电控制技术”“机电系统设计与实践”“机电运动控制系统”等项目式教学课程的教学和科研实践经验基础之上总结、归纳编写而成的，较好地反映了上海交通大学多年来开展课程教学改革和教学实践所取得的阶段性成果，是适合机械工程、能源与动力工程、工业工程以及核科学与核技术等本科专业的教学和参考用书。

本书以机电系统的“控制实现”为主线，编写时针对应用设计类课程的特点，避免大篇幅的原理性阐述，由浅入深、通俗易懂地介绍机电控制系统的基础知识，组成机电控制系统的低压电器控制系统和继电器-接触器控制系统、可编程控制器(PLC)和单片机等常用控制元件的结构原理与使用方法，片内、片间和系统级工业总线接口，步进电机、交流异步电机等典型执行器的基本原理和相应驱动器的操作使用等内容，并在此基础上较为详细地介绍了机电控制系统的基本分析与设计方法，以及所需的仿真开发和调试工具。

同时，本书注重系统性，如单片机等章节内容按照功能单元进行模块化编排，避免了知识点的散乱罗列；注重实用性，根据科研实践和教学经验，各章节尽量选取易学易用的主流机型以及最常应用和最需掌握的知识点进行讲解，并通过典型设计实例将元件介绍、控制软件代码的编写、设计工具的使用等与系统控制功能的具体实现有机结合。读者通过对本书的学习可以快速掌握常用机电控制系统的设计使用，了解现代工业装备中电控部分相关技术的基本概念和原理，具有分析、设计和解决实际机电系统问题的基本方法与基本能力，为今后从事现代机电产品控制系统设计制造、技术开发、应用研究等方面的工作打下基础。

本书由苗玉彬担任主编并负责全书的统稿。苗玉彬编写了第 1~5 章和附录，赵爽编写了第 6 章和第 7 章。

费燕琼教授审阅了本书，并提出了宝贵的意见和建议，在此表示衷心的感谢。本书的编写参考了课程建设过程中课程组编撰的校编讲义及出版教材的部分内容，并参阅了包括参考文献在内的诸多专家学者的专著和学术论文，在此表示衷心感谢。

由于水平所限，书中难免有错误疏漏和不妥之处，恳请读者批评指正。作者邮箱如下：mesdp2023@163.com。

编 者

2023 年 3 月

目　录

第1章 绪论

1.1 概述

随着以互联网+、工业4.0为代表的新工业技术不断推进,工业生产已经进入智能化时代。机电系统和机电一体化技术在现代机械工程和工业生产中日益显示其举足轻重的地位和强大的发展推动力。

关于机电系统的概念,一般认为:机电系统是在机械的主功能、动力功能、信息功能和控制功能上引进微电子技术,并将机械装置与电子装置通过相关软件有机结合而构成的系统总称。可见,从系统的观点出发,机电系统不是机械系统与电子系统的简单叠加,而是两者的有机组合与统一,是通过整体优化而形成的、新的、高层次的综合系统。而从技术和学科角度出发,机电系统具有学科综合性和技术集成性,需要基于系统理论和方法,综合运用机械技术、电子技术、自动控制技术、计算机信息技术、传感测试技术、光电技术等多学科先进技术,研究各自的特征参量,正确处理相互间的耦合关系。

机电控制技术用于解决机电系统中的控制问题。作为机电系统中极其重要的组成部分,它是自动化技术发展到一定阶段的必然产物,是自动化领域中机械技术与电子技术、自动控制技术、计算机信息技术等有机融合、交叉渗透而产生的新技术。由于引入机电控制技术,工业生产从机械自动化跨入了机电一体化阶段,使机械产品的技术结构、产品结构、产品功能和构成、生产方式和管理体制均发生了质的变化。机电控制技术还赋予机械产品新的功能,如自动检测、自动显示、自动记录、自动处理信息、自动调节控制、自动诊断、自动保护等,从而使机械具有智能化的特征。

机电控制技术具有以下特征:

(1) 机电控制技术是机械、电子、计算机和自动控制等技术的有机结合,它在大规模集成电路和微型计算机为代表的微电子技术高度发展、向传统机械工业领域迅速渗透、机械电子技术深度结合的现代工业基础上,综合应用了机械技术、微电子技术、自动控制技术、信息技术、传感测试技术、电力电子技术、接口技术、信号变换技术以及软件编程技术等群体技术。

(2) 机电控制技术根据系统功能目标和优化组织结构目标,合理配置、布局机械本体、执行机构、动力驱动单元、传感测试元件、控制元件、微电子信息单元(接收、分析、加工、处理、生产、传输)、线路以及衔接接口元件等硬件元素,并使之在软件程序和微电子电路逻辑有目的的信息流向导引下,相互协调、有机融合和集成,形成物质和能量的有序规则运动。

(3) 机电控制技术是在多功能、高质量、高可靠性、低能耗的意义上实现特定功能价值的系统工程技术，由此而产生的功能系统是一个以“控制”为核心，机械与电子紧密结合的现代高新技术支持下的机电一体化系统或机电一体化产品。

1.2 机电控制系统的基本结构

机电控制系统是机电控制技术的具体表现形式，是机电一体化产品及系统中承担着接收传感器输入，并按设定的变化规律控制执行单元输出的重要功能单元。一个较完善的机电控制系统，应包括机械本体（起连接支撑作用）、动力装置、传感及检测装置、控制装置、执行装置等基本要素。各要素和环节之间通过接口相联系，在控制系统引导下实现所要求的性能和功能，如图 1-1 所示。

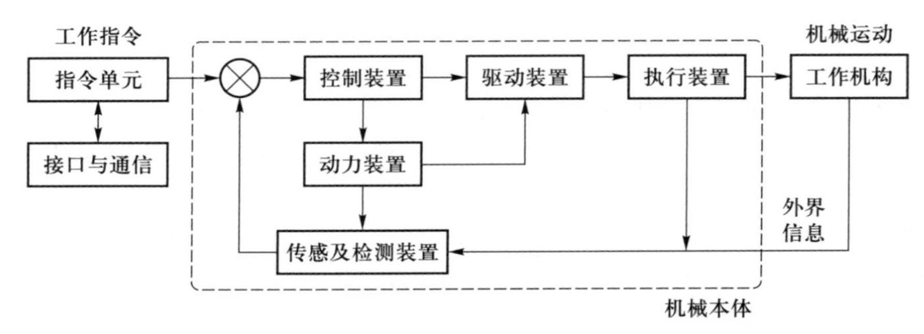

图 1-1　机电控制系统的基本结构要素

1. 机械本体

机械本体是系统所有功能元素的机械支撑结构，包括机身、框架和机械连接等内在支撑结构。机械本体在整个产品中占有较大的体积和总量，要求采用新结构、新材料、新工艺，以适应机电一体化产品在多功能、可靠、高效、节能、小型、轻量、美观等方面的要求。

2. 动力装置

动力装置为系统提供能量和动力，用以驱动执行装置，使系统正常运行。动力装置一般包括电源、电动机等执行元件及其驱动电路。对动力装置的主要要求是用尽可能小的动力输入，获得尽可能大的功能输出，并具有高可靠性。

3. 传感及检测装置

传感及检测装置对系统运行时的内部状态和外部环境信息进行检测，被测信息包括位置、速度、力、力矩、电压、电流、温度、湿度等物理量。传感器把这些物理量变成一定规格的电信号，然后由控制与信息处理单元处理、决策，作为确定下一步动作的依据。传感及检测装置一般是由传感器及相应的信号检测调理电路组成的。

4. 控制装置

控制装置将来自各传感器的检测信息和外部输入命令进行集中、存储、分析、加工，根据信息处理结果，按照一定的程序和节奏发出相应的指令，控制整个系统有目的地运行。控制及信息处理单元一般由计算机、可编程序控制器（PLC）、数控装置以及逻辑电路、A/D 与 D/A 转换、I/O（输入/输出）接口和计算机外部设备等组成。

5. 执行装置

执行装置也称为执行元件，是机电系统或产品不可缺少的驱动部件，也是机电系统的能量转换部件，它的作用是在控制装置的指令下，将不同形式的输入能量转换为机械能，并完成设定的动作。根据使用能量的不同，可将执行装置分为电气式、液压式和气动式三大类，如图 1-2 所示。

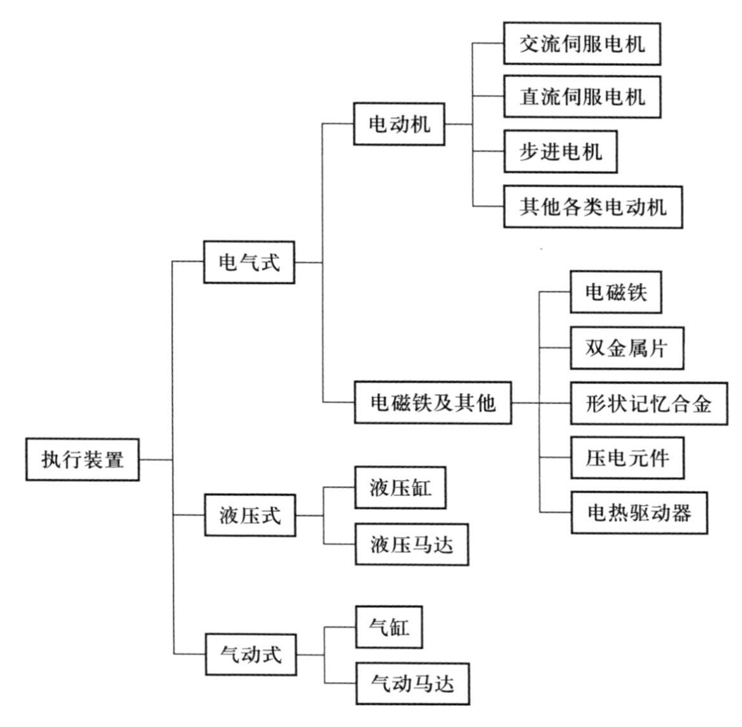

图 1-2 机电系统执行装置的分类

电气式执行装置将电能转换为电磁能并驱动机构运转，如各种交流或直流伺服电机，以及能够产生直线位移的磁致伸缩元件和电致伸缩元件（如电磁铁、压电驱动器、电热驱动器）等。

液压式执行装置将电能转换为液压能，并通过阀控或泵控等方式驱动液压执行元件产生机械运动。液压执行装置的功率-重量比大，过载能力强。常用的液压执行元件主要包括油缸、液压马达以及各种数字式的液压执行元件，如电-液伺服马达和电-液步进马达。

气动式执行装置与液压式的原理相同，其工作介质为压缩空气，具有结构简单、动作迅速可靠、输出推力较大且天然防爆等优点，广泛应用于工业生产中。

6. 接口

接口是机电系统中各单元和环节之间进行物质、能量和信息交换的连接界面，具有对信号进行变换、放大及传递的功能。接口使系统的各组成要素连接成为一个有机整体，并在控制信息导引下，使各功能环节有目的地协调一致运动，形成机电控制系统。

1.3 机电控制系统的关键技术

机电系统的核心是控制，因此人们常将机电系统称为机电控制系统。就技术而言，机电控制技术是控制系统，数字控制，电气控制，电气工程，计算机，CAD、CAE，机械工程，机电一体化等多种技术相互交叉、渗透、融合而成的一种综合性技术，如图 1-3 所示。

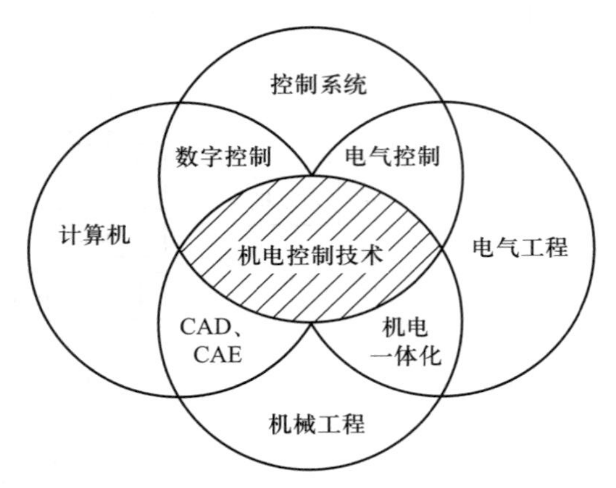

图 1-3 机电控制技术的交叉融合

相关机电控制共性技术可以归纳为六个方面：检测传感技术、信息处理技术、自动控制技术、伺服传动技术、精密机械技术及系统总体技术。机电控制共性技术之间的关系如图 1-4 所示。

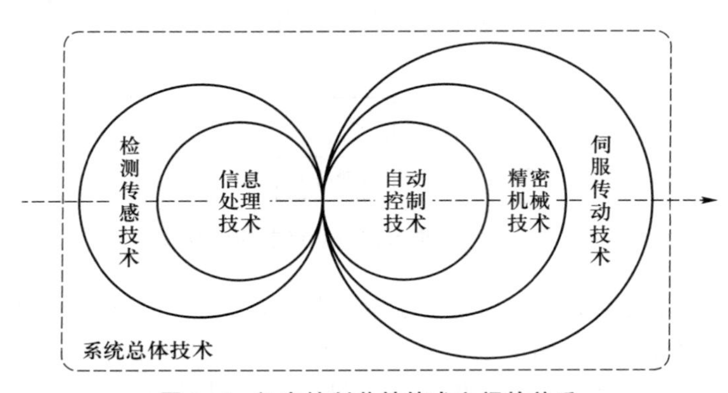

图 1-4 机电控制共性技术之间的关系

1. 检测传感技术

检测传感技术包含两个方面的内容：一是对传感器的研究，即如何将各种物理量转换为与之成比例的电量；二是对检测装置的研究，即如何对传感器输出的电信号进行再处理，并对其进行放大、补偿、标度变换等。

传感器是检测传感技术的关键，它将机电控制系统中被检测对象的各种物理量转变为电信号，主要用于检测系统自身以及作业对象和作业环境的状态，向控制器提供信息以决定系统的动作。

2. 信息处理技术

信息处理技术包括信息的输入、识别、交换、运算、存储及输出等相关技术，它们大都依靠计算机来进行。信息处理技术与计算机技术密切相关，可分为硬件和软件两大部分：硬件包括计算机及外围设备、微处理器及可编程序控制器（PLC）、接口技术等；软件包括操作系统、监控程序、程序设计语言、编译程序、检查程序及应用程序等。

3. 自动控制技术

自动控制技术通过控制器使被控对象或过程自动地按照预定规律运行。由于被控对象种类繁多,所以自动控制技术的内容极其丰富,包含了高精度定位控制、速度控制、自适应控制、自诊断、校正、补偿、示教再现、检索等技术。自动控制技术能够协调机械、电气各部分正确地完成动作过程,在机电控制系统中起到很重要的作用。

自动控制的理论基础是自动控制原理,它可分为经典控制理论和现代控制理论,这两种控制理论统称为传统控制理论。它们的共同点都是基于被控对象的精确数学模型,即控制对象和干扰都要用严格的数学方程和函数表示,控制的任务和目标一般都比较直接明确。

当研究对象具有不确定性的数学模型、高度的非线性和复杂的任务要求时,一般使用智能控制。智能控制是具有智能信息处理、智能信息反馈和智能控制决策能力的控制方式,主要用来解决传统方法难以解决的复杂系统的控制问题。

4. 伺服传动技术

伺服传动技术(伺服系统)是指以机械参数(如位移、速度等)作为控制对象的自动控制系统,是实现电信号到机械动作的转换装置与部件,对整个机电控制系统的动态性能、控制质量和功能具有决定性的影响。

伺服系统包括运算处理、功率放大、驱动、检测及反馈等主要环节,在数控机床、机器人、精密跟踪和测量仪、自动化武器系统和各种自动装卸系统等诸多方面都有广泛的应用。进行伺服系统设计时,通常首先应满足稳定性要求,然后在满足精度的前提下提高系统的快速响应性。

5. 精密机械技术

机械技术是机电控制系统最重要的基础技术。相比一般的同类型机械,机电一体化系统中的机械部分要求更高的精度、更好的可靠性及可维护性、更新颖的结构;要求零部件模块化、标准化、规格化等;要求机械结构减轻质量、缩小体积、提高刚性、提高精度、改善性能、提高可靠性。这些要求的核心就是精密机械技术。

6. 系统总体技术

机电控制技术不是几种技术的简单叠加,而是通过系统总体设计使它们形成一个有机整体。系统总体技术是一种从整体目标出发,用系统的观点和方法,将总体分解成若干功能单元,找出能完成各个功能的技术方案,再将各个功能与技术方案组合成系统方案进行分析、评价、优选的综合应用技术。系统总体技术包括机电一体化机械的优化设计、CAD/CAM 技术、各组成部件之间的功能协调、可靠性设计及价值工程等。

用系统的观点和方法来对机电一体化产品进行研究,就要求在设计这个产品时,应有明确的预定功能和目标,并使得各个组成元件之间以及元件与整体之间有机相连、配合协调,使产品总体能达到最优目标。同时,在设计时要考虑系统中人的因素与作用,即考虑易操作性、可维护性、人的可干预程度等。

1.4 机电控制技术的发展前景

随着社会生产和科学技术的发展与进步,机电控制技术正在不断地深入各个领域并迅速地向前推进。其发展趋势可以概括为以下三个方面:

（1）从性能上看，向高精度、高效率、高性能、智能化的方向发展。

（2）从功能上看，向小型化、轻型化、多功能方向发展。所谓小型化、轻型化，乃是精细加工技术发展的必然，也是提高效率的需要。通过结构优化设计和精细加工，可使机械的质量减轻到与人的体重相匹配的程度。所谓多功能，也是自动化发展的要求和必然结果。对于一般机电一体化产品，为了适应自动化控制规模的不断扩大和高技术的发展，不仅要求它们具有数据采集、检测、记忆、监控、执行、反馈、自适应、自学习等多种功能，甚至还要具有神经系统的功能，以便能实现整个生产系统的智能化。

（3）从层次上看，向系统化、复合集成化方向发展。

1.5 课程内容与作用

本课程主要介绍机电控制系统的基本概念与理论，组成机电控制系统的低压电器和继电器-接触器控制系统、可编程控制器（PLC）和单片机等电器的结构原理与使用方法，片内、片间和系统级工业总线及接口，步进电机、交流异步电机等驱动执行机构典型执行器的基本原理和相应驱动器的使用等，并在此基础上阐述机电控制系统的基本分析与设计方法。

本课程以机电系统的“控制实现”为主线，通过设计实例将机电系统元件、控制器及其控制软件代码的编写以及设计工具的使用等与系统控制功能的具体实现有机结合起来。读者通过对本书的学习，可以掌握现代工业装备中机电系统电控部分相关技术的基本概念和原理，具有分析、设计和解决实际机电系统问题的基本方法与基本能力，初步建立关于现代机电产品设计的基本概念、基本方法、基本工具和创新思维，为今后从事现代机电产品控制系统设计制造、技术开发、应用研究等方面的工作打下坚实基础。

1.6 本章小结

本章介绍了机电控制系统的基本概念和技术特征，阐述了机电控制系统的基本结构及共性关键技术，简要概括了机电控制技术的发展前景。

第 2 章　预备知识

一个较完善的机电控制系统和设备,应包括机械本体(连接支撑其他各组成要素)、传感及检测装置、控制装置/工作指令、执行装置和输出显示装置等基本要素,其中控制装置/工作指令由输入信号调理、控制器和输出驱动组成,各要素和环节之间通过接口相联系,如图 2-1 所示。

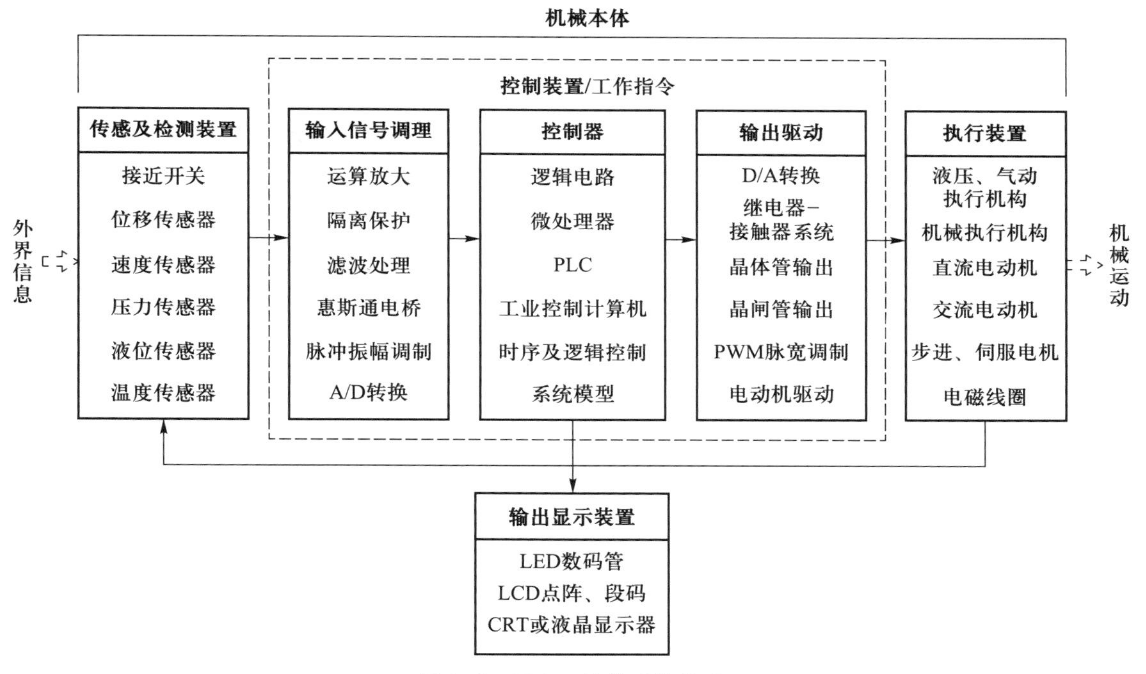

图 2-1　机电一体化系统构成

图 2-1 中,传感及检测装置负责检测系统的各种外界信息和运行参数,这些前向通道输入信号多数是电压、电流等模拟信号,在传输的过程中往往受电磁干扰而伴有噪声,因而相关信号在输入控制器之前,需要经过运算放大、隔离保护、降噪滤波和 A/D 转换等一系列的调整处理。而控制器在完成相应的逻辑计算后,输出的控制信号通常也需要经过后向通道的隔离和功率放大,再驱动控制执行器动作。机电设备的输入、输出信号调理涉及相应的基础电气元件和基本电路的使用等知识,本章对此进行简要介绍。

2.1 基础电气元件

所有机电设备和测量系统都包含有电路和电气元件。其中,电阻、电容、电感、二极管和三极管是五类常见的基础电气元件。

2.1.1 电阻

电阻是电子设备中最常应用到的电子元件,在电路中用“R”加下脚数字表示,如:R_1 表示编号为 1 的电阻。电阻的单位为 Ω(欧姆),倍率单位有 kΩ(千欧)、MΩ(兆欧)等,1 MΩ(兆欧)= 10^3 kΩ(千欧)= 10^6 Ω。选用电阻时,除选用正确的阻值外,也要注意其额定功率。电阻的图形、文字符号及实物图如图 2-2a、b 所示。

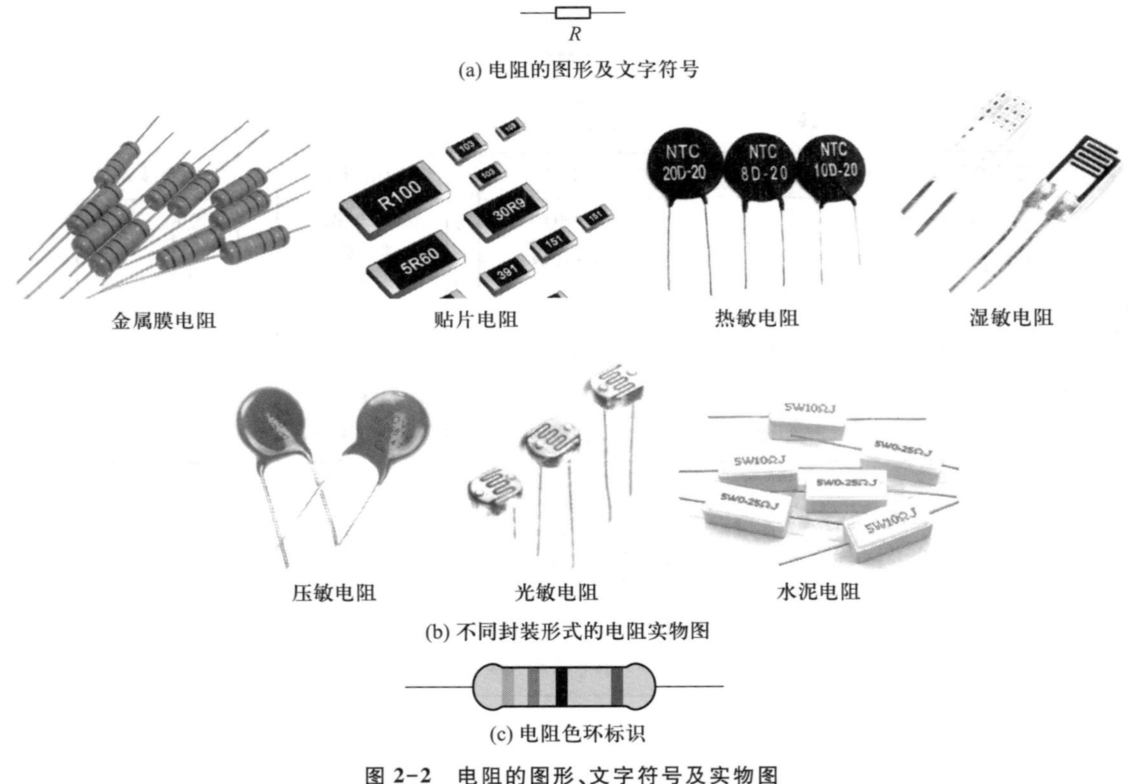

(a) 电阻的图形及文字符号

(b) 不同封装形式的电阻实物图

(c) 电阻色环标识

图 2-2 电阻的图形、文字符号及实物图

图 2-2b 中的贴片电阻一般表面涂黑,并以 Ω(欧姆)为单位,用白色数字丝印在电阻表面上,标注其电阻值大小。

贴片电阻上的丝印数字有三位和四位之分。三位数的第一、二位表示阻值的有效数字,第三位表示倍率(10^n,有效数字后接零的个数)。四位数一般用于标识高精度电阻,其第一、二、三位为有效数字,第四位表示倍率。例如:

103 表示阻值为 10×10^3 Ω = 10 kΩ;

有小数点时用字母“R”表示小数点，如 2R4 表示 2.4 Ω，R15 表示 0.15 Ω 等；

1012 表示阻值为 $101\times10^2\ \Omega=10\ 100\ \Omega=10.1\ k\Omega$。

金属膜电阻和碳膜电阻一般呈圆柱形，用色环标称法表示阻值，如图 2-2c 所示。普通电阻多采用四色环表示其阻值和允许偏差，其中第一、二环为有效数字，第三环为倍率，距离较远的第四环为误差率。精密电阻一般采用五色环标识，其中前三环为有效数字，第四环为倍率，第五环为误差率。

色环标称法的不同颜色所代表的含义如下：黑 0，棕 1，红 2，橙 3，黄 4，绿 5，蓝 6，紫 7，灰 8，白 9，金±5%，银±10%，无±20%，实际计算时也可借助软件进行。

电阻在电路中主要用于分流、限流、分压、偏置、滤波（与电容器组合使用）和阻抗匹配等。

（1）上拉电阻：上拉电阻的作用不尽相同，例如：为芯片相关引脚提供初始高电平状态，为漏极开路的芯片引脚提供“高”状态的驱动电流，根据芯片设计要求为芯片相关功能接口提供偏置设定，等等。

（2）下拉电阻：下拉电阻一般是为芯片的功能接口提供偏置设定或补偿设定。如信号输入端下拉电阻可以使芯片初始化时呈低电平状态。

（3）分压电阻：分压电阻是为了保证得到所需的精确电压。

（4）终端电阻：高速信号设计中，有时需要在信号的源端或终端配置适当阻值的电阻进行阻抗匹配。

（5）电流检测电阻：将电阻串联在回路中，通过测量检测电阻两端的电压差，再除以其电阻值，就可计算出所在电路的电流大小。为了避免影响电源电压的传输，检测电阻的阻值一般很小，但应根据预估值正确选择其功率，防止过热烧毁。

2.1.2 电容

电容在电路中主要起到滤波和耦合作用，用“C”加下脚数字表示，如 C_1 表示编号为 1 的电容。电容的特性主要是隔直流、通交流，常见的有电解电容、钽电容、瓷片电容等，一般 1 μF 以上的多为电解电容，1 μF 以下的多为瓷片电容。电解电容有正、负极之分，应保证极性不能接错，否则电解电容漏电流增大，会导致过热损坏，甚至炸裂。此外，选用电容时，还要注意其耐压问题，超过额定电压后电容会被击穿损坏。

电容的基本单位为 F（法拉），日常所用电容的容量通常比 1 F 小很多。常用的电容单位有 μF（微法）、nF（纳法）和 pF（皮法），它们之间的换算关系：$1\ F=10^6\ \mu F$，$1\ \mu F=10^3\ nF=10^6\ pF$。

电容的容量参数通常会以 μF 或 pF 为单位直接印刷标识在元件上。当采用三位数字表示容量大小时，其中：

前两位为有效数字，第三位为倍率（10^n，有效数字后接零的个数），单位为 pF。例如，102 表示 $10\times10^2\ pF=1\ 000\ pF=1\ nF$。如果数字后面还有字母，则一般用于标识电容的允许偏差范围。

只有两位数字时其值以 pF 为单位，如 22 表示 22 pF。

电解电容的电容量、额定工作电压等参数一般直接标注在外壳上。

电路中电容的常见作用如下：

（1）退耦电容　满足芯片内部导通时所需的瞬态电流，滤除芯片产生的噪声并防止电源噪声对芯片的干扰。在单片机等微处理器电路中，退耦电容一般采用 10~47 μF 电解电容和 0.1μF

无极性电容并联使用。

（2）旁路电容　滤除前级输入信号的高频干扰，使所需要的频率分量及干净信号输入电路，确保输入电路稳定工作。旁路电容一般比较小，根据谐振频率一般选用 0.1 μF、0.01 μF 等。

（3）交流耦合电容　总线差分信号中往往会串接交流耦合电容，以降低共模干扰，提高信号质量，同时还能阻断输入、输出的直流通道。

（4）滤波电容　使电源直流输出平滑稳定，降低交变脉动电流对电子电路的影响，同时还可吸收电流波动和经由交流电源串入的干扰。

（5）晶振起振电容　在无源晶振振荡电路中，只有当外部所接电容为匹配电容时，才能保证晶振的实际振荡频率在标称频率的误差范围内。常见的起振电容为 15～33 pF。

电容的图形、文字符号及实物图如图 2-3 所示。

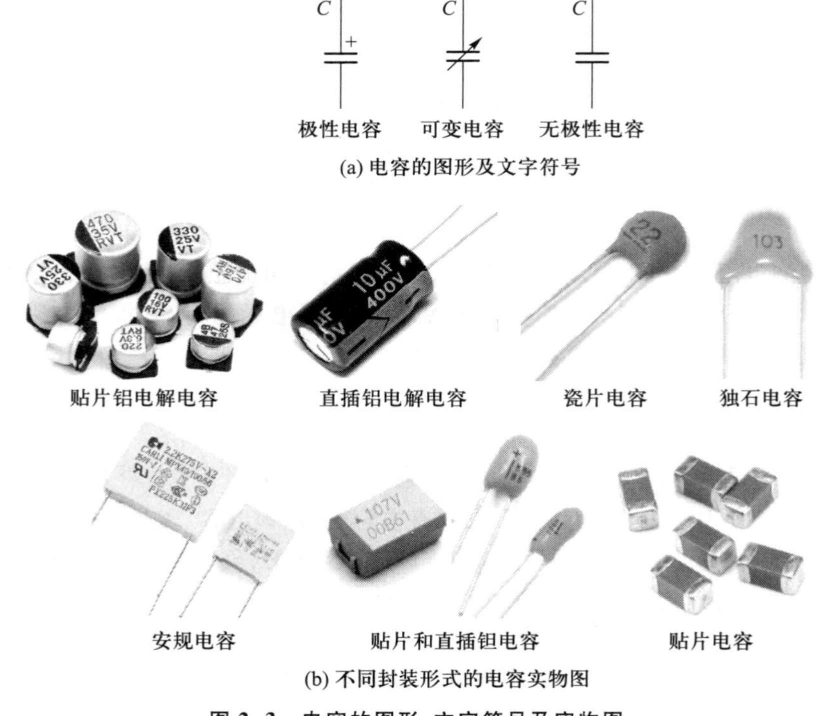

(a) 电容的图形及文字符号

(b) 不同封装形式的电容实物图

图 2-3　电容的图形、文字符号及实物图

图 2-3a 中，极性电容有图形符号标识“+”的一端为正极。图 2-3b 中极性电容一般可根据相应的标记判断其正、负极。如：

钽电容通常是有白色或深色标记线的一端为正极；

贴片铝电解电容标记黑色扇形块的一端为负极；

直插电解电容有“-”符号的一端为负极等。

2.1.3　电感

电感又称扼流器、电抗器、动态电抗器，是将绝缘导线在绝缘骨架上绕一定的圈数制成的电子元件，其结构类似于变压器，但只有一个绕组。电感的特性是通直流、阻交流，当交流信号通过电感线圈时，线圈两端会产生与外加电压方向相反的自感电动势，阻碍交流信号的通过，频率越高，线圈阻抗越大。因此，电感在电路中的主要作用是与电容组成谐振电路，起到筛选信号、过滤噪声、稳定电流及抑制电磁波干扰等作用。

电感符号用“L”加下脚数字表示，如 L_1 表示编号为 1 的电感。电感的单位是 H(亨利)，典型的电感值为 1 μH~100 mH，通常以 μH 和 mH 为单位直接印刷在元件上。H(亨)、mH(毫亨)、μH(微亨)之间的换算关系为 1 H = 10^3 mH = 10^6 μH = 10^9 nH。

电感的额定电流是指电感在允许的工作环境下能承受的最大电流值。若工作电流超过额定电流，则电感会因发热而使性能参数发生改变，甚至因过流而烧毁。

电感的图形、文字符号及实物图如图 2-4 所示。

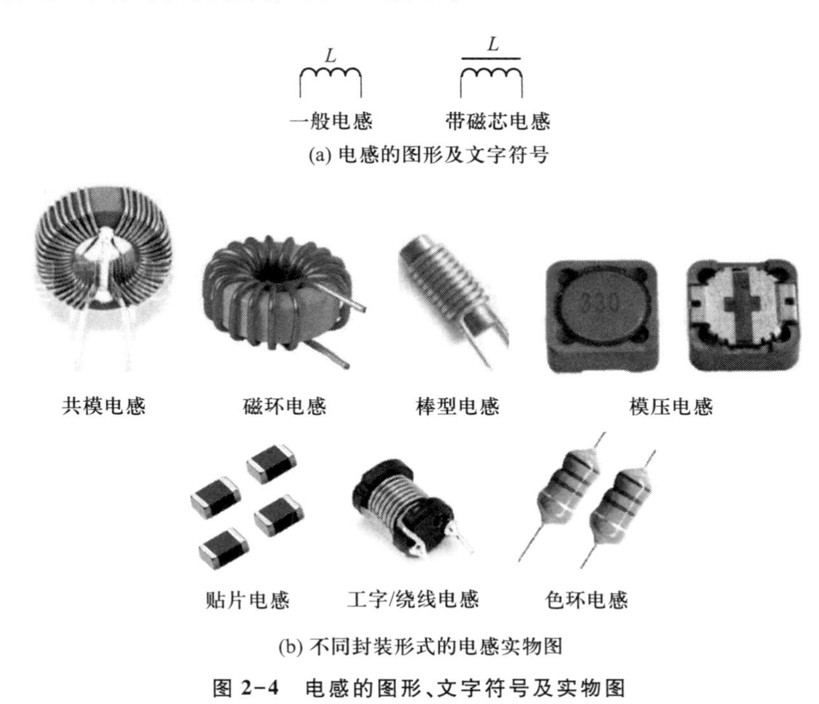

图 2-4 电感的图形、文字符号及实物图

2.1.4 二极管

二极管由一个 PN 结加上相应的电极引线及管壳封装而成，具有单向导电性能，即在给二极管阳极和阴极加上正向电压时，二极管导通。给阳极和阴极加上反向电压时，二极管截止。二极管的导通和截止相当于开关的接通与断开。在电子电路中利用二极管和电阻、电容、电感等元件进行合理的连接，可以构成不同功能的电路，实现整流、检波、限幅、钳位和稳压等多种功能。电路中的晶体二极管符号用“D”加数字表示，如 D1 表示编号为 1 的二极管。

二极管正向导通后，在正常使用的电流范围内，导通时二极管的端电压几乎维持不变，这个电压称为二极管的正向电压。硅二极管的正向导通压降为 0.6~0.8 V，锗二极管的正向导通压降为 0.2~0.3 V。小功率晶体二极管外壳上标有色环的一端为阴极。

二极管按其作用可分为整流二极管、隔离二极管、肖特基二极管、发光二极管、稳压二极管等。主要有以下作用：

（1）整流　利用二极管的单向导电特性，把交流电变换成脉动的直流电。常见的整流二极管有 1N4007、1N5408 等。

（2）开关　二极管在正向电压作用下电阻很小，处于导通状态，相当于一只接通的开关；在反向电压作用下电阻很大，处于截止状态，如同一只断开的开关。利用二极管的开关特性，可以组成各种逻辑电路。

（3）续流　在电磁阀或继电器等感性负载回路中起续流作用。

（4）稳压　稳压二极管即齐纳二极管（Zener diode），工作在反向击穿状态。使用时反接在电路中使其两端的电压保持基本不变，起到稳压的作用。稳压二极管电路中一般串入限流电阻，使稳压管击穿后电流不超过允许值，因此击穿状态可以长期持续并不会损坏。利用稳压二极管的稳压特性，可用于设计稳压电路和电压钳位电路，但注意电流不能过大。

（5）发光　发光二极管简称 LED（light emitting diode），由含镓（Ga）、砷（As）、磷（P）、氮（N）等的化合物制成，正向导通时会有一部分能量转化为光能发射出来。根据半导体材料特性的差异会产生不同波长的光，即不同的颜色，如砷化镓二极管发红光，磷化镓二极管发绿光，碳化硅二极管发黄光，氮化镓二极管发蓝光等。

（6）整流　肖特基二极管是一种低功耗、超高速的二极管，主要特点是反向恢复时间极短，最小可以到达几纳秒，且正向导通压降仅为 0.4 V 左右。此类二极管可以作为大电流整流二极管、续流二极管、保护二极管等使用。

（7）瞬态抑制（TVS）　TVS 二极管两极受到反向瞬态高能量冲击时，能以 10^{-12} 秒量级的时间将其两极间的高阻抗变为低阻抗，吸收瞬间大电流，使两极间的电压钳位于一个预定值，保护元件免受浪涌脉冲的冲击。TVS 二极管分为单极性和双极性两种，单极性 TVS 一般用于直流电路。TVS 二极管一般接在信号及电源线上，保护芯片免受静电放电、浪涌脉冲等带来的瞬态过电压损坏。

二极管的图形符号及实物图如图 2-5 所示。

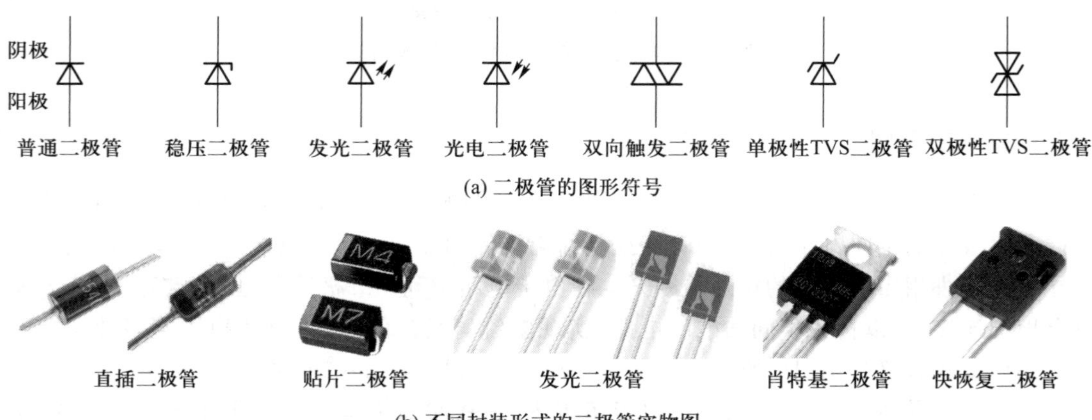

(a) 二极管的图形符号

(b) 不同封装形式的二极管实物图

图 2-5　二极管的图形符号及实物图

2.1.5 三极管

三极管也称双极型晶体管、晶体三极管，是一种控制电流的半导体元件。其作用是把微弱信号放大成幅度较大的电信号，也用作无触点开关。

三极管有 NPN 和 PNP 两种结构形式，其三个极分别称为基极（base）、集电极（collector）和发射极（emitter），发射极上的箭头表示流过三极管的电流方向，如图 2-6a 所示。三极管在电路中常用“Q”加数字表示，如 Q1 表示编号为 1 的三极管。

三极管有多种多样的封装形式，目前比较主流的封装形式是塑料封装，其中“TO”和“SOT”封装最为常见，如图 2-6b 所示。不同品牌和封装的三极管引脚定义不完全一样，一般而言排列方式具有一定的规律：

(1) 对于 TO-92B 半圆柱形封装的中小功率塑料三极管，使其平面朝向观察者，三个引脚朝下放置，三个引脚从左到右依次为 E、B、C。注意，TO-92 封装有三种引脚排列形式，除前面所述的 TO-92B 外，TO-92A 的引脚排列顺序为 E、C、B，TO-92C 的引脚排列顺序为 C、B、E，设计选用时应留意其封装形式。

(2) 对于贴片封装的三极管，面向元件表面的丝印标识，左侧为基极 B，右侧为发射极 E，中间为集电极 C。

(3) 中大功率三极管，集电极 C 一般较粗大，甚至与大面积金属电极相连，多位于基极和发射极之间。

实际选用时应以生产商的技术手册为准。三极管的常见封装及引脚排列如图 2-6b 所示。

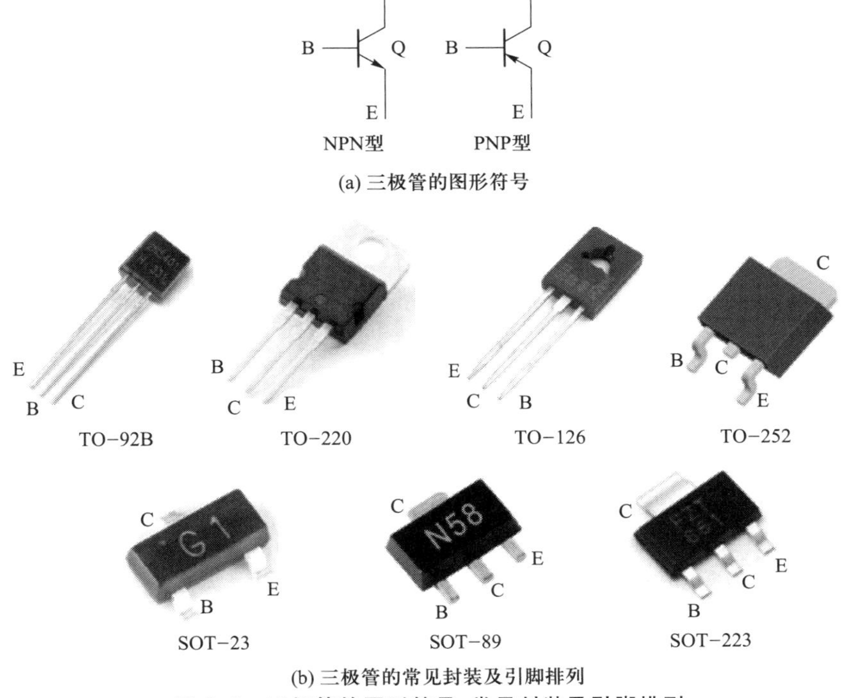

图 2-6 三极管的图形符号、常见封装及引脚排列

三极管具有电流放大作用，其实质是三极管能以基极电流微小的变化量来控制集电极电流较大的变化量，这是三极管最基本和最重要的特性，如图 2-7 所示。图 2-7a 中，$I_e = I_b + I_c$，$I_c = \beta I_b$，β（$\beta \approx 10 \sim 400$）称为三极管的电流放大倍数。如图 2-7a 所示的共发射极接法，信号由基极输入，集电极输出；如图 2-7b 所示的共集电极接法，信号由基极输入，发射极输出；如图 2-7c 所示的共基极接法，信号由发射极输入，集电极输出。

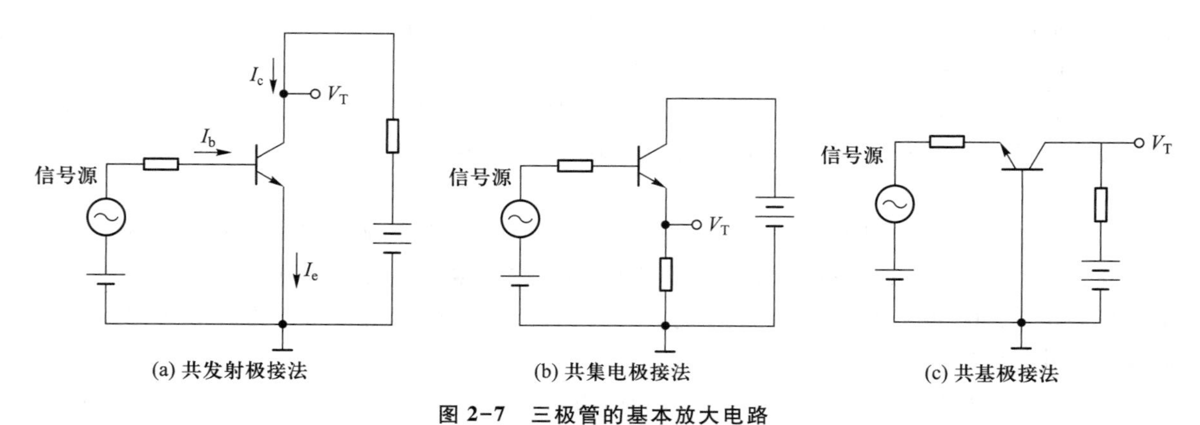

图 2-7　三极管的基本放大电路

三极管具有截止、放大以及饱和导通三种工作状态。处于截止状态时，集电极和发射极之间相当于开关的断开状态，处于饱和导通状态时，集电极和发射极之间相当于开关的导通状态，利用这两种特性可以将三极管作为“电子开关”，设计相应的开关电路。注意：PNP 型和 NPN 型三极管的开关电路负载接法有所区别，如图 2-8 所示。

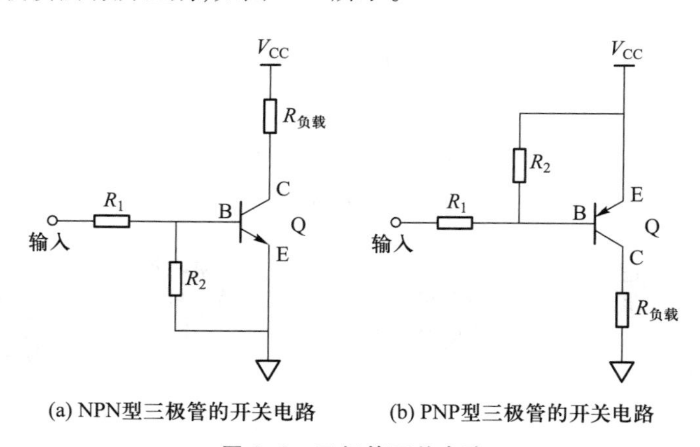

图 2-8　三极管开关电路

图 2-8a 是 NPN 型三极管的开关电路，R_1 为基极限流电阻，R_2 为下拉电阻，防止三极管受噪声干扰产生误动作。当输入端为高电平时，三极管导通；当输入端为低电平时，三极管截止。图 2-8b 是 PNP 型三极管的开关电路，R_2 为上拉电阻。当输入端为高电平时，三极管截止；当输入端为低电平时，三极管导通。可见，PNP 型三极管控制的是负载与 V_{CC} 电源之间的通断，而 NPN 型三极管控制的是负载与电源之间的通断。

图 2-9 是利用三极管作为开关来驱动 LED、蜂鸣器和继电器的参考电路。

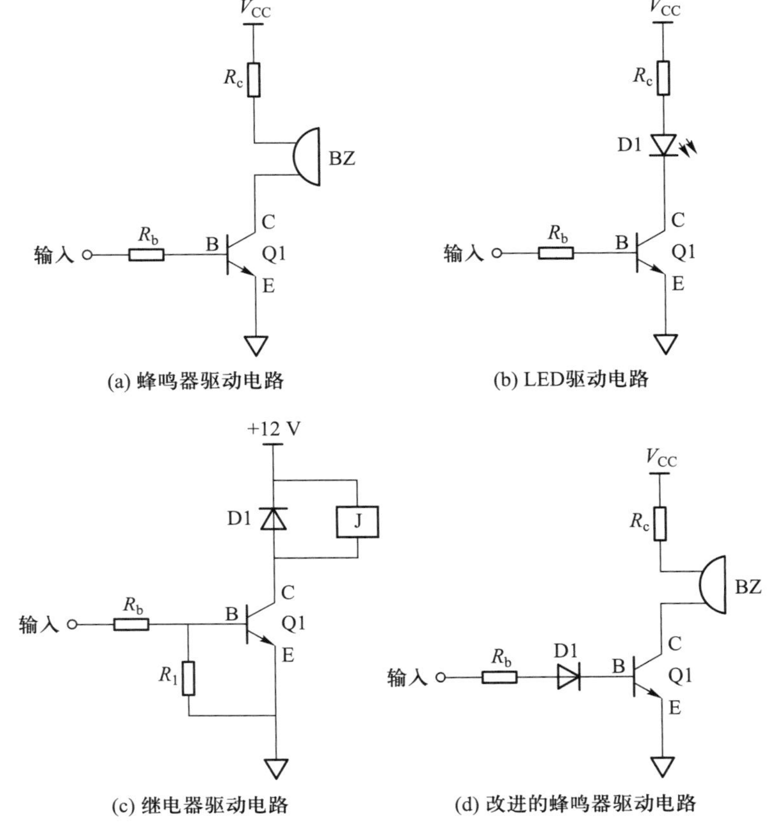

图 2-9　三极管开关驱动电路

以图 2-9b 所示的 LED 驱动电路为例进行 R_c、R_b取值分析。已知 LED 正向压降为 V_{D1} = 1 V,工作电流 I_c = 10 mA,V_{CC} = 5 V。由于电流较小,一般小功率三极管均可满足要求,此处选取 NPN 型三极管 S8050,其集电极最大允许电流 I_{cm} = 500 mA。假设工作时三极管进入饱和区,则饱和压降 V_{CE} = 0.2 V,故 $R_c = (V_{CC}-V_{D1}-V_{CE})/(10\ \text{mA}) = 380\ \Omega$,根据 S8050 数据手册取放大倍数 $\beta = h_{FE} = 50$,可得 $I_b = I_c/\beta = 200\ \mu\text{A}$。又因三极管处于导通状态,取基极、发射极间电压 V_{BE} = 0.7 V,基极输入电压 V_{in} = 5 V,则得 $R_b = (V_{in}-V_{BE})/I_b = 21.5\ \text{k}\Omega$。

图 2-9a 中,如 Q1 取 NPN 型硅三极管 S8050,其基极-发射极正向偏置电压约为 0.7 V,欲使三极管截止,则 V_{in}应低于 0.7 V。某些微处理器的 I/O 接口设置为低电平后不能真正达到 0 V,可能出现三极管不能完全关断的现象。对此可参考图 2-9c、d 进行改进,以确保开关截止。其中,图 2-9d 通过在基极串接二极管,使基极导通电压在原有基础上升高约 0.6 V。而图 2-9c 由 R_b和 R_1形成串联分压电路,使得 V_{BE}小于 V_{in};并且当输入 V_{in}浮空时,R_1可将电平下拉至低电平,防止误操作。这里 R_1一般取 10 kΩ 左右,实际使用时应根据具体电路进行调整。

2.2 运算放大器基本电路

运算放大器(简称“运放”)是信号调理电路的重要组成元件,其内部本质上是一个具有高增益的多级直接耦合放大电路。运算放大器具有反相输入端(-)和同相输入端(+)两个输入端,输出信号可以是输入信号的加/减或微分/积分等数学运算的结果。运算放大器通过与外部分离元件的组合,可以构成各种各样的信号处理电路。

2.2.1 反相放大器

反相放大器将输入电压反相后放大,其原理如图 2-10 所示。输入电压 V_{in} 经电阻 R_1 加到运放的反相输入端,输出电压 V_{out} 经 R_F 接回到反相输入端,形成负反馈。反相放大器的电压增益为

$$A_{uf}=\frac{V_{out}}{V_{in}}=-\frac{R_F}{R_1} \tag{2-1}$$

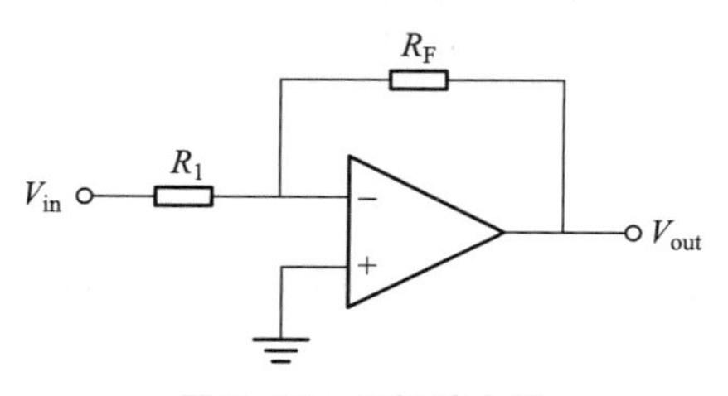

图 2-10 反相放大器

2.2.2 同相放大器

同相放大器的原理如图 2-11a 所示,输出和输入保持相同的相位。同相放大电路保持了理想运放输入阻抗无穷大、输出阻抗无穷小的特性,几乎不需要从信号源获取大电流即可实现比例电压传输,有利于实现电路隔离。同相放大器的电压增益为

$$A_{uf}=\frac{V_{out}}{V_{in}}=1+\frac{R_F}{R_1} \tag{2-2}$$

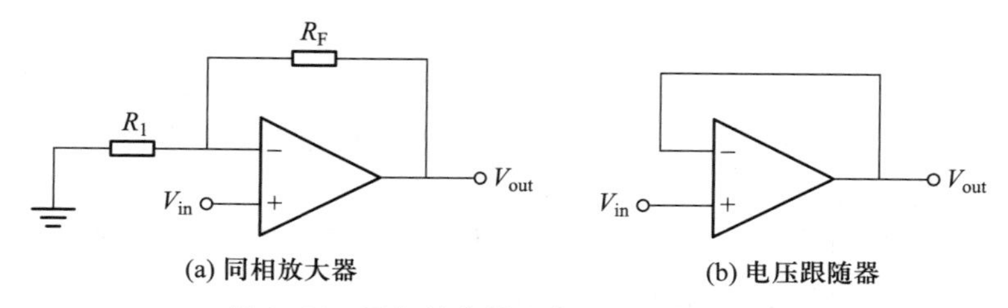

(a) 同相放大器　(b) 电压跟随器

图 2-11 同相放大器和电压跟随器的原理

由式(2-2)可见,同相放大器具有 $A_{uf}\geqslant 1$ 的电压正增益。当 $R_F=0$ 或 $R_1=\infty$ 时,$A_{uf}=1$,此时电路如图 2-11b 所示,输出电压和输入电压不仅幅值相等,相位也相同,二者形成“跟随”关系,所以又称为电压跟随器。其所具有的高输入阻抗和低输出阻抗的特性可以起到缓冲、隔离和阻

抗匹配的作用。

2.2.3 差分放大器

与普通放大器放大单个输入信号(通常称为单端放大器)不同,差分放大器将两个输入端电压的差以固定增益放大,其特点是可以放大差模输入信号,抑制信号源和环境杂波的影响,即抑制共模干扰。差分放大器的原理如图 2-12 所示。

当满足条件 $R_1=R_1'$,$R_F=R_F'$时,差分放大器的电压增益为

$$A_{uf}=\frac{V_{out}}{V_2-V_1}=-\frac{R_F}{R_1} \tag{2-3}$$

由上述条件及式(2-3)可见,差分放大器对元件对称性要求较高,如果元件失配,不仅在计算中带来附加误差,还将产生共模电压输出。

差分放大器可以和惠斯通电桥配合进行应变、温度等物理量传感器的信号放大。这些传感器获得的信号电压变化微弱,而共模电压却很高。如图 2-13 所示,当材料产生应变时传感元件阻值改变,破坏了电桥平衡,从而在差分放大器输入端产生电压差值。

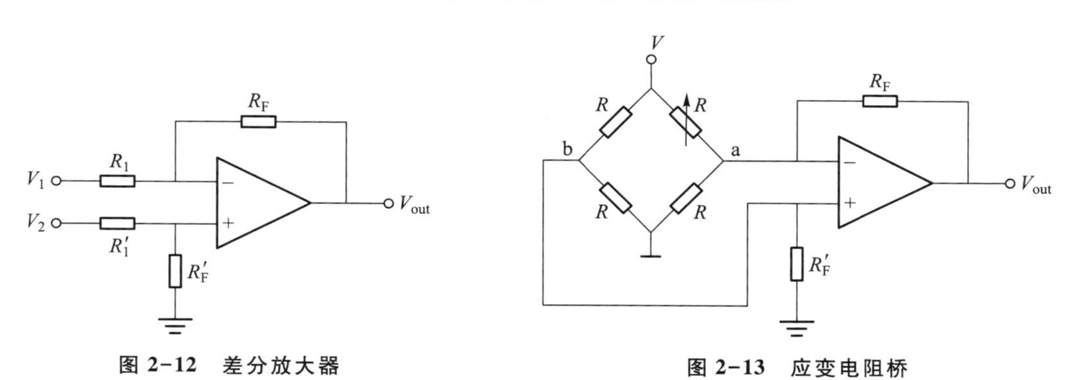

图 2-12 差分放大器　　图 2-13 应变电阻桥

由于图 2-13 中 a、b 两端共模电压高达 5 V,为避免影响传感器,放大电路必须具有很高的共模抑制比和较高的输入电阻。为了提高测量精度,放大电路还应具有较高的开环增益和较低的失调电压、失调电流等。实际应用中一般采用三个运放集成的仪表放大器,如 AD620、INA128 等。相比通用放大器,仪表放大器输入阻抗高,抗共模干扰强,在强噪声环境下能保证放大电路的增益与精度。

2.2.4 反相输入加法器

反相输入加法器的原理图如图 2-14 所示。其输出电压为

$$V_{out}=-\left(\frac{R_F}{R_1}V_1+\frac{R_F}{R_2}V_2+\frac{R_F}{R_3}V_3\right) \tag{2-4}$$

如果 $R_1=R_2=R_3=R$,则上式成为

$$V_{out}=-\frac{R_F}{R}(V_1+V_2+V_3) \tag{2-5}$$

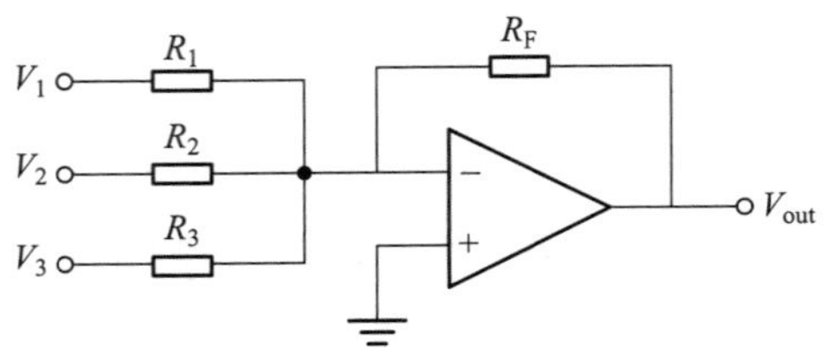

图 2-14　反相输入加法电路

2.2.5　积分、微分放大器

积分放大器电路也是测量和控制系统中常用的重要单元，利用其充、放电过程可以实现延时、定时和各种波形的产生。图 2-15a 是积分放大器电路图，与图 2-10 所示的反相放大器相比，电路中的反馈电阻 R_F 被反馈电容 C 取代。

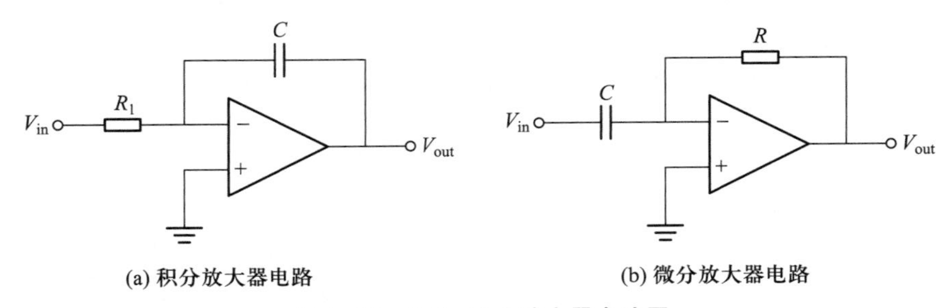

(a) 积分放大器电路　　(b) 微分放大器电路

图 2-15　积分、微分放大器电路图

积分放大器电路输出电压 V_{out} 与输入电压 V_{in} 之间的关系式为

$$V_{out}=-\frac{1}{RC}\int V_{in}\mathrm{d}t \tag{2-6}$$

式中，电阻与电容的乘积 RC 称为积分时间常数，通常用符号 τ 表示。

微分是积分的逆运算，将积分放大器电路中 R 和 C 的位置互换，即可组成基本微分放大器电路，如图 2-15b 所示。微分放大器电路输出电压 V_{out} 与输入电压 V_{in} 之间的关系式为

$$V_{out}=-RC\frac{\mathrm{d}V_{in}}{\mathrm{d}t} \tag{2-7}$$

在信号处理电路中使用微分放大器电路时应注意高频时的稳定性和噪声问题。

2.2.6　电压比较器

电压比较器(图 2-16)将一个模拟量输入电压与一个参考电压进行比较，并以高、低电平两种状态输出比较结果，可用作模拟电路和数字电路的接口，还可以用作波形产生和变换电路等。

电压比较器在自动控制和测量电路中常用于超限报警、A/D 转换以及各种非正弦波的产生和变换等。LM393 和 LM339 是较常用到的两种低功耗、低失调电压比较器，其中 LM393 是双比较器，LM339 是四比较器。注意，这两种电压比较器芯片都是集电极开路输出，使用时要外接驱动电路。

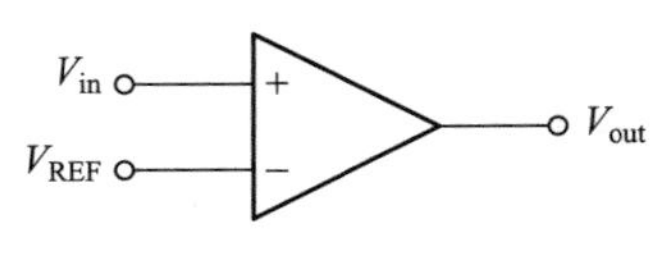

图 2-16　电压比较器

2.3 TTL 与 CMOS 电平

TTL 即晶体管-晶体管逻辑(transistor-transistor logic),TTL 电平信号规定+5 V 等价于二进制的逻辑“1”,0 V 等价于逻辑“0”,是计算机设备内部各部分之间通信的标准技术。

CMOS 是互补金属氧化物半导体(complementary metal oxide semiconductor)的英文缩写,是指制造大规模集成电路芯片用的一种技术或用这种技术制造出来的芯片。

TTL 电路的电平称为 TTL 电平,CMOS 电路的电平称为 CMOS 电平。TTL 电平和 CMOS 电平在单片机等数字电路中广泛应用,两者的电平标准如表 2-1 所示。

表 2-1 TTL 和 CMOS 电平标准

	TTL 电平标准		CMOS 电平标准	
	低电平	高电平	低电平	高电平
输出电平	$V_{ol}<0.8$ V	$V_{oh}>2.4$ V	$V_{ol}<0.1V_{CC}$	$V_{oh}>0.9V_{CC}$
输入电平	$V_{il}<1.2$ V	$V_{ih}>2.0$ V	$V_{il}<0.3V_{CC}$	$V_{ih}>0.7V_{CC}$

表中 TTL 电路和 CMOS 电路的逻辑电平定义如下:

① 输入高电平(V_{ih}) 即逻辑电平 1 的输入电压,是保证逻辑门输入为高电平时所允许的最小输入高电平。输入电平高于 V_{ih}时,认为输入电平为高电平。

② 输入低电平(V_{il}) 即逻辑电平 0 的输入电压,是保证逻辑门输入为低电平时所允许的最大输入低电平。输入电平低于 V_{il}时,认为输入电平为低电平。

③ 输出高电平(V_{oh}) 即逻辑电平 1 的输出电压,是保证逻辑门输出为高电平时的最小输出电平。逻辑门输出为高电平时的电平值都必须大于 V_{oh}。

④ 输出低电平(V_{ol}) 即逻辑电平 0 的输出电压,是保证逻辑门输出为低电平时的最大输出电平。逻辑门输出为低电平时的电平值都必须小于 V_{ol}。

CMOS 元件的电源电压范围为 3~18 V。当 CMOS 电路的电源电压为+5 V 时,CMOS 和 TTL 的逻辑电平图如图 2-17 所示。可见,CMOS 电平可以驱动 TTL 电平,但 TTL 电平不能直接驱动 CMOS 电平,需要加上拉电阻。因而当 TTL 元件和 CMOS 元件在同一电路中需要互连时,应根据元件技术手册标明的逻辑电平判断是否能够匹配,防止直接连接导致元件烧毁或无法正确进行通信。

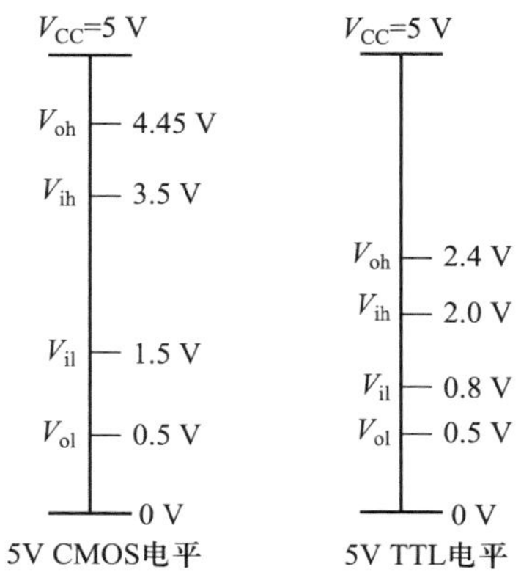

图 2-17 CMOS 和 TTL 的逻辑电平图

2.4 逻辑门与布尔代数

逻辑门又称数字逻辑电路基本单元,广泛应用于计算机控制和数字化电路中。逻辑门可以用电阻、电容、二极管、三极管等分立元件构成,成为分立元件门。也可以将门电路的所有元件集成到同一块半导体基片上，构成集成逻辑门电路。最基本的逻辑门包括与门、或门和非门，通过组合使用可以实现更为复杂的逻辑运算。

表 2-2 是基本逻辑门的名称、操作、符号、布尔表达式和真值表。表中，A、B 代表输入，Q 代表输出，“+”表示或运算，“·”表示与运算，“⊕”表示异或运算，上画线“$\overline{X}$”表示逻辑非，即反相运算。

表 2-2　基本逻辑门

名称	操作	国外符号	国标符号	布尔表达式	真值表
与门(AND)	与运算	A B Q	A B & Q	$Q=A\cdot B$	A B Q 0 0 0 0 1 0 1 0 0 1 1 1
或门(OR)	或运算	A B Q	A B >=1 Q	$Q=A+B$	A B Q 0 0 0 0 1 1 1 0 1 1 1 1
非门(NOT)	反相器	A Q	A 1 Q	$Q=\overline{A}$	A Q 0 1 1 0
与非(NAND)	与逻辑反向	A B Q	A B & Q	$Q=\overline{A\cdot B}$	A B Q 0 0 1 0 1 1 1 0 1 1 1 0
或非(NOR)	或逻辑反向	A B Q	A B >=1 Q	$Q=\overline{A+B}$	A B Q 0 0 1 0 1 0 1 0 0 1 1 0
异或(XOR)	异或运算	A B Q	A B =1 Q	$Q=A\oplus B$	A B Q 0 0 0 0 1 1 1 0 1 1 1 0

表 2-2 中给出了基本逻辑门的布尔表达式。布尔代数基本运算法则有重言律、结合律、交换律、分配律等，可以用于分析和简化数字(逻辑)电路，也可以用于描述 PLC 顺序编程逻辑。

（1）交换律

$$A+B=B+A$$
$$A\cdot B=B\cdot A \tag{2-8}$$

（2）结合律

$$(A+B)+C=A+(B+C)$$
$$(A\cdot B)\cdot C=A\cdot(B\cdot C) \tag{2-9}$$

（3）分配律

$$A\cdot(B+C)=A\cdot B+A\cdot C$$
$$A+(B\cdot C)=(A+B)\cdot(A+C) \tag{2-10}$$

（4）重言律

$$A+0=A;\quad A\cdot 0=0$$
$$A+1=1;\quad A\cdot 1=A$$
$$A+A=A;\quad A\cdot A=A \tag{2-11}$$
$$A+\overline{A}=1;\quad A\cdot\overline{A}=0$$

2.5 本章小结

本章介绍了机电设备和测量系统中所包含的电阻、电容等典型元件的符号和基础功能,介绍了信号处理电路中的运算放大器基本电路,并对单片机等控制电路中经常涉及的电平变换概念和逻辑运算等基础知识进行了简要介绍,有助于后续学习和设计应用过程中对相关知识的理解。

复习参考题

1. 电阻的主要用途有哪些？电阻表面丝印文字 103 和 1003 表示的阻值分别是多少？

2. 电路中电容的主要作用有哪些？如何判断电容的正、负极？

3. 二极管主要有哪些类型？作用是什么？

4. 试根据三极管的工作特性对图 2-9 中的电阻阻值进行计算。

5. 运算放大器有哪几种基本电路？各自的增益如何计算？

6. 试绘制出常见的基本逻辑门符号。

第 3 章　低压电器控制系统/继电器-接触器系统

电器是能够根据操作信号要求，自动或手动地改变电路通断状态，断续或连续地改变电路参数，从而实现对电路或被控对象的切换、控制、保护、检测、变换和调节的元件或设备。其中，工作在交流额定电压 1 200 V 及以下、直流额定电压 1 500 V 及以下的电器称为低压电器。低压电器既可以实现自动控制，也可以实现手动开关控制。尽管机电设备自动化、智能化水平不断提高，但低压电器仍然是机电系统中不可取代的基本组成元件，广泛应用于工厂及家用设备的电气控制和供配电控制中。随着新技术、新工艺、新材料的研究与应用，低压电器也在向高性能、高可靠性、小型化、数模化、模块化、组合化和零部件通用化的方向发展。

3.1　低压电器的分类

（1）按控制对象及用途分类，可分为低压配电电器和低压控制电器两类。

低压配电电器主要用于低压供配电系统，如刀开关、组合开关、熔断器和断路器等。低压控制电器主要用于电力拖动和自动控制系统中，如各种机械设备、家用电器等，典型的低压控制电器包括接触器、继电器和电磁铁等。

（2）按动作性质和方式分类，可分为自动电器和非自动电器两类。

自动电器带有电磁铁等驱动机构，能够按照电器自身参数变化或外部信号、指令自动动作，完成电路的接通或切断动作，如接触器、继电器、各种自动开关等。非自动电器不具备驱动机构，需要依靠外力（如手动）操作完成接通或切断动作，如按钮、刀开关、转换开关、行程开关等。

（3）按工作原理分类，可分为电磁式有触点电器和电子式无触点电器两类。

电磁式有触点电器采用电磁机构作为感测和驱动部件，利用动、静触点的接触和分离实现电路的通断切换，如接触器、继电器、断路器等。电子式无触点电器作为感测和驱动部件，采用电子电路或微处理器系统，检测外力或非电物理量的变化，并利用半导体功率开关实现对电路的通断控制，如接近开关、速度继电器、固态继电器等。

（4）按防护类型分类，可分为第一类防护型和第二类防护型。

第一类防护型能够防止固体异物进入电器内部及防止人体触及内部的带电或运动部分，共有 0~6 级 7 个防护等级。

第二类防护型能够防止水进入内部达到有害程度，共有 0~8 级 9 个防护等级。

防护等级的标志由字母“IP”和两位数字组成，第一位表示第一类防护型的等级，第二位表示第二类防护型的等级，如 IP65 表示第一类防护型 6 级、第二类防护型 5 级，即电器外壳具有能够完全防止灰尘进入壳内和防止任何方向喷水影响的能力。

单独标志某一类时，被略去的数字位置以“X”代替，如 IP5X 表示第一类防护型 5 级，IPX3 表示第二类防护型 3 级。

（5）按功能用途分类，可分为以下四类：

① 保护电器　在线路发生故障，或设备工作状况超过规定范围时，保护电路或电气设备免受损坏，如熔断器、断路器等。

② 主令电器　用来发出指令信号、切换控制线路，如按钮、行程开关等。

③ 控制电器　用来接收控制信号和指令，实现自动控制，如接触器、继电器等。

④ 执行电器　以电磁式为主，用来接收控制电路发出的信号，操作、驱动机械设备，产生机械动作，保持机械装置状态，如电磁铁、电磁离合器等。

表 3-1 是常见低压电器的分类和用途。

表 3-1　常见低压电器的分类和用途

类别		主要品种	用途
低压配电电器	断路器	塑壳式断路器	用于线路过载、短路和欠电压、漏电压保护，也可用于不频繁接通和分断的电路
		框架式断路器	
		限流式断路器	
		漏电保护式断路器	
		直流快速断路器	
	刀开关	大电流刀开关	主要用于电路隔离，也能接通和分断负载
		熔断器式刀开关	
		负荷开关	
	转换开关	组合开关	用于两种以上电源或电路切换，也可用于负载的通断
		换向开关	
	熔断器	有填料熔断器	用于线路或电气设备的短路和过载保护
		无填料熔断器	
		半封闭插入式熔断器	
		快速熔断器	
		自复熔断器	
低压控制电器	主令电器	控制按钮	主要用于接通和分断控制电路
		行程开关	
		微动开关	
		接近开关	
		转换开关	
	接触器	交流接触器	主要用于远距离频繁启动或控制电动机，以及接通和分断正常工作的电路
		直流接触器	

续表

类别		主要品种	用途
低压控制电器	继电器	热继电器	主要用于控制电路中,将被控量转换为控制电路所需的开关信号
		中间继电器	
		电流继电器	
		电压继电器	
		时间继电器	
		速度继电器	
	电磁铁	制动电磁铁	用于起重、操纵或牵引机械装置
		起重电磁铁	
		牵引电磁铁	
	启动器	磁力启动器	主要用于电动机的启动和正、反向控制
		Y-△启动器	
		自耦减压启动器	
	控制器	凸轮控制器	主要用于电气控制设备中,以实现电动机启动、换向和调速的目的
		平面控制器	
		鼓形控制器	

3.2 常用低压电器

3.2.1 开关保护电器

1. 刀开关

刀开关是手控电器中结构最简单、应用最广泛的一种,主要用于接通和断开长期工作设备的电源,常用来控制小容量电动机的不频繁启动或停止,以及小型电气柜的上电操作。按照刀的极数,刀开关可分为单极、双极和三极三种,如图 3-1 所示;按照刀的转换方向,可分为单掷和双掷(也称为双投)两种;按照是否有熔断器,可分为带熔断器和不带熔断器两种。图 3-2 所示为部分刀开关的实物图。刀开关不属于主令电器。

QS　QS　QS

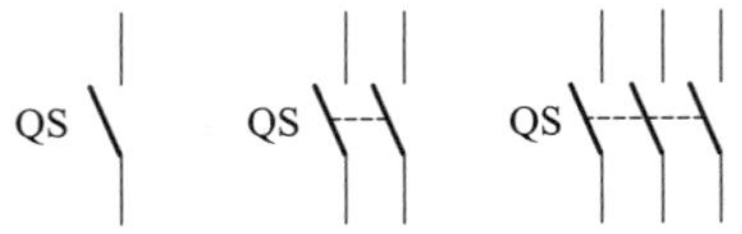

(a) 单极　(b) 双极　(c) 三极

图 3-1　刀开关的图形符号和文字符号

刀开关主要根据电源种类、电压等级、电动机容量、所需极数及使用场合来选用。若用来控制不经常启停的小容量异步电机,其额定电流不应小于电动机额定电流的 3 倍。刀开关的图形符号和文字符号如图 3-1 所示。

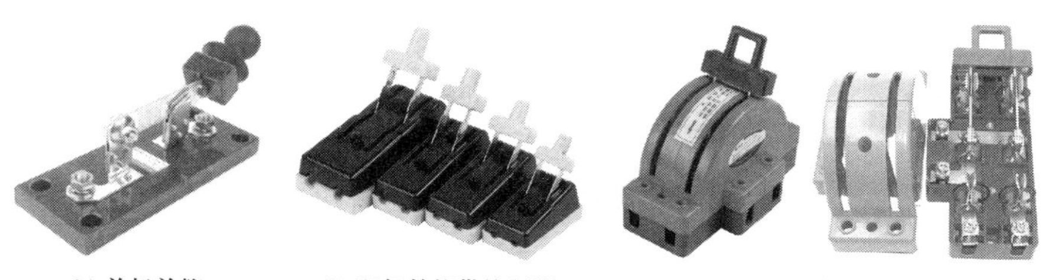

(a) 单极单掷　(b) 双极单掷带熔断器　(c) 双极双掷

图 3-2　部分刀开关的实物图

2. 转换开关

转换开关又称组合开关,也称电源隔离开关,本质上也是一种“刀开关”。转换开关由多个触头组合而成,一般用于电气设备中进行非频繁转换操作、控制 5 kW 以下的小容量异步电机启停或正反转等,此时开关的额定电流一般取电动机额定电流的 1.5~2.5 倍。

转换开关有单极、双极和多极之分,如图 3-3 所示,适用于交流 380 V 以下或直流 220 V 以下的电气设备。转换开关不带过载保护和短路保护,其图形符号和文字符号如图 3-4 所示。

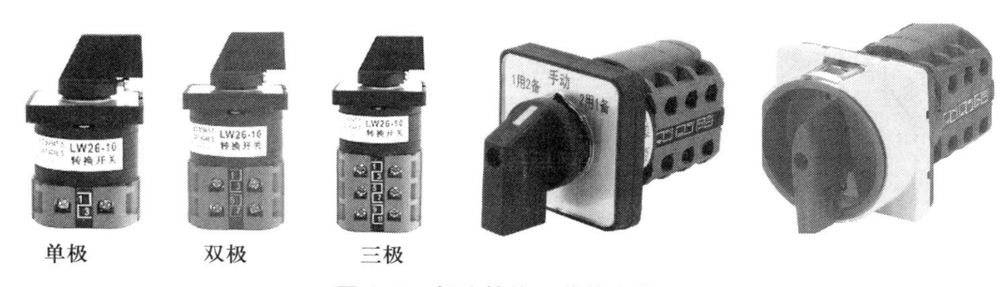

单极　双极　三极

图 3-3　部分转换开关的实物图

3. 断路器

断路器又称为自动空气开关,它既能用于对电路进行不频繁的通断控制,又能在电路发生过载、短路或失压等故障时,自动切断电路,有效保护串接在其后的电气设备。

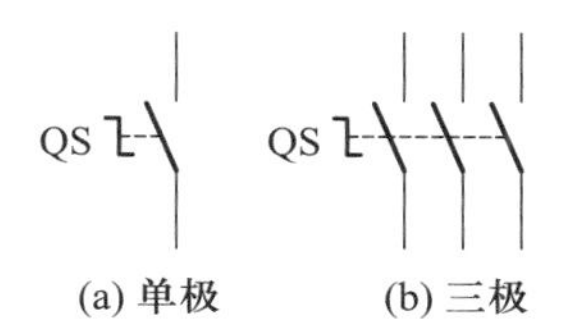

(a) 单极　(b) 三极

图 3-4　转换开关的图形符号和文字符号

断路器既是一个开关,又是一个保护电器,广泛应用于工业设备和民用住宅配电中。常见的塑料外壳式小型断路器(又称塑壳断路器)符合 GB/T 10963.1 和 IEC 60898 标准,一般适用于交流频率为 50 Hz/60 Hz、额定电压为 230 V/400 V、最大额定电流为 63 A 的电路过载和短路保护。

断路器的图形符号、文字符号及实物图如图 3-5 所示。其中图 3-5b 从左到右分别为单极(1P)、双极(2P)和三极(3P)塑料外壳式小型断路器。断路器上标有额定电压、额定电流和工作频率等参数。其中,C20、C32 等参数表示断路器的过电流瞬时脱扣器为 C 型,C 后面的数字表示额定电流,如果电路中电流达到或超过额定值,断路器会自动跳闸断开。图 3-5a 中的“×”表示灭弧功能,“■”表示失压保护功能。

图 3-6 为漏电断路器的图形、文字符号及实物图。漏电断路器用于防止人身触电,当电路中

漏电电流超过预定值时能自动跳闸断开。图中“I△n　0.03 A　t≤0.1 s”为漏电动作电流，表示漏电电流达到 30 mA 时断路器将动作，动作时间 $t \leqslant 0.1$ s。

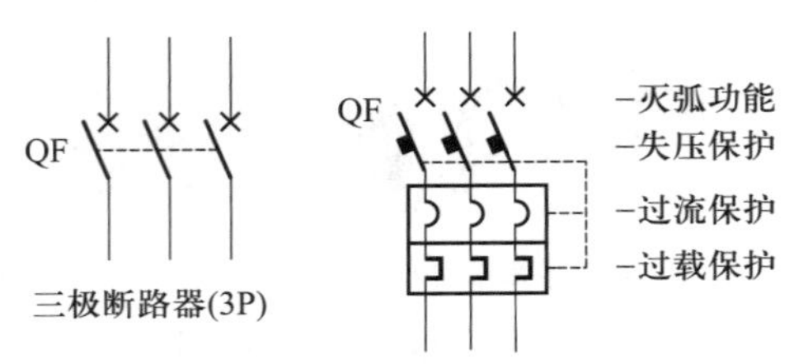

(a) 低压断路器的图形、文字符号

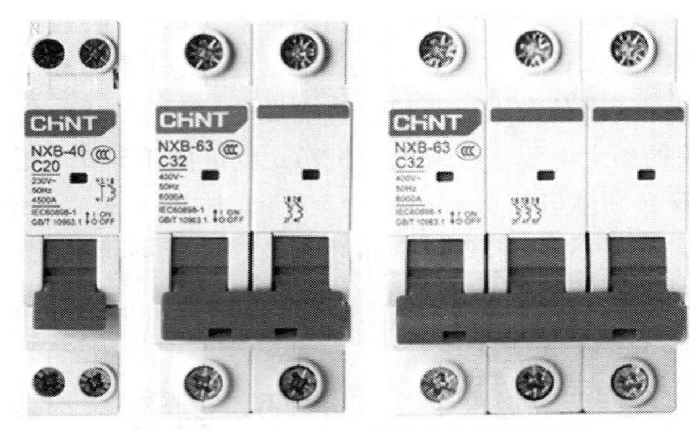

(b) 单极、两极、三极塑料外壳式小型断路器

图 3-5　断路器的图形、文字符号及实物图

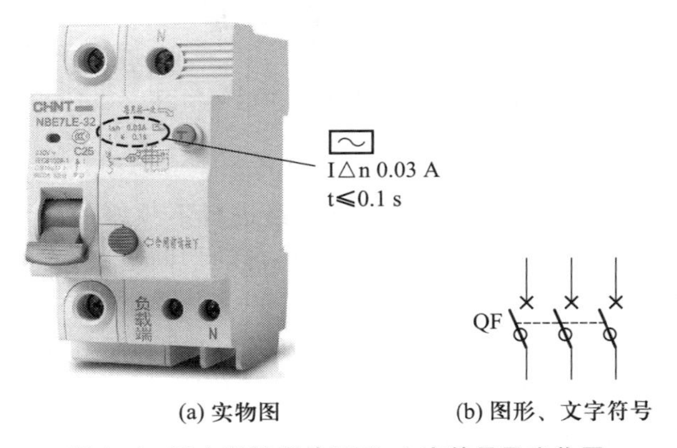

(a) 实物图　　　(b) 图形、文字符号

图 3-6　漏电断路器的图形、文字符号及实物图

4. **熔断器**

熔断器是一种广泛应用的保护电器，主要由熔体和绝缘熔管（或绝缘熔座）组成。使用时串接在所保护的电路中，当电路发生短路或严重过载时，熔体能自动迅速熔断，从而切断电路，使导线和电气设备不致损坏。熔断器按照结构形式可分为瓷插式（图 3-7a）、密封管式（图 3-7b）和螺旋式等。图 3-7c 所示为陶瓷熔断器与底座。图 3-7d 为熔断器的图形和文字符号。

(a) 瓷插式熔断器

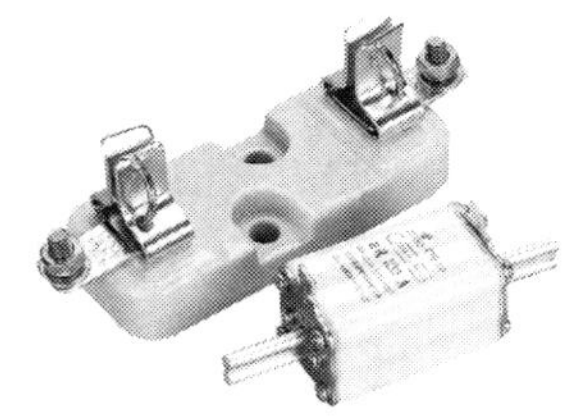

(b) 密封管式熔断器

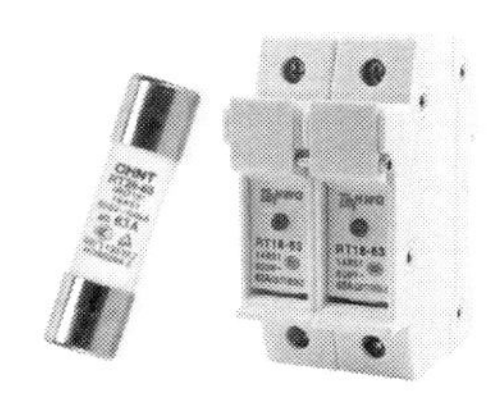

(c) 陶瓷熔断器与底座

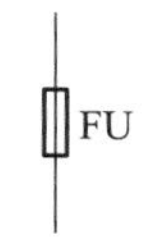

(d) 熔断器的图形和文字符号

图 3-7 熔断器实物图及其图形、文字符号

熔断器应根据使用环境、负载性质和适用范围进行选择，其额定电压必须大于或等于被保护电路的额定电压，额定电流必须大于或等于所装熔体的额定电流。对阻性负载，要求熔体额定电流应等于或略大于负载额定电流；对电动机负载，需要考虑冲击电流影响，熔体额定电流应大于或等于 1.5～2.5 倍的电动机额定电流。

为了缩小故障影响范围，线路中各级熔断器的熔体额定电流应具备选择性保护特性，使只有距离故障点最近的熔断器动作。为防止发生越级熔断，上、下级（即供电干、支线）熔断器间应有良好的协调配合性，上一级（供电干线）熔断器的熔断额定电流应比下一级（供电支线）大 1～2 个级差。

熔断器与断路器都能实现短路保护，但也存在许多差异，各有应用范围。

（1）工作原理：熔断器基于电流热效应原理和热效应导体熔断来保护电路。断路器是通过电流磁效应（电磁脱扣器）实现断路保护，通过电流热效应实现过载保护。

（2）使用次数：熔断器是一次性的，一旦熔体熔断烧毁必须重新更换才能恢复供电。断路器在电路故障排除、短路现象消除后，一般都是可以重复使用的。因而，断路器通常安装到支路，熔断器一般安装到干路起到二级保护作用。

（3）动作时间：熔断器的熔断动作时间可以达到微秒（μs）等级，断路器的跳闸动作时间一般为毫秒（ms）等级，因而熔断器更适合于执行短路保护。

当电路中同时配置熔断器与断路器时，一般采用熔断器在前、断路器在后的配置（即熔断器在电源侧）。

5. 热继电器

热继电器是利用电流的热效应原理和双金属材料的热膨胀系数差异而动作的，主要用来保护电动机，使之避免因长期过载而缩短使用年限甚至烧毁绕组，因而也属于保护电器的一种。

热继电器主要由热元件、动作机构和触点系统、电流整定装置、温度补偿元件和复位机构等部分组成，其图形、文字符号及实物图如图 3-8 所示。

热继电器使用时，一般根据被保护电动机的工作环境、启动情况、负载性质、允许的过载能力和工作制度等选定。需要注意：

（1）热继电器的动作电流与周围环境温度有关，特别是对带有温度补偿的热继电器，应保证其与电动机具有相同的散热条件。

（2）热继电器因为热惯性，短路发生时不能立即动作使电路断开，因而不能用作短路保护。同理，当电动机启动或短时过载时，热继电器也不会动作，可以避免电动机不必要的停车。

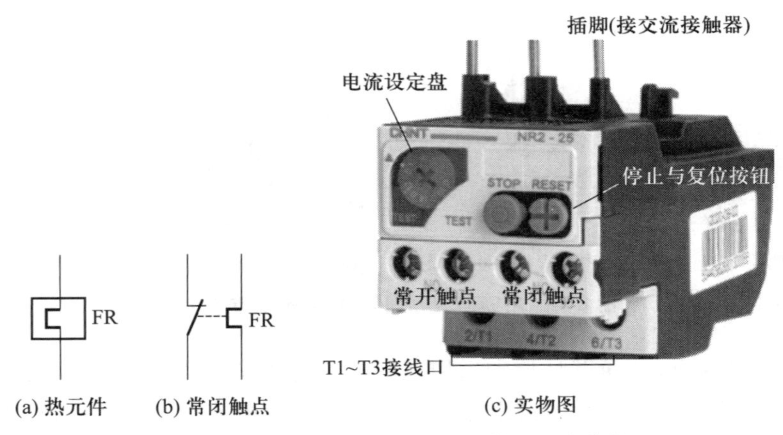

(a) 热元件　(b) 常闭触点　(c) 实物图

图 3-8　热继电器的图形、文字符号及实物图

(3) 对于长期工作制的热继电器,一般按照略大于电动机的额定电流来确定热继电器的整定电流,热元件的整定电流一般为电动机额定电流的 0.95~1.05 倍。若电动机负载为冲击性载荷或启动时间较长,热继电器的整定电流可取电动机额定电流的 1.1~1.5 倍;若电动机的过载能力较差,热继电器的整定电流可取电动机额定电流的 0.6~0.8 倍。

3.2.2　主令电器

主令电器是一种直接或通过电磁式电器间接作用于控制电路,使其闭合或断开,以发布指令或信号,改变控制系统状态的开关。它包括控制按钮、行程开关、接近开关、急停开关、转换开关、凸轮开关、脚踏开关等。

1. 控制按钮

控制按钮通常用作短时接通或断开小电流控制电路的开关。一般是按钮式,用手按动按钮进行操作,并依靠储能弹簧复位。如果是旋钮式,则需用手旋转来进行操作。按钮式的额定电压有交流 380 V、220 V 或直流 24 V 等类型,额定电流根据不同的负载也有不同的选择,一般为 5 A。

按钮帽有多种颜色,一般红色用作停止按钮,绿色用作启动按钮。控制按钮主要根据所需要的触点数、使用场合及颜色来选择。除了按钮式和旋钮式之外,控制按钮还有自锁式、急停式、钥匙式和带指示灯的形式,以及满足防爆防潮的全封闭式防爆按钮等。

按照控制按钮不受外力作用时触头的分合状态,可分为常开按钮、常闭按钮和复合按钮。控制按钮的图形和文字符号如图 3-9 所示,图 3-10 为控制按钮的结构示意图和实物图。

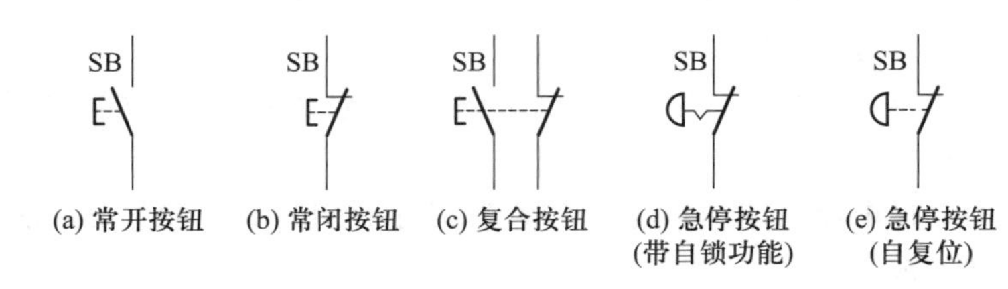

(a) 常开按钮　(b) 常闭按钮　(c) 复合按钮　(d) 急停按钮(带自锁功能)　(e) 急停按钮(自复位)

图 3-9　控制按钮的图形和文字符号

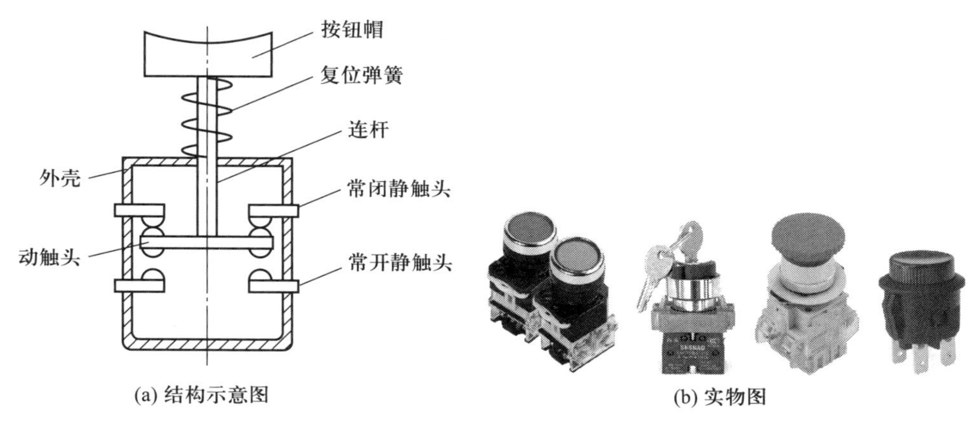

图 3-10 控制按钮的结构示意图和实物图

2. 行程开关

行程开关属于位置开关，主要用于限制机械运动部件的动作、行程和位置，使运动机械能够按照一定的位置或行程实现自动停止、反向运动、变速运动或自动往返运动等，并可实现对机械设备的保护。常见的行程开关有直动式、滚轮式和微动式，应根据不同的使用场合确认对开关形式及触点数目的要求，选定合适的型号。

行程开关的图形、文字符号及实物图如图 3-11 所示。

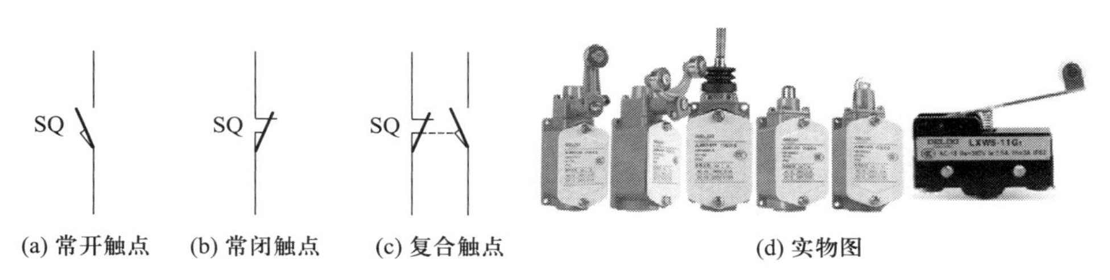

图 3-11 行程开关的图形、文字符号及实物图

3. 接近开关

接近开关也属于位置开关，又称为无触点行程开关、非接触式行程开关，按照工作原理可以分为霍尔型、电容型和高频振荡型等几种类型。其中，霍尔型接近开关的检测对象是磁性物体，电容型接近开关可以检测金属或非金属，高频振荡型接近开关只能检测金属物体。

接近开关的定位精度、使用寿命等均优于一般接触式行程开关，可用于高速计数、转速测量、金属物体检测等场合。

接近开关的输出分为 NPN 型和 PNP 型，其主要参数包括工作形式、工作电压、感应距离、动作频率、响应时间、输出形式及输出触点的容量等。接近开关的图形、文字符号及实物图如图 3-12 所示。NPN 型和 PNP 型接近开关的接线示意图分别如图 3-13a、b 所示。

光电开关是接近开关的另一种形式，其利用光电感应原理实现开关动作，是对接触式行程开关和电子式接近开关的补充，具有寿命长、精度高、响应速度快、检测距离远和抗电磁干扰能力强等优点，且检测对象多样。光电开关按照检测方式可分为对射式（即发射端和接收端

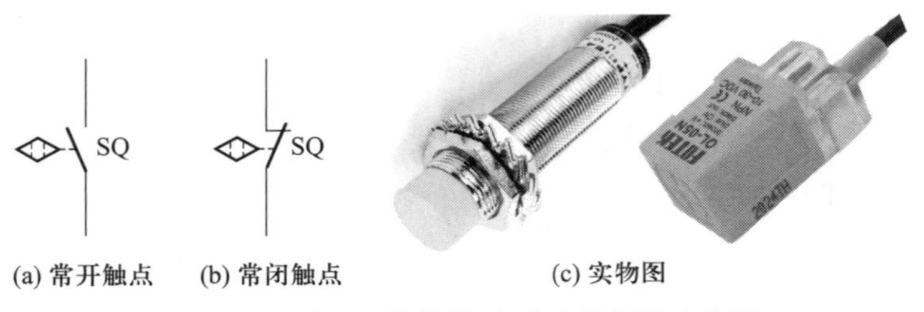

(a) 常开触点　(b) 常闭触点　(c) 实物图

图 3-12　接近开关的图形、文字符号及实物图

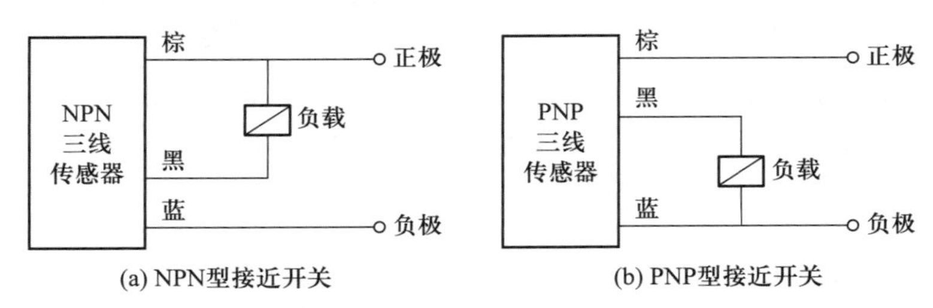

(a) NPN型接近开关　(b) PNP型接近开关

图 3-13　NPN 型和 PNP 型接近开关的接线示意图

相互独立)、反射式(即发射端和接收端处于同一壳体内)和镜面反射式三种类型,如图 3-14 所示。

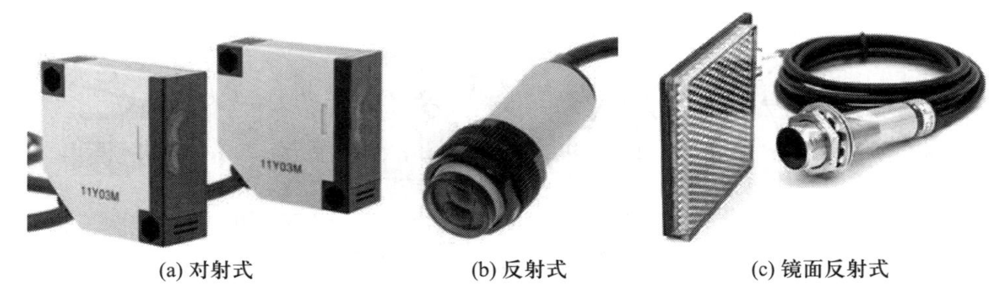

(a) 对射式　(b) 反射式　(c) 镜面反射式

图 3-14　不同检测方式的光电开关实物图

3.2.3　接触器

接触器是一种自动控制电器,用来频繁地接通或断开带有负载的主电路(如电动机等设备)。按照主触点通过的电流种类不同,接触器可分为交流接触器和直流接触器两类,生产设备中应用最多的是交流接触器。

接触器的图形、文字符号及实物图如图 3-15 所示。

接触器的主要技术参数包括主触点的额定电压、额定电流,线圈的额定电压,额定操作频率等。接触器铭牌上标注的额定电压是指主触点的额定电压,主要有 220 V、380 V 和 660 V 等。铭牌上标注的额定电流是指主触点的额定电流,常用的电流等级为 5~600 A。线圈的额定交流电压有 24 V、36 V、220 V 和 380 V 等,额定直流电压有 24 V、48 V、220 V 等。额定操作频率是指每小时通断次数,一般交流接触器的最高操作频率为 600 次/h。

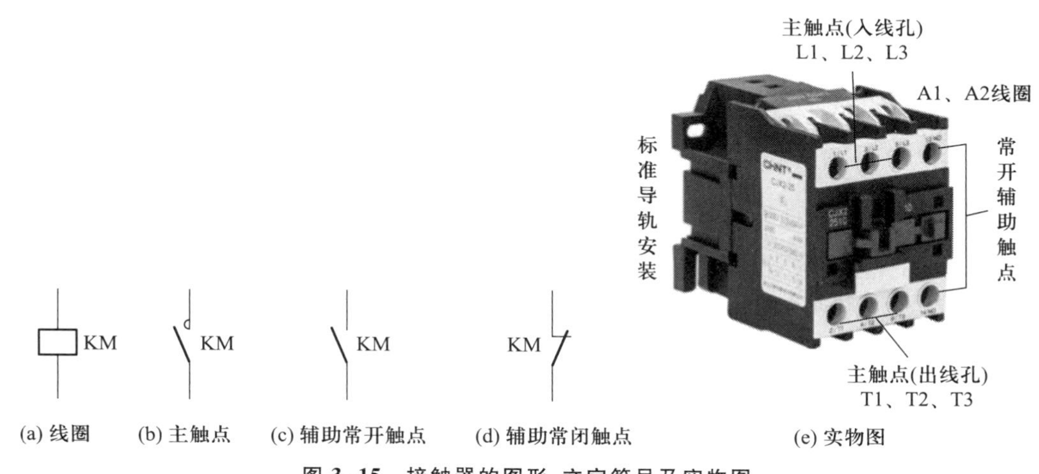

(a) 线圈　(b) 主触点　(c) 辅助常开触点　(d) 辅助常闭触点　(e) 实物图

图 3-15　接触器的图形、文字符号及实物图

注意:接触器的线圈电源不能交、直流随意互换。交流接触器线圈接入直流电源时,线圈变为阻性负载,由于匝数少、电阻较小,线圈容易发热烧坏;直流接触器线圈接入交流电源时,由于线圈细长、匝数多、电阻大,容易导致无法吸合。

选择接触器时,一般交流负载选用交流接触器,直流负载选用直流接触器。主触点的额定电压应大于或等于主电路的工作电压,额定电流不小于被控负载的额定电流,并根据电路实际情况来确定接触器的触点数量和种类。

3.2.4 继电器

继电器是一种当输入量(激励量)的变化达到设定要求时,其触点开合状态发生跃变,从而接通或断开控制电路,实现控制目的的自动控制电器。可见,继电器主要起到信号转换和传递作用,其输入信号可以是电压、电流等电学量,也可以是温度、速度、时间及压力等非电学量,而输出通常是触点的动作。

本质上,继电器可以看作以状态信号的小电流去控制输出回路的大电流的"自动开关"。

与接触器相比,继电器一般只用于切换电流较小的控制电路或保护电路,而不能像接触器一样控制带有负载的主回路,这是二者的根本区别。

此外,继电器能够响应多种输入量的变化,而接触器通常只能响应电压信号。

继电器的种类很多:① 按输入信号的性质可分为电压继电器、电流继电器、时间继电器、温度继电器、速度继电器以及压力继电器等;② 按工作原理可分为电磁式继电器、感应式继电器、电动式继电器、热继电器和电子式继电器等;③ 按动作时间可分为瞬时动作继电器和延时动作继电器;④ 按电磁线圈电流种类可分为交流继电器和直流继电器。电磁式继电器具有工作可靠、结构简单、制造方便及寿命长等一系列优点,应用最为广泛。

1. 电压继电器

电压继电器反映电压变化,其线圈并联在被测量的负载电路两端,根据电压信号的大小决定触点动作。按照动作电压值的不同,电压继电器可分为过电压继电器、欠电压继电器和零电压继电器。其中,过电压继电器在电压为额定电压的110%~115%或以上时动作;欠电压继电器在电压为额定电压的 40%~70%时动作;零电压继电器当电压降至额定电压的 5%~25%时动作。

电压继电器的图形及文字符号如图 3-16 所示。其中,图 3-16a 为过电压线圈的图形及文字符号,图 3-16b 为欠电压线圈的图形及文字符号。

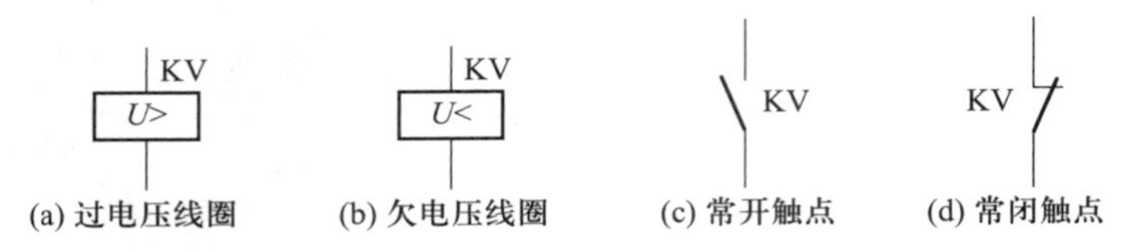

图 3-16 电压继电器的图形及文字符号

2. **电流继电器**

电流继电器反映电流变化,其线圈串联在被测电路中,根据电流信号的大小决定触点动作。按照动作电流的大小,可分为过电流继电器和欠电流继电器两类。其中,过电流继电器整定范围通常为额定电流的 1.1~1.4 倍;欠电流继电器的吸引电流为线圈额定电流的 30%~65%,释放电流为额定电流的 10%~20%。

电流继电器主要根据主电路内的电流种类和额定电流来选择,其图形及文字符号如图 3-17 所示。

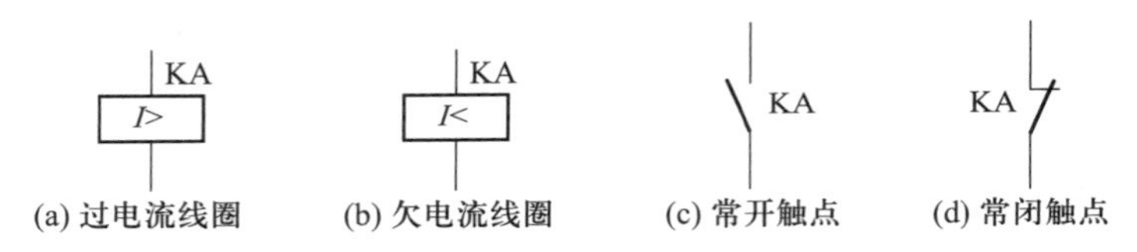

图 3-17 电流继电器的图形及文字符号

3. **中间继电器**

中间继电器实际上也是电压继电器的一种,但其触点数较多,触点电流容量大(额定电流为 5~10 A),动作灵敏(动作时间不大于 0.05 s)。

中间继电器的主要用途是增加控制电路中的信号数量或将信号放大,当其他继电器的触点数或触点容量不够时,可借助中间继电器来扩大它们的触点数或触点容量,起到中间转换的作用。对于工作电流小于 5 A 的控制电路,可用中间继电器代替接触器。

中间继电器主要依据被控电路的电压等级,触点的数量、种类及容量来选用。其图形、文字符号、实物图及接线图如图 3-18 所示。

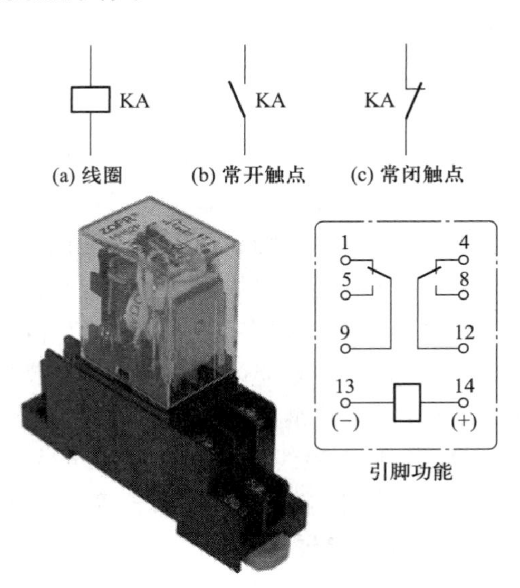

图 3-18 中间继电器的图形、文字符号、实物图及接线图

图 3-18d 为中间继电器的实物图及接线图,其中触点 13、14 为线圈供电输入端,触点 9、12 分别为两组触点的公共端(COM 端),触点 1、4 分别为两组触

点的常闭触点（NC 端），触点 5、8 分别为两组触点的常开触点（NO 端）。

4. 时间继电器

时间继电器是一种用来实现触点延时接通或断开的控制电器。时间继电器按其动作原理与构造不同，可分为电磁式、电动式、空气阻尼式和晶体管式等类型；按延时方式不同，可分为通电延时型和断电延时型。晶体管式时间继电器（也叫电子式时间继电器）具有延时范围广、体积小、精度高、调节方便和寿命长等优点，应用发展非常迅速，已经成为时间继电器的主流。

实际使用时，对于延时要求不高的场合可以选用空气阻尼式时间继电器，对于延时要求较高的场合可选用电动式时间继电器或电子式时间继电器，并按照控制电路要求选择通电延时型或断电延时型，以及触点的延时形式和数量等。

时间继电器的图形、文字符号和实物图如图 3-19 所示。

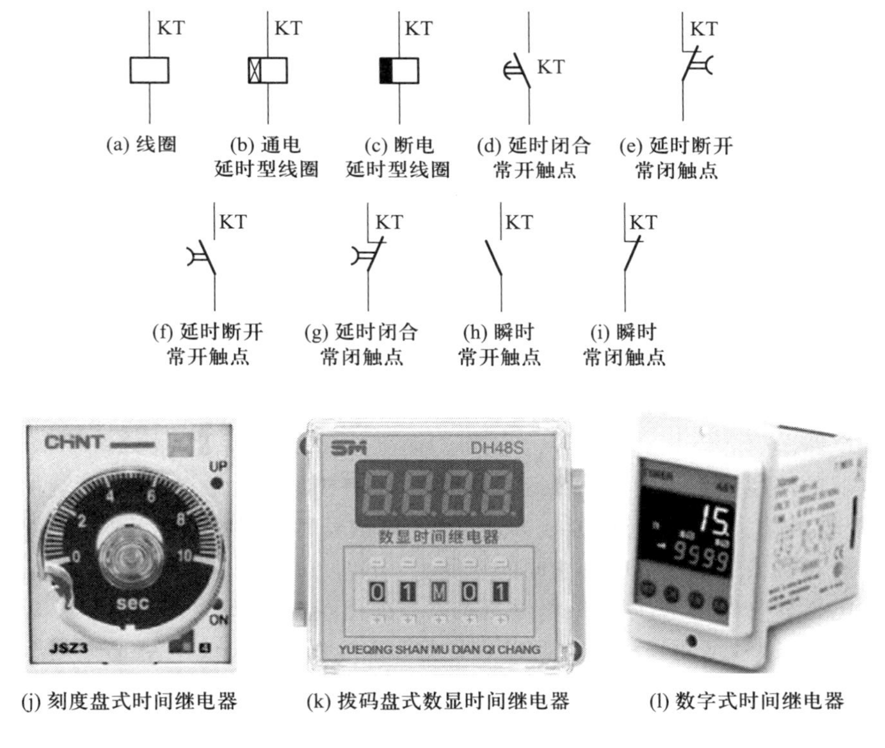

图 3-19　时间继电器的图形、文字符号和实物图

5. 速度继电器

速度继电器用于根据电动机转速的高低来接通和断开电路，其主要结构由永磁转子、定子及触点三部分组成。因为这种继电器的触点动作与否与电动机的转速有关，故称为速度继电器。又因其主要用于笼式三相异步电机的反接制动控制，故也称为反接制动继电器。使用速度继电器作反接制动时，应将永磁转子与电动机同轴连接，并将触点串联在控制电路中，与接触器、中间继电器相配合，以实现反接制动。注意：速度继电器的触点具有方向性，正、反触点的接线不能接错。

速度继电器的动作转速一般为 120 r/min，触头的复位转速为 100 r/min 以下，转速在 3 000~3 600 r/min 以下能可靠工作。通过对调节螺钉的调节可以改变速度继电器的动作转速，以适应不同控制电路的要求。

速度继电器的图形、文字符号与实物图如图 3-20 所示。

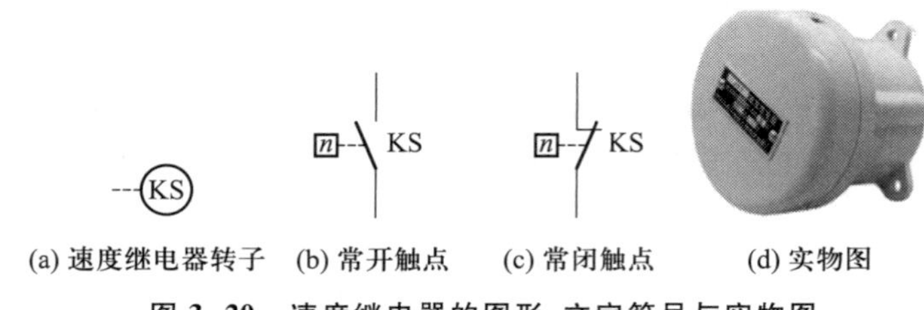

(a) 速度继电器转子　(b) 常开触点　(c) 常闭触点　(d) 实物图

图 3-20　速度继电器的图形、文字符号与实物图

6. 固态继电器

固态继电器（solid state relay，SSR）是一种由固态电子元件组成的无触点开关电器，因其功能与电磁继电器相似而得名。固态继电器通常采用绝缘防水封装结构，内部由输入电路、隔离耦合电路和输出电路三部分组成。

（1）按输入电压的不同类型，固态继电器的输入电路可分为直流输入电路和交流输入电路两种，部分输入控制电路还具有与 TTL/CMOS 电平兼容、正负逻辑控制和反相等功能。

（2）隔离耦合电路有光电耦合和变压器耦合两种，能够实现输入与输出的可靠隔离。

（3）输出电路可分为直流输出电路、交流输出电路和交直流输出电路等，主要利用大功率晶体管、功率场效应晶体管、单向晶闸管和双向晶闸管等元件的开关特性，实现无触点、无火花的接通和断开被控电路。

固态继电器的接通和断开没有机械运动部件，也没有机械运动触点，在输入端加上微小的控制信号，就能使输出端从关断状态转换成导通状态（无信号时呈阻断状态），放大驱动电流负载，故而本质上具有与机械式电磁继电器相同的功能。

与机械式电磁继电器相比，固态继电器具有一系列优点，如灵敏度高、控制功率小、开关速度快（切换时间可达几微秒至几毫秒）、电磁兼容性好（可与大多数集成电路兼容且不需要加缓冲器或驱动器）、使用寿命长、可靠性高等，因此与传统的电磁继电器一样已经成为重要的开关控制电器之一。其不足之处：关断后仍有数微安至数毫安的漏电流，有导通电阻，存在通态压降，易发热；截止时存在漏电阻现象，不能使电路完全断开；易受温度的影响等，其过载能力不如电磁接触器。因此，对于固态继电器具有的独特性能，必须正确理解和谨慎使用，才能发挥其独特的优势。

固态继电器的主要参数包括输入信号电压、输入电流限制、输入阻抗、标称输出电压和电流、断态漏电流及导通电压等。图 3-21 所示为固态继电器的图形、文字符号和实物图。

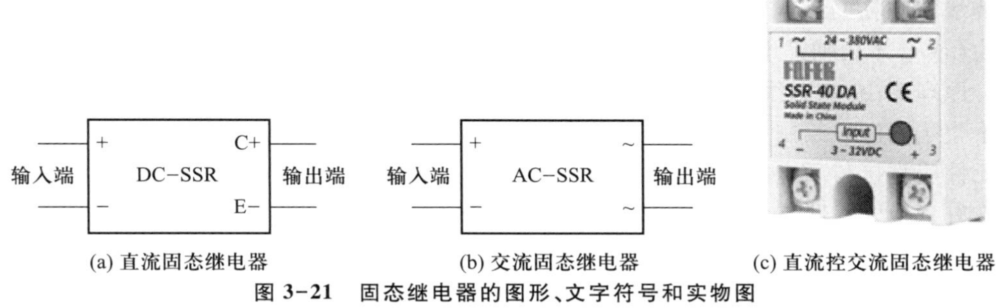

(a) 直流固态继电器 (b) 交流固态继电器 (c) 直流控交流固态继电器

图 3-21 固态继电器的图形、文字符号和实物图

3.3 电气原理图的设计与绘制

电气控制系统由若干电气元件按照一定要求连接而成,实现对设备的逻辑控制。电气控制系统中各电气元件及其连接关系,可用一定的图形按照一定的标准表达,这种图形被称为电气控制系统图。

生产设备的电气控制系统图包括电气原理图、电气元件布置图及电气安装接线图三类。

3.3.1 电气控制系统图中的图形和文字符号

绘制电气控制系统图必须使用符合国家标准规定的图形和文字符号来表示各种电气元件和电气电路的功能、状态和特征。其中,图形符号应符合 GB/T 4728—2018《电气简图用图形符号》的规定,按照功能组合图的原则,由一般符号、符号要素或一般符号加限定符号组合成为特定的图形符号。

文字符号可参考 GB/T 7159—1987《电气技术中的文字符号制订通则》(该标准已于 2005 年 10 月废止,尚无替代标准)。

其他还包括 GB/T 6988.1—2008 和 GB/T 6988.5—2006《电气技术用文件的编制》,GB/T 5094.1—2018、GB/T 5094.2—2018、GB/T 5094.3—2005、GB/T 5094.4—2005《工业系统、装置与设备以及工业产品 结构原则与参照代号》等国家标准。

3.3.2 电气原理图

电气原理图是利用国家标准规定的图形符号,根据主、辅助电路相互分开和简单清晰等原则,采用电气元件展开形式绘制而成的、表示电气控制线路工作原理的图形,主要用于阅读分析控制电路,理解电路、设备的作用原理,并为测试和故障诊断定位提供信息,为编制接线图提供依据。

1. 电气原理图的绘制规则

电气原理图中包括所有电气元件的导电部件和接线端点之间的相互关系,但并不按照各电气元件的实际布置位置和实际接线情况来绘制,也不反映电气元件的实际尺寸。绘制时需遵循以下规则:

(1) 原理图一般按主电路和辅助电路分开绘制。主电路是从电源到电动机绕组的大电流通过的路径。辅助电路包括控制回路、照明电路、信号电路及保护电路等，由继电器的线圈和触点、接触器的线圈和辅助触点、按钮、照明灯、信号灯及控制变压器等元件组成。主电路用粗实线绘制在左边（或上部），辅助电路用细实线绘制在右边（或下部）。

（2）原理图中，电源线水平绘制，如果是直流电源，则正极在上方，负极在下方。用电设备的主电路垂直于电源线绘制，控制电路和信号电路等竖直绘于两条水平电源线之间。线圈、信号灯等耗能元件应直接与下方水平电源线连接。触点向上与上方的水平电源线连接，向下与耗能元件连接。有直接电气联系的交叉导线，连接处用实心圆点表示；无直接电气联系的交叉导线，交叉处不能画圆点。

（3）原理图中，电气元件采用国家标准规定的图形符号和文字符号绘制。每个电气元件对应唯一的文字符号，属于同一元件的各个部件（线圈和触点）均用同一个文字符号表示，相同类型的元件用文字符号加数字序号区分。同时还应标出各电源电路的电压值、极性、频率或相数，以及某些元件的特性，如电阻阻值、电容参数等。

（4）原理图中，各电气元件的导电部件（如线圈和触点），应根据便于阅读和分析的功能布局原则来安排其位置，绘制在相应的位置。同一电气元件的各个部件可以不画在一起。

（5）原理图中，所有元件的触点均按照未通电或不受外力作用时的非工作状态绘制。断路器和隔离开关应处于断开位置，带零位的手动控制开关应处于零位。

（6）原理图中，无论是主电路还是辅助电路，各电气元件一般应按动作顺序或信号流向自上而下、从左到右依次排列，可水平布置或竖直布置。

图 3-22 所示为 CW6132 卧式车床的电气原理图。

2. 图面区域的划分

为了方便阅读和检索电路，原理图可以进行分区，如图 3-22 中上方和下方的横格所示。其中，上方横格是功能、用途栏，用于标明该区电路的功能和作用。下方横格是图区编号栏，便于检索电气电路及阅读分析。分区数应该是偶数。

3. 符号位置的索引

在较为复杂的电气原理图中，接触器、继电器的线圈和触点经常要根据需要绘制在不同图区。为便于检索阅读，需要在接触器、继电器线圈的文字符号下方标注其触点位置索引，在触点文字符号下方标注其线圈位置索引。接触器的索引表一般分为三列，左侧列为主触点所在区域，中间为辅助常开触点所在区域，右侧列为辅助常闭触点所在区域。继电器的索引表左侧为常开触点所在区域，右侧为常闭触点所在区域。索引表中的“x”表示触点未使用。

如图 3-22 所示，图区 2 中接触器主触点文字符号 KM 下面的 4 表示线圈位置在图区 4。图区 4 接触器线圈文字符号 KM 下方的索引表中，左侧三个 2 表示其三个主触点位于图区 2 中；中间一列中，4 表示辅助常开触点在图区 4 中，另外的 x 则表示还有一个辅助常开触点未使用；右侧两个 x 表示两个辅助常闭触点均未使用。

4. 电气原理图中技术数据的标注

电气元件的技术数据一般在明细表中标明，但也可以标注在其图形符号的旁边。如图 3-22 的图区 2 中的热继电器 FR，$\frac{6.8\sim11}{8.4}$ A 表示 FR 的动作电流值范围为 6.8～11 A，其整定值为 8.4 A。图中标注的 1.5 mm^2、2.5 mm^2 等字样标明该导线的截面积。

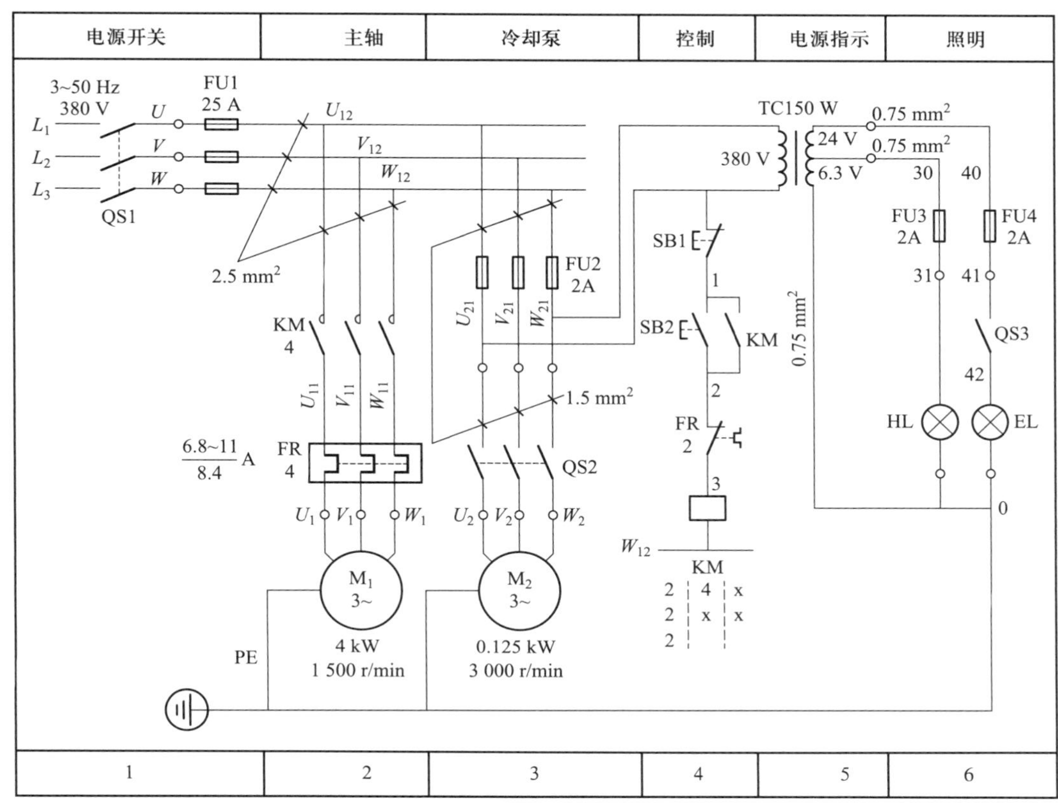

图 3-22　CW6132 卧式车床的电气原理图

3.3.3　电气元件布置图

电气元件布置图用来表明各种电气元件及设备在机械设备上和电气控制柜中的实际安装位置，为机械电气控制设备的制造、安装及维修提供必要的资料。

电气元件的安装位置通常由生产设备的结构和工作要求决定，如电动机应与被拖动的机械部件在一起，行程开关应安装在需取得信号的位置，操作元件应安装在操纵台及悬挂操纵箱等方便操作的位置，一般电气元件应放置在控制柜内。

电气元件布置图主要由电气设备布置图、控制柜与控制板电气设备布置图及操纵台与悬挂操纵箱电气设备布置图等组成。图中电气元件的代号应与相关图样和明细表中的代号一致。在绘制电气元件布置图时，电气设备用粗实线绘制出简单的外形轮廓，其他设备（如机床）的轮廓用双点画线表示。图 3-23 所示为 CW6132 型车床的电气元件布置图。

3.3.4　电气安装接线图

电气安装接线图是为电气控制线路的配线安装、检查维修和故障处理服务的，是实际接线安装时的依据和准则。接线图中应表示出各电气元件、组件和设备之间的连接关系、连线种类和走线方式等情况，并标明外部接线所需的数据。图中各电气元件的文字符号、元件连接顺序及线路号码编制均以电气原理图为准，以便于查验核对。电气元件的位置则按其在控制柜中的实际位

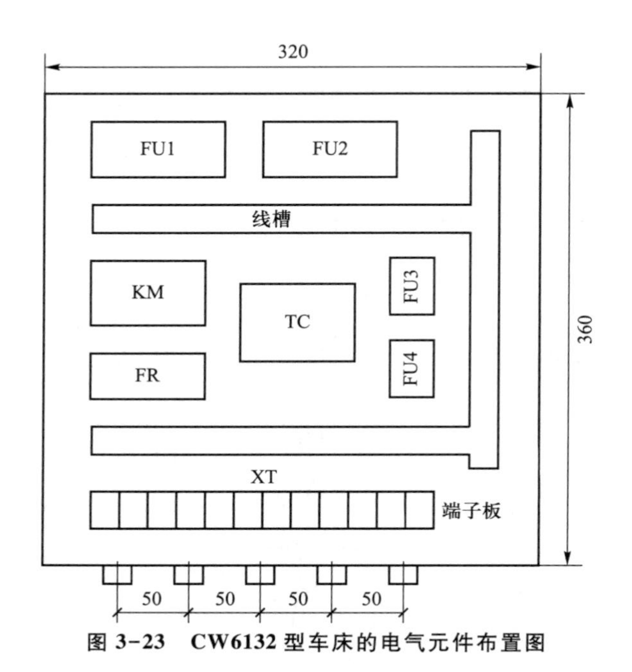

图 3-23　CW6132 型车床的电气元件布置图

置绘制。同一控制柜内部的各电气元件之间可以直接相连，外部元件或不在同一控制柜、同一控制板上面的电气元件必须经过接线端子连接。连接导线应注明导线根数、导线截面积等，分支导线应在接线端子处引出，且接线端子上只允许引出两根导线。

图 3-24 所示为 CW6132 型车床的电气安装接线图。图中，点画线构成的 3 个方框，Ⅰ为车床的控制柜，Ⅱ为照明灯控制板，Ⅲ为机床运动操纵板。

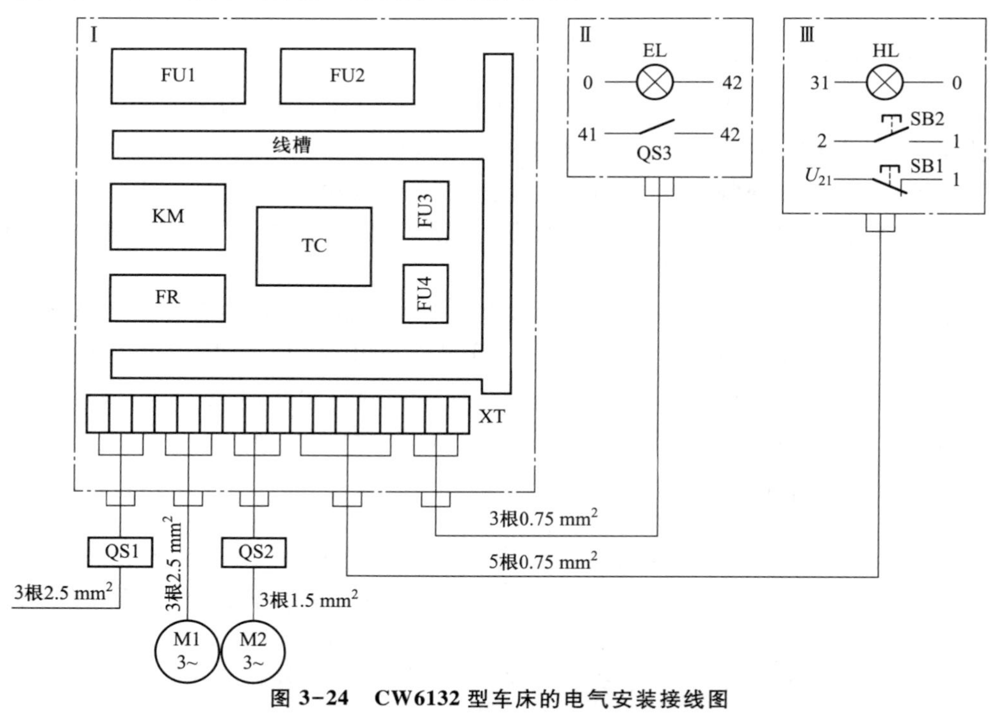

图 3-24　CW6132 型车床的电气安装接线图

3.4 继电器-接触器系统基本控制电路

三相异步电机是机电设备中广泛应用的动力装置,其控制电路多采用继电器、接触器和控制按钮等元件构成。为了满足电动机运转控制需求,实现特定的动作或功能,需要掌握一些基本的控制方法和控制电路。

3.4.1 启动、自锁与停止控制电路

图 3-25 所示为异步电机的启动与停止控制电路,包括启动按钮 SB2、停止按钮 SB1、热继电器 FR 常闭触点、接触器 KM 的线圈和辅助常开触点。

按下 SB2,KM 线圈得电,串接于主电机 M1(图中未标出)电路中的 KM 主触点闭合,电动机 M1 开始运转。同时,与 SB2 并联的接触器辅助常开触点也随之闭合,从而在松开 SB2 后,使得 KM 线圈仍然能够依靠自身触点维持得电状态,称之为自锁。此处 KM 的触点称为自锁触点。按下 SB1 时,KM 线圈失电,主触点复位断开,切断主回路供电,主电动机 M1 停转。同时,KM 辅助常开触点断开,SB1 复位后 KM 也不会得电,保证电动机 M1 不会自行启动。如需重新启动可重新按下 SB2。

3.4.2 连续工作与点动控制电路

图 3-26 所示为异步电机的连续工作与点动控制电路。连续工作又称"长动",点动则是指按下按钮,电动机转动,松开按钮使其复位后,电动机立即停转,一般用于生产设备的调整或某些需手动操作的场合。

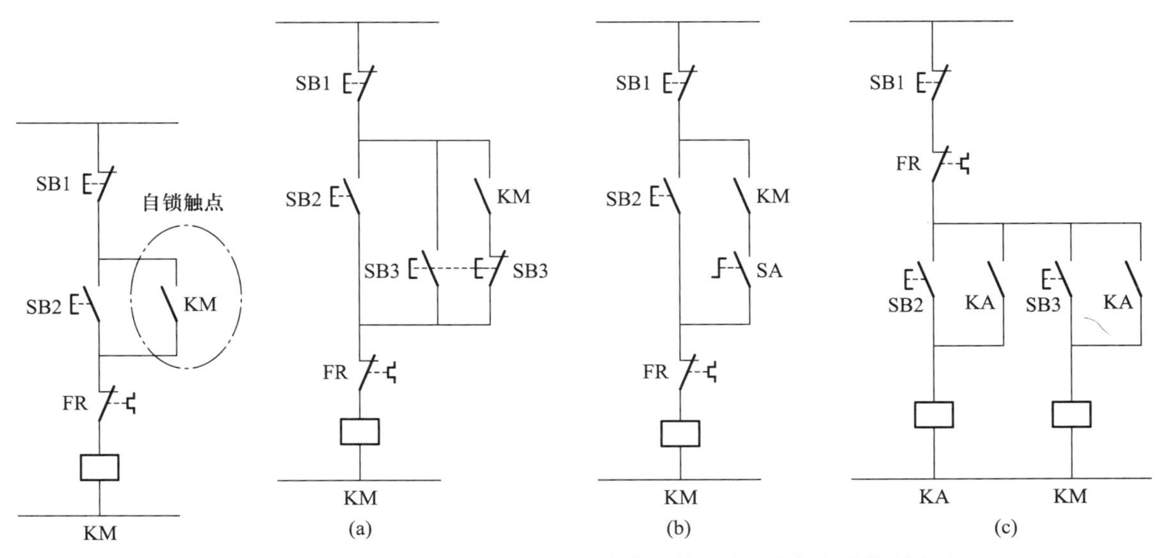

图 3-25 异步电机的启动与停止控制电路

图 3-26 异步电机的连续工作与点动控制电路

图 3-26a 所示为通过设置不同按钮实现点动(SB3)和长动控制(SB2)。图 3-26b 所示为通过转换开关 SA 实现长动与点动控制的转换。图 3-26c 所示为利用中间继电器 KA 实现长动与点动控制,按下 SB2 时通过 KA 自锁实现长动控制,按下 SB3 时因 KM 无法自锁而实现点动控制。

3.4.3 多点控制电路

多点控制是指在不同地点对电动机的工作状态进行控制。大型生产设备为了操作方便,经常采用多点异地控制,通常是将分散在各操作站上的启动按钮并联,实现多点启动控制;将停止按钮串联,实现多点停止控制。

图 3-27 所示为某个多点控制电路,即三处操作站对同一电动机进行启动、停止控制的电路,要想增加新的控制地点,只要并接常开按钮、串接常闭按钮即可。图中 SB1 为急停按钮,用于紧急情况下的停车操作。

3.4.4 联锁控制电路

实际生产中经常存在电动机之间相互制约的情况,如两(多)台电动机不允许同时接通工作,或同一电动机不允许同时执行正、反转控制动作等,这种相互制约关系就涉及联锁控制(也称互锁控制),联锁控制常用来使多台电动机按照一定的原则工作或停止。

图 3-28 所示为两台电动机的联锁控制电路,接触器 KM1、KM2 分别控制电动机 M1 和 M2。图中分别将 KM1、KM2 的辅助常闭触点串接在对方线圈所在电路,使 KM1、KM2 的触点互相制约,保证 KM1、KM2 的线圈不会同时得电。

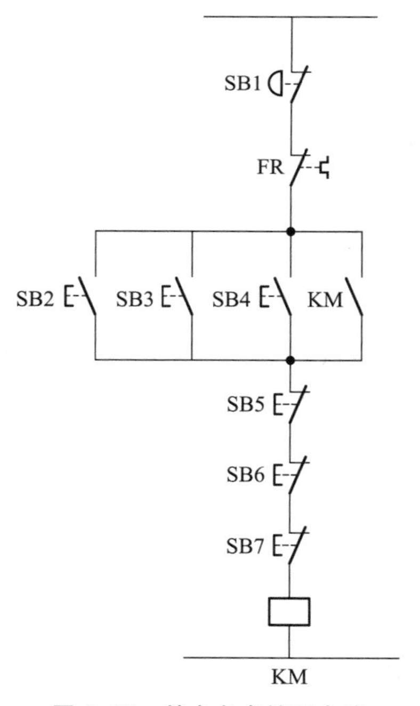

图 3-27 某个多点控制电路

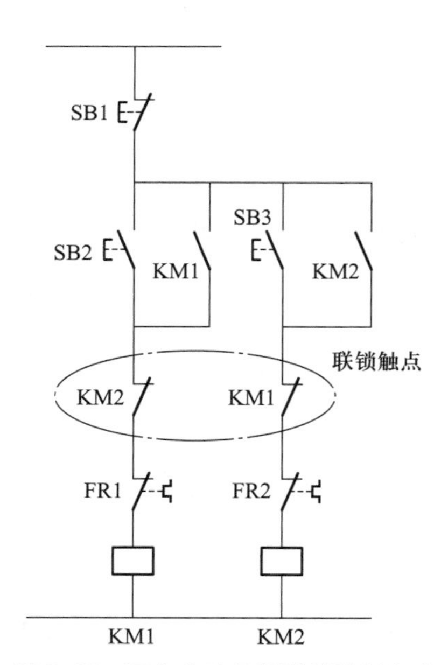

图 3-28 两台电动机的联锁控制电路

这种在一个接触器得电动作时，通过其常闭辅助触点使另一个接触器不能得电动作的措施叫电气联锁（或互锁）。实现联锁作用的常闭触点称为联锁触点（或互锁触点）。

在电动机正反转控制中也常用到这种联锁措施来防止电源相间短路。此外，还可将复合按钮或行程开关的常闭触点串接在对方接触器的线圈电路中来实现机械联锁（或按钮联锁）。

3.4.5 顺序启动控制电路

机电设备的不同部件之间经常需要按序协同工作，如机床主轴必须在润滑油泵供油后才能启动运转等，这就要求相应的驱动电动机在启动或停止时必须按照一定的先后顺序来完成，实现上述功能的电路称为顺序启动控制电路（简称顺序控制电路）。图 3-29 所示为两台电动机的顺序控制电路。

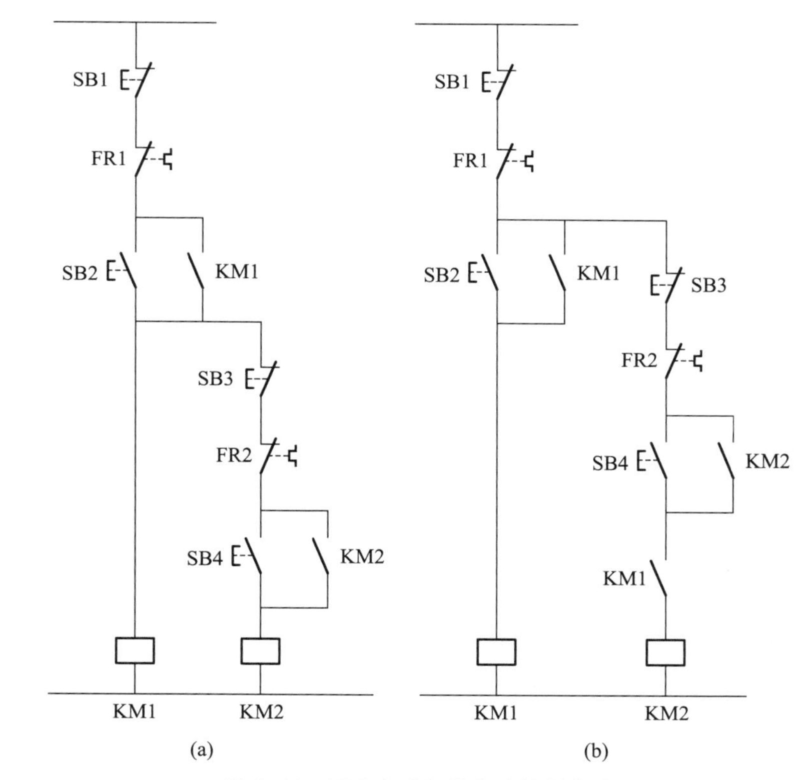

图 3-29　两台电动机的顺序控制电路

图 3-29 中，接触器 KM1 控制电动机 M1 的启、停，FR1 是热继电器。KM2 及 FR2 控制电动机 M2 的启动、停车与过载保护。由图 3-29 可见，只有 KM1 得电，电动机 M1 启动后，KM2 才有可能得电，使电动机 M2 启动。停车时，电动机 M2 可单独停止；但若按下 SB1 使电动机 M1 停车，电动机 M2 也会立即停车。图 3-29a 和 b 所示的电路的控制功能相同，区别在于图 b 所示的电路使用了 KM1 的辅助触点。

3.5 异步电机的控制

3.5.1 异步电机的启动控制

在供电变压器容量足够大和负载能承受较大冲击时，异步电机可直接启动，否则应采用降压启动方式。

1. **全压直接启动控制电路**

(1) 对功率为数百瓦的小型设备可以用开关直接启动，如图 3-30 所示。

(2) 对功率为数千瓦的电动机，可采用接触器直接启动，如图 3-31 所示。图中 SB1 为停止按钮，SB2 为启动按钮，热继电器 FR 作过载保护，熔断器 FU1、FU2 作短路保护。

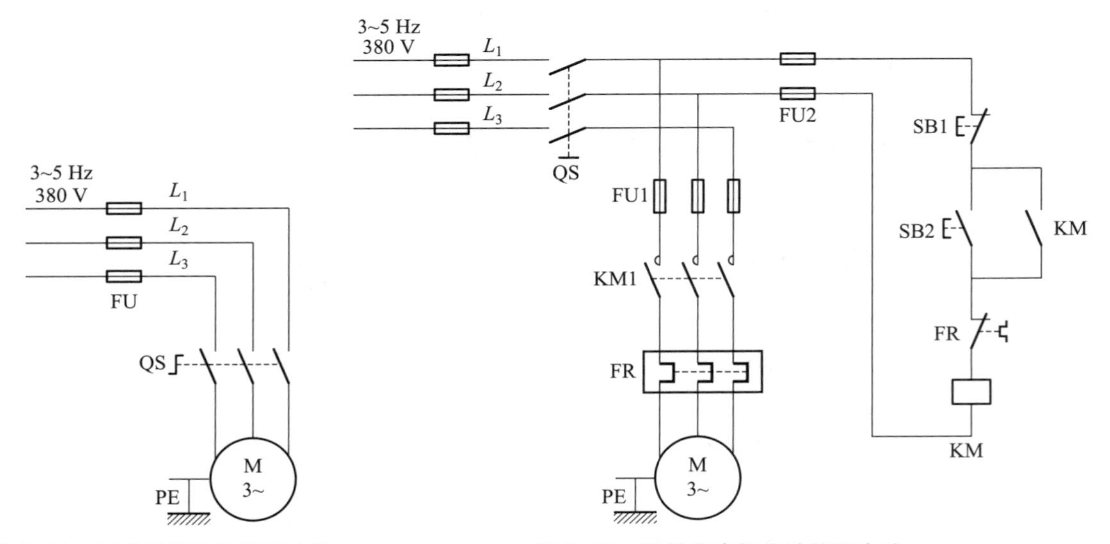

图 3-30 开关直接启动控制电路　　**图 3-31 接触器直接启动控制电路**

2. **星形-三角形(Y-△)降压启动控制电路**

10 kW 以上的电动机或负载一般采用降压方式启动，以减少对供电系统的冲击。星形-三角形(Y-△)降压启动方式适用于正常运行时定子绕组为△连接的三相异步电机(功率 4 kW 以上的异步电机正常运行时均采用△接法)。启动时绕组形成 Y 连接，加到每相绕组上的电压为直接采用△连接时的 $1/\sqrt{3}$，电流也为△连接时的 $1/\sqrt{3}$，故采用 Y-△降压启动可有效限制启动电流。待启动完毕后改接成△连接正常运行。

图 3-32 所示为异步电机星形-三角形降压启动控制电路，即利用时间继电器在电动机启动过程中自动完成 Y-△连接切换的启动控制电路。

由图 3-32 可见，按下 SB2 后，接触器 KM1 线圈得电并自锁。与此同时，KT、KM3 也得电，电动机 M 在触点 KM1、KM3 闭合下，以 Y 接法启动。KT 为通电延时型时间继电器，在其线圈得电后，触点经过一段时间延迟(延迟时间可调整)后动作，使 KM3 失电复位、KM2 得电并自锁，电动机 M 绕组切换成△连接，转为额定电压正常运转。

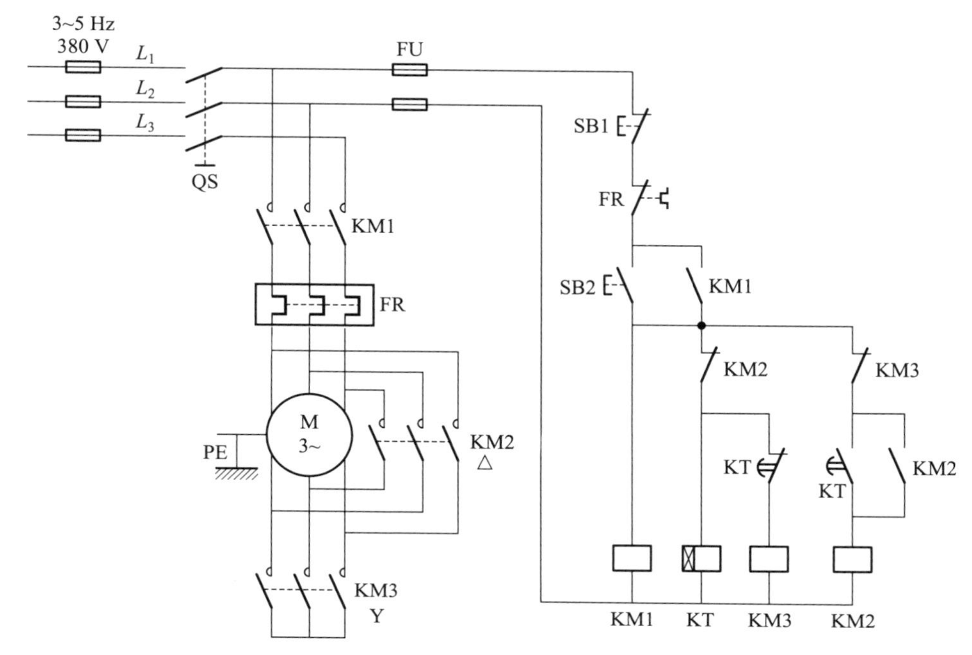

图 3-32 异步电机星形-三角形降压启动控制电路

从电动机主电路看，接触器 KM2 与 KM3 绝不允许同时闭合，不然会引起电源短路故障。为此在控制电路中分别把 KM2、KM3 的辅助常闭触头串联到对方线圈电路中，以实现联锁。

在电动机 Y-△启动过程中，绕组的自动切换由时间继电器 KT 延时动作来控制。这种控制方式称为按时间原则控制，它在机床自动控制中得到广泛应用。KT 延时长短应根据启动过程所需时长来整定。

3.5.2 异步电机的正、反转控制

生产设备经常需要往返动作，如机床工作台的前进、后退等，这种正、反向运动大多借助电动机的正、反转来实现。

根据三相异步电机的工作原理可知，将电动机三相电源线中任意两相对调（改变相序），即可使电动机反转。

为了更换相序，需要使用两个接触器来完成。同时由于所采用的主令电器不同，控制方式可分为按钮控制和行程开关控制两大类。

1. 异步电机正、反转的按钮控制

图 3-33 为异步电机正、反转按钮控制的典型电路。图 3-33a 所示的主电路中，正转接触器 KM1 与反转接触器 KM2 的主触点接法不同，KM2 主触点闭合时，电动机电源线左、右两相互换，改变了相序而使电动机反转。从图中也可看出，KM1 和 KM2 主触点不允许同时闭合，否则会引起电源两相短路。为防止接触器 KM1 与 KM2 同时接通，在各自控制电路中串接对方的辅助常闭触点，形成电气联锁关系。

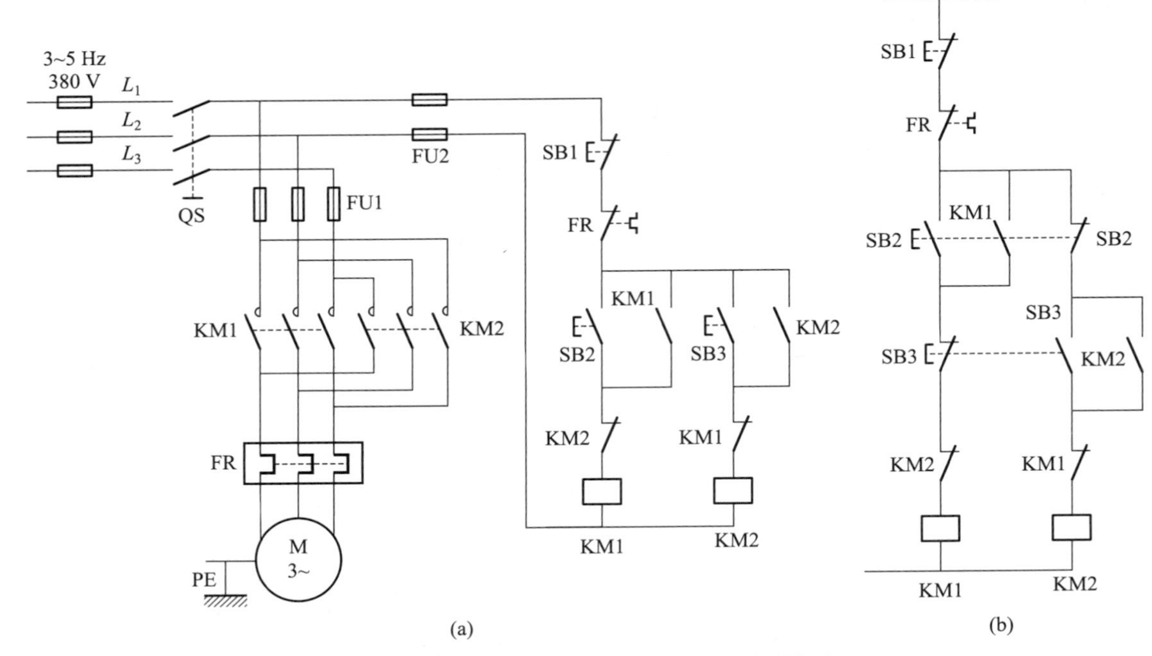

图 3-33　异步电机正、反转按钮控制的典型电路

图 3-33a 中，按下 SB2 使 KM1 得电并自锁，电动机正转。此时由于串接的 KM1 辅助触点已经断开，按下 SB3 并不能使接触器 KM2 得电。因而电动机要反转时，必须先按下停止按钮 SB1，使 KM1 失电，其辅助常闭触点复位闭合，然后再按下 SB3，KM2 才能得电，使电动机反转。这种电路也称为停车反转控制电路。

图 3-33b 是利用复合按钮的常闭触点，分别串接于对方接触器控制电路中，从而可以不使用停止按钮过渡而直接控制正、反转。这种电路亦称为直接正、反转控制电路。但要注意，这种直接正、反转控制仅用于小容量电动机，且拖动的机械装置转动惯量较小的场合。

2. 异步电机正、反转的行程开关控制

图 3-34 所示为行程开关控制的正、反转控制电路，它与按钮控制的正、反转电路相似，只是增加了行程开关的复合触点 SQ1 及 SQ2，适用于龙门刨床、铣床及导轨磨床等工作部件往复运动的场合。

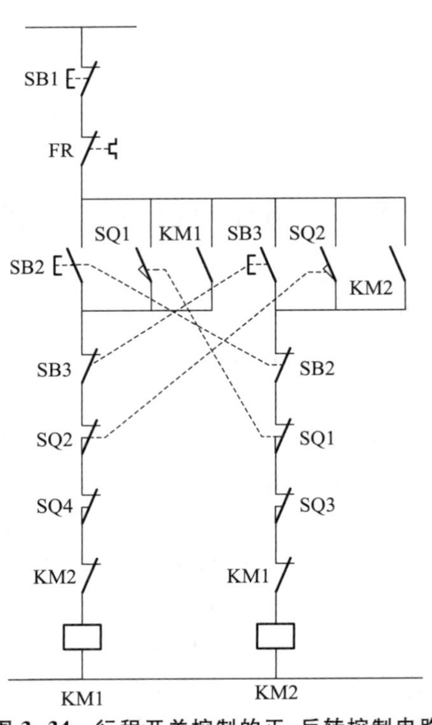

图 3-34　行程开关控制的正、反转控制电路

图 3-34 中的行程开关 SQ3、SQ4 作为极限位置保护用。KM1 得电后，电动机正转，当运动部件压下行程开关 SQ2 时，应使 KM1 失电，并接通 KM2，使电动机反转。但若 SQ2 失灵，运动部件继续前行会引起严重事故。为此在行程极限位置设置 SQ4（SQ3 装在相对的另一极端位

置),这样当运动部件压下 SQ4 后,KM1 失电而使电动机停止运转。

注意:行程控制电路中必须设置限位保护的行程开关。

3.5.3 异步电机的制动控制

异步电机被切断电源后,由于自身及其所拖动的转动部件的惯性,往往需要一段时间才能完全停转。因而对于要求停车时精确定位或尽可能减少辅助时间的生产设备,必须采取制动措施。常用的制动方式有机械制动和电气制动两种,其中,机械制动是利用机械或液压制动装置制动,电气制动是由电动机自身产生一个与原来旋转方向相反的力矩来实现制动。常用的电气制动方式有能耗制动和反接制动。

1. 能耗制动控制电路

所谓能耗制动,就是在异步电机刚被切断三相电源后,立即在定子绕组中通入直流电,使转子切割恒定磁场产生制动力矩,迫使电动机迅速停转。当转速趋近于零时,切断直流电源,制动过程完毕。

图 3-35b 和 c 所示分别为采用复合按钮手动控制及由时间继电器自动控制的能耗制动控制电路。图 3-35b 中,电动机正常运转时,按下停止按钮 SB1,KM1 失电的同时,接通 KM2,其常开主触点闭合,整流电路与定子绕组接通进行能耗制动。当转速降为零时,松开 SB1 按钮,KM2 失电而切断直流电源,能耗制动过程结束。

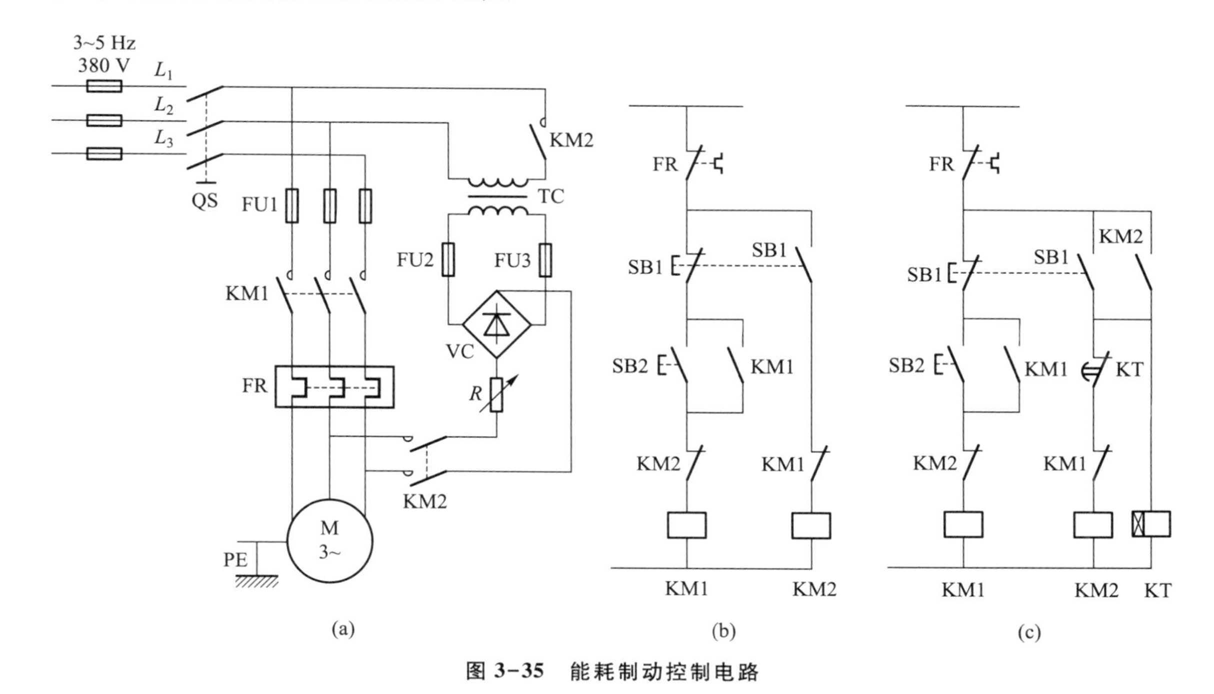

图 3-35　能耗制动控制电路

图 3-35c 是采用时间继电器 KT 自动控制能耗制动过程的电路,它仍用接触器 KM2 接通直流电源进行能耗制动,由时间继电器 KT 的常闭触点来控制能耗制动过程的时间。KT 常闭触头断开时切断 KM2 电源,制动过程结束,同时 KT 也失电。

制动作用的强弱与通入定子绕组直流电流的大小及电动机的转速有关，转速高、电流大则制动作用强，一般通入定子绕组的直流电流为空载电流的 3～4 倍较为合适。能耗制动比较缓和，制动产生的机械冲击对生产设备无大的危害，能取得较好的制动效果，因此应用较多。

2. 反接制动控制电路

反接制动是通过改变异步电机定子绕组上三相电源的相序，使定子产生反相旋转磁场作用于转子而产生制动力矩。

由于反接制动时，转子与旋转磁场的相对转速接近同步转速的两倍，所以定子绕组中流过的反接制动电流也相当于全压启动时电流的两倍。因此，反接制动的特点之一是制动迅速而冲击大，仅用于小容量电动机上。为了限制电流和减小机械冲击，反接制动时通常在定子电路中串接适当电阻，如图 3-36 中 KM2 主触点串接的电阻 *R*。反接制动的特点之二是电动机在制动力矩作用下转速下降到接近零时，应及时切除电源以防止电动机的反向再启动。

图 3-36 所示的反接制动控制电路是采用速度继电器 KS 按速度原则进行控制的。按下启动按钮 SB2 后 KM1 得电，电动机正常运转，速度继电器 KS 常开触点闭合，为反接制动做好准备。按下停止按钮 SB1 后 KM1 失电，KM2 得电闭合，使电动机定子绕组经电阻 *R* 后接通反相序电源，进行反接制动。

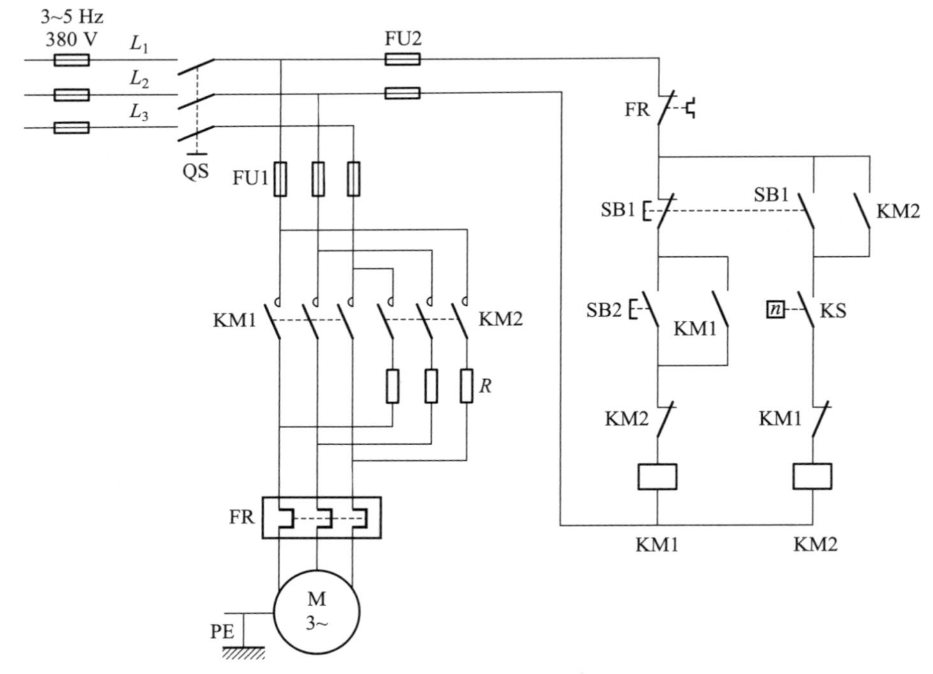

图 3-36　反接制动控制电路

电动机与速度继电器转子是同轴连接的，当电动机转速达到 120 r/min 以上时，速度继电器常开触点 KS 闭合；当电动机转速小于 100 r/min 时，速度继电器常开触点 KS 断开。利用这一特性可使电动机反接制动转速接近零时切断电源，防止反向再启动。

反接制动过程的结束由电动机转速来控制，这种由速度达到一定值而发出转换信号的控制称为按速度原则的自动控制。

反接制动的制动电流大，制动力矩大，制动迅速，但在制动过程中对传动机构冲击较大。另外在速度继电器动作不可靠时，还会引起反向再启动。因此，这种反接制动方式常用于不频繁启动，以及制动时对停车位置无准确要求，传动机构能承受较大冲击的设备中。

3.6 继电器-接触器系统控制电路的设计

继电器-接触器系统控制电路的设计包含原理设计与工艺设计两个基本部分，一般是先进行原理设计再进行工艺设计。其中，原理设计包括以下内容：

(1) 拟订电气控制设计任务书；

(2) 选择拖动方案、控制方式及电动机；

(3) 设计并绘制电气原理图，选择电气元件并制订元件明细表；

(4) 对原理图各连接点进行编号。

工艺设计包括以下内容：

(1) 根据电气原理图(包括元件明细表)，绘制电气控制系统的总装配图及总接线图；

(2) 电气元件布置图的设计与绘制；

(3) 电气组件和元件接线图的绘制；

(4) 电气箱及非标准零件图的设计；

(5) 各类元件及材料清单的汇总；

(6) 编写设计说明书和使用维护说明书。

3.6.1 电气原理图设计的注意事项

电气原理图的设计是电气系统设计的中心环节，可通过功能表图法、经验设计法、逻辑设计法等方法进行具体设计。其中，经验设计法就是利用基本电路知识，按照主电路→控制电路→辅助电路→联锁与保护→总体检查、反复修改与完善的步骤进行，适用于控制系统较为简单的场合。设计过程中，应当注意以下事项：

(1) 避免“临界竞争和冒险现象”的产生。

如图 3-37a 所示，按下 SB2 后，KM1、KT 通电，电动机 M1 运转，延时后，电动机 M1 停转而 M2 运转。但该电路同时使用了 KT 的延时常闭触点和延时常开触点，KT 延时后，其延时常闭触点由于机械运动原因先断开而延时常开触点晚闭合。当延时常闭触点断开后 KT 线圈随即断电，由于磁场不能突变为零和衔铁复位需要时间，可能导致延时常开触点状态失控而出现临界竞争现象。

改进后的电路如图 3-37b 所示。

(2) 尽量减少电气元件触点数量。

如图 3-38 所示，通过两个线圈共用同一个 KM1 常开触点，图 b 较图 a 节省了一个 KM1 常开触点。

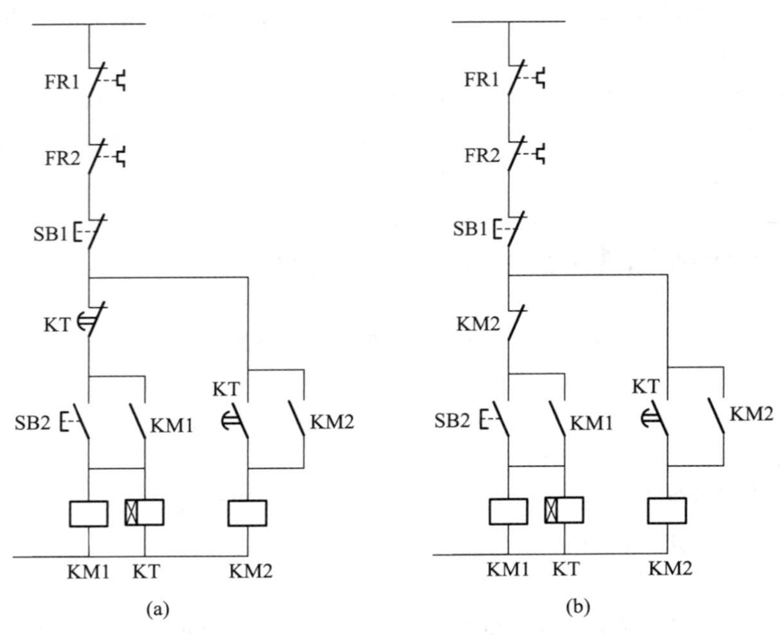

图 3-37　临界竞争电路及其改进后的电路

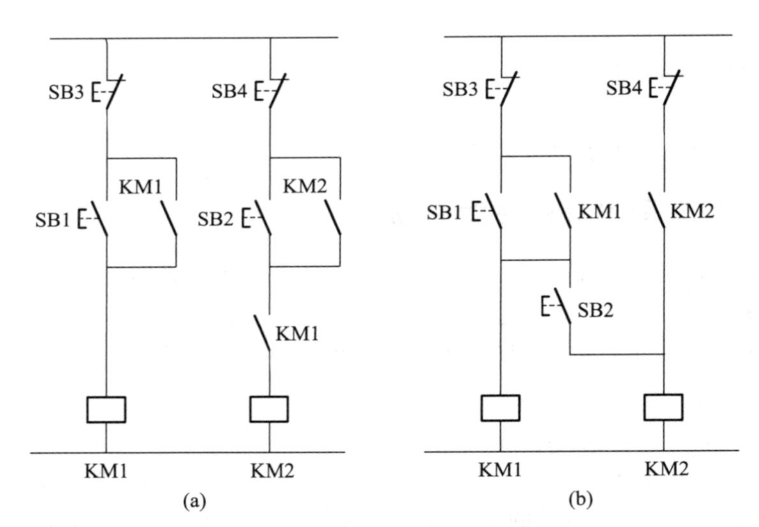

图 3-38　减少电气元件的触点数量

(3) 尽量减少电气线路的电源种类。

电源有交流和直流两大类,接触器和继电器等也有交、直流两大类,应尽量采用同一类电源。同时电压应符合标准等级,如交流电压一般为 380 V、220 V、127 V、110 V、36 V、24 V、6.3 V,直流电压为 12 V、24 V、48 V 等。

(4) 尽量减少电气元件的品种、规格、数量及触点数量。

同一用途的电气元件,尽可能选用同一型号规格。实现同一控制功能的电路不是唯一的,但在工作可靠的前提下,以电气元件和触点用得最少的电路为最优。

当元件用于通、断功率较大的动力电路时，应选交流接触器；若元件用于切换功率较小的电路（控制电路或微型电动机的主电路），则应选择中间继电器；若还伴有延时要求，则应选用时间继电器；若伴有限位控制，则应选用行程开关等。

（5）尽可能减少通电电器数量。

例如，时间继电器在完成延时控制功能以后，就应断电，以利节能和延长使用寿命。

3.6.2 控制系统的工艺设计

工艺设计的目的是满足电气控制设备的制造和使用要求，工艺设计的依据是电气原理图及元件明细表。工艺设计时，一般先进行电气设备总体配置设计，而后进行电气元件布置图、接线图、电气箱及非标准零件图的设计，再进行各类元件及材料清单的汇总，最后编写设计说明书和使用说明书，从而形成一套完整的设计技术文件。

1. 电气设备总体配置设计

各种电动机及各类电气元件根据各自的作用，都有一定的装配位置，在构成一个完整的电气控制系统时，应进行组件划分，同时要解决组件之间、电气箱与被控制装置之间的接线问题。组件通常可分成以下几种：

（1）设备电器组件。拖动电动机与各种执行电器（电磁阀、电磁铁和电磁离合器等）以及各种检测电器（行程开关及压力、速度和温度继电器等）必须安装在生产设备的相应部位，它们构成了设备电器组件。

（2）电气板和电源板组件。各种控制电器（接触器、中间继电器和时间继电器等）以及保护电器（熔断器、热继电器和过电流继电器等）安装在电气箱内，构成一块或多块电气板（主板）。控制变压器及整流、滤波元件也安装在电气箱内，构成电源板组件。

（3）控制面板组件。各种控制开关、按钮、指示灯、指示仪表和需经常调节的电位器等，必须安装在控制台面板上，构成控制面板组件。

各组件板和设备电器相互间的接线一般采用接线端子板，以便接拆。

总体配置设计是以电气系统的总装配图与总接线图形式来表达的，图中应以示意形式反映各电气部件（如电气箱、电动机组、设备电器等）的位置及接线关系，以及走线方式和使用管线要求等。

2. 电气元件布置图的绘制

电气元件布置图反映的是电气元件在电气箱或电气板上的实际安装位置。同一组件中电气元件的布置应注意以下几方面：

（1）体积大和较重的电气元件应安装在电气板的下面（一般电气板在电气箱内竖直安装，以便通风散热、接线和维修），发热元件应安装在电气板的上面。

（2）需要经常维护、检修和调整的电气元件的位置不宜过高过低。

（3）电气元件布置不宜过密，对易产生飞弧的接触器和自动开关尤其要注意。若采用板前走线槽配线方式，应适当加大各排电气元件间距，以利布线和维护。还应考虑整齐、美观。

（4）电气原理图中靠近的电气元件，应尽量布置得近些，以缩短接线。

（5）根据电气元件的外形绘制，并标出各电气元件间距尺寸。每个电气元件的安装尺寸及公差范围，应严格按标准标出，作为底板加工依据，以保证各电子元件的顺利安装。

(6) 在电气元件布置图设计中,还要根据本组件进、出线的数量和采用导线规格,选择进、出线方式,并选用适当接线端子板或接插件,按一定顺序标上进、出线的接线号。

3. 电气接线图的绘制

电气接线图是根据电气原理图及电气元件布置图绘制的,它一方面表示各电气组件(电气板、电源板、控制面板和设备电器)之间的接线情况,另一方面表示各电气组件板上电气元件之间的接线情况。因此,它是电气设备安装、电气元件配线和检修时查线的依据。

设备电器(电动机和行程开关等)可先接线至安装在生产设备上的分线盒,再从分线盒接线到电气箱内电气板上的接线端子板,也可不用分线盒直接接到电气箱。电气箱上各电气板、电源板和控制面板之间要通过接线端子板接线。接线图的绘制应注意以下几点:

(1) 电气元件按外形绘制,并与布置图一致,偏差不要太大。与电气原理图不同,在接线图中同一电气元件的各个部分(线圈、触点等)必须画在一起。

(2) 所有电气元件及其引线应标注与电气原理图相一致的文字符号及接线回路标号。

(3) 电气元件之间的接线一律采用单线表示法绘制,含几根线可从电气元件上标注的接线回路标号数看出来。当电气元件数量较多和接线较复杂时,也可不画各电气元件间的连线。电气组件之间的接线也一律采用单线表示法绘制,含线数可从接线端子板上的回路标号数看出来。

(4) 接线图中应标出配线用的各种导线的型号、规格、截面积及颜色等。规定交流或直流动力电路用黑色线,交流辅助电路用红色线,直流辅助电路用蓝色线,地线用黄绿双色线,与地线连接的电路导线以及电路中的中性线用白色线。还应标出电气组件间连线的护套材料,如橡胶套或塑套、金属软管、铁管和塑料管等。若电气接线图也能反映出电气组件间的接线情况,则在总体配置设计中所述的总装配图与总接线图也可省略。

4. 电气箱及非标准零件图的设计

生产设备的电气箱设计要考虑以下几方面的问题:

(1) 根据控制面板及箱内各电气板和电源板的尺寸确定电气箱的总体尺寸及结构方式。

(2) 根据各电气组件的安装尺寸,设计箱内安装支架(采用角铁、槽钢和扁铁等)。

(3) 从方便安装、调整及维修的要求出发,设计电气箱门。为利于通风散热,应设计通风孔或通风槽。为便于搬动,应设计起吊钩、起吊孔、扶手架或箱体底部活动轮。

(4) 结构紧凑,外形美观,要与生产设备本体配合协调,并提出一定的装饰要求。

根据上述要求,可先勾画出箱体外形草图,根据各部分尺寸,按比例画出外形图。而后进行各部分的结构设计,绘制箱体总装图及控制面板、底板、安装支架及装饰条等零件图,这些零件一般为非标准零件,要注明加工要求,如镀锌、油漆及刻字等,要严格按机械零件设计要求进行设计,所用材料有金属材料和非金属材料(胶木板和有机玻璃板等)。门锁和某些装饰零件应外购。

5. 各类元件及材料清单的汇总

电气系统原理设计及工艺设计结束后,应根据各种图样,对所需的元件及材料进行综合统计,按类别分别作出元件及材料清单表,以便供销和生产管理部门进行备料,这些资料也是成本核算的依据。

6. 设计说明书及使用说明书的编写

设计说明书及使用说明书是设计审定及调试、安装、使用及维护过程中必不可少的技术资料。使用说明书应提供给用户。

设计说明书应包含方案的选择依据、设计特点、主要参数计算、设计任务书中各项技术指标的核算与评价、设备调试要求与调试方法、使用维护及注意事项等内容。

使用说明书可分为机械和电气两部分，电气部分主要介绍电气结构，操作面板示意图，操作、使用、维护方法及注意事项，还要提供电气原理图和接线图等，以便用户检修。

3.6.3 设计举例

【例 3-1】 设计一个三相交流异步电机 M1、M2 的控制电路，其要求如下：

（1）按动 M1 的启动按钮，M1 启动并连续工作；

（2）按动 M2 的启动按钮，M2 启动并连续工作；

（3）M1 和 M2 不允许同时工作，但可以自由停止工作；

（4）M1 或 M2 过载时，可分别停止 M1 或 M2 工作。

分析：据要求（1），驱动 M1 的接触器 KM1 回路中应有启动按钮和自锁功能。同理，KM2 回路中也应有启动按钮和自锁功能。据要求（3）可知，KM1 和 KM2 应为联锁控制关系，且 KM1、KM2 回路中分别串入停止按钮。再据要求（4）来自 M1 和 M2 的热继电器分别停止 M1 和 M2 工作，因此 KM1 回路中应串入 FR1，KM2 回路中应串入 FR2。所求的控制电路如图 3-39 所示。

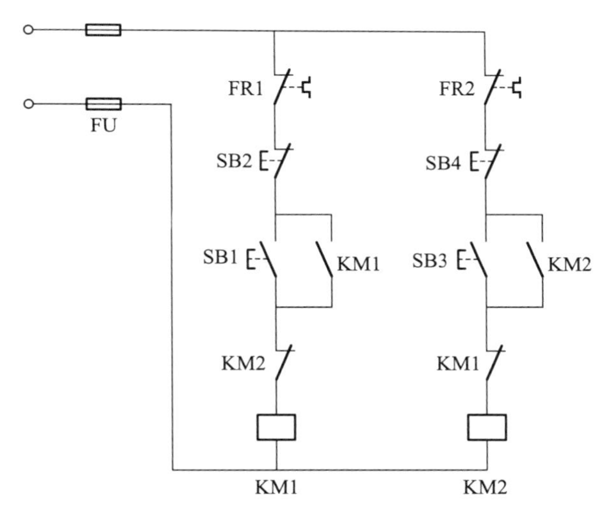

图 3-39　电动机 M1、M2 的控制电路

3.7 低压电器基础知识补充

3.7.1 低压电器的防护形式和防护等级

低压电器有防尘和防水两类防护形式。其中，第一类防护形式是指防止固体异物进入电器内部及防止人体触及内部的带电或运动部分的防护。第一类防护形式的分级（防尘等级）及定义见表 3-2。

表 3-2 第一类防护形式的分级（防尘等级）及定义

防护等级	简称	定义
0	无防护	没有专门的防护
1	防护直径大于 50 mm 的固体	能防止直径大于 50 mm 的固体异物侵入壳内；能防止人体（如手掌）偶然或意外触及壳内带电或运动部分，但不能防止有意识地接触这些部分
2	防护直径大于 12 mm 的固体	能防止直径大于 12 mm 的固体异物进入壳内，能防止手指触及壳内带电或运动部分
3	防护直径大于 2.5 mm 的固体	能防止直径大于 2.5 mm 的固体异物进入壳内，能防止厚度（或直径）大于 1 mm 的工具、金属线等触及壳内带电或运动部分
4	防护直径大于 1 mm 的固体	能防止直径大于 1 mm 的固体异物进入壳内，能防止厚度（或直径）大于 1 mm 的工具、金属线等触及壳内带电或运动部分
5	防尘	能防止灰尘进入壳内以致影响产品运行，完全防止触及壳内带电或运动部分
6	尘密	完全防止灰尘进入壳内，完全防止触及壳内带电或运动部分

第二类防护形式是指防止水进入内部达到有害程度的防护。第二类防护形式的分级（防水等级）及定义见表 3-3。

表 3-3 第二类防护形式的分级（防水等级）及定义

防护等级	简称	定义
0	无防护	对水或湿气无特殊防护
1	防滴	垂直落下的滴水不能直接进入产品内部
2	15°防滴	与铅垂线成 15°角范围内的滴水，应不能直接进入产品内部
3	防淋水	防雨或防止与铅垂线的夹角小于 60°的方向所喷洒的水侵入电器而造成损坏
4	防溅	防止各个方向飞溅而来的水侵入电器而造成损坏
5	防喷水	防止任何方向的喷射出的水侵入电器而造成损坏
6	防海浪或强力喷水	猛烈的海浪或强力喷水对产品应无有害的影响
7	浸水	产品在规定的压力和时间内浸在水中，进水量应无有害的影响
8	潜水	产品在规定的压力下长时间浸在水中，进水量应无有害的影响

表明产品外壳防护等级的标志由字母“IP”（ingress protection，进入防护）及两个数字组成。第一位数字表示上述第一类防护形式的等级（防尘等级），第二位数字表示上述第二类防护形式的等级（防水等级）。如需单独标志第一类防护形式的等级，则被略去的数字的位置，应以字母“X”补充。如 IP5X 表示第一类防护形式 5 级，IPX3 表示第二类防护形式 3 级。

3.7.2 低压电器的正常工作条件

为保证低压电器的正常工作,动作性能满足设计要求,其各部分的材质不受各种不利因素的影响,低压电器的使用必须满足以下正常工作条件。

(1) 使用场所的海拔:不超过 2 000 m。因为电气设备的绝缘耐压水平是随海拔升高而降低的,在海拔超过 2 000 m 的地方使用的电器,应选用符合特殊要求的产品。

(2) 周围空气温度:周围空气温度是指电器外的环境温度,包括最高温度和最低温度。其最高温度必须满足在运行中空气温度升高后,电器内部元件的温度不能超过其允许温度。电器周围空气最高温度,一般为+40 ℃。最低温度根据使用环境不同分为 4 种:① +50 ℃,适用于水冷电器;② -10 ℃,适用于电子式电器;③ -25 ℃;④ -40 ℃。低压电器选型时,应指明所需的最低温度级别。

(3) 空气相对湿度:全年湿季的月平均最大相对湿度为 90%,同时该月的月平均最低温度为 25 ℃,并考虑因温度变化允许在电器表面上凝露。

(4) 对安装方位有规定的或动作性能受重力影响的电器,安装倾斜度不大于 5°。

(5) 无明显颠簸、冲击和振动。

(6) 介质无爆炸危险,且周围环境中没有足以腐蚀金属和破坏绝缘的气体与尘埃,特别是导电尘埃。

(7) 无雨雪侵袭。

3.7.3 低压电器的安全类别

低压电器的安全类别应与电气主接线中的使用位置级别有关。低压电器安全类别共分 4 级:Ⅰ级信号水平级;Ⅱ级负载水平级;Ⅲ级配电及控制水平级;Ⅳ级电源水平级。

3.7.4 低压电器的主要技术参数

以塑壳断路器和交流接触器为例说明低压电器的主要技术参数及其含义。

1. 塑壳断路器技术参数

图 3-40 中虚线框按序号分别说明如下:

① 产品型号,图中示例为 NM1-125S/3300,按从左到右顺序排列,N 为企业特征代号,M 表示塑壳断路器,1 为设计序号,125 为壳架等级额定电流(即外壳所能承受的最大电流为 125 A),S 为分断能力特征代号(S 标准型,H 较高型,R 限流型),3 为极数(三极),3 为脱扣器方式(复式脱扣器),00 为附件(表示无附件)。

② 额定电流“In”为 63 A,额定绝缘电压“Ui”为 800 V,额定脉冲耐受电压“Uimp”为 8 kV,表示电器在最大过电压时的承受能力;额定工作频率“f”为 50 Hz。

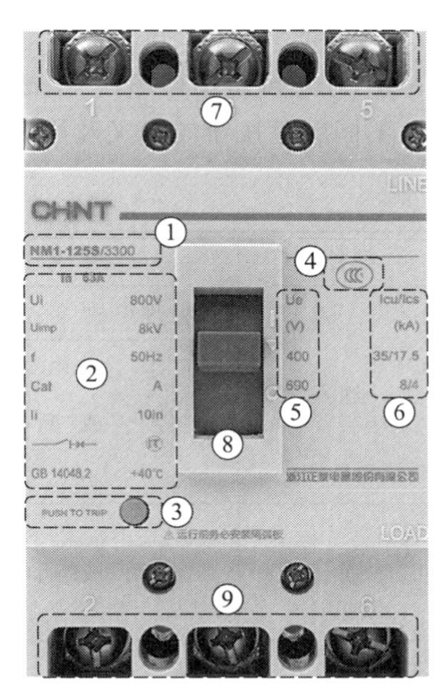

图 3-40 塑壳断路器技术参数

③ 复位按钮。

④ 国家 3C(China compulsory certification,CCC)安全认证标识。

⑤ “Ue”为额定工作电压,是电器可以长期通电的工作电压。

⑥ “Icu/Ics”为极限短路/运行短路分断能力。

⑦ 输入端子。

⑧ 分合闸手柄。

⑨ 输出端子。

2. 交流接触器技术参数

图 3-41 中,“Ui”为绝缘电压,是与介电性能试验和漏电距离相关的考核电压,任何情况下都应高于或等于额定工作电压;“Ith”为极限电流;“Ue”为额定电压,指电器长期通电的工作电压;“Ie”为额定电流;“Pe”为额定功率。

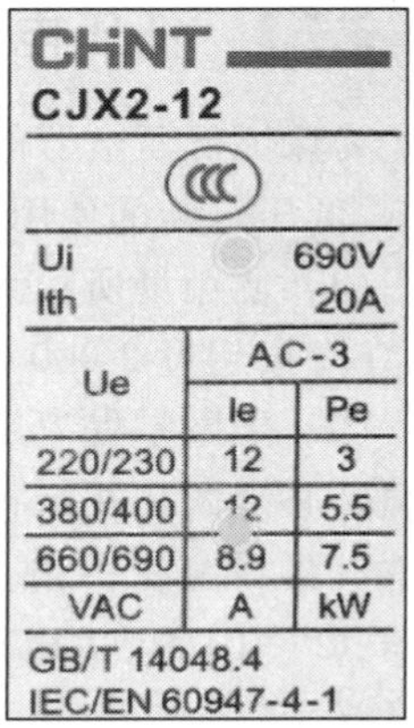

CHiNT
CJX2-12

Ui		690V
Ith		20A
Ue	AC-3	
	Ie	Pe
220/230	12	3
380/400	12	5.5
660/690	8.9	7.5
VAC	A	kW

GB/T 14048.4
IEC/EN 60947-4-1

图 3-41 交流接触器技术参数

3.7.5 按钮开关的颜色选用

关于按钮颜色的选用,通常情况下:

① 红色按钮一般用于“停止”“断电”或“事故”。

② 绿色按钮优先用于“启动”或“通电”,允许选用黑、白或灰色按钮。

③ 一钮双用的“启动”与“停止”或“通电”与“断电”按钮,即交替按压后改变功能的按钮,不能选用红色或绿色按钮,而应用黑、白或灰色按钮。

④ 按压时运动,抬起时停止运动(如点动、微动按钮),应用黑、白、灰或绿色按钮,最好是黑色按钮,不能用红色按钮。

⑤ 单一复位功能用蓝、黑、白或灰色按钮。

⑥ 同时具有“复位”“停止”与“断电”功能的用红色按钮。

⑦ 灯光按钮不得用作“事故”按钮。

不同颜色按钮的含义及用途见表 3-4。

表 3-4 不同颜色按钮的含义及用途

颜色	含义	用途
红	处理事故	紧急停机、扑灭燃烧
	“停止”或“断电”	正常停机、停止一台或多台电动机 装置的局部停机 切断一个开关 带有“停止”或“断电”功能的复位
绿	“启动”或“通电”	正常启动、启动一台或多台电动机 装置的局部启动 接通一个开关装置(投入运行)
黄	参与	防止意外情况、参与抑制反常状态 避免不需要的变化(事故)

续表

颜色	含义	用途
蓝	上述颜色未包含的任何指定用意	红、黄和绿色未包含的用意,都可用蓝色
黑、灰、白	无特定用意	除单功能的“停止”或“断电”按钮外的任何功能

3.7.6 机电设备常用的低压电线电缆

机电设备的设计和使用涉及电线电缆的选用。所谓“电线电缆”,是指用于电力、电气及相关信号传输用途的材料,可定义为由下列部分组成的集合体:一根或多根绝缘线芯,以及它们各自可能具有的包覆层、总保护层及外护层,电缆亦可有附加的没有绝缘的导体。通常将芯数少、产品直径小、结构简单的产品称为电线,并按绝缘状况分为裸电线和绝缘电线两大类。将由一根或多根相互绝缘的导电线芯置于密封护套中构成的绝缘导线称为电缆。电缆与电线一般都由线芯、绝缘包皮和保护外皮三个组成部分组成,导体截面积小于或等于 6 mm^2 又称为布电线。

1. 电线电缆的型号与规格

电线电缆的型号主要由七部分构成,见表 3-5。

表 3-5 电线电缆的型号构成

序号	代号分类	代号及其说明	
1	类别、用途代号	A—安装线 B—绝缘线 C—船用电缆 K—控制电缆 N—农用电缆 R—软线 U—矿用电缆 Y—移动电缆	JK—绝缘架空电缆 M—煤矿用 ZR—阻燃型 NH—耐火型 ZA—A 级阻燃 ZB—B 级阻燃 ZC—C 级阻燃 WD—低烟无卤型
2	导体代号	T—铜芯(默认不标识)	L—铝芯
3	绝缘层代号	V—聚氯乙烯 YJ—XLPE 绝缘 X—橡皮	Y—聚乙烯料 F—聚四氟乙烯
4	护层代号	V—聚氯乙烯护套 Y—聚乙烯料 N—尼龙护套 P—铜丝编织屏蔽	P2—铜带屏蔽 L—棉纱编织涂蜡克漆 Q—铅包
5	特征代号	B—扁平形 R—柔软 C—重型 Q—轻型	G—高压 H—电焊机用 S—双绞型
6	铠装层代号	2—双钢带 3—细圆钢丝	4—粗圆钢丝
7	外护层代号	1—纤维层 2—PVC 套	3—PE 套

低压电器常用的聚氯乙烯绝缘电线型号见表 3-6。

表 3-6 低压电器常用的聚氯乙烯绝缘电线型号

型号		名称	用途
铜芯	铝芯		
BV	BLV	聚氯乙烯绝缘线	额定电压为 450 V/750 V 和 300 V/500 V。适用于各种交流、直流电器装置,电工仪表、仪器,电信设备,动力及照明线路固定敷设之用
BVV	BLVV	聚氯乙烯绝缘氯乙烯护套圆形绝缘线	
BVVB	BLVVB	聚氯乙烯绝缘氯乙烯护套扁平形绝缘线	
BVR		聚氯乙烯柔软绝缘线	
BV-105		耐热 105 ℃聚氯乙烯绝缘软线	
RV		聚氯乙烯绝缘软线	适用于各种交流、直流电器,电工仪表,家用电器,小型电动工具,动力及照明装置的连接
RVB		聚氯乙烯绝缘扁平形软线	
RVS		聚氯乙烯绝缘双绞形软线	
RVV		聚氯乙烯绝缘聚氯乙烯护套圆形软线	
RVVB		聚氯乙烯绝缘聚氯乙烯护套扁平形软线	
RV-105		耐热 105 ℃聚氯乙烯绝缘软线	
RVP		聚氯乙烯绝缘铜丝编织屏蔽软线	用于防干扰场所
RVVP		聚氯乙烯绝缘聚氯乙烯护套铜丝编织屏蔽软线	
RVP-105		耐热 105 ℃聚氯乙烯绝缘铜丝编织屏蔽软线	

电线电缆的规格采用额定电压、芯数和标称截面来表示。电线及控制电缆等一般的额定电压为 300 V/300 V、300 V/500 V、450 V/750 V;中低压电力电缆的额定电压一般有 0.6 kV/1 kV、1.8 kV/3 kV、3.6 kV/6 kV 等。标称截面是指导体横截面的近似值,单位为 mm^2。为了达到规定的直流电阻,方便记忆并且统一而规定的一个导体横截面附近的一个整数值。我国统一规定的导体横截面(单位为 mm^2)有 0.5、0.75、1、1.5、2.5、4、6、10、16、25、35、50、70、95、120 等。

【例 3-2】 电线电缆完整的型号规格:

BVV-0.6/1 3×150+1×70 GB/T 12706.2—2020

其中,BVV——铜芯聚氯乙烯绝缘聚氯乙烯护套绝缘线,额定电压为 0.6 kV/1 kV,3+1 芯,主线芯的标称截面为 150 mm^2,第四芯截面为 70 mm^2,生产标准为 GB/T 12706.2—2020。

2. 电线电缆载流量的选择

载流量是指在规定条件(敷设条件、温度条件)下,导体能够连续承载(非短路)而不致使其稳定温度(过高则烧坏)超过规定值(绝缘体的最高温度)的最大电流。选择导线时要注意根据电流选择合适的线径,以免发热量过大造成危险。

对于简单的绝缘线选型,可参考以下经验数值:

1 mm^2铜芯线允许长期负载电流为6~8 A;

1.5 mm^2铜芯线允许长期负载电流为8~15 A;

2.5 mm^2铜芯线允许长期负载电流为16~25 A;

4 mm^2铜芯线允许长期负载电流为25~32 A;

6 mm^2铜芯线允许长期负载电流为32~40 A。

或者参考以下经验估算口诀:

二点五下乘以九,往上减一顺号走;
三十五乘三点五,双双成组减点五;
条件有变加折算,高温九折铜升级;
穿管根数二三四,八七六折满载流。

"二点五下乘以九,往上减一顺号走":即2.5 mm^2及以下的各种截面铝芯绝缘线,其载流量约为截面积数值的9倍。如2.5 mm^2导线,载流量为2.5×9 A=22.5 A。4 mm^2及以上导线的载流量与截面积数值之间的倍数逐次减1,即4×8 A、6×7 A、10×6 A、16×5 A、25×4 A。

"三十五乘三点五,双双成组减点五":即35 mm^2的导线载流量为截面积数值的3.5倍,35×3.5 A=122.5 A。50 mm^2及以上的导线,两个线号成一组,其载流量与截面积数值之间的倍数依次减0.5,即50 mm^2、70 mm^2导线的载流量为截面积数值的3倍;95 mm^2、120 mm^2导线的载流量是其截面积数值的2.5倍,以此类推。

"条件有变加折算,高温九折铜升级":这一条口诀是针对铝芯绝缘线明敷在环境温度高于25 ℃的条件而定的。若铝芯绝缘线明敷在环境温度长期高于25 ℃的地区,导线的载流量可按上述口诀计算方法算出后乘以0.9;使用铜芯绝缘线时可按上述口诀计算出比铝芯绝缘线大一个线号的载流量,如1.5 mm^2铜芯绝缘线的载流量,可按2.5 mm^2铝芯绝缘线等价计算。

3.8 本章小结

低压电器是机电系统中不可取代的基本组成元件,广泛应用于工厂及家用设备的电气控制和供配电控制中。本章首先介绍了常用低压电器的功能特点和符号,以及电气原理图绘制的基本知识;之后分析了继电器-接触器系统的基本控制电路,异步电机的基本控制等内容。同时,还针对机电控制系统设计需求,补充介绍了低压电器的防护等基础知识。

本章的知识重点:

1. 常用低压电器的功能特点和图形、文字符号;
2. 电气原理图的绘制方法;
3. 继电器-接触器系统基本控制电路;
4. 异步电机的启停和正、反转控制。

复习参考题

1. 试述断路器和熔断器的工作原理并比较两者异同。

2. 中间继电器和接触器有何异同？在什么条件下可以用继电器来代替接触器启动电动机？

3. 电动机的启动电流很大，当电动机启动时，热继电器会不会动作？为什么？

4. 既然在电动机的主电路中装有熔断器，为什么还要装热继电器？装有热继电器是否可以不装熔断器？为什么？

5. 继电器接触器控制线路中一般应设哪些保护？各有什么作用？短路保护和过载保护有什么区别？

6. 什么叫“自锁”“互锁（联锁）”？试举例说明各自的作用。

7. 电气原理图中QS、FU、KM、KI、KT、SB、SQ分别是什么电气元件的文字符号？

8. 画出异步电机星形-三角形启动的控制线路，并说明其优、缺点及适用场合。

9. 机床主轴和润滑油泵各由一台电动机带动，要求主轴必须在油泵开动后才能启动。主轴能正、反转并能单独停车，有过载保护等。试绘出电气控制原理图。

10. 设计一个控制线路，要求第一台电动机启动10 s后，第二台电动机自行启动，运行5 s后，第一台电动机停止并同时使第三台电动机自行启动，再运行15 s后，电动机全部停止。

11. 设计一小车运行的控制线路，小车由异步电机拖动，其动作程序如下：

（1）小车由原位开始前进，到终点后自动停止。

（2）在终点停留2 s后自动返回原位停止。

（3）要求能在前进或后退途中任意位置都能停止或启动。

第4章　可编程控制器(PLC)

4.1　PLC 简介

可编程控制器(programmable logic controller)简称 PLC,是一种融合传统继电器控制技术、计算机技术和通信技术为一体,广泛应用于工业自动化领域的自动控制设备。国际电工委员会(IEC)定义可编程控制器为一种数字运算操作的电子系统,专为在工业环境下应用而设计。它采用可编程的存储器,用来在其内部存储执行逻辑运算、顺序控制、定时、计数和算术运算等操作的指令,并通过数字式、模拟式的输入和输出,控制各种类型的机械或生产过程。可编程控制器及其有关设备,都应按易于与工业控制系统连成一个整体,易于扩展功能的原则设计。

可编程控制器出现之前,自动控制系统基本上都是由继电器、定时器、接触器和触点按一定逻辑关系连接构成的继电器-接触器系统,按照预先设定好的时间或条件顺序工作。当生产工艺或控制对象改变时,必须改变控制系统的硬件接线,因而通用性和灵活性较差,改型和升级比较困难。1968 年,美国通用汽车公司(GM)为了适应生产工艺不断更新的需要提出了著名的"GM 十条",要求新系统应具备编程方便、可现场修改程序等功能,从而将继电器-接触器控制与计算机的优点相结合,通过计算机的软件逻辑编程替代继电器-接触器控制的硬件接线逻辑。1969 年,美国数字设备公司(DEC)根据上述要求研制出了第一台可编程控制器,在 GM 的生产线上试用成功。

早期的可编程控制器仅有逻辑运算、定时和计数等顺序控制功能,因此被称为可编程逻辑控制器。随着电子技术、计算机技术的迅速发展,可编程控制器的功能已远远超出了逻辑运算的范围,成为具有逻辑控制、过程控制、运动控制、数据处理和联网通信等功能的,名副其实的多功能控制器。只是为了避免与个人计算机(personal computer,PC)混淆,所以仍然简称其为 PLC。

4.1.1　PLC 的主要特点

PLC 除了具备继电器-接触器控制系统和计算机系统的功能之外,还有自己的特点。

(1) 可靠性高,抗干扰能力强

与传统的继电器-接触器控制系统相比较,PLC 利用"软"继电器逻辑(实际是微处理器内部的特定寄存器单元)和无触点晶体管电路代替实体继电器,较好地避免了电器老化和机械触点的氧化、抖动等现象。与普通计算机比较,PLC 在结构上对防热、防潮、防尘、抗振等方面都有充分考虑,并且在硬件电路上采取了光电隔离、屏蔽和滤波等抗干扰措施,使其具有良好的抗干扰能力,可靠性大大提高,平均无故障时间超过 IEC 规定的 10 万小时。

(2) 应用灵活,适应性强

PLC 采用模块化、标准化的积木式硬件结构,可以灵活组合和扩展成大小不同、功能不同的控制系统。同时,PLC 采用与继电器-接触器原理图极为相似的梯形图语言,编程直观、简单。由于其依靠软件实现控制,硬件线路非常简洁,当用户改变控制要求时,只要修改用户程序即可,无须修改硬件接线,适应能力非常强。

(3) 功能完善,通用性强

PLC 的输入输出系统能够适应各种形式和性质的开关量和模拟量的输入输出。除了基本的逻辑运算、算术运算、定时、计数以及顺序控制功能外,配合特殊功能模块还具备 PID 运算、过程控制和数字控制等功能,能够通过现场总线与其他系统、设备共同组成分布式或分散式控制系统,很好地满足各种类型控制的需要。同时 PLC 还具有完善的诊断、信息存储及监视功能,对于其内部的工作状态、通信状态、异常状态和 I/O 接口状态等均有直观显示,有利于运行维护人员对系统进行监视。

4.1.2 PLC 的分类与性能指标

1. 按 I/O 点数分类

PLC 的控制规模是以配置的输入/输出(I/O)点数来衡量的。PLC 的 I/O 点数表明了 PLC 可从外部接收多少个输入信号和向外部发出多少个输出信号,实际上也是 PLC 的输入/输出端子数。根据 PLC 的 I/O 点数可将 PLC 分为以下三类:

(1) 小型 PLC。小型 PLC 的 I/O 点数(总数)在 256 点以下,一般只具有逻辑运算、定时、计数和移位等功能,适用于小规模开关量的控制,可用于实现条件控制、顺序控制等。有些小型 PLC 增加了算术运算、模拟量处理和数据通信等功能,能适应更广泛的需要,可用于控制自动化单机设备,开发机电一体化产品。典型产品如西门子的 S7-200 SMART 系列、S7-1200 系列,三菱公司的 FX 系列等。

(2) 中型 PLC。中型 PLC 采用模块化结构,I/O 点数一般为 256~1 024 点。除了具备逻辑运算功能,还增加了模拟量输入/输出、算术运算、数据传送、数据通信等功能,可完成既有开关量又有模拟量的复杂控制。中型 PLC 功能强,配置灵活,适用于复杂逻辑控制以及连续生产过程控制等场合。典型产品如西门子的 S7-300 系列和 S7-1500 系列等。

(3) 大型 PLC。大型 PLC 的 I/O 点数为 1 024 点以上,功能与工业控制计算机相当,控制规模大,组网能力强,可用于大规模过程控制,构成分布式控制系统,或者整个工厂的集散控制系统。典型产品如西门子的 S7-400 系列等。

2. 按结构形式分类

按照结构形式的不同,PLC 可分为整体式、模块式两种。

(1) 整体式(也称为单元式)PLC。PLC 的电源、CPU、I/O 部件集中配置在一个机壳内,容易装配在工业控制设备的内部,适合生产机械的单机控制。整体式 PLC 的缺点是主机的 I/O 点数固定,使用不够灵活。小型 PLC(如 S7-200)多为整体式结构。

(2) 模块式(也称为组合式)PLC。PLC 的各部分以单独的模块分开设置,可根据控制要求灵活配置所需模块,构成功能不同的各种控制系统。一般大、中型 PLC(如 S7-300 系列和 S7-400 系列)多采用这种结构。

3. PLC 的性能指标

PLC 的性能通常用以下多种指标来综合表述。

(1) 存储容量

存储容量是指用户程序存储器的容量，通常以 K 字(KW)、K 字节(KB)等为单位来计算。中、小型 PLC 存储容量一般在 8 KB 以下，大型 PLC 存储量有的达到 256 KB 至 2 MB。也有 PLC 以编程的步数来表示存储容量，一条语句为一步，占用一个地址单元。用户程序存储器的容量大，便于满足复杂程序的编制要求。

(2) I/O 点数

I/O 点数是 PLC 可以接受的输入、输出信号的总和，是衡量 PLC 性能的重要指标。PLC 的输入/输出量有开关量和模拟量两种。对于开关量 I/O，其 I/O 总数用最大 I/O 点数表示；对于模拟量 I/O，其 I/O 总数用最大 I/O 通道路数表示。I/O 点数越多，外部可接入的设备和元件就越多，控制规模就越大，因此是选型时最重要的指标之一。

(3) 扫描速度

扫描速度是指 PLC 执行用户程序的速度，一般以扫描 1 000 步用户指令所需的时间来衡量，通常以 ms/K 为单位。

(4) 内部寄存器

包括辅助寄存器(也称辅助继电器)、计数器/计时器、移位寄存器和特殊寄存器等，可用于存放变量、数据。这些元件的种类和数量越多，PLC 存储和处理各种信息的能力也越强。

(5) 指令系统

PLC 编程指令的功能越强、数量越多，PLC 的处理能力和控制能力也越强，越容易完成复杂的控制任务。

(6) 其他

包括可扩展能力(如 I/O 点数的扩展、存储容量的扩展等)，输入/输出方式，可配置的特殊功能模块以及 PLC 的环境适应性等。

4.2 PLC 的工作原理

广义上，PLC 可以看作是一种单总线结构的工业计算机控制系统，它通过执行用户程序实现具体的控制功能，完成对开关量和模拟量的控制，如图 4-1 所示。

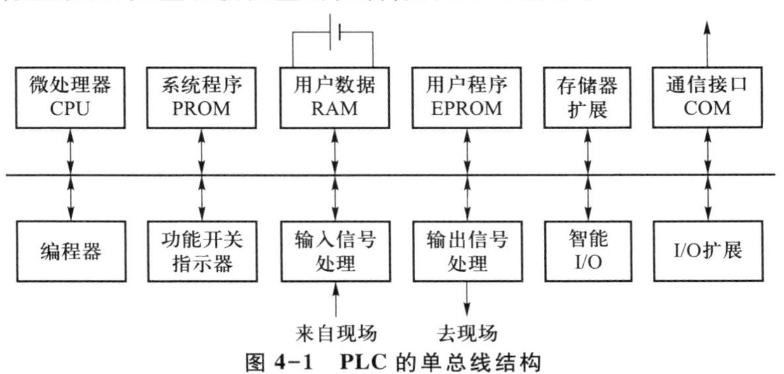

图 4-1 PLC 的单总线结构

4.2.1 PLC 的等效电路

图 4-2 是 PLC 的基本结构框图，主要由 CPU、存储器和输入/输出模块等部分组成。其中输入/输出模块通常依照继电器-接触器控制系统的习惯分别称为“输入继电器”和“输出继电器”。实际上，这里的继电器是 PLC 内部的“软件继电器”，是 PLC 中央处理器中相应寄存器的某一位，因而可以提供任意多的常开触点或常闭触点供 PLC 编程使用。

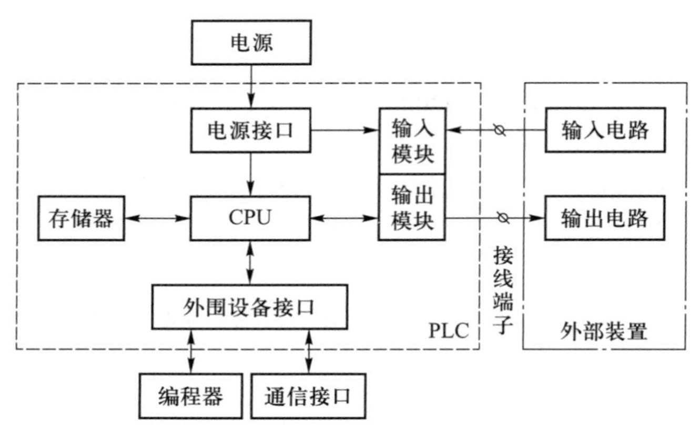

图 4-2　PLC 的基本结构框图

PLC 的输入部分由外部输入电路、PLC 的输入接线端子和内部的“输入继电器”组成。外部输入信号经 PLC 的输入接线端子驱动输入继电器的线圈，相同编号的输入端子与输入继电器是唯一对应的。

注意：输入继电器只能通过来自现场的输入电器（如按钮、行程开关、各种检测或保护电器）来触发，不能用编程的方式来控制，外部输入电器处于接通状态时，对应的输入继电器动作。

PLC 的输出部分由内部的“输出继电器”、PLC 的输出接线端子和外部输出电路组成，用来驱动外部负载。输出继电器的触点可以是“软触点”，也有部分 PLC 在电路板上配置了对应的机械触点或集电极输出电路与接线端子相连。

注意：驱动外部负载电路的电源必须由外部电源提供，种类及规格根据负载要求配备，只要在 PLC 允许的电压范围内工作即可。

图 4-3 是 PLC 的等效工作电路，可见 PLC 内部是由用户程序形成的以“软件继电器”来代替硬件继电器的控制逻辑，按照用户程序规定的逻辑对输入信号和输出信号的状态进行检测、判断、运算和处理，并得到相应的输出。用户程序一般可通过梯形图编制，与继电器-接触器控制系统的电路图非常相似。

4.2.2 PLC 的工作方式

PLC 的运行总是处在不断循环扫描的过程中，每次扫描所用的时间称为扫描时间，又称为扫描周期或工作周期。PLC 采用周期性循环扫描和集中批处理的工作方式。PLC 的 I/O 点数较多，采用集中批处理的方法可以简化操作过程，提高系统的可靠性。

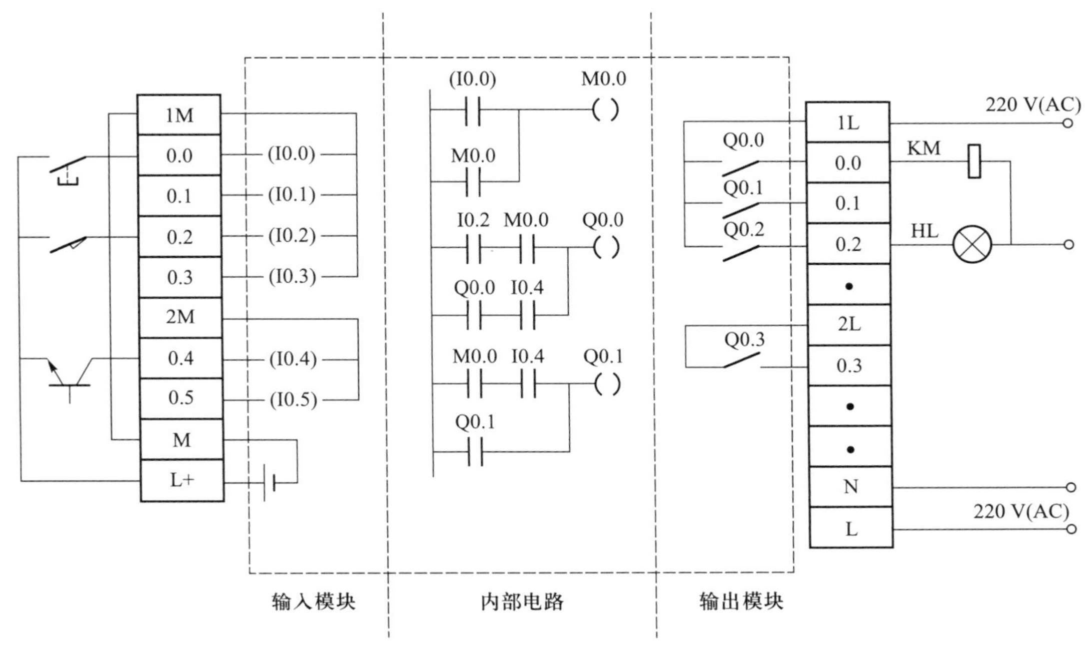

图 4-3　PLC 的等效工作电路

PLC 启动后,先进行初始化处理,包括对工作内存的初始化、复位所有的定时器、将输入/输出继电器清零、检查 I/O 单元连接是否完好等,如有异常则发出报警信号。初始化完成之后,PLC 就进入周期性扫描过程,按顺序逐条执行用户指令直至程序结束,再返回第一条指令开始新的一轮扫描。

PLC 的工作过程分为以下 4 个阶段。

(1) 公共处理扫描阶段

公共处理扫描阶段主要包括 PLC 自检、系统初始化、执行来自外设的命令、对看门狗定时器(watch dog timer,WDT)清零等工作。之后进入"输入采样""执行用户程序"和"输出刷新"三个扫描阶段(也称批处理过程)。

(2) 输入采样扫描阶段

在输入采样扫描阶段,按顺序逐个采集所有输入端子上的信号,并将采集到的输入信号写到输入映像寄存器中。进入程序执行和输出刷新阶段后,输入映像寄存器将与外部隔离,不受外部输入信号状态变化的影响。在当前的扫描周期内,用户程序依据的输入信号的状态(ON 或 OFF)只从输入映像寄存器中读取,以保证程序正确执行。

(3) 执行用户程序扫描阶段

在执行用户程序扫描阶段,CPU 对用户程序按顺序进行逐条扫描。执行过程中,所有输入状态均从输入映像寄存器读取。每一次运算的中间结果都立即写入输出映像寄存器中,以供随后将要扫描到的指令所使用。输出映像寄存器的扫描结果在全部程序未执行完毕之前不会送到输出端子驱动外部负载,也就是物理输出不会改变,而是写入输出映像寄存器中,在输出刷新扫描阶段集中进行批处理。

(4) 输出刷新扫描阶段

当 CPU 对全部用户程序扫描结束后,PLC 将各输出继电器的状态同时送到输出锁存器中,经输出端子驱动所带负载。在输出刷新扫描阶段结束后,CPU 进入下一个扫描周期。

上述批处理过程如图 4-4 所示。可见,PLC 程序的扫描特性决定了 PLC 的输入和输出状态并不能在扫描的同时发生改变。

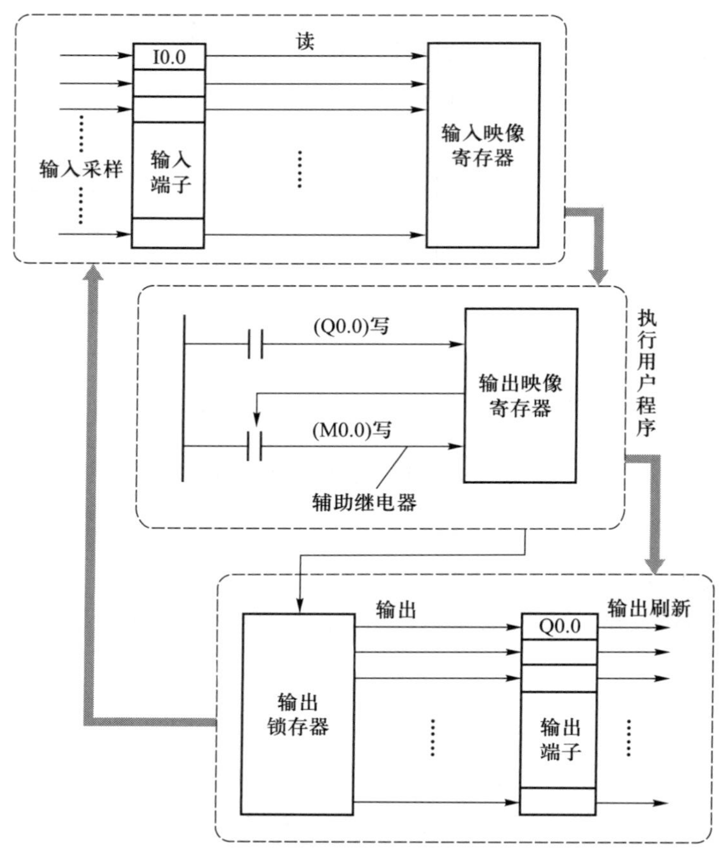

图 4-4　PLC 的批处理过程

4.2.3　PLC 对输入/输出的处理规则

通过对用户程序执行过程的分析,可总结出 PLC 对输入/输出的处理规则,如图 4-5 所示。

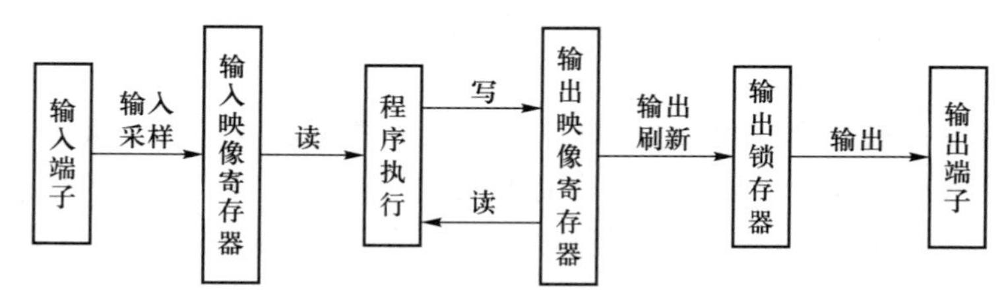

图 4-5　PLC 的输入/输出处理规则

（1）输入映像寄存器中的数据是在输入采样扫描阶段扫描到的输入信号，并被集中写入，在当前扫描周期中不随外部输入信号状态的变化而变化。

（2）输出映像寄存器的状态由用户程序中输出指令的执行结果决定。

（3）输出锁存器中的数据在输出刷新扫描阶段从输出映像寄存器中读取，并被集中写入。

（4）输出端子的输出状态由输出锁存器中的数据确定。

（5）执行用户程序时所需的输入、输出状态，从输入映像寄存器和输出映像寄存器中读出。

4.3 PLC 控制系统的设计内容和步骤

PLC 控制系统由输入、输出设备连接而成，其设计的基本内容和步骤如下：

（1）根据生产工艺过程分析具体的控制要求，如系统需要完成的动作（动作顺序、动作条件、必需的保护和联锁控制等）和操作方式（手动、自动，连续、单周期、单步等）等。

（2）根据控制要求确定所需的用户输入电器（按钮、操作开关、限位开关、传感器等）、输出电器（继电器、接触器等）以及输出设备驱动的控制对象（电动机、电磁阀等），并据此确定所需的 PLC 开关量和模拟量 I/O 点数以及特殊功能模块。

（3）选择 PLC，包括机型、I/O 点容量、I/O 模块、电源模块等。

（4）分配 PLC 的 I/O 点，绘制 I/O 接线图，编制 I/O 地址号分配对照表。

（5）设计 PLC 控制程序，包括控制系统的状态流程图设计和梯形图设计，需经反复调试、修改，必要时还可修改硬件电路，直到满足要求为止。同时可进行控制台（柜）的设计和现场施工。

（6）编制控制系统的技术文件。控制系统的技术文件包括说明书、电气图、PLC 的 I/O 连接图及电气元件明细表等。此外，电气图还应包括程序图（梯形图），以便于用户在生产发展或工艺改进时修改程序，或在维修时分析和排除故障。

4.4 PLC 的编程语言

PLC 是以程序的形式进行工作的。根据 IEC61131-3 标准规定，目前有 5 种 PLC 控制逻辑编程的标准语言，包括梯形图（ladder diagram，LD）、功能块图（function block diagram，FBD）、顺序功能图（sequential function chart，SFC）三种图形化编程语言，以及指令表（instruction list，IL）和结构化文本（structured text，ST）两种文本化编程语言。实际编程时，可以在同一项目中根据需要组合运用不同的编程语言。

4.4.1 梯形图

梯形图（LD，西门子 PLC 称为 LAD）直观、形象，是目前应用最普遍的 PLC 编程语言，是在继电器-接触器控制系统原理图的基础上演变而来的，并沿用了继电器的触点、线圈、串并联等术语和图形符号。

梯形图是由多个“阶梯”（也称为网络）组成的形象化编程语言，如图 4-6 所示。左、右两端的竖线类似继电器-接触器控制回路的电源线，称作母线（大部分 PLC 梯形图只保留左边的母线），母线之间是触点之间、触点与输出线圈之间的逻辑连接。梯形图两端母线只是借用“电源”

概念，没有也不会产生真实的物理电流流动，为了便于与继电器-接触器控制系统对照理解，可以称其为“虚电流”或“能量流”。虚电流总是从左母线出发，经触点、线圈流入右母线，形成对线圈的“供电”激励回路。

图 4-6 中，触点代表逻辑“输入”条件，线圈和功能模块代表逻辑“输出”结果。触点总是安排在左端，线圈总是在最右侧，不允许两侧母线通过触点未经线圈直接互连，也不能未经触点只通过线圈直接互连。另外，无论何种输入设备，在梯形图中均用常开、常闭符号表示，不计其物理属性。

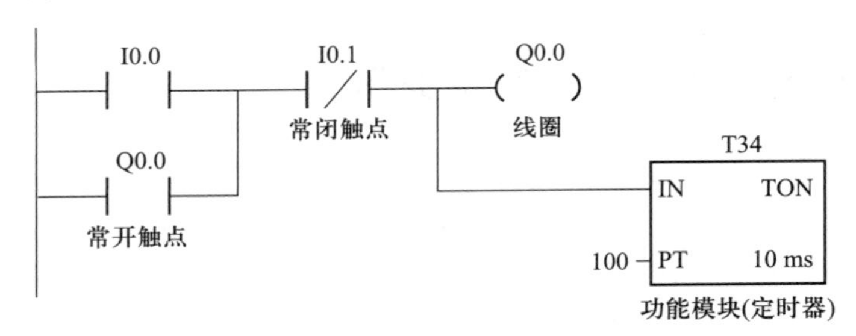

图 4-6　PLC 梯形图

4.4.2　指令表

指令(IL，西门子 PLC 称为语句表 STL)用助记功能缩写符号表示 PLC 的各种功能，是一种类似于计算机汇编语言的助记符编程方式。每条指令由以下三部分组成：

指令号(步序号)　指令(功能)　操作对象(继电器号，即地址号、计时及计数设定值等)

4.4.3　功能块图

功能块图(FBD)在 IEC61131-3 中称为功能方框图语言，采用类似于数字逻辑电路的图形符号和“与”“或”“非”三种逻辑功能表达方式。每一种功能使用一个运算方块，方块左边是与功能方块有关的输入，方块右边是输出。图 4-7b 是和图 4-7a 所示的梯形图对应的功能块图，图 4-7c 为其指令表。

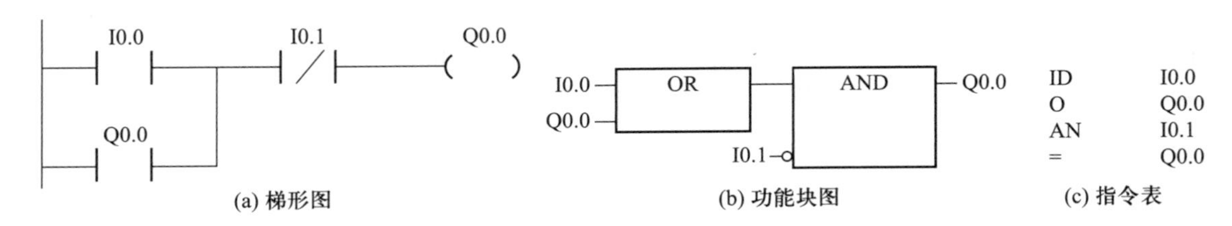

图 4-7　PLC 梯形图及其对应的功能块图

4.5　S7-200 SMART 系列 PLC 的编程元件与指令

西门子股份公司(简称西门子公司)的 SIMATIC S7 系列 PLC 产品包括通用逻辑模块(LOGO!)、S7-200 系列、S7-200 SMART 系列、S7-1200 系列、S7-300 系列、S7-400 系列和 S7-1500 系列七个产品系列。其中，2012 年推出的 S7-200 SMART 是在 S7-200 系列 PLC 基础之上发展而来的，其绝大多数指令和使用方法与 S7-200 系列类似，是西门子公司针对中国 OEM 市场研发的新一代 PLC，可以满足大部分小型自动化设备的控制需求。S7-200 SMART 的 CPU 模块配有 RJ45 以太网接口，无需专用的编程电缆，可直接通过网线下载程序。还可以通过以太网接口与其他 CPU 模块、HMI 触摸屏、计算机等进行组网通信。

在 S7-200 SMART 的编程语言中，不同数据对象具有不同的数据类型，不同的数据类型具有不同的数制和格式。程序中所使用的数据可指定一种数据类型，并确定数据的大小和数据位结构。其中，二进制用 2#表示，如 2#1001。在梯形图中，1 表示常开触点的闭合和线圈得电，0 表示常开触点的断开和线圈断电。十六进制用 16#表示，B#16#、W#16#、DW#16#分别表示十六进制的字节、字和双字。

S7-200 SMART 将数据保存于不同的存储器单元，每个单元的地址是唯一的。其基本数据类型及数值范围见表 4-1。

表 4-1　S7-200 SMART 的基本数据类型及数值范围

数据类型	数据长度	数值范围
布尔型(BOOL)	1 位	0/1
位(bit)	1 位	0/1
字节(BYTE)	8 位(1 字节)	0~255
字(WORD)	16 位(2 字节)	0~65 535
双字(DWORD)	32 位(4 字节)	0~(2^{32}-1)
整数(INT)	16(2 字节)	-32 768~32 767(有符号)；0~65 535(无符号)
双整型(DINT)	32(4 字节)	-2^{31}~(2^{31}-1)
实数型(REAL)	32(4 字节)	IEEE 浮点数

4.5.1　S7-200 SMART 的编程元件

S7-200 SMART 的编程元件包括输入继电器、输出继电器、辅助继电器、变量继电器、定时器、计数器、数据寄存器等。如前所述，在 PLC 内部，并不真正存在这些实际的物理元件，与其对应的是存储器的特定存储单元。一个继电器对应一个基本单元(即 1 位，1 bit)；8 个基本单元形成一个 8 位二进制数，通常称为 1 字节(B)，它正好占用普通存储器的一个存储单元，连续两个存储单元构成一个 16 位二进制数，通常称为一个字(W)。连续的两个字构成双字(DW)。使用这些编程元件，实质上就是对相应的存储内容以位、字节、字或双字的形式进行存取。

1. 输入继电器 I

输入继电器也称为输入映像寄存器，它与输入端子一一对应，用于接收 PLC 外部开关信号。

输入继电器状态由输入端子决定，不能通过编程方式改变，程序中不允许出现输入继电器线圈被驱动的情况。输入继电器的触点可以在编程时不受次数限制任意使用。

在 PLC 每个扫描周期的起始阶段，CPU 对物理输入信号采样并写入输入映像寄存器中，并在接下来的本周期的各阶段不再改变输入映像寄存器中的值。CPU 一般按“字节.位”的编址方式来读取一个继电器的状态，也可按“字节”或“字”来读取相邻一组继电器的状态。如位格式 I0.0、字节格式 IB0 等。

2. 输出继电器 Q

输出继电器也称为输出映像寄存器,它与输出端子一一对应,用于将 PLC 内部信号输出至外部负载。

输出继电器完全由编程的方式决定其线圈状态,它有且仅有一个对应的物理输出触点(可以是继电器触点,也可以是晶体管输出)用来接通外部负载。输出继电器的触点可以在编程时不受次数限制任意使用,但其线圈只能在程序中出现一次。

在 PLC 每个扫描周期的末尾,CPU 将输出映像寄存器中的数值复制到输出锁存器,对物理触点的状态进行刷新。输出继电器同样可以按位、字节、字和双字格式操作,如位格式 Q0.0、字节格式 QB0 等。

3. 变量寄存器 V

S7-200 SMART 中有若干变量寄存器,用于模拟量控制、数据运算、参数设置及存放程序执行过程中的中间结果,且不能直接驱动外部载荷。变量寄存器同样可以"位"(bit)为单位使用,也可按字节(B)、字(W)、双字(DW)为单位,如 V10.1、VB100、VW100 等。

4. 辅助继电器 M

辅助继电器又称位存储器,是 PLC 中数量最多的一种继电器,在 S7-200 SMART 的 CPU 中 M 区共有 32 字节,范围为 M0.0~M31.7。

注意:辅助继电器不能直接接受外部输入信号的控制,也不能直接驱动外部载荷,只能用于内部逻辑运算。

5. 特殊继电器 SM

特殊继电器又称为特殊寄存器,用于存储系统的状态变量、控制参数及相关信息。它可以读取程序运行过程中的设备状态和运算结果,利用这些信息实现一定的控制动作。用户也可以通过对某些特殊继电器位的直接设置,使设备实现一些特殊功能。特殊继电器的范围为 SMB0~SMB1549,其中 SMB0~SMB29 和 SMB1000~SMB1535 是只读寄存器。SMB0 和 SMB1 为系统状态字,其中的状态数据只能读取,不能改写,可以按位寻址。SMB0 有 8 个系统状态位,并在每个扫描周期的末尾由 CPU 更新这 8 个状态位,见表 4-2。

表 4-2 SMB0 系统状态位的功能说明

SM 位	符号名	功能说明
SM0.0	AlwaysOn	RUN 监控,PLC 运行时,SM0.0 始终为 1
SM0.1	First_Scan_On	PLC 由 STOP 转为 RUN 时,SM0.1 保持 1 个扫描周期的 ON 状态,之后为 0;常用于调用初始化子程序
SM0.2	Retentive_Lost	在以下操作后,该位会接通一个扫描周期: • 重置为出厂通信命令 • 重置为出厂存储卡评估 • 评估程序传送卡(在此评估过程中,会从程序传送卡中加载新系统块) • NAND 闪存上保留的记录出现问题 该位可用作错误存储器位或用作调用特殊启动顺序的机制

续表

SM 位	符号名	功能说明
SM0.3	RUN_Power_Up	PLC 上电进入 RUN 状态时,SM0.3 保持 1 个扫描周期的 ON 状态
SM0.4	Clock_60s	提供占空比为 50%、周期为 1 min 的脉冲串
SM0.5	Clock_1s	提供占空比为 50%,周期为 1 s 的脉冲串
SM0.6	Clock_Scan	扫描周期时钟,一个扫描周期为 ON,下一个扫描周期为 OFF,交替循环
SM0.7	RTC_Lost	如果实时时钟设备的时间被重置或在上电时丢失(导致系统时间丢失),则该位将接通一个扫描周期。该位可用作错误存储器位或用来调用特殊启动顺序

其他特殊继电器的详细功能及使用情况可参阅 S7-200 SMART 系统手册。

6. 局部变量存储器 L

局部变量存储器用于存储局部变量。S7-200 SMART 中有 64 个局部变量存储器,其中 60 个可以用作暂时存储器或者用于给子程序传递参数。如果用梯形图或功能块图编程,STEP7-Micro/WIN 则保留这些局部变量存储器的最后 4B。如果用指令表编程,则可以寻址到全部 64B,但不要使用最后 4B。局部变量存储器与存储全局变量的变量寄存器很相似,主要区别是变量寄存器是全局有效的,而局部变量存储器是局部有效的。S7-200 SMART 根据需要自动分配局部变量存储器,可以按位、字节、字、双字访问局部变量存储器,可以把局部变量存储器作为间接寻址的指针,但是不能作为间接寻址的存储器区。

7. 模拟量输入寄存器 AI 和模拟量输出寄存器 AQ

模拟量信号经 A/D 转换后变成一个字长(16 位)的数字量,存储在模拟量输入寄存器中。PLC 将要转换成模拟量的 1 个字长(16 位)的数字量写入模拟量输出寄存器中,经 D/A 转换后变成模拟量输出。显然,PLC 只能操作数字量,且只能对模拟量输入寄存器进行读取操作,对模拟量输出寄存器进行写入操作。在模拟量输入/输出寄存器中,数字量的长度为 1 个字长,且从偶数字节(如 0、2、4)开始编址,编址内容包括元件名称、数据长度和起始字节的地址,如 AIW16、AQW16 等,如图 4-8 所示。模拟量通道对应的相应地址可在编程软件中通过浏览"符号表"中的"I/O 符号"确认。

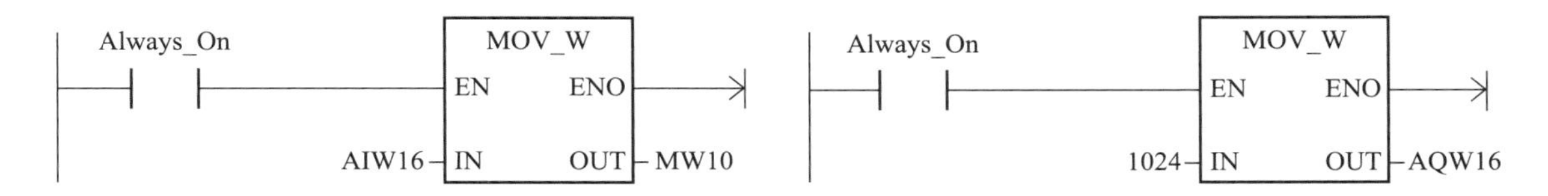

(a) 模拟量输入(转换后存入MW10)　　(b) 模拟量输出(数字量1024转换后由通道0输出)

图 4-8　模拟量输入、输出梯形图

8. 定时器 T

定时器是微处理器和 PLC 的重要编程元件。PLC 定时器的工作过程与继电器-接触器控制系统的时间继电器基本相同。使用时提前输入时间预设值,当定时器的输入条件满足时,定时器开始计时,当前值从 0 开始按一定的时间单位增加,达到预设值时,定时器线圈得电,其常开触点闭合,常闭触点断开。利用定时器的触点就可以按照延时时间实现各种控制规律或动作。在 S7-200 SMART CPU 中,定时器分为接通延时(TON)、带记忆的接通延时(TONR)和断开延时(TOF)三种,时钟分辨率(时基增量)分为 1 ms、10 ms 和 100 ms 三种。

9. **计数器** C

计数器用于累计其输入端脉冲电平的跳变次数,其中,输入信号既可以是内部元件的动作次数,也可以是通过输入端子进入 PLC 的外部事件发生次数。使用时提前输入预设值,当计数器的输入满足触发条件时,计数器开始计数,达到预设值后,计数器线圈得电,其常开触点闭合,常闭触点断开。在 S7-200 SMART CPU 中,计数器分为增加计数,减少计数以及既可增加计数、又可减少计数三种形式。

10. **高速计数器** HC

普通计数器的计数频率受到扫描周期的制约,在需要高频计数时,可使用独立于 CPU 扫描周期的高速计数器。高速计数器的工作原理与普通计数器基本相同,其当前计数值为 32 位双字长有符号整数,且为只读数据。编址时使用存储器类型字符"HC"加上计数器编号,如 HC0。

11. **累加器** AC

累加器是用来暂存数据的寄存器,它可以向子程序传递参数,或从子程序返回参数,也可以用来存放运算数据、中间数据及结果数据。S7-200 SMART 共有 4 个 32 位累加器(AC0～AC3),使用时只表示出累加器的地址编号(如 AC0)。累加器支持字节、字、双字的存取,被访问的数据长度取决于所使用的指令,当以字节或字为单位存取累加器时,使用的是数值的低 8 位或低 16 位。当以双字的形式存取累加器时,使用全部 32 位。

12. **状态继电器** S

状态继电器(也称为顺序控制继电器)是使用步进控制指令进行编程时的重要元件,利用状态继电器和相应的步进控制指令可以在小型 PLC 上编制较为复杂的控制程序。状态继电器存储区属于位地址空间,可进行位操作,也可以进行字节、字和双字操作。

4.5.2 S7-200 SMART 的基本编程指令

S7-200 SMART 的指令系统非常丰富,包括 SIMATIC 指令集和 IEC1131-3 指令集两类基本指令集。其中,SIMATIC 指令集是西门子公司专为 S7 系列 PLC 设计的,可以用梯形图(LAD)、指令表(STL)和功能块图(FBD)三种语言进行编程。S7-200 SMART 的基本编程指令系统主要包括以下内容:

(1) 位逻辑指令,包括基本位操作指令、定时器指令、计数器指令和比较等逻辑指令,是构成基本逻辑运算功能指令的集合。

(2) 运算指令,包括四则运算、逻辑运算、数学函数指令。

(3) 数据处理指令,包括传送、移位、字节交换和填充指令。

(4) 表功能指令,包括对表的存取和查找指令。

(5) 转换指令,包括数据类型转换、编码和译码、七段码指令和字符串转换指令。

其他功能指令可以参阅 S7-200 SMART 的系统手册。

1. **基本位操作指令**

(1) LD、LDN 和=指令

LD(load)、LDN(load not)和=(out)指令为装载及线圈驱动指令。

LD:装载常开触点指令;

LDN:装载常闭触点指令;

=:线圈输出驱动指令。

图 4-9 为上述三条指令的梯形图和指令表。

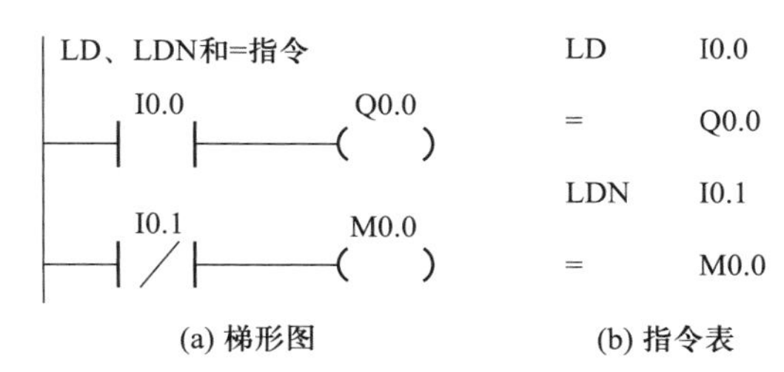

图 4-9 LD、LDN 和=指令的梯形图和指令表

【例 4-1】 LD、LDN 和=指令的使用方法。

使用装载及线圈驱动指令时需要注意以下事项:

① LD 和 LDN 装载指令对应的梯形图从左侧母线开始,在分支回路的开始也要使用 LD、LDN 指令。

② =指令可以用于输出映像寄存器、辅助继电器、定时器和计数器等,不能用于输入映像寄存器。同一程序中不能使用双线圈输出,即同一个元件在同一程序中只能使用一次=指令。

③ LD、LDN 指令的操作数包括 I、Q、M、SM、T、C、S;=指令的操作数包括 Q、M、SM、T、C、S。

(2) 与、与非指令

与、与非指令是触点串联指令。

与指令,即 A(and)指令:与单个常开触点相串联。

与非指令,即 AN(and not)指令:与单个常闭触点相串联。

图 4-10 所示为上述两条指令的梯形图和指令表。

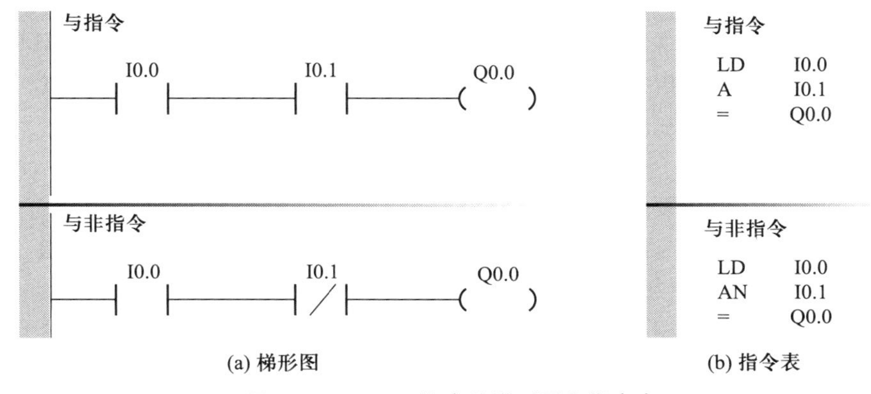

图 4-10 A、AN 指令的梯形图和指令表

【例 4-2】 A、AN 指令的使用方法。

使用触点串联指令时需要注意以下事项:

① A、AN 指令是单个触点的串联指令,可连续使用。

② A、AN 指令的操作数为 I、Q、M、SM、T、C、S。

(3) 或、或非指令

或、或非指令是触点并联指令。

或指令,即 O(or)指令:与常开触点相并联。

或非指令,即 ON(or not)指令:与常闭触点相并联。

图 4-11 所示为上述两条指令的梯形图和指令表。

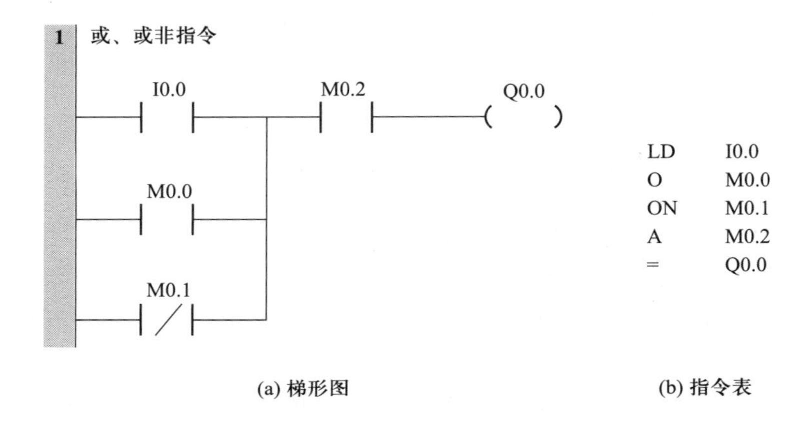

(a) 梯形图　　(b) 指令表

图 4-11 O、ON 指令的梯形图和指令表

【例 4-3】 O、ON 指令的使用方法。

使用触点并联指令时需要注意以下事项:

① O、ON 指令是单个触点的并联指令,可连续使用。

② O、ON 指令的操作数包括 I、Q、M、SM、T、C、S。

(4) 块连接的与、或指令

同时存在多个指令的串、并联称为指令块。其中,两个以上触点串联形成的支路称为串联指令块,两条以上支路并联形成并联指令块。多个并联指令块串联时,需要用块与(ALD)指令进行逻辑"与"运算。做个串联指令块并联时,需要用块或(OLD)指令进行逻辑"或"运算。图 4-12 为块与、块或指令用法。

【例 4-4】 块与、块或指令的使用方法。

使用块与、块或指令时需要注意以下事项:

① 块与(ALD)指令用于与前面的指令块串联。指令块的起点以 LD 或 LDN 指令开始,并联指令块结束后,使用 ALD 指令与前面的指令块串联。

② 块或(OLD)指令用于串联指令支路的并联,其支路起点以 LD 或 LDN 指令开始,终点以 OLD 结束。

③ ALD 和 OLD 指令没有操作数。

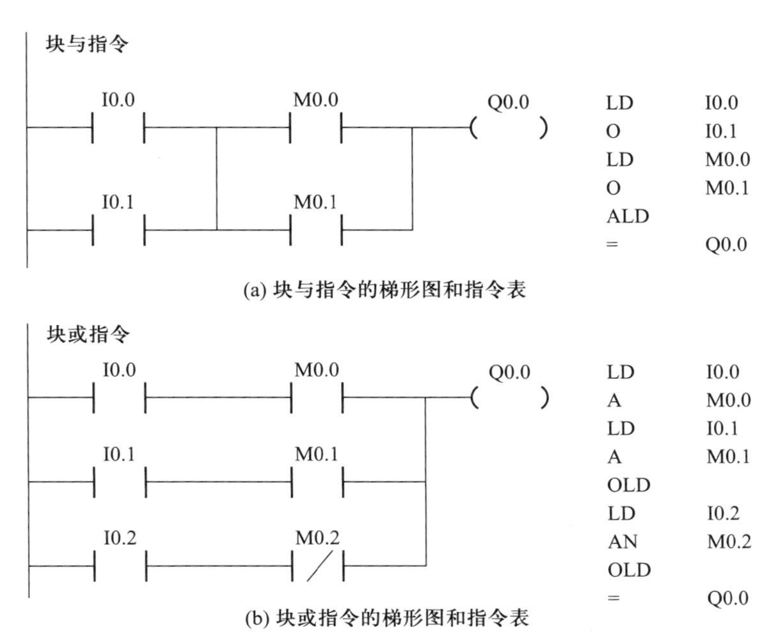

图 4-12　块与、块或指令的梯形图和指令表

（5）置位、复位指令

置位指令 S 和复位指令 R 用于设置继电器线圈的通、断电状态，置位时继电器线圈对应的存储器位置 1，复位时继电器线圈对应的存储器位清零。置位指令 S 和复位指令 R 的格式见表 4-3。

表 4-3　置位指令 S 和复位指令 R 的格式

指令	梯形图 LAD	语句表 STL	功能
S	*bit* —(S) *n*	S*bit*,*n*	从起始位 *bit* 开始的 *n* 个元件置 1 并保持，1≤*n*≤255
R	*bit* —(R) *n*	R*bit*,*n*	从起始位 *bit* 开始的 *n* 个元件清零并保持，1≤*n*≤255

使用 S、R 指令时需要注意以下事项：

① 位元件被置位或复位后，会保持当前状态不变，直至对其进行再次操作。

② 对同一个操作对象，受 PLC 扫描工作方式的影响，写在后面的 S 或 R 指令有优先权。

③ 计数器和定时器复位操作时，当前值将被清零。

④ S、R 指令的操作数为 I、Q、M、SM、T、C、S。

【例 4-5】 S、R 指令的使用示例。

图 4-13 为 S、R 指令的使用示例，其中，图 4-13c 所示为对应的时序图。

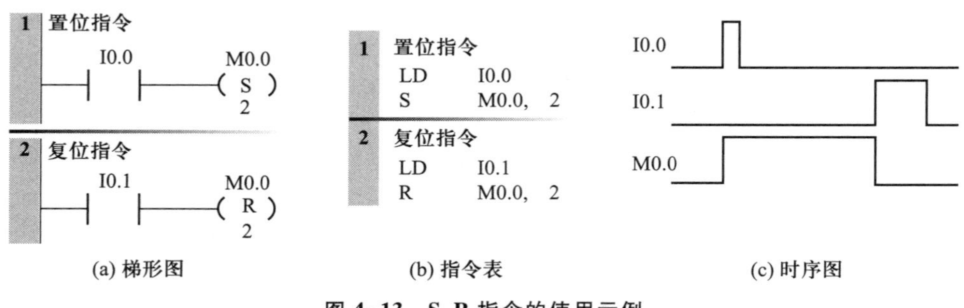

(a) 梯形图　(b) 指令表　(c) 时序图

图 4-13 S、R 指令的使用示例

(6) 双稳态触发器指令

双稳态触发器指令具有置位和复位双重功能,分为置位优先触发器(SR)指令和复位优先触发器(RS)指令两种。对于 SR,当置位信号 S1 和复位信号 R 同时为真时,输出为真("1")。对于 RS,当置位信号 S 和复位信号 R1 同时为真时,输出为假("0")。SR 和 RS 指令的真值表见表 4-4。

表 4-4 SR 和 RS 指令的真值表

SR 指令			RS 指令		
S1	R	输出(位)	S	R1	输出(位)
0	0	先前状态	0	0	先前状态
0	1	0	0	1	0
1	0	1	1	0	1
1	1	1	1	1	0

【例 4-6】 SR 和 RS 指令的使用示例。

双稳态触发器(SR 和 RS)指令的使用方法如图 4-14 所示。

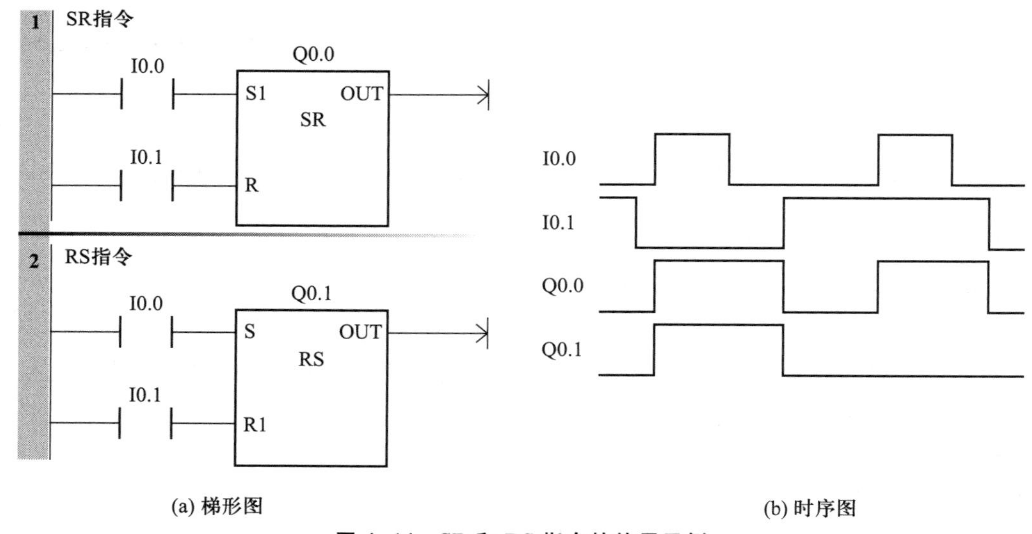

(a) 梯形图　(b) 时序图

图 4-14 SR 和 RS 指令的使用示例

(7) 边沿触发指令

边沿触发是指用边沿触发信号产生一个机器周期的扫描脉冲,一般用于脉冲整形。边沿触发指令分为上升沿触发(也称为正跳变触发)指令和下降沿触发(也称为负跳变触发)指令两类。其指令格式见表 4-5。

表 4-5 边沿触发指令格式

指令	梯形图	指令表	功能
上升沿触发指令	─┤P├─	EU	上升沿正跳变
下降沿触发指令	─┤N├─	ED	下降沿负跳变

正跳变触发是指输入脉冲的上升沿使触点闭合(ON)一个扫描周期。负跳变触发是指输入脉冲的下降沿使触点闭合(ON)一个扫描周期。

【例 4-7】 边沿触发指令的使用示例。

图 4-15 所示为边沿触发指令的使用示例。图中,在 I0.1 的上升沿,触点|P|产生一个扫描周期的时钟脉冲,驱动输出继电器 Q0.1 线圈维持"得电"状态一个扫描周期,输出继电器 Q0.0 线圈置位(即置 1)并保持状态。在 I0.1 的下降沿时,触点|N|产生一个扫描周期的时钟脉冲,驱动输出继电器 Q0.2 线圈维持"得电"状态一个扫描周期,输出继电器 Q0.0 线圈复位(即清零)并保持状态。

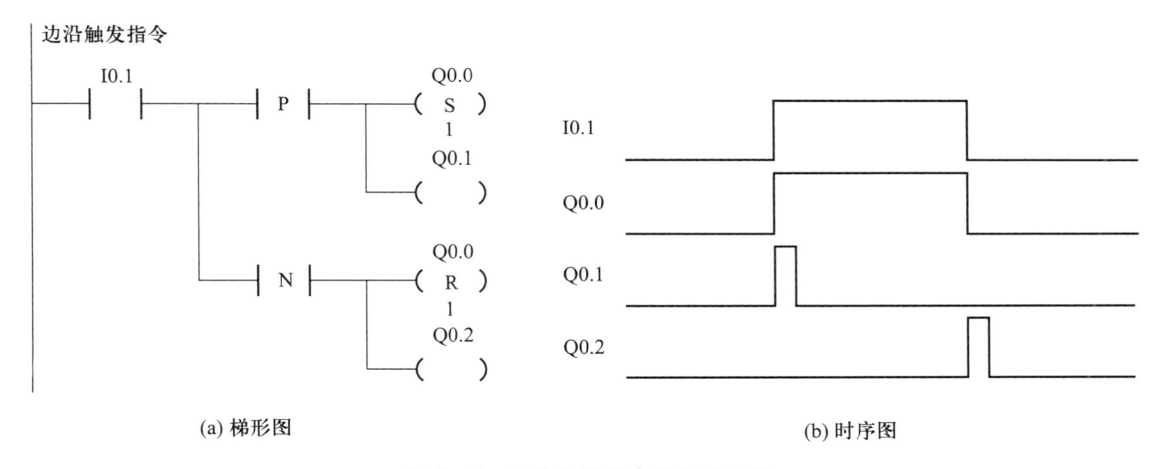

图 4-15 边沿触发指令的使用示例

(8) 堆栈操作指令

当梯形图的结构比较复杂时,例如:涉及触点块的串联或并联及分支结构,需要生成一条分支母线时,应使用指令表的堆栈操作指令来描述。堆栈是一组能够存储和取出数据的暂存单元,其特点是"先进后出""后进先出"。入栈时,新值放入栈顶,栈底值丢失;出栈时,栈顶值弹出,栈底值装入 1 个随机数。

堆栈操作指令主要有以下 3 条。

① 逻辑入栈(LPS)指令 将栈顶值复制后压入堆栈,栈底值压出后丢失。一般与逻辑出栈

(LPP)指令成对使用,用于处理梯形图中分支结构程序。LPS 指令用于分支开始,LPP 指令用于分支结束。

② 逻辑读栈(LRD)指令　对逻辑堆栈中第 2 级堆栈 S1 的值进行复制,并将复制值存放到栈顶 S0。执行完 LRD 指令,除栈顶值外,逻辑堆栈中的其他堆栈的值不变。

③ 逻辑出栈(LPP)指令　将逻辑堆栈弹出 1 级,原第 2 级的值变为新的栈顶值。

2. 定时器指令

S7-200 SMART 的定时器为增量型定时器,可以根据预设值,按一定的时间基准单位进行累加计时。按照工作方式,定时器可以分为接通延时型(TON)、带记忆的接通延时型(TONR)和断开延时型(TOF)三种类型,如图 4-16 所示。根据时间基准(简称时基)不同,定时器可以分为 1 ms、10 ms 和 100 ms 三种类型。

图 4-16 中,IN 为定时器的使能端,数据类型为 BOOL 型;PT 为定时器的预设值,数据类型为 INT 型,最大数值 32 767。在 PLC 编程软件中,当定时器等指令块被拖入编程窗口后,软件系统会以"????"的形式表示等待输入具体编号或输入具体数值,如图 4-16a 所示。其中,①为定时器编号,见表 4-6。输入定时器编号后,③处的"???"自动变为对应的时间基准数值(1 ms、10 ms 或 100 ms)。②为用户设定的 INT 型预设值。

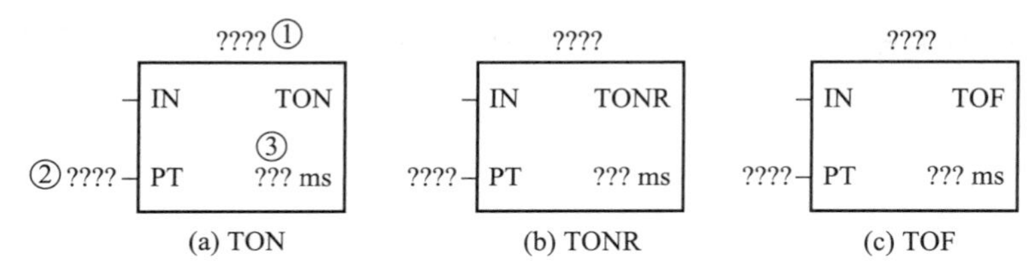

图 4-16　三种类型的定时器符号

定时器的定时时间=时间基准×预设值。当定时器的使能端输入有效后,当前寄存器对时基脉冲进行递增计数。计数值大于等于定时器预设值后,定时器线圈状态置 1。如果使能端信号消失,线圈状态清零复位。S7-200 SMART 系列 PLC 提供 256 个定时器,其中 TONR 有 64 个,其余 192 个为 TON 和 TOF 共享。定时器的时间基准见表 4-6。

表 4-6　定时器的时间基准和资源分配

定时器类型	时间基准/ms	最大定时时间	定时器编号
TONR	1	32 767×时间基准	T0,T64
	10		T1~T4,T65~T68
	100		T5~T31,T69~T95
TON、TOF	1		T32,T96
	10		T33~T36,T97~T100
	100		T37~T63,T101~T255

【例 4-8】　TON 定时器的应用示例:设计 PLC 程序,当按下启动按钮后,控制 LED 灯按照点亮 3 s 熄灭 5 s 的顺序周期性闪烁亮灭。

图 4-17 所示为 TON 定时器的应用示例。

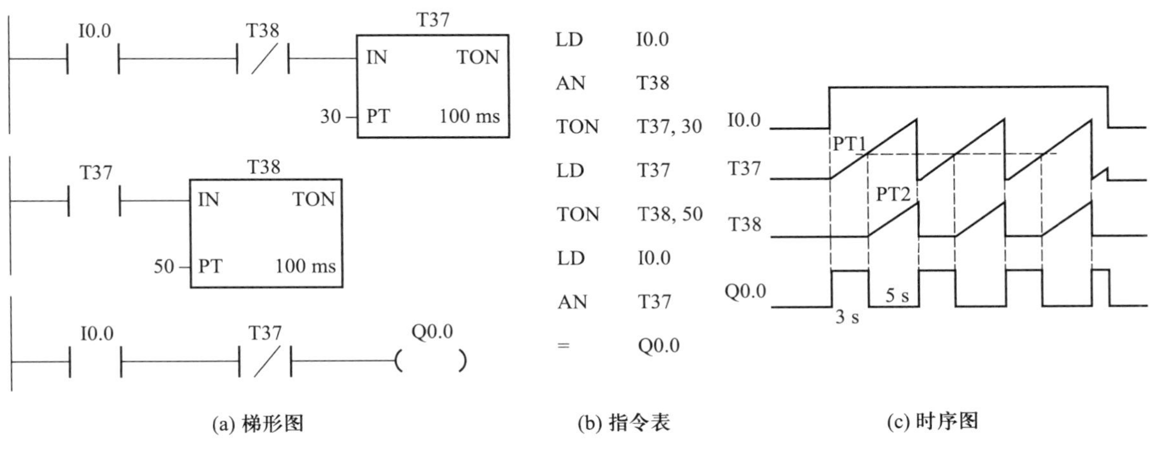

(a) 梯形图 (b) 指令表 (c) 时序图

图 4-17 TON 定时器的应用示例

3. **计数器指令**

S7-200 SMART PLC 的计数器分为普通计数器(C0~C255)和高速计数器(HSC0~HSC3)两类。普通计数器利用输入脉冲的上升沿进行脉冲数的累计,一般用于产品计数等控制任务,高速计数器主要用于对编码器等外部高速脉冲计数。

S7-200 SMART PLC 的普通计数器有加计数器(CTU)、加/减计数器(CTUD)和减计数器(CTD)三类,其使用方法和结构都与定时器基本相同。计数器的编号由名称和数字(0~255)构成,如 C0、C10 等。计数器指令的 LAD 形式如图 4-18 所示。图 4-18 中,CU 表示加 1 计数脉冲输入端,CD 表示减 1 计数脉冲输入端,R 表示复位脉冲输入端,LD 表示减计数的复位脉冲输入端(LD 接通时计数器复位为 OFF,并将预设值 PV 作为计数器当前值),PV 为预设值的输入端,数据类型为 INT 型,最大预设值为 32 767。

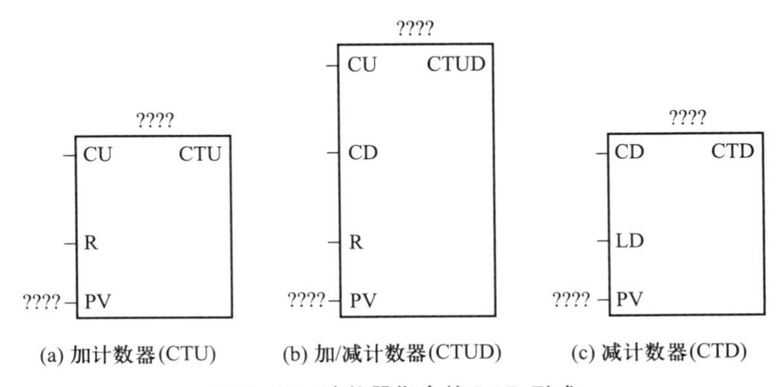

(a) 加计数器(CTU) (b) 加/减计数器(CTUD) (c) 减计数器(CTD)

图 4-18 计数器指令的 LAD 形式

【例 4-9】 CTU 的应用示例:设计 PLC 程序对按钮次数计数,当按动次数达到预设值 5 时,PLC 控制蜂鸣器发声。

图 4-19 中,当 I0.0 闭合 5 次时,常开触点 C1 闭合,Q0.0 线圈得电,驱动蜂鸣器发声。

当 I0.1 闭合时,计数器 C1 复位,Q0.0 线圈失电,蜂鸣器静音。注意:C1 的计数值是在脉冲信号的上升沿累加的(即不受脉冲宽度影响),并在复位信号的上升沿自动复位清零。

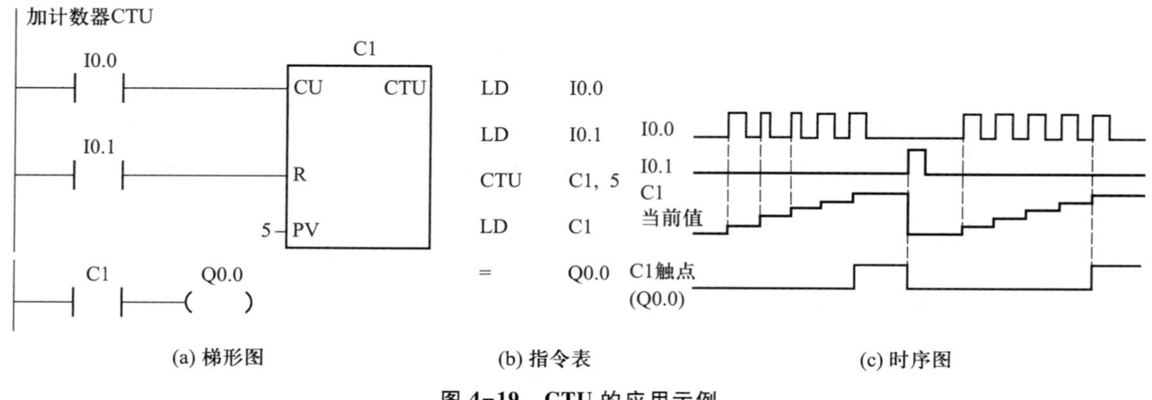

图 4-19 CTU 的应用示例

4. 功能指令

功能指令是为了满足算术运算、逻辑运算、数据处理、PID 控制、中断控制、实时时钟和通信等功能需求而扩充的。

(1) 比较指令

比较指令将两个操作数按照指定条件进行比较,符合条件时触点闭合,因此比较指令也属于位指令。S7-200 SMART 提供了丰富的比较指令,可以对字节比较、字符串比较、整数比较、双精度整数比较以及实数比较等 5 种类型进行处理。需要注意的是,数据类型不同时不能直接进行比较,需要变换后才能处理。如两个整数和双精度整数,需要先将整数变换为双精度整数后才能进行比较。

比较指令的运算符有=(等于,EQ)、<>(不等于,NQ)、>(大于,GT)、<(小于,LQ)、>=(大于等于,GE)、<=(小于等于,LE)6 种。图 4-20a 中,"=="表示等于比较,"I"表示 INT 型整数比较,IN1 和 IN2 为参与比较的两个参数。图 4-20b、c 为等于比较指令的应用示例,当 I0.0 闭合时,比较 MW0 和 MW4 中的两个整数,如果两者相等,Q0.0 线圈得电置 1;若两者不相等,则 Q0.0 状态为 0。

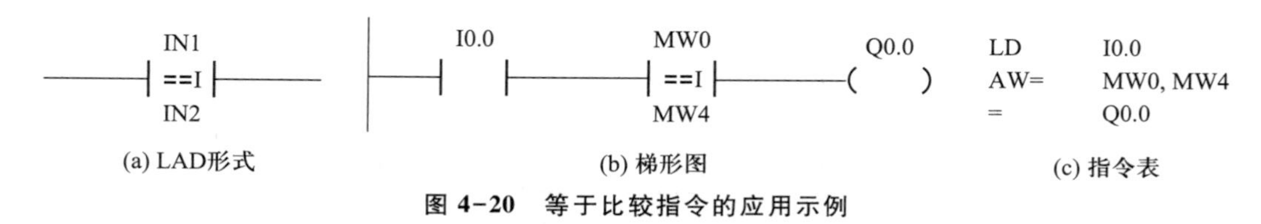

图 4-20 等于比较指令的应用示例

(2) 算术运算指令

S7-200 SMART 的算术运算指令包括整数运算、浮点数运算、数据类型转换和实时时钟等常用指令。其中整数运算包括加、减、乘、除 4 种运算,运算方式包括整型数和双精度整型数 2 类。以整数运算的加运算指令 ADD_I 为例,其指令和参数见表 4-7。当输入使能 EN 高电平有效时,输入端 IN1 和 IN2 中的整数进行相加,结果送入 OUT 中,即 OUT=IN1+IN2。

表 4-7　整数加运算的指令和参数

LAD 形式	参数	数据类型	功能
ADD_I EN　ENO ???? - IN1　OUT - ???? ???? - IN2	EN	BOOL	输入使能
	ENO	BOOL	输出使能
	IN1	INT	相加参数 1
	IN2	INT	相加参数 2
	OUT	INT	和

【例 4-10】　设计 PLC 程序，将整数 100 与 200 分别赋值给 IN1、IN2，当控制按钮 I0.0 闭合时，使能做整数相加运算，结果输出到 MW0，并驱动 Q0.0 输出。

图 4-21 中，当 I0.0 闭合使能做相加运算时，如果两个参数相加的结果未超出整数范围(32,767)，Q0.0 输出状态置 1，否则置 0。

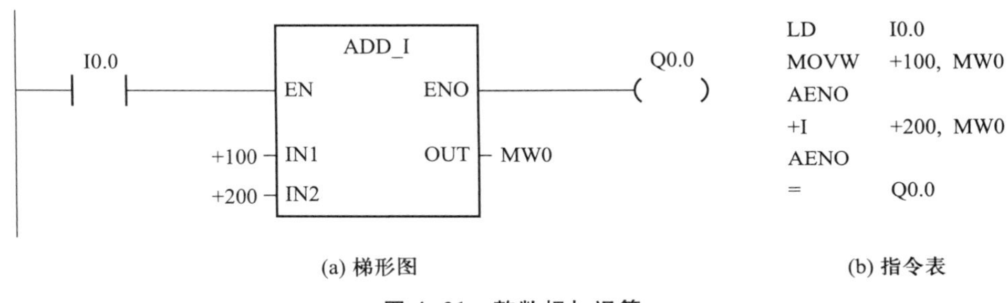

(a) 梯形图　　(b) 指令表

图 4-21　整数相加运算

其余指令的详细功能及使用情况可参阅 S7-200 SMART 系统手册。

5. **程序控制指令**

程序控制指令包括结束指令、停止指令、跳转指令、循环指令、子程序指令、中断指令以及顺控继电器指令等，用于控制程序执行流程，优化程序结构。其中，跳转指令类似于高级语言的 GOTO 指令，可以跳转到指定程序段执行；子程序指令用于调用指定子程序，方便实现程序的模块化、结构化，增强程序的可读性；中断指令用于响应中断信号引起的子程序调用；顺控继电器指令用于状态程序段中各状态的激活及隔离。

(1) 结束指令

结束指令分为条件结束(END)指令和无条件结束(MEND)指令，用于终止用户程序的执行，且只能在主程序中使用，不能用于子程序或中断服务程序。结束指令在梯形图中以线圈形式出现，如图 4-22 所示。其中，无条件结束指令直接连接左侧母线，由编程软件自动生成，如图 4-22b 所示。

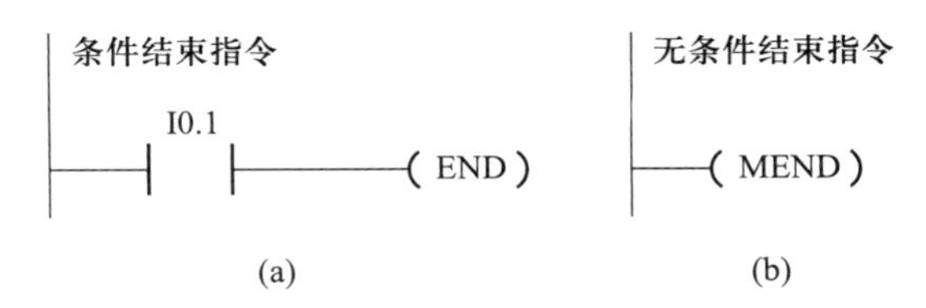

(a)　　(b)

图 4-22　条件结束指令和无条件结束指令

(2) 停止指令

停止(STOP)指令也称暂停指令。停止指令有效时,立即终止用户程序执行,主机 CPU 工作方式由 RUN 切换到 STOP。STOP 指令在梯形图中以线圈形式出现,可以用在主程序、子程序和中断服务程序中,如图 4-23 所示。

(3) 跳转指令

跳转(JMP)指令类似于高级语言的 GOTO 指令,可以根据条件判断选择执行不同的程序段,需配合地址标号(LBL)一起使用。当跳转使能输入有效时,程序跳转到同一程序内的目标标号 LBL(0~255)处。图 4-24 所示为跳转指令的应用示例,当 I0.1 闭合时,跳转指令激活,程序跳转到标号 2 处执行。

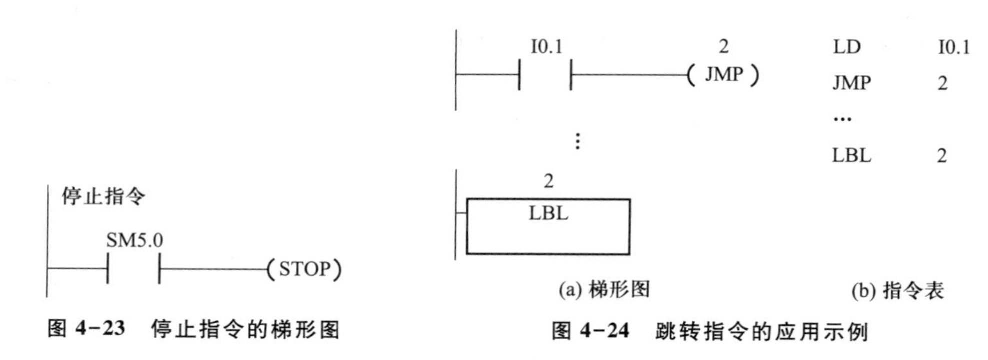

图 4-23 停止指令的梯形图

图 4-24 跳转指令的应用示例

使用跳转指令时要注意以下事项:

① 跳转指令需要和标号指令配合,在同一程序段内使用。

② 允许多条跳转指令使用同一标号,但不允许一个跳转指令对应两个标号。

③ 跳转指令中如果使用边沿触发指令(上升沿或下降沿),跳转只执行一个扫描周期。如果使用 SM0.0 作为跳转触发条件,称为无条件跳转。

④ 跳转后,Q、M、S、C 等保持跳转前的位状态,计数器 C 停止计数,当前值不变。时基为 1 ms 和 10 ms 的定时器保持跳转前工作状态继续工作,时基为 100 ms 的定时器则在跳转期间停止工作。

(4) 循环指令

循环指令包括 FOR 和 NEXT,两者之间的程序段称为循环体。循环指令用于控制程序的执行顺序,其中,FOR 用来标记循环体的开始,NEXT 用来标记循环体的结束,如图 4-25 所示。

图 4-25a 中,EN 为使能输入,INDX 为当前值计数器(相当于循环变量,INT 型),INIT 为循环次数的初始值,FINAL 为循环计数的终值。当 EN 有效触发时,循环体开始执行,执行到 NEXT 指令时返回,计数值加 1,如果计数值大于终值,则循环终止。

FOR 和 NEXT 指令必须成对使用,循环可以嵌套使用,最多嵌套 8 层。但要注意各个嵌套之间不能交叉。EN 使能输入重新有效时,指令会自动复位各参数。

(5) 子程序调用指令

子程序的操作分为子程序建立、子程序调用和子程序返回三类,相应的指令分为子程序调用指令和子程序返回指令两大类。其中,子程序返回又分为条件返回和无条件返回。

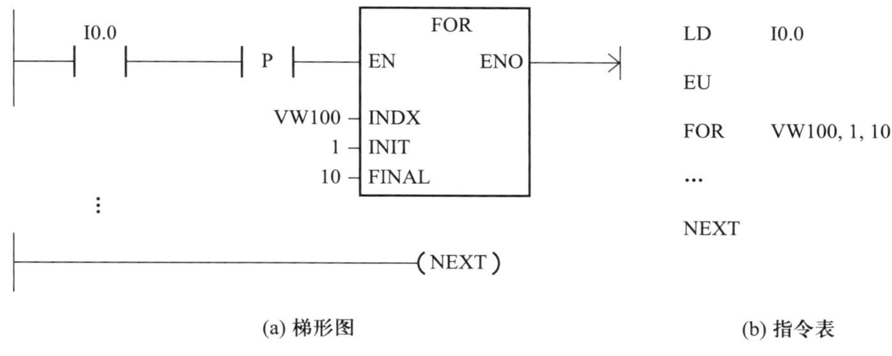

(a) 梯形图　　　(b) 指令表

图 4-25　循环指令的应用示例

S7-200 SMART 子程序建立有两种方式：一种是通过选择编程软件的“编辑”菜单，然后在出现的功能区选项卡中，选择“对象”→“子程序”来添加子程序。另外一种，在程序编辑器空白处点击鼠标右键，在弹出的快捷菜单中选择“插入”→“子程序”菜单项，如图 4-26a 所示。子程序默认名称为 SBR_n，其中编号 n 从 0 开始自动递加。子程序名称可以在指令树中子程序名称处点击鼠标右键进行重命名，或者在程序窗口上方的标签上点击鼠标右键，在弹出的快捷菜单中选择“属性”，进入“属性”对话框修改，如图 4-26b 所示。

(a) 子程序的建立

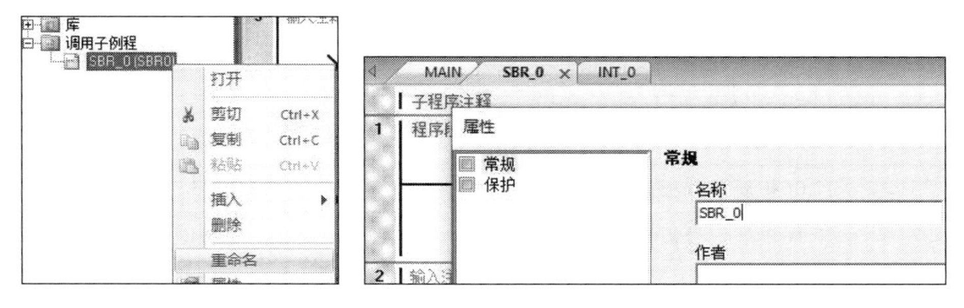

(b) 子程序的重命名

图 4-26　子程序的建立及重命名方式

(6) 中断指令

中断是指 PLC 的 CPU 在正常运行程序过程中,当有内部或外部规定事件(即中断源)发生时,CPU 暂停执行当前程序,转而去执行事件关联程序(即中断服务程序),执行完毕后再返回到程序断点继续执行下面的程序。中断功能是 S7-200 SMART 的重要功能,用于处理实时控制、高速处理、通信和网络等控制任务。

S7-200 SMART 系列 PLC 最多有 38 个中断源(9 个预留),分为通信中断、输入/输出(I/O)中断和时基中断三大类,其优先级由高到低排列为通信中断、I/O 中断和时基中断,每类中断中不同的中断事件又有不同的优先权。为了便于识别,系统为每个中断事件分配一个编号,称为中断事件号。

通信中断用于 PLC 的自由口通信模式,在该模式下接收、发送信息均可以产生中断事件,利用接收和发送中断可以简化程序对通信的控制。

输入/输出中断简称 I/O 中断,包括上升沿中断、下降沿中断、高速计时器中断和脉冲串输出中断。CPU 可以在输入点 I0.0~I0.3 的上升沿或下降沿产生中断。

时基中断包括定时中断和定时器 T32/T96 中断。定时中断使用控制字 SMB34(对应定时中断 0)和 SMB35(对应定时中断 1)以 ms 为单位进行时间间隔设定,定时范围 1~255 ms。

S7-200 SMART 的中断源及优先级分组见表 4-8。

表 4-8 S7-200 SMART 的中断源及优先级分组

优先级分组	中断事件号	中断描述	优先级分组	中断事件号	中断描述
通信中断(最高级)	8	Port0 接收字符	I/O 中断(次高级)	7	I0.3 下降沿
	9	Port0 发送完成		36	I7.0(扩展信号板)下降沿
	23	Port0 接收信息完成		38	I7.1(扩展信号板)下降沿
	24	Port1 接收信息完成		12	HSC0 CV=PV(当前值=预设值)
	25	Port1 接收字符		27	HSC0 方向改变
	26	Port1 发送完成		28	HSC0 外部复位
I/O 中断(次高级)	0	I0.0 上升沿		13	HSC1 CV=PV(当前值=预设值)
	2	I0.1 上升沿		16	HSC2 CV=PV(当前值=预设值)
	4	I0.2 上升沿		17	HSC2 方向改变
	6	I0.3 上升沿		18	HSC3 外部复位
	35	I7.0(扩展信号板)上升沿		32	HSC3 CV=PV(当前值=预设值)
	37	I7.1(扩展信号板)上升沿	时基中断(最低级)	10	定时中断 0(SMB34)
	1	I0.0 下降沿		11	定时中断 1(SMB35)
	3	I0.1 下降沿		21	定时器 T32 CT=PT 中断
	5	I0.2 下降沿		22	定时器 T96 CT=PT 中断

S7-200 SMART 的中断指令有以下 6 条：

ATCH　中断连接，将中断事件 EVNT 与中断事件编号 INT 关联，如图 4-27a 所示。

DTCH　中断分离，解除中断事件 EVNT 与所有中断事件编号的关联，并禁用中断事件，如图 4-27b 所示。

CLR_EVNT　清空中断队列，从中断队列中移除所有类型为 EVNT 的中断事件，如图 4-27c 所示。

ENI　全局允许中断，开放中断处理功能。

DISI　全局禁止中断，禁止处理中断服务程序，但中断事件仍然会排队等候。

RETI　条件中断返回，根据逻辑操作的条件，从中断服务程序中返回。

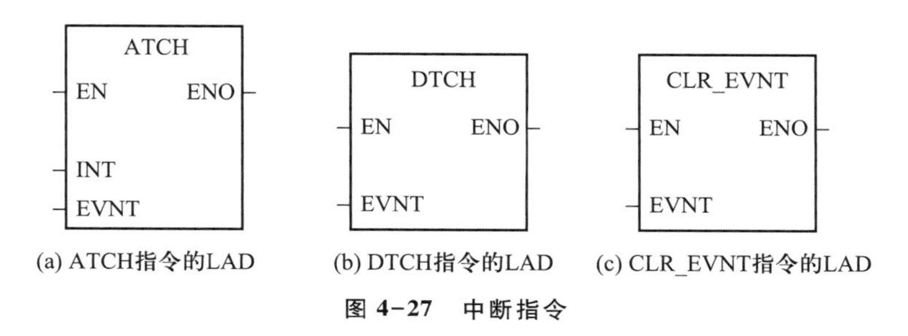

(a) ATCH指令的LAD　(b) DTCH指令的LAD　(c) CLR_EVNT指令的LAD

图 4-27　中断指令

使用 S7-200 SMART 中断指令时，应注意中断响应的原则：

① 当不同优先级别的中断事件同时发出中断申请时，CPU 先响应优先级别高的中断事件；相同优先级别的中断事件中，CPU 按“先来后到”的原则处理中断事件。

② CPU 在任意时刻只能执行一个中断服务程序，中断服务程序只要开始执行就会一直执行到结束，即使执行期间出现优先级别更高的中断事件，也不会打断正在执行的中断服务程序，新出现的中断事件需要排队等待处理。

③ 中断事件触发后立即执行中断服务程序，中断服务程序不存在嵌套。

④ 一个中断事件只能连接一个中断服务程序，而多个中断事件可以调用同一个中断服务程序。

⑤ 中断子程序中不能使用 DISI、ENI、HDFE（高速计数器定义）、FOR—NEXT 和 END 等指令。

【例 4-11】　利用定时中断实现每 0.1 s 加 1 计数。

分析：利用定时中断 0 进行定时，由表 4-8 可知其对应中断事件号为 10，对应控制字为 SMB34。图 4-28 所示为定时中断的梯形图。如图 4-28a 所示，利用 ATCH 指令将定时中断 0 的中断事件号 10 与中断服务程序 INT_0 关联，并利用 ENI 指令开放中断。中断服务程序由系统自动调用，本例中用双字长的整数加法对 VD10 进行中断次数累加。程序运行时可使用状态表监控 VD10 的数据变化。

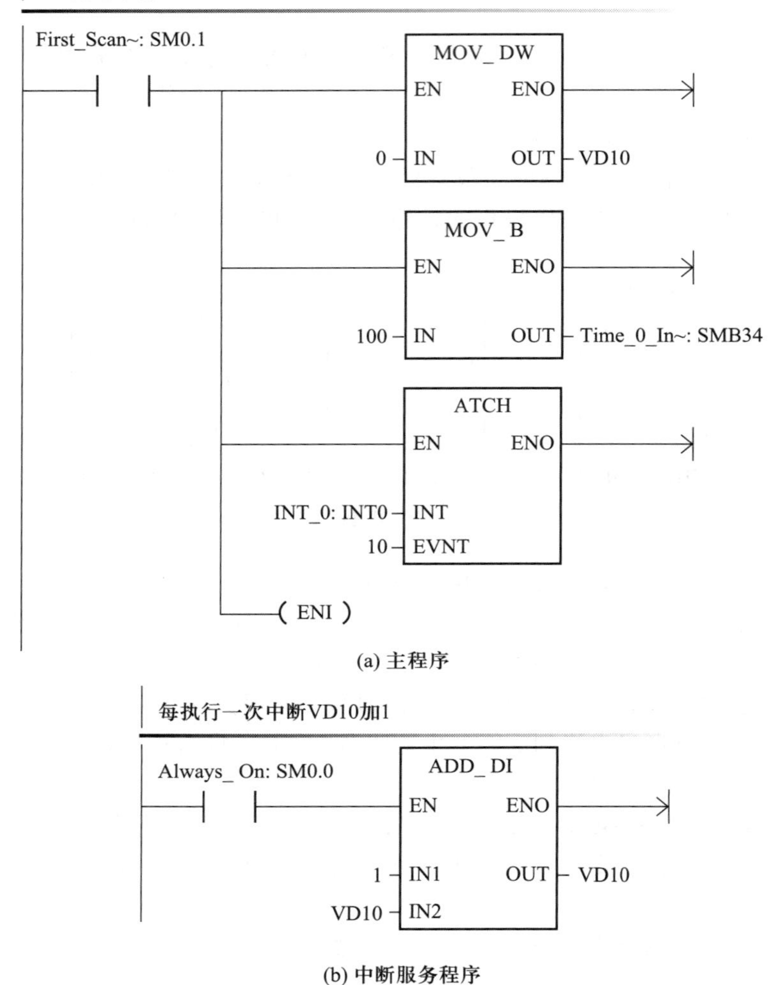

(a) 主程序

(b) 中断服务程序

图 4-28　定时中断的梯形图

4.6 PLC 控制步进电机

4.6.1 S7-200 SMART 的开环运动控制

S7-200 SMART CPU 提供了以下三种开环运动控制方法：

(1) 脉冲串输出(PTO)　内置于 CPU 中,实现速度和位置控制。

(2) 脉宽调制(PWM)　内置于 CPU 中,实现速度、位置或负载循环控制。

(3) 运动轴(axis of motion)　内置于 CPU 中,实现速度和位置控制。

CPU 提供了 Q0.0、Q0.1 和 Q0.3 三个数字量输出通道,可通过 PLS 指令组态为 PTO 或 PWM 输出,通过 PWM 向导组态为 PWM 输出,或通过运动控制向导组态为运动控制输出。其中,运动轴提供了带有集成方向控制和禁用/使能输出的单脉冲串输出,为步进电机或伺服电机的速度和位置开环控制提供了统一的解决方案。

STEP 7-Micro/WIN SMART 提供了运动控制向导,可生成运动指令,动态控制应用的速度和运动,另外还提供了控制面板,用于控制、监视和测试运动操作,如图 4-29 所示。

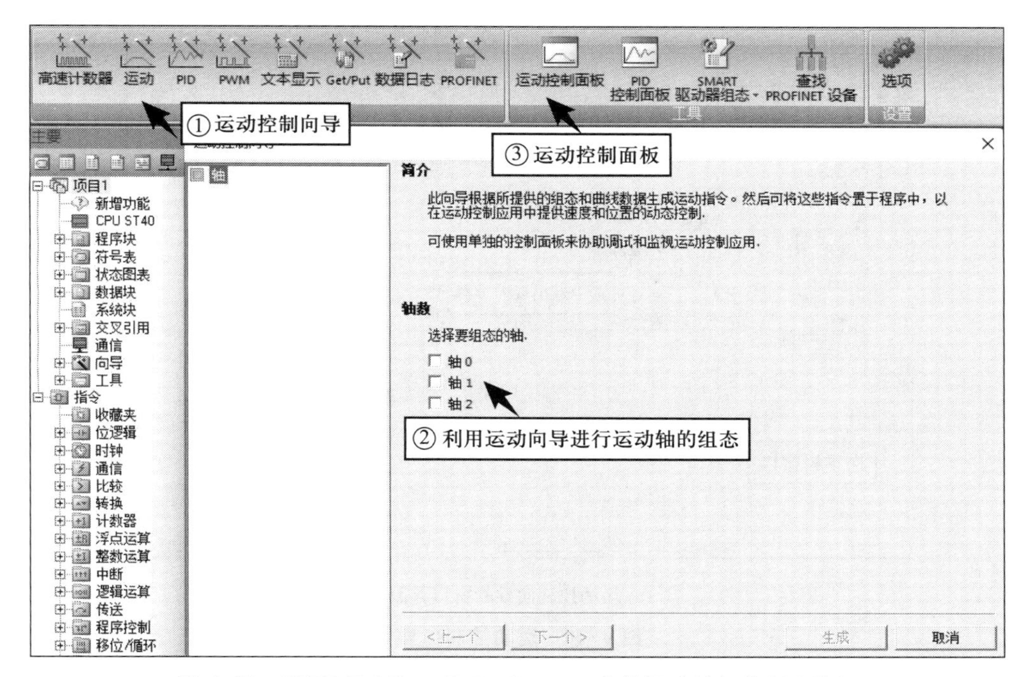

图 4-29 STEP 7-Micro/WIN SMART 中的运动轴组态指令按钮

运动控制有 P0、P1 和 DIS 三个输出点。其中:P0 和 P1 是源型晶体管输出,用以控制电动机的运动和方向;DIS 是一个源型输出,用来禁止/使能电动机驱动器/放大器。

轴 0 对应的 P0 为 Q0.0,P1 为 Q0.2,DIS 为 Q0.4。

轴 1 对应的 P0 为 Q0.1,如果轴 1 组态为脉冲加方向,则对应的 P1 为 Q0.7;如果轴 1 组态为双向输出或者 A/B 相输出,则对应的 P1 为 Q0.3,但此时轴 2 将不能使用。轴 1 对应的 DIS 为 Q0.5。

轴 2 对应的 P0 为 Q0.3,P1 为 Q1.0,DIS 为 Q0.6。

4.6.2 运动轴的硬件组态

STEP 7-Micro/WIN SMART 提供了运动控制向导,可以通过菜单栏中的“工具”→“向导”→“运动”打开,如图 4-30a 所示。CPU ST20 内部共有两个轴可以配置,ST30、ST40 有三个轴可以配置。注意在运动控制向导窗口中,只有选中待配置的轴 0 或轴 1 后,窗口左侧的向导树才会出现,如图 4-30b 所示。

单击“下一个”按钮,按照向导树指示,依次完成轴的命名、测量系统选择、方向控制、指定电

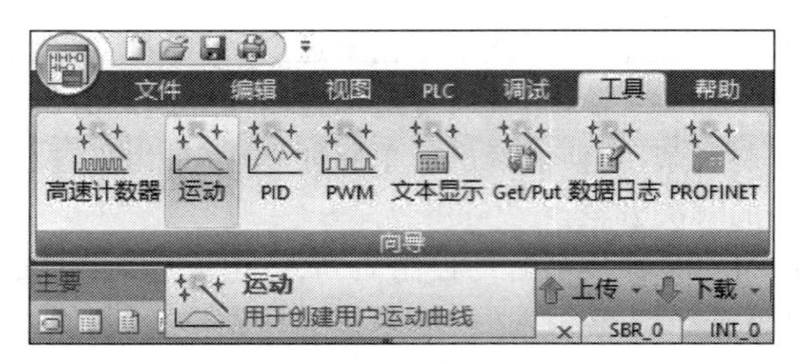

(a) 运动控制向导的打开路径

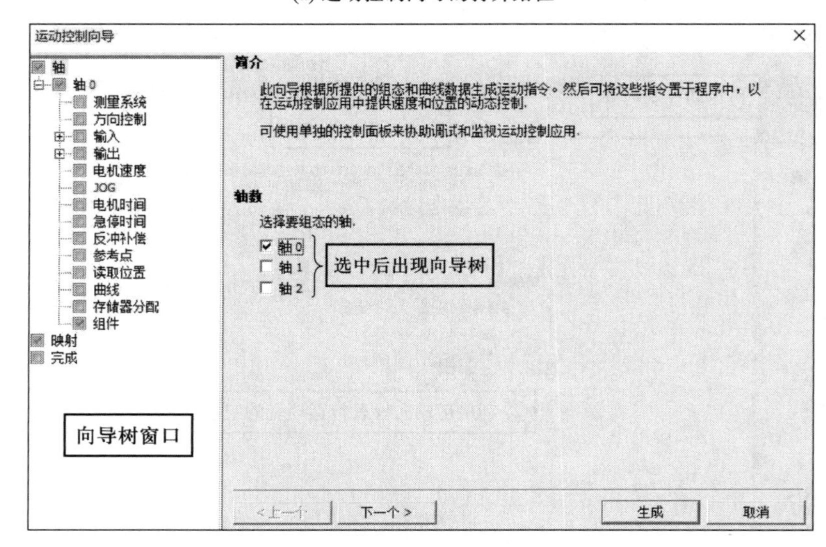

(b) 运动控制向导的窗口界面

图 4-30　运动控制向导

动机速度和设置加减速时间等操作，如图 4-31 所示。

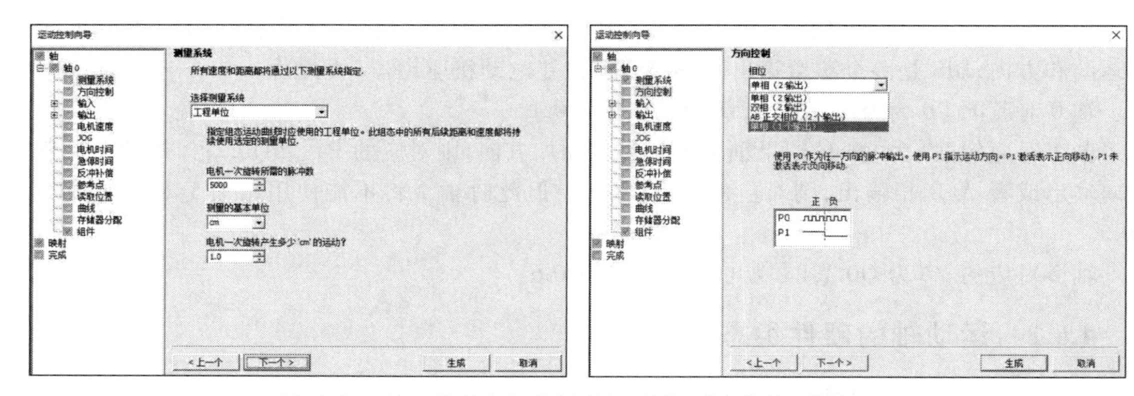

图 4-31　运动控制向导的“测量系统”和“方向控制”选项

其中：

(1) 在“测量系统”选项中，对步进电机，默认的步距角一般为 1.8°，因此将“电机一次旋转所需的脉冲数”设置为“200”，但如果驱动器设置了步距角细分，应根据设置情况填入对应的数值。测量单位可以根据实际情况选择 mm、cm 或英寸等单位。“电机一次旋转产生多少‘cm’的运动?”与实际的机械结构有关,应根据实际情况填入(如步进电机驱动下滚珠丝杠的导程值)。

(2) 在“方向控制”选项中,使用 P0 作为任一方向的脉冲输出,使用 P1 指示运动方向。P1 激活表示正向移动,未激活表示反向移动。

(3) 在“电机速度”选项中,“MAX_SPEED”是电动机最大速度,“MIN_SPEED”是根据设定的最大速度值在运动曲线中指定的最小速度。“SS_SPEED”是电动机启动/停止速度,一般取 MAX_SPEED 值的 5%~15%。SS_SPEED 数值过低,电动机在运动开始和结束时可能会产生振动;数值过高可能会导致启动时丢失脉冲。

(4) 点动命令(JOG)用于手动移动负载至所需位置。其中,“JOG_SPEED”是点动命令有效时能够得到的最大速度。如果点动命令在 0.5 s 之内结束,CPU 以 SS_SPEED 速度将工件运动到 JOG_INCREMENT 数值指定的距离;JOG 命令超过 0.5 s 时,CPU 将驱动电动机加速至 JOG_SPEED,继续运动直至点动命令结束;JOG 命令终止后电动机减速停止。

(5) “电机时间”选项用于设定加减速时间,包括从“SS_SPEED”到“MAX_SPEED”的加速度时间“ACCEL_TIME”,从“MAX_SPEED”到“SS_SPEED”的减速度时间“DECEL_TIME”。

在向导树的“映射”选项中,可以查看运动控制功能所占用的 CPU 输入、输出点。向导树中的其余指令可参阅 S7-200 SMART 系统手册。

完成各项设置后,单击“生成”按钮完成全部组态,生成的项目组件会以子例程形式出现,如图 4-32 所示。由于全部子例程需占用 1 700 B 存储空间,因此在向导树的组件选项中,可以根据实际需求选择相应的项目组件,以降低所需的存储空间。

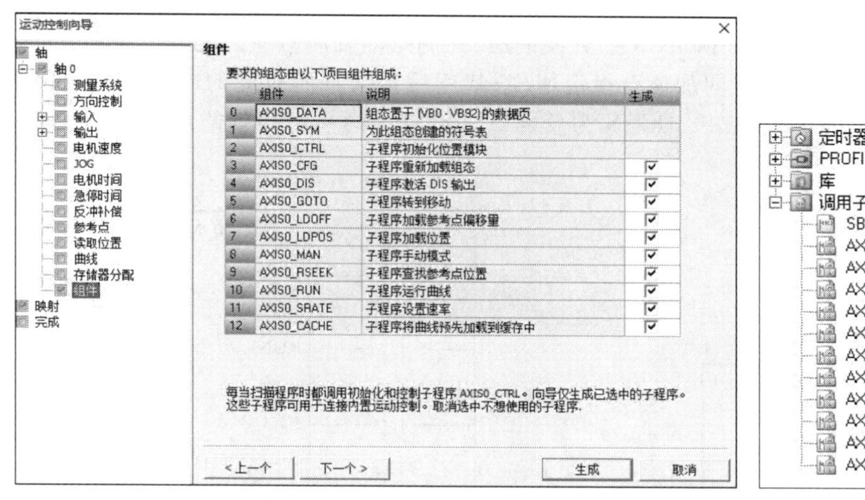

图 4-32 项目组件的选择和生成的可调用子例程

4.6.3 运动轴控制子例程

运动轴控制子例程由运动控制向导自动创建,可以插入用户程序中使用。由图 4-32 可见,运动轴控制子例程均具有“AXISx_”前缀,其中 x 代表轴通道编号。每一条运动控制指令对应一个子例程,见表 4-9。在同一时间只允许激活一条运动指令。

表 4-9　运动轴控制子例程的功能

序号	指令/子例程名称	功能
1	AXISx_CTRL	启用和初始化运动轴
2	AXISx_MAN	手动/点动模式
3	AXISx_GOTO	控制运动轴转到指定位置
4	AXISx_RUN	运行包络
5	AXISx_RSEEK	搜索参考点位置
6	AXISx_LDOFF	加载参考点偏移量
7	AXISx_LDPOS	加载位置
8	AXISx_SRATE	设置速率
9	AXISx_DIS	使能/禁止 DIS 输出
10	AXISx_CFG	重新加载组态
11	AXISx_CACHE	缓冲包络

（1）AXISx_CTRL 子例程

AXISx_CTRL 子例程用于启用和初始化运动轴，程序中每个运动轴只使用 AXISx_CTRL 一次，并需在每次扫描时利用 SM0.0 触点作为 EN 参数调用此指令。MOD_EN 参数也需要开启，以保证其他运动轴控制子例程能够向运动轴发送指令。指令框右侧的变量为子例程的输出参数，可根据需要调用或读取。AXISx_CTRL 子例程举例如图 4-33 所示。

（2）AXISx_MAN 子例程

AXISx_MAN 子例程为手动/点动模式，允许电动机按照不同速度运行，或者沿着正向、反向点动运行，如图 4-34 所示。其中，RUN 参数使能后，控制运动轴所对应的电动机按照 Speed 参数定义的大小、Dir 参数定义的方向加速至指定速度；禁用后运动轴所对应的电动机将减速直至停止运转。JOG_P 为正向点动旋转，JOG_N 为反向点动旋转。同一时间仅能启用 RUN、JOG_P 或 JOG_N 输入之一。

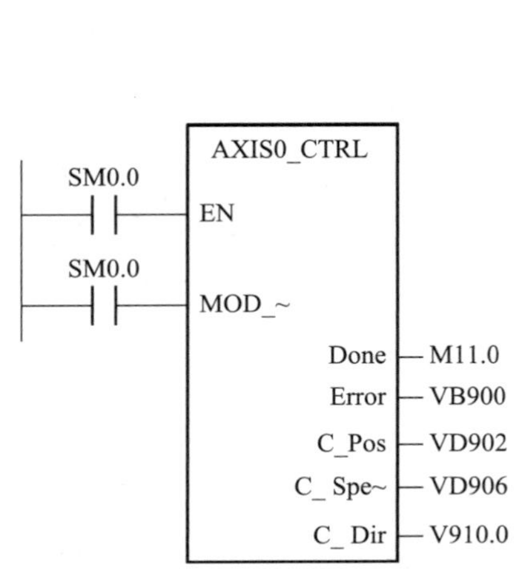

图 4-33　AXISx_CTRL 子例程举例

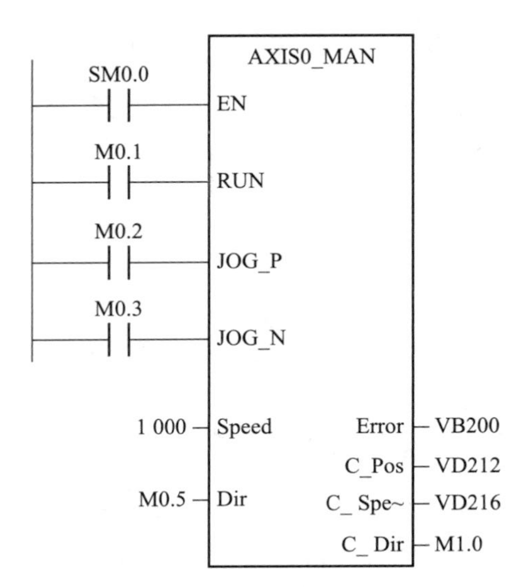

图 4-34　AXISx_MAN 子例程举例

（3）AXISx_GOTO 子例程

AXISx_GOTO 子例程用于控制运动轴转到指定位置，如图 4-35 所示。其中，START 参数使能后会向运动轴发出 GOTO 命令。为了确保仅发送一个 GOTO 命令，应使用上升沿触发指令|P|来启用 START 参数。Pos 参数指示要移动的位置（绝对移动）或要移动的距离（相对移动），其数值类型根据组态时选定的测量单位确定。Speed 参数确定运动轴移动的最高速度，Mode 参数选择移动的类型：

Mode=0，绝对位置移动；

Mode=1，相对位置移动；

Mode=2，单速连续正向旋转；

Mode=3，单速连续反向旋转。

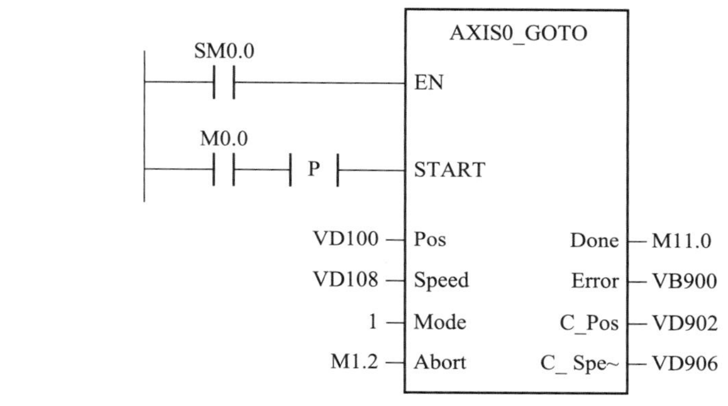

图 4-35　AXISx_GOTO 子例程举例

4.6.4　PLC 与步进电机的接线

PLC 通过步进驱动器与步进电机相连。步进驱动器有共阴极和共阳极两种接法，由于 S7-200 SMART 输出信号为 PNP 型（+24 V 输出），所以需采用共阴极接法与步进驱动器连接。对于输入信号为 5 V TTL 电平的步进驱动器，应在 PLC 和步进驱动器之间串接分压限流电阻，如图 4-36 所示。

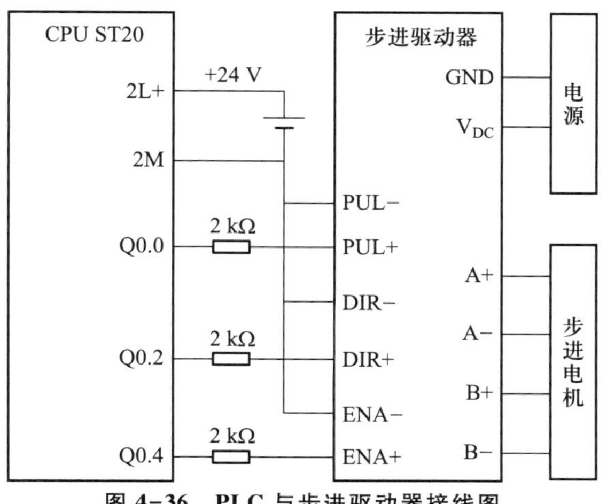

图 4-36　PLC 与步进驱动器接线图

4.7 PLC 程序设计

4.7.1 PLC 的顺序功能图与逻辑控制

对于简单的 PLC 程序，在确定好输入、输出关系后，可以基于设计人员的经验直接进行梯形图编制。但当控制逻辑比较复杂时，经验设计非常困难，应考虑选用功能图设计法（也就是顺序功能图）进行软件编程。即首先根据系统的控制逻辑需求绘制顺序功能图，再根据顺序功能图编制对应的梯形图。

顺序功能图（sequential function chart，SFC）又称为状态转移图，是 IEC 首选的编程语言，特别适合编写复杂的顺序控制程序。其基本思想：将系统的状态从工艺要求中分离出来，根据系统工作过程中状态的变化，把被控对象的工作过程分解为若干工作阶段，这些阶段称为“步”，相邻“步”之间通过转换条件切换。顺序功能图的基本组成要素包括步、转换条件和有向连线，如图 4-37 所示。图中，转换条件、动作/驱动处理和转换目标是构成一个完整的状态步 n 的三要素。

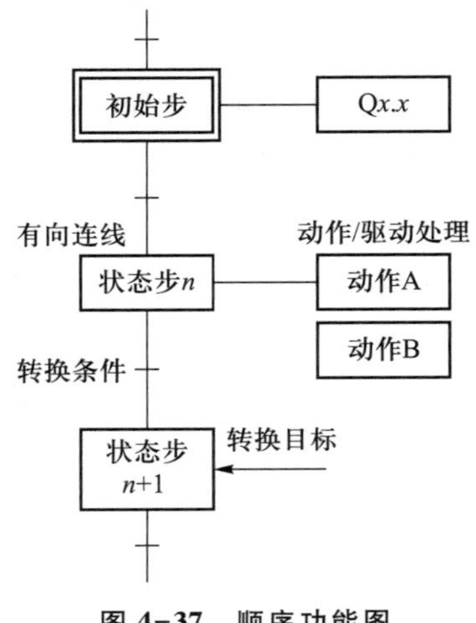

图 4-37 顺序功能图

1. 顺序功能图的状态步

（1）步（状态）

步也称为状态，初始状态对应的步为初始步，是顺序功能图运行的起点。初始步的图形符号用双框矩形表示，其余步一般用单线矩形框表示。当系统处于某一工作阶段时，对应的步处于激活状态，称为活动步。一个状态序列中同一时刻最多只有一个活动步。

（2）转换条件

转换条件是系统从一个状态 n 向另外一个状态 $n+1$ 转移的必要条件，在图 4-37 中用短横线表示。转换条件相当于顺序功能图程序分支选择的“开关”，常见的转换条件有限位传感器的通/断、定时器/计数器的触点通/断或者信号的与或逻辑组合等。

（3）动作/驱动处理

每个稳定的状态、动作均有对应的驱动输出，即对负载的驱动处理，驱动对象为 Q、M、T、C 等。动作也可以是系统输出的指令。

（4）转换目标

转换目标又称转移目标，是当前步在转换条件得到满足时要转向的下一个目标，此时上一步的动作结束而下一步的动作开始。

2. 顺序功能图的结构类型

（1）单一序列

单一序列是最简单的一种顺序功能图，每一步的后面仅连接一个转换，每一个转换后面仅连接一个步，如图 4-38 所示。

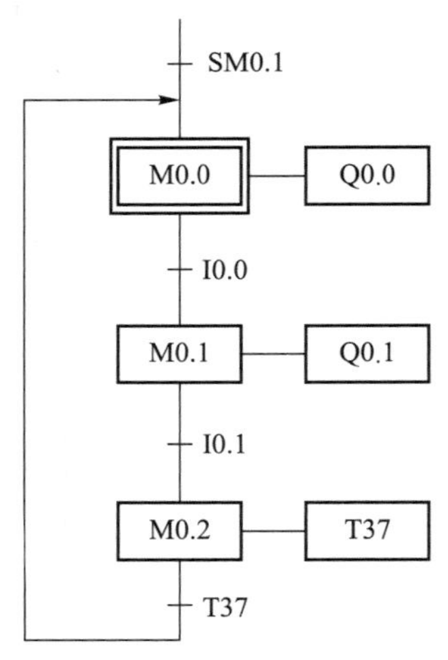

图 4-38 单一序列

(2) 选择序列

选择序列是指某一步后有多个单一序列等待选择,如图 4-39a 所示。

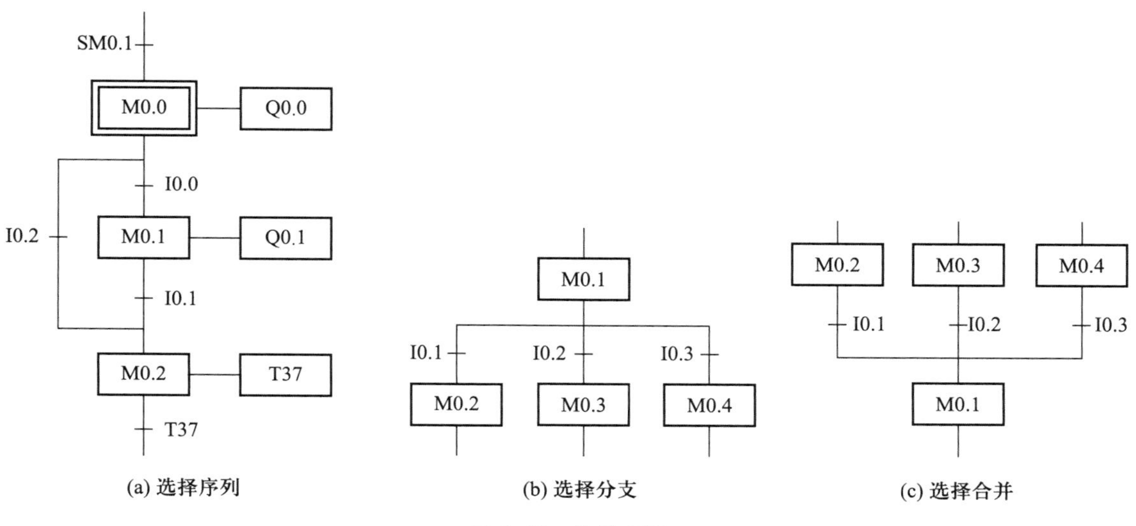

(a) 选择序列 (b) 选择分支 (c) 选择合并

图 4-39 选择序列

选择序列的开始称为选择分支(图 4-39b),转换条件只能标在水平连线之下。选择序列分支时,一般只允许同时选择一个序列。选择序列的结束称为选择合并(图 4-39c),合并时转换条件只能标在水平连线之上。

(3) 并行序列

当同一转换条件下几个序列同时激活时,这些序列称为并行序列,如图 4-40 所示。

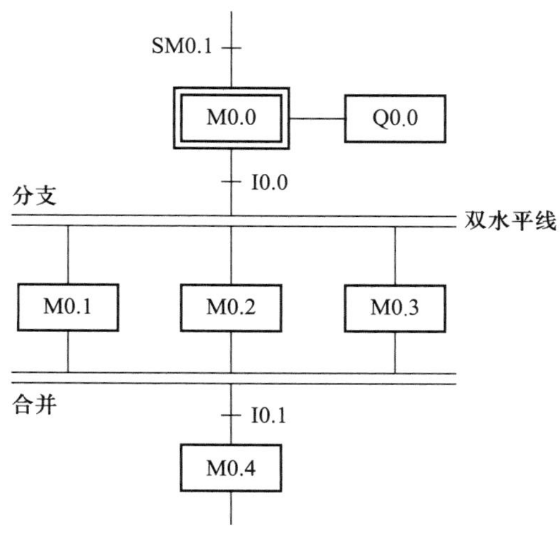

图 4-40 并行序列

并行序列的开始称为并行分支,结束称为并行合并。开始和结束在顺序功能图中都用双水平线表示同步,开始时在双水平线上方只允许有一个转换条件,结束时在双水平线下方只允许有一个转换条件。

3. 顺序功能图的逻辑代数表达式

本质上来说，PLC 的梯形图也是与、或、非的逻辑组合，因此梯形图可以用逻辑代数表达式来表示。梯形图与逻辑代数表达式之间的对应关系见表 4-10。其中，逻辑代数/逻辑函数可以看作继电器线圈，逻辑变量可以看作继电器触点。

表 4-10　梯形图与逻辑代数表达式的对应关系

逻辑操作	逻辑代数表达式	梯形图
逻辑“与”	M0.0 = I0.0 * I0.1	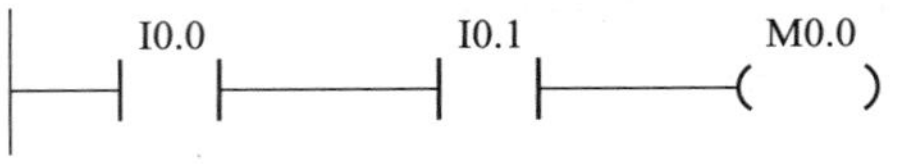 I0.0　I0.1　M0.0
逻辑“或”	M0.0 = I0.0+I0.1	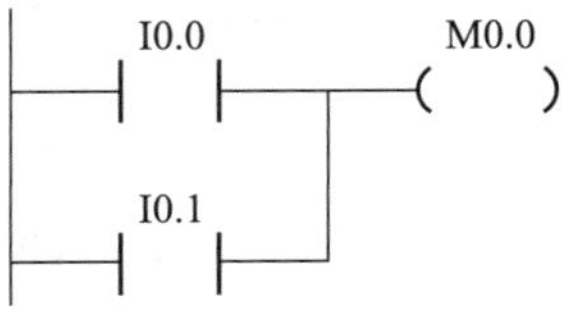 I0.0　M0.0 I0.1
逻辑“非”	M0.0 = $\overline{\text{I0.0}}$	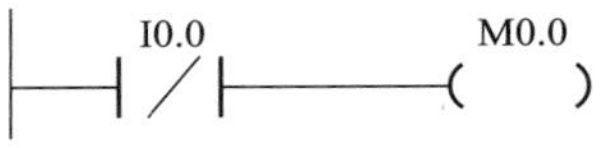 I0.0　M0.0
与或运算	M0.0 = (I0.0 * I0.1) + (I0.2 * I0.3)	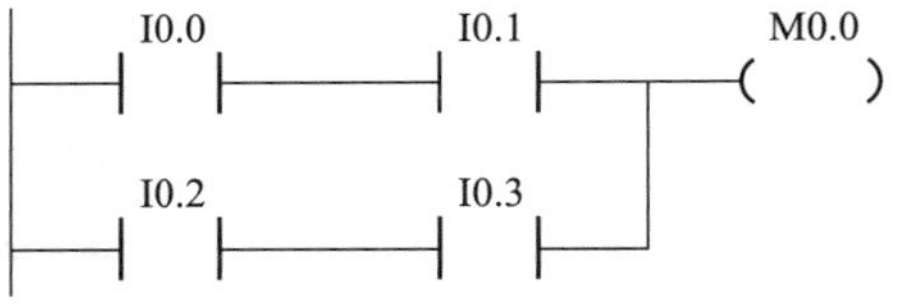 I0.0　I0.1　M0.0 I0.2　I0.3

由表 4-10 可见：

逻辑“与”表示触点串联，逻辑“或”表示触点并联，逻辑“非”表示常闭触点，其他复杂的组合逻辑也可以用触点组合表示。

如此一来，可以首先根据顺序功能图给出逻辑代数表达式，再基于逻辑代数表达式编写出对应的梯形图，从而实现了基于逻辑组合的梯形图设计方法。图 4-38 所示的单一序列对应的逻辑代数表达式如下：

$$\text{M0.0} = \text{M0.2} * \text{T37} + \text{M0.0} * \overline{\text{M0.1}} + \text{SM0.1}$$

$$\text{M0.1} = \text{M0.0} * \text{I0.0} + \text{M0.1} * \overline{\text{M0.2}}$$

$$\text{M0.2} = \text{M0.1} * \text{I0.1} + \text{M0.2} * \overline{\text{M0.0}}$$

即当前步的逻辑代数表达式格式为

$$\text{当前步}=\sum(\text{上一步}*\text{转换条件 }1*\cdots*\text{转换条件 }n)+\text{当前步}*\overline{\text{下一步}}$$

4.7.2 PLC 编程举例

1. PLC **基本程序设计**

【例 4-12】 参照继电器-接触器系统的启动、保持和停止电路，设计 PLC 程序。

对应梯形图如图 4-41 所示。

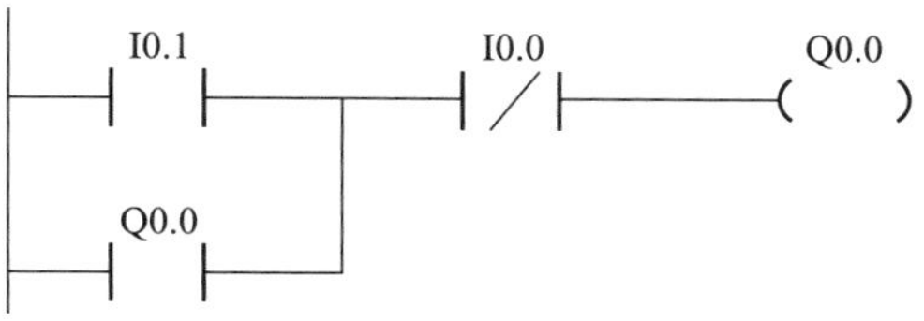

图 4-41 启动、保持和停止电路对应的梯形图

图中的启动信号 I0.1、停止信号 I0.0 持续时间很短，称为短信号或点动信号。按下启动按钮时 I0.1 接通，输出继电器 Q0.0 得电。I0.1 断开后，Q0.0 常开触点自锁。按下停止按钮时 I0.0 常闭触点断开，输出继电器 Q0.0 掉电断开。

【例 4-13】 参考继电器-接触器系统的正反转控制电路，设计双向控制电路的 PLC 程序。

本例为用两个输出电器控制同一对象的两种相反工作状态，类似的基本控制电路有异步电机正反转控制电路、双线圈两位电磁阀控制电路等。图 4-42a 所示为 PLC 接线图，图 4-42b 所示为梯形图。图 4-42b 中，Q0.0 和 Q0.1 的常闭触点实现互锁，保证 Q0.0 和 Q0.1 不同时接通；I0.0 和 I0.1 的常闭触点实现按钮互锁。

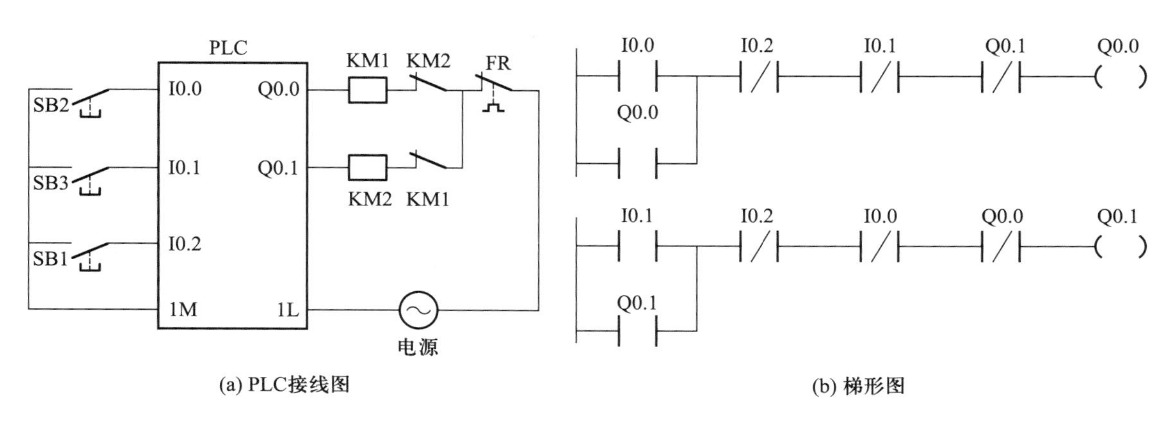

图 4-42 双向控制电路对应的梯形图

【例 4-14】 利用两个计数器组成一个大容量计数器，设计 PLC 程序。

对应梯形图如图 4-43 所示。

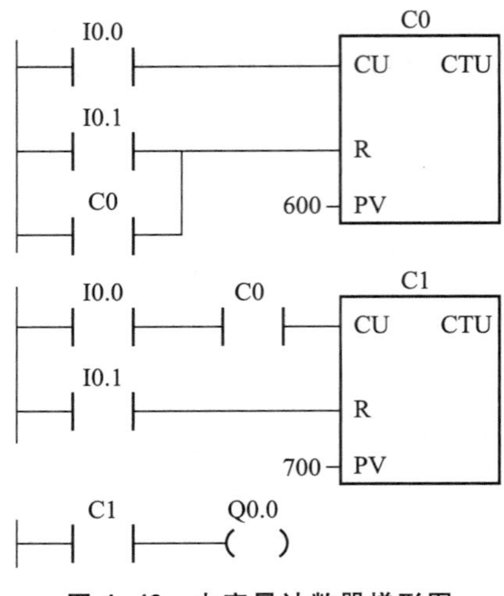

图 4-43 大容量计数器梯形图

【例 4-15】 交通灯信号控制:设置启动和停止按钮。启动后,按照时序图(图 4-44a)所示的规律,在某一方向上,绿灯亮 8 s 后,以 0.5 s 间隔闪烁 2 s 熄灭,接着黄灯亮 2 s,黄灯熄灭后红灯亮 12 s,以此类推,循环控制红绿灯亮灭。画出 PLC 接线图,编写 PLC 控制程序。

根据例题要求,此处交通信号灯的控制相当于以时间为坐标轴的动态事件循环序列,如图 4-45a 所示。因此,可以考虑基于定时器和比较指令实现对交通信号灯的功能控制,对应的梯形图如图 4-45b 所示。PLC 的 I/O 接口分配和接线可见接线图(图 4-44b),程序中使用了表 4-2 所述的 SM0.5 进行闪烁控制。

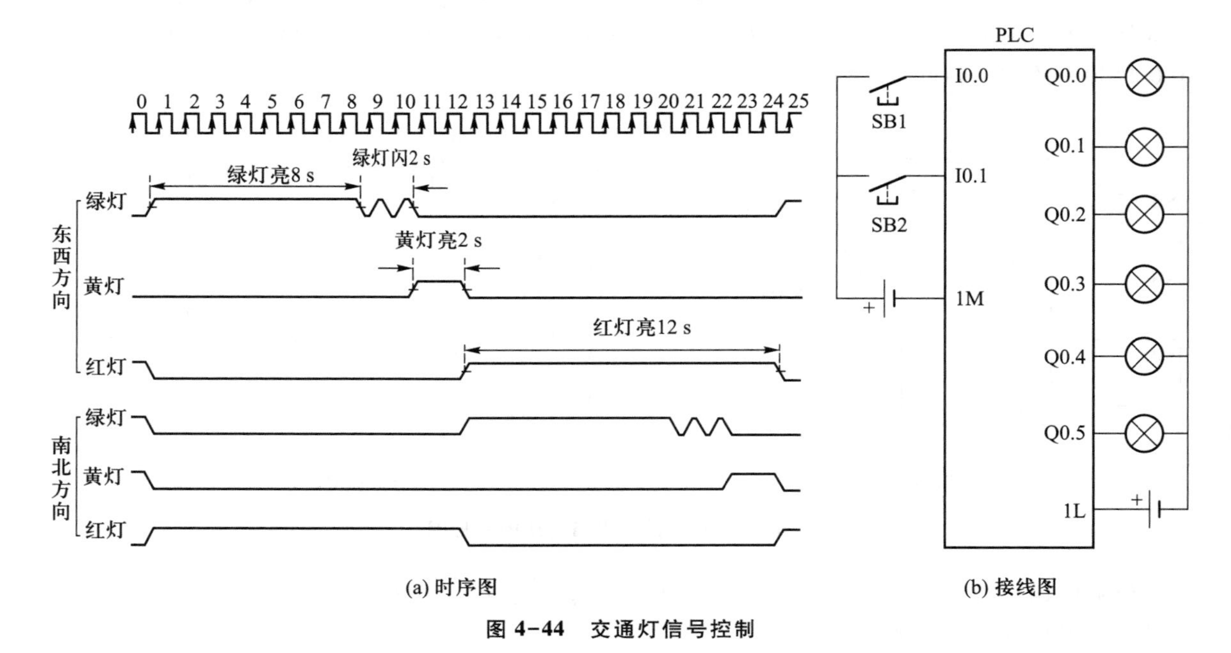

(a) 时序图　　(b) 接线图

图 4-44 交通灯信号控制

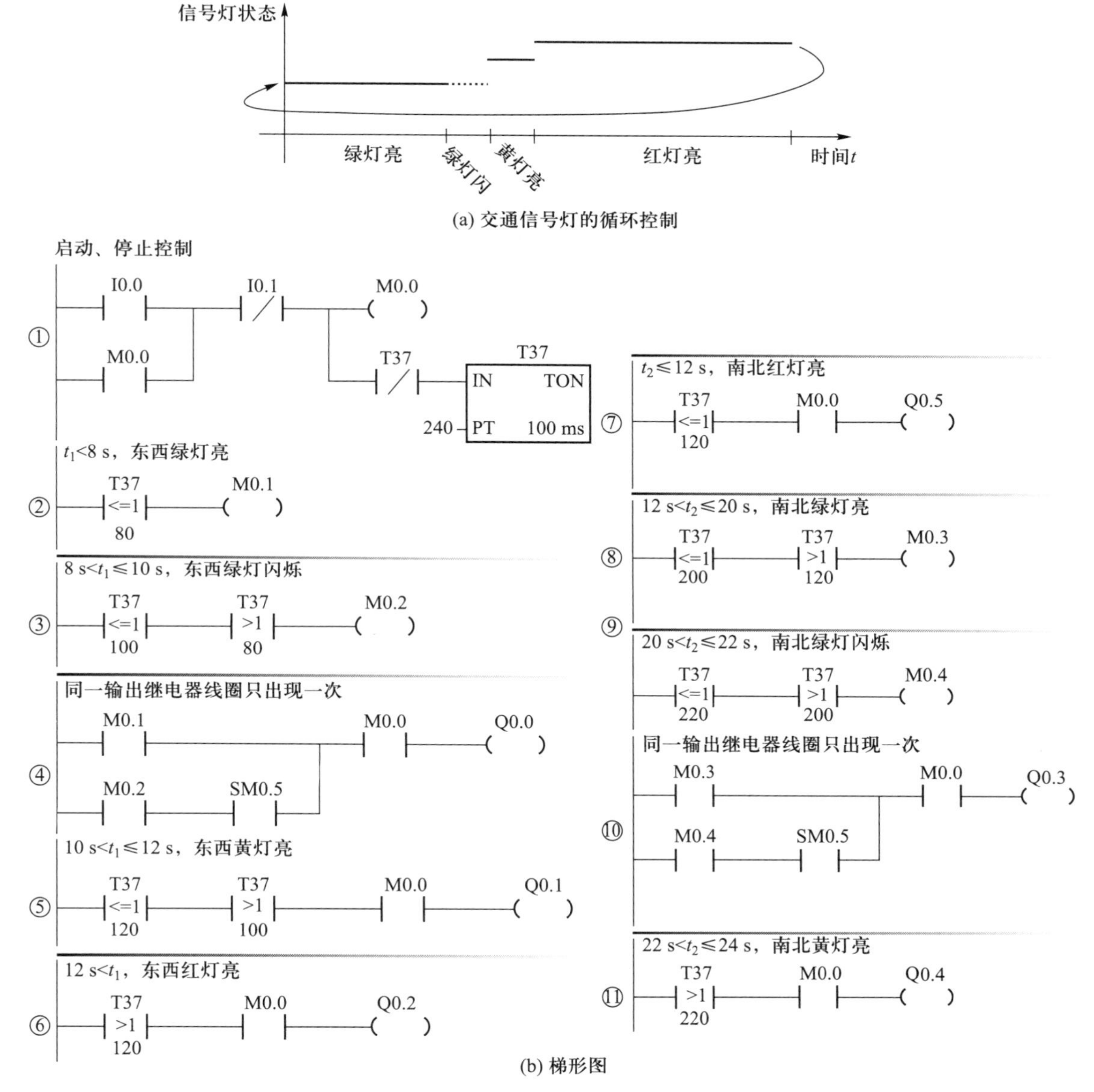

(a) 交通信号灯的循环控制

(b) 梯形图

图 4-45 交通信号灯梯形图

2. 顺序功能图程序设计

【例 4-16】 自动贴标签机 PLC 控制系统设计。

如图 4-46 所示的自动贴标签机由 3 个气缸组成，其 PLC 接线图和顺序功能图如图 4-47 所示，表 4-11 为 I/O 接口分配表。其工作过程：初始状态，升降气缸、伸缩气缸和定位气缸均处于缩回状态。启动后，输送带开始运转，带动包装袋自左向右移动，当移动到光电开关 SQ4 处时，定位气缸伸出，到位后触发限位开关 SQ3；此时，如果有信号输出到标签打印机，则打印标签并伸出打印机，触发光电开关 SQ5，使伸缩气缸伸出，并触发限位开关 SQ2，使吸盘电磁阀打开，产生负压吸住标签;适当延时(T37)保证标签可靠吸附后,伸缩气缸缩回,升降气缸伸出,带动伸缩气缸和吸附的标签一起下降,使不干胶标签粘贴到包装袋上,完成粘贴动作并触发 SQ1,粘贴过程中依靠吸盘的弹性浮动实现吸盘与包装袋间距的自动调整。之后,各气缸依次动作,恢复到初始状态,等待下一个粘贴循环。梯形图如图 4-48 所示。

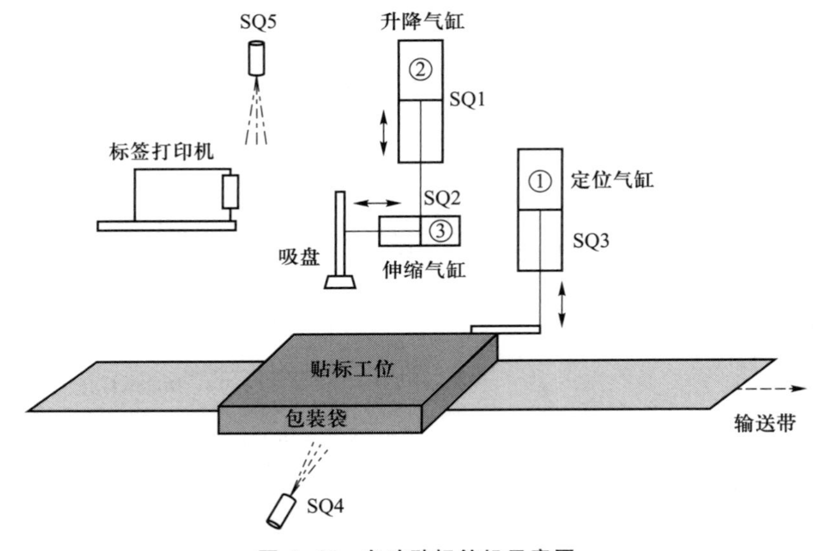

图 4-46　自动贴标签机示意图

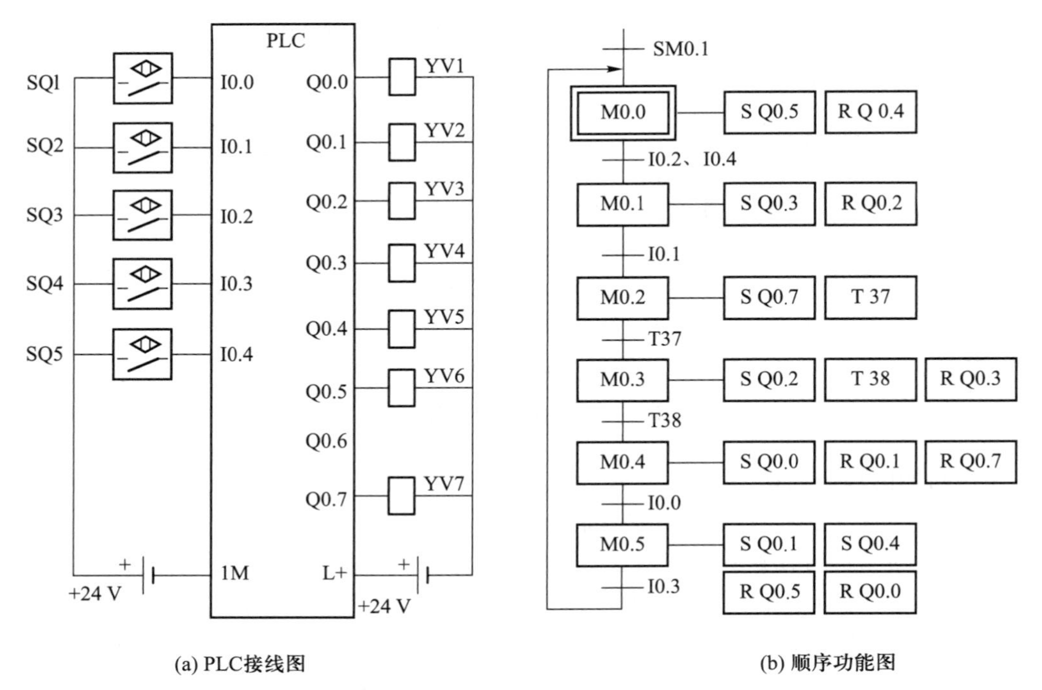

(a) PLC接线图　　(b) 顺序功能图

图 4-47　自动贴标签机的 PLC 接线图和顺序功能图

表 4-11　I/O 接口分配表

输入			输出		
名称	符号	输入点	名称	符号	输出点
升降限位	SQ1	I0.0	升降气缸伸出线圈	YV1	Q0.0
水平伸缩限位	SQ2	I0.1	升降气缸缩回线圈	YV2	Q0.1
定位气缸限位	SQ3	I0.2	伸缩气缸缩回线圈	YV3	Q0.2
包装袋检测	SQ4	I0.3	伸缩气缸伸出线圈	YV4	Q0.3
标签检测	SQ5	I0.4	定位气缸缩回线圈	YV5	Q0.4
			定位气缸伸出线圈	YV6	Q0.5
			吸盘电磁阀线圈	YV7	Q0.7

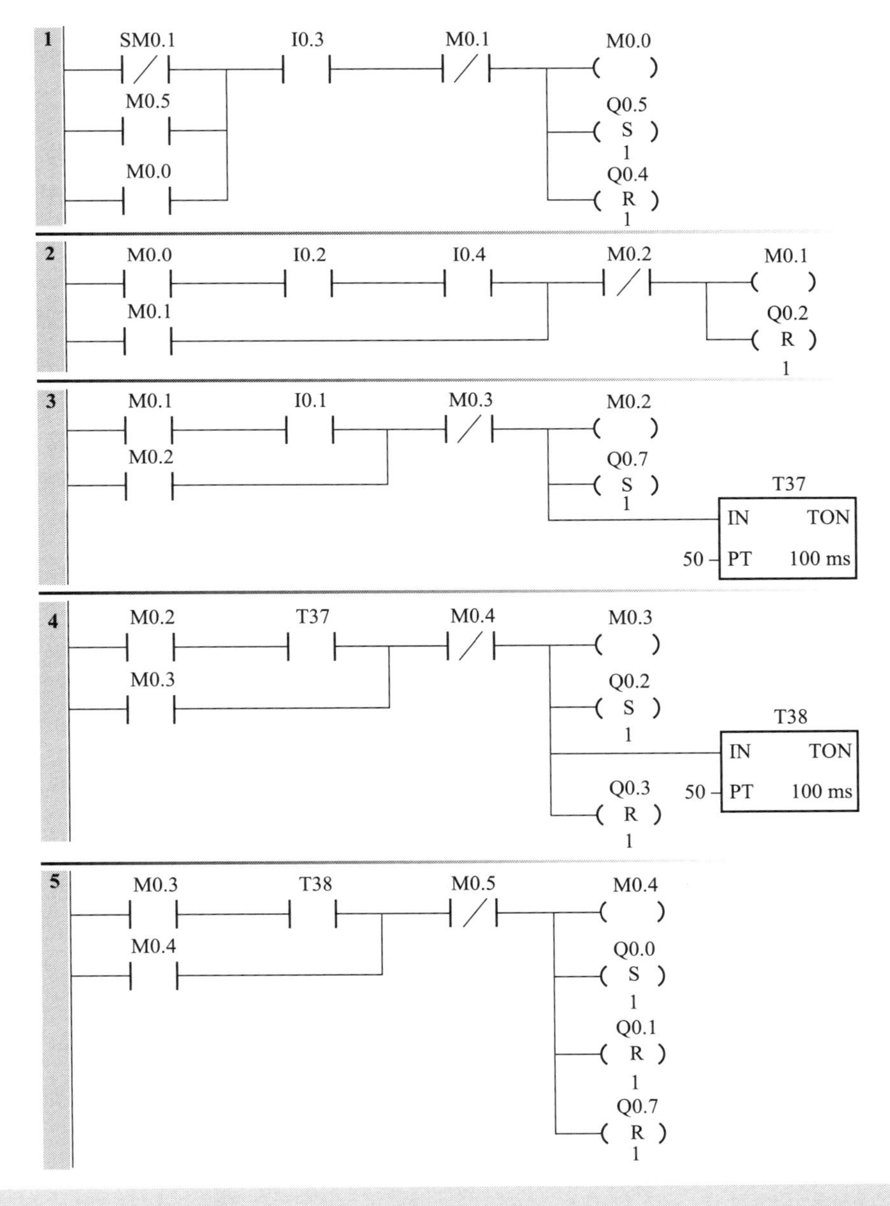

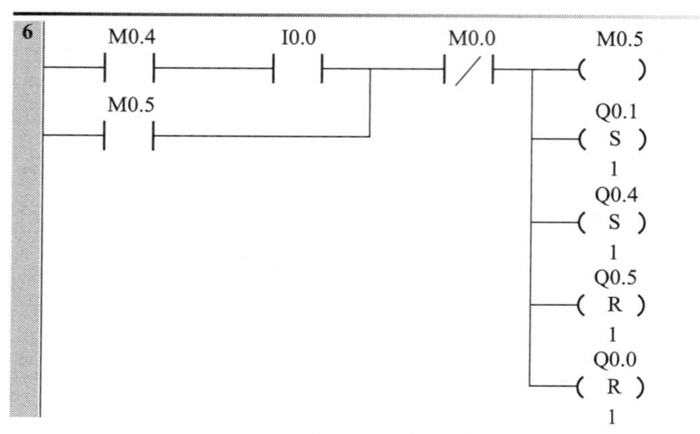

图 4-48　梯形图

【例 4-17】　自动播种机 PLC 控制系统设计。

图 4-49 所示的自动播种机共由 8 个气缸组成，其中阻挡气缸、夹持气缸和定位气缸均为一阀两缸，即通过一个电磁阀控制两个气缸，可以视为一个控制对象。其 PLC 接线图如图 4-50 所示，表 4-12 为 I/O 分配表。其工作过程：按下启动按钮 SB1 后，输送带开始运转，带动种筐由左向右移动；种筐右移首先触发第一组光电检测开关 SQ3，如果此时第二组光电开关 SQ4 或定位气缸的磁性开关 SQ5 已处于触发状态，表明工作区已有种筐，则阻挡气缸伸出并触发 SQ6，将新种筐挡在等候工位，否则放行，使其向播种工位移动；当种筐移动到第二组光电开关 SQ4 处，触发定位气缸，气缸伸出，使种筐停止在合适的位置；此时定位气缸磁性开关 SQ5 亦被触发，从而使夹持气缸伸出，从两侧夹紧种筐；夹持气缸伸出到位后磁性开关 SQ10 被触发，使举升气缸伸出，带动种筐上升至小料斗处；举升气缸伸出到位后磁性开关 SQ7 被触发，使翻转气缸伸出，打开料斗阀门，种子落入种筐；翻

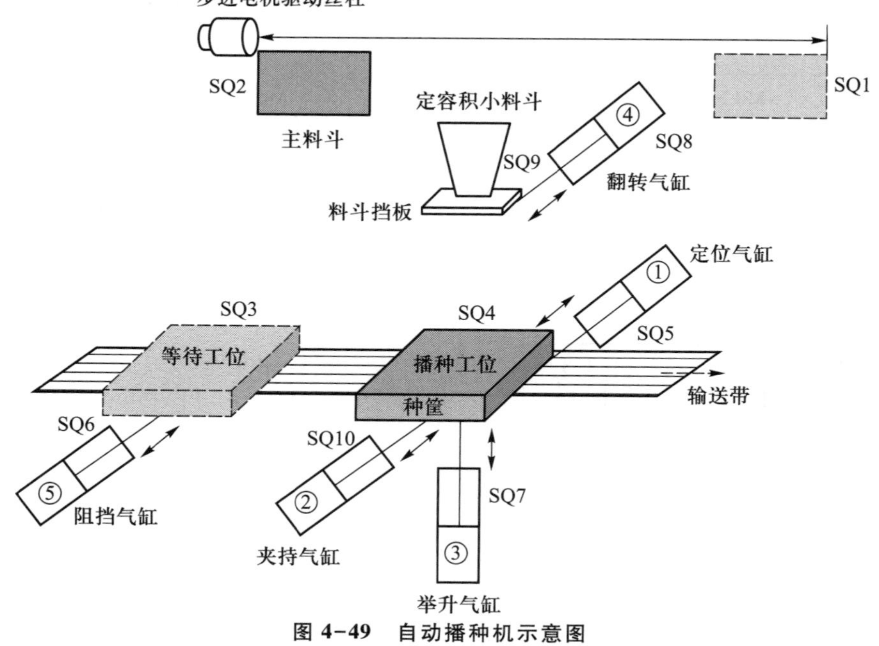

图 4-49　自动播种机示意图

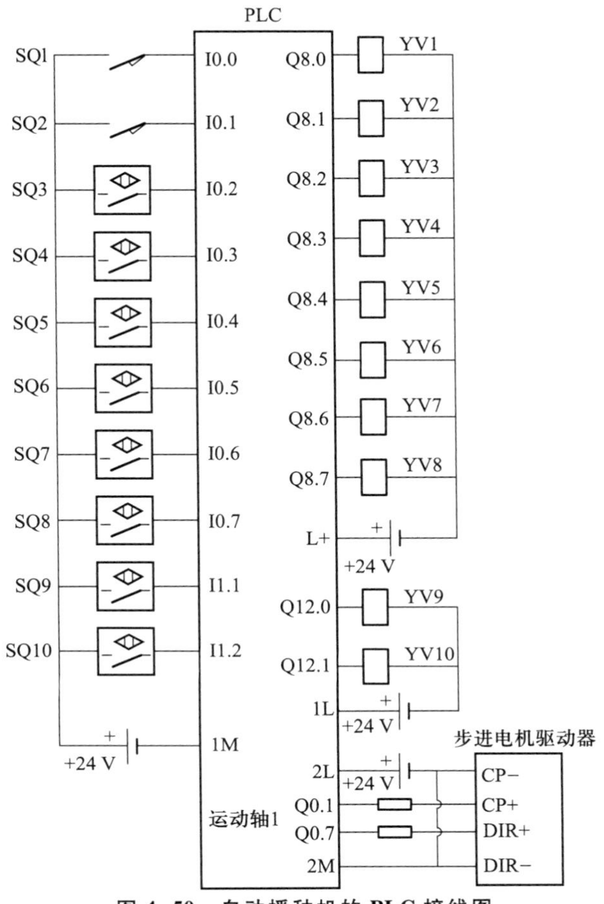

图 4-50　自动播种机的 PLC 接线图

转气缸同时触发接近开关 SQ9,延时后触发举升气缸缩回并触发 SQ8,举升气缸带动种筐下落至输送带,并依次释放夹持气缸、定位气缸,使种筐随输送带继续右移,脱离播种工位;与此同时,根据 SQ1 和 SQ2 开关状态判断主料斗所在位置,并通过步进电机驱动主料斗反向移动,将种子重新填满小料斗供下一轮次播种使用,完成一次播种任务的循环。

表 4-12　I/O 分配表

输入			输出		
名称	符号	输入点	名称	符号	输出点
料斗左限位开关/SQ2	AS1	I0.1	举升气缸伸出线圈	YV1	Q8.0
料斗右限位开关/SQ1	AS2	I0.0	举升气缸缩回线圈	YV2	Q8.1
第二组光电开关/SQ4	PS2	I0.3	夹持气缸伸出线圈	YV3	Q8.2
第一组光电开关/SQ3	PS1	I0.2	夹持气缸缩回线圈	YV4	Q8.3
定位气缸的磁性开关/SQ5	CS3	I0.4	阻挡气缸伸出线圈	YV5	Q8.5
阻挡气缸的磁性开关/SQ6	CS4	I0.5	阻挡气缸缩回线圈	YV6	Q8.4
举升气缸的磁性开关/SQ7	CS2	I0.6	定位气缸伸出线圈	YV7	Q8.6
落料 OFF 位开关/SQ8	AS4	I0.7	定位气缸缩回线圈	YV8	Q8.7
落料 ON 位开关/SQ9	AS3	I1.1	翻转气缸伸出线圈	YV9	Q12.0

续表

输入			输出		
名称	符号	输入点	名称	符号	输出点
夹持气缸的磁性开关/SQ10	CS1	I1.2	翻转气缸缩回线圈	YV10	Q12.1
			电动机脉冲输出	CP	Q0.1
			电动机方向控制	DIR	Q0.7

图 4-51 是自动播种机的顺序功能图。

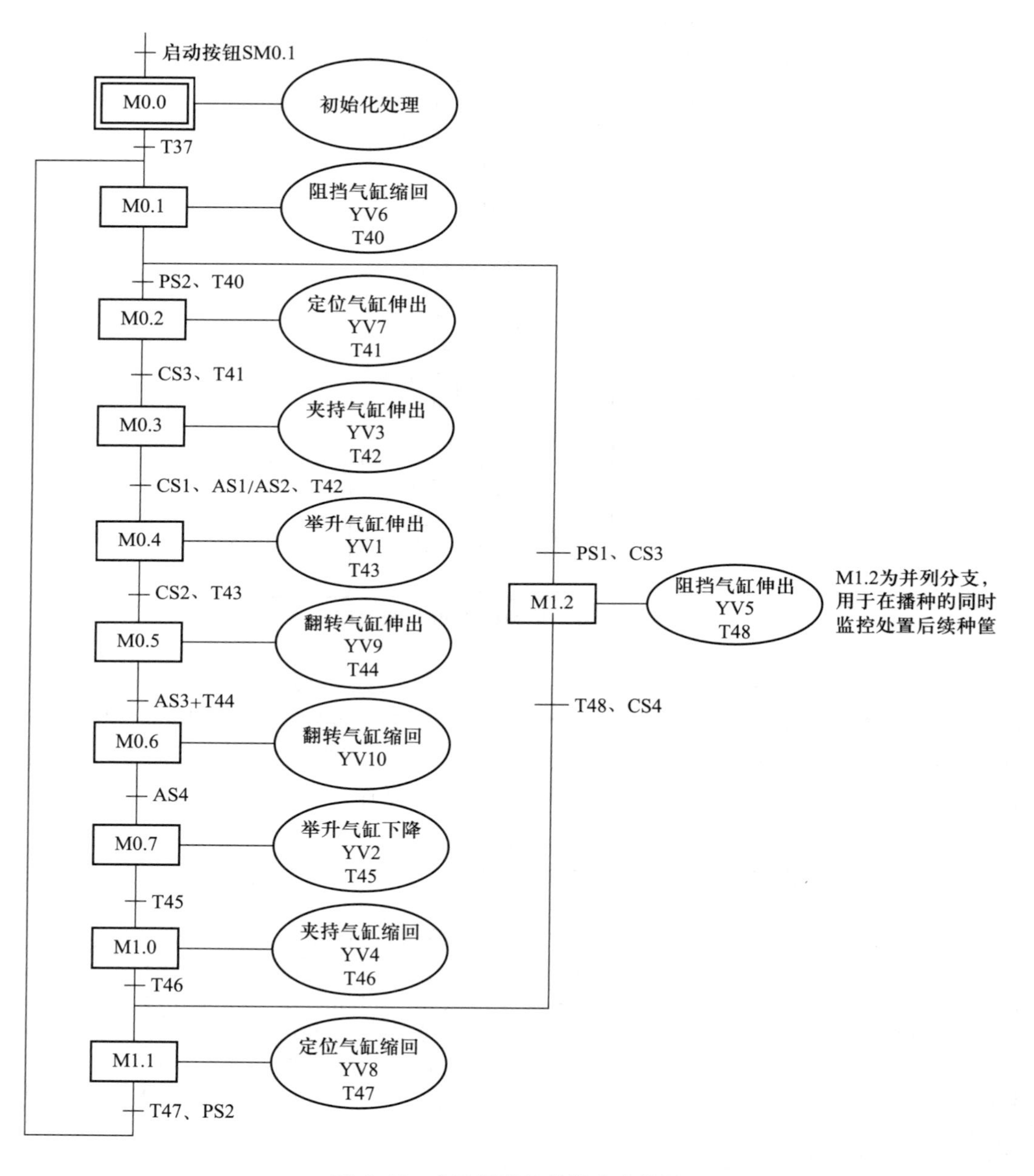

图 4-51 自动播种机的顺序功能图

由于系统 PLC 梯形图较为冗长，这里只给出其中的子函数调用、电动机初始化和驱动控制等相关部分的程序，如图 4-52 所示。

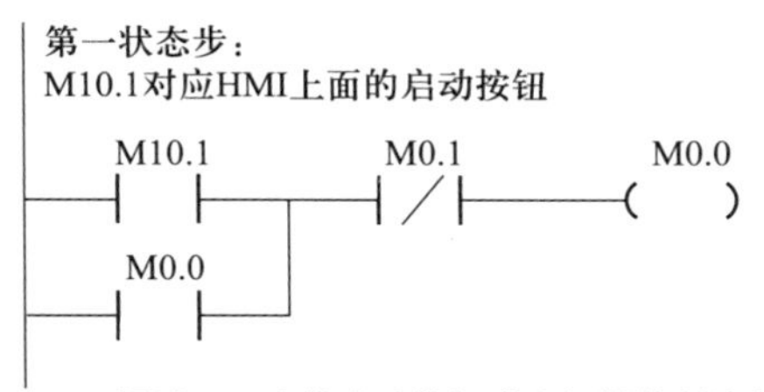

(a) 通过HMI上的启动按钮进入逻辑控制流程

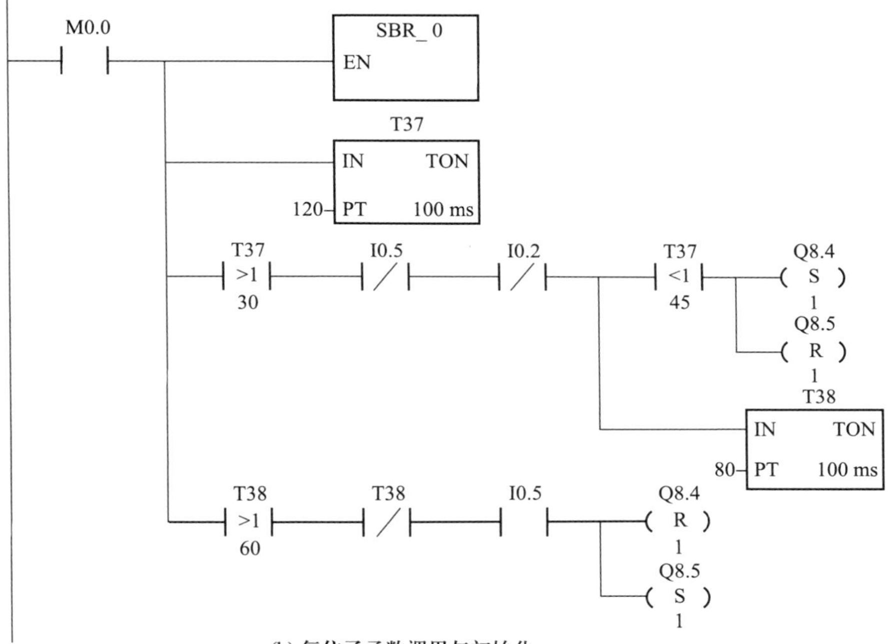

(b) 复位子函数调用与初始化

电动机驱动初始化，每次扫描都调用一次
方框式指令左侧输入，右侧输出

AXIS1_CTRL
SM0.0 — EN
SM0.0 — MOD_~
Done — M11.0
Error — VB900
C_Pos — VD902
C_Spe~ — VD906
C_Dir — V910.0

(c) 电动机初始化

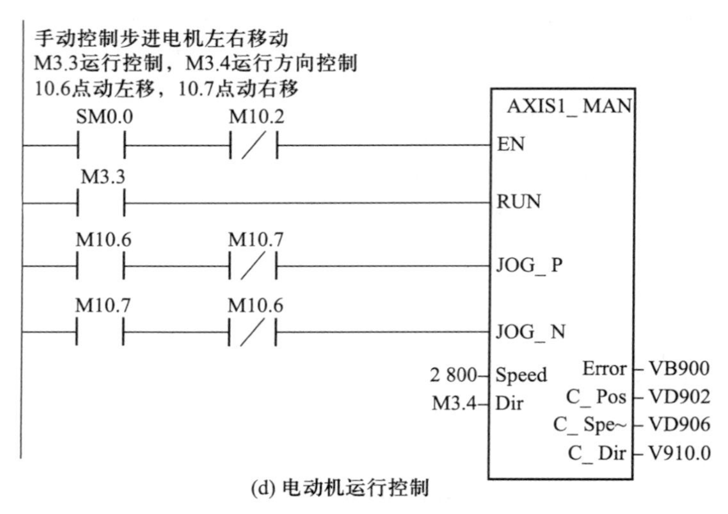

(d) 电动机运行控制

图 4-52　梯形图(部分)

4.8　S7-200 SMART PLC 的自由口通信

S7-200 SMART 没有开放 PROFIBUS 通信,PPI 通信功能只限于 PLC 和 HMI 之间通信,以太网通信也仅限于 PLC 和 HMI 以及 PLC 和计算机之间的通信。但 S7-200 SMART 拥有自由口(freeport)通信功能,用户可以通过自己定义的通信协议使 PLC 与 PC 或第三方设备之间,以及 PLC 相互之间基于 RS-485 实现串行通信。

标准的 S7-200 SMART 拥有一个 RS-485 接口,编号 Port0,支持 1 200~115 200 bit/s 的波特率。Port0 的物理形式为 DB9F(孔型母头),其引脚 3 为 RS-485 信号 B,引脚 8 为 RS-485 信号 A。S7-200 SMART 还可以扩展一个 SB CM01 信号板作为 Port1 口,这个信号板可以通过 STEP 7-Micro/WIN SMART 软件设置为 RS-485 通信端口或者 RS-232 通信端口。其端口引脚分配见表 4-13。

表 4-13　SB CM01 信号板端口(端口 1)的引脚分配表

引脚	信号	定义
1	接地	机壳接地
2	Tx/B	RS232-Tx/RS485-B
3	发送请求	RTS(TTL)
4	M(接地)	逻辑公共端
5	Rx/A	RS232-Rx/RS485-A
6	+5 V	+5 V,100 Ω 串联电阻

应用自由口通信首先要把通信口定义为自由口模式,同时设置相应的通信波特率和通信格式。S7-200 SMART 用于定义自由口通信工作模式的控制字为 SMB30(控制 Port0)和 SMB130

(控制 Port1),可以设置自由口通信的校验位(pp)、数据位(d)、波特率(bbb)和协议(mm)等。根据图 4-53a 所示的功能位定义,图 4-53b 中 SMB30=2#00001001,表示设置 Port0 位自由口通信模式,波特率为 9 600 bit/s,8 位数据位,无校验。

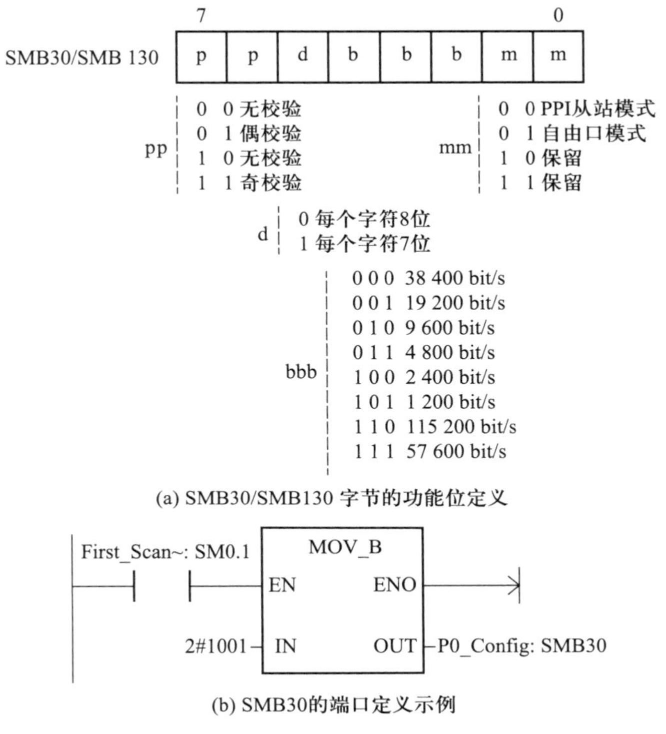

图 4-53 SMB30/SMB130 字节的功能位定义和使用

自由口通信的核心指令是 XMT 发送指令和 RCV 接收指令,两者数据缓冲区类似:起始字节均为需要发送的或接收的字符个数,其后为数据字节(数据中的起始或结束字符也算作数据字节)。用户程序利用通信数据缓冲区和特殊存储器与操作系统交换相关信息,调用 XMT 和 RCV 指令时只需指定通信口和数据缓冲区的起始字节地址即可。

4.8.1 自由口通信的 XMT 发送指令

XMT 发送指令用于在自由口通信模式下将发送缓冲区(TBL)的数据通过指定的通信端口发送出去。发送时以字节为单位,一次最多可以发送 255 个字符。XMT 要发送的字符以数据缓冲区的方式指定,缓冲区首字节为字符个数,其后为发送的数据字符。XMT 指令发送缓冲区的格式见表 4-14。

表 4-14 XMT 指令发送缓冲区的格式

字节编号	0	1	2	……	*N*
内容描述	发送字符的数量(*N*)	数据字节-1	数据字节-2	……	数据字节-*N*

判断发送是否完成一般有两种方法。方法一是将中断服务程序连接到发送结束事件，这样当发送完缓冲区最后一个字符后，将产生一个中断事件。其中，对 Port0 为中断事件 9，对 Port1 为中断事件 26。方法二是利用 SMB4 的第 5 位和第 6 位进行监测，当 Port0 发送空闲位时，SM4.5 自动置为 1，当 Port1 发送空闲位时，SM4.6 自动置为 1，因而可以根据 SM4.5 或 SM4.6 是否为 1 判断发送是否完成。

4.8.2 自由口通信的 RCV 接收指令

RCV 接收指令（简称 RCV 指令）用于在自由口通信模式下通过指定通信端口（Port0 或 Port1）接收字符数据，一次最多可以接收 255 个字符。接收到的字符保存在指定的数据缓冲区（TBL），其中首字节表示接收的字符个数，其后为接收的数据。RCV 指令接收缓冲区的格式见表 4-15。

表 4-15 RCV 指令接收缓冲区的格式

字节编号	0	1	2	……	*N*
内容描述	接收到的字符数量（*N*）	数据字节-1	数据字节-2	……	数据字节-*N*

RCV 指令的基本工作过程如下：

（1）当逻辑条件满足时，启动（一次）RCV 指令，进入接收等待状态；

（2）监视通信端口，待设置的消息起始条件满足后进入消息接收状态；

（3）若满足设置的消息结束条件，则结束消息、退出接收状态。

RCV 指令启动后，如果消息起始条件未满足，将一直处于等待接收的状态。若消息始终没有开始或者结束，通信口将一直处于接收状态。由于 S7-200 SMART 的通信端口是半双工 RS-485 芯片，XMT 指令和 RCV 指令不能同时有效。通信端口处于接收状态将导致 XMT 指令无法执行。为此，可考虑使用 CPU 的发送完成中断和接收完成中断功能，在中断服务程序中启动另一个指令。

判断 RCV 指令是否完成接收同样有两种方法：一是将中断服务程序连接到接收完成事件，对 Port0 为中断事件 23，对 Port1 为中断事件 24。二是通过监控接收状态字 SMB86（Port0）或 SMB186（Port1）来判断接收是否完成。SMB86/SMB186 等于 0 时表示相应的通信端口正处于接收状态中。

接收状态字 SMB86/SMB186 的说明见表 4-16。

表 4-16 接收状态字 SMB86/SMB186 的说明

Port0	Port1	功能位说明	
SMB86	SMB186	MSB7	1 有效，因用户发送禁止命令终止接收
		6	1 有效，因输入参数错误或丢失启动或结束条件终止接收
		5	1 有效，收到结束符
		4	0
		3	0
		2	1 有效，因接收超时终止接收
		1	1 有效，因字符数超限终止接收
		LSB0	1 有效，因奇、偶校验错误终止接收

执行 RCV 指令时，必须预先使用接收控制字 SMB87（对应 Port0）或 SMB187（对应 Port1）定义信息的起始和结束条件。接收信息的起始条件可以同时包含多个条件，只有所有条件都满足才开始接收信息。接收信息的结束条件也可以同时包含多个条件，但只要有一个条件满足就会结束信息的接收。

接收控制字 SMB87/SMB187 等的说明见表 4-17。

表 4-17　接收控制字的说明

Port0	Port1	功能位说明	
SMB87	SMB187	MSB7	0 禁止接收信息 1 允许接收信息
		6	0 与 SMB88 或 SMB188 无关 1 起始符由 SMB88 或 SMB188 设定
		5	0 与 SMB89 或 SMB189 无关 1 结束符由 SMB89 或 SMB189 设定
		4	0 与 SMW90 或 SMW190 无关 1 由 SMW90 或 SMW190 的值检测空闲状态
		3	0 字符间定时器 1 信息间（消息）定时器
		2	0 与 SMW92 或 SMW192 无关 1 超出 SMW92 或 SMW192 确定的时间终止接收
		1	0 忽略 Break 状态 1 使用 Break 状态作为信息检测的开始
		LSB0	0
SMB88	SMB188	信息字符的开始/起始符	
SMB89	SMB189	信息字符的结束/结束符	
SMW90	SMW190	空闲时间间隔的毫秒数	
SMW92	SMW192	字符间/消息间定时器超时值（毫秒数）	
SMB94	SMB194	允许接收的最大字符数（1~255）	

S7-200 SMART 提供了通信端口字符接收中断功能，通信端口每接收到一个字符时会产生一次中断。接收到的字符暂存在特殊存储器 SMB2 中，通信端口 Port0 和 Port1 共用 SMB2，但两个端口的字符接收中断号不同。另外，当 RCV 指令使能时，接收字符不进入 SMB 缓冲区。即：

（1）当 RCV 指令未触发时，接收字符只进入 SMB2 缓冲区，不进入 RCV 指令的接收缓冲区。

（2）当 RCV 指令触发后，满足 CPU 接收的起始和结束条件的字符存入 RCV 指令对应的 TBL 缓冲区。起始条件之前的字符既不存入 RCV 缓冲区，也不存入 SMB2 缓冲区。结束条件之后接收到的字符存入 SMB2 缓冲区。

4.8.3 自由口通信示例

【例 4-18】 利用自由口通信的字符中断方式，实现多个字符的连续接收。

分析：使用 S7-200 SMART 字符中断方式接收数据，接收每个字符时都会产生中断，以 Port0 为例，对应的字符中断编号为 8。在执行与接收字符事件相连的中断服务程序之前，接收的字符会存入 SMB2 寄存器中。由于 SMB2 只能存储一个字符，为了能接收多个字符，可以在中断服务程序中通过指针编程将 SMB2 中存储的字符移出，以等待下一个字符进入。

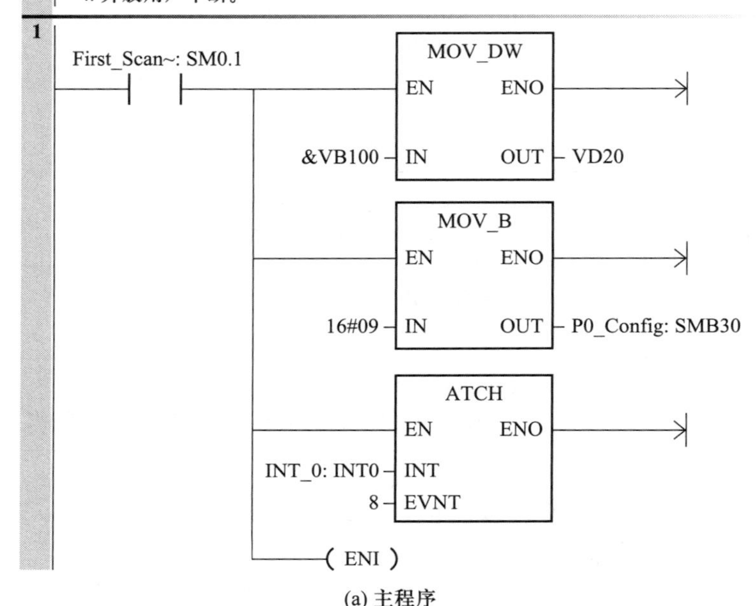

(a) 主程序

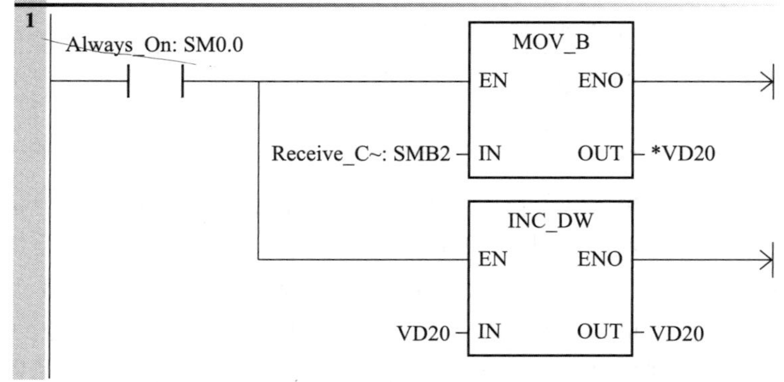

(b) 中断服务程序

图 4-54 利用字符中断方式实现多字符连续接收的梯形图

其梯形图如图 4-54 所示。图中涉及两个指针寻址符号：& 和 *，其用法类似于 C 语言，如 MOVD &VB100 VD20，表示将 VB100 的地址装载到指针 VD20 中。当 Port0 收到字符后，首先存入 SMB2，然后进入接收中断服务程序，将 SMB2 中的字符复制到指针 VD20 所指向的地址 VB100 中，同时利用 INCD 指令使指针地址加 1，指向下一个字节 VB101，等待接收下一个字符，以此类推。

【例 4-19】 采用自由口通信方式接收单片机串行口发送来的数据。

分析：单片机可以和 PLC 构成机电控制系统的上下位机结构，各自负责部分控制任务，因而经常需要进行数据交互。单片机串行口通常为 TTL 电平输出或 RS-232 电平输出。S7-200 SMART 调用 RCV 指令接收单片机报文，并在接收完成后再次使能 RCV 指令，等待下次报文到来。程序中使用空闲检测作为信息接收的起始条件，使用字符间定时器作为信息接收的结束条件，涉及的相应接收控制字包括 SMB87（以 Port0 为例）、SMW90 和 SMW92。其梯形图如图 4-55 所示。

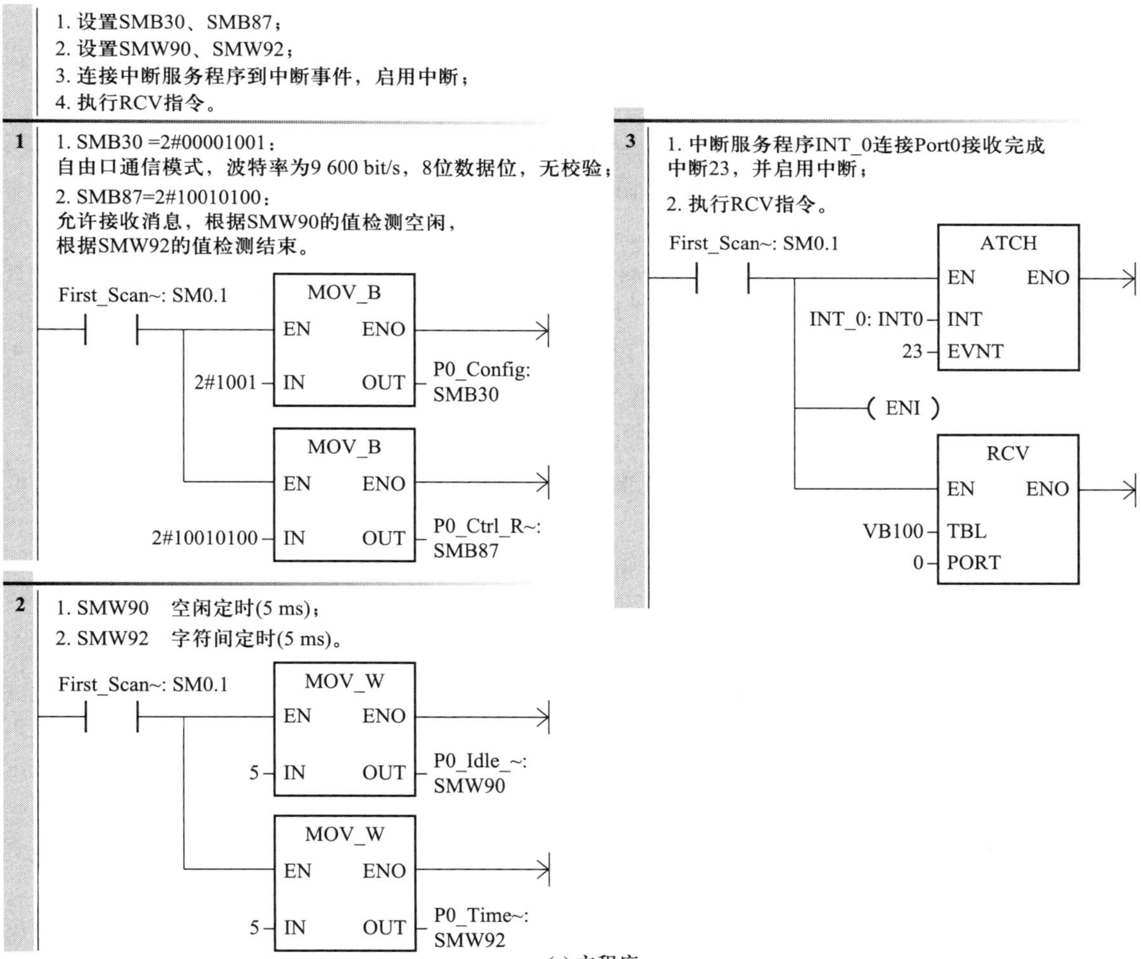

1. 设置SMB30、SMB87；
2. 设置SMW90、SMW92；
3. 连接中断服务程序到中断事件，启用中断；
4. 执行RCV指令。

1

1. SMB30 =2#00001001：
自由口通信模式，波特率为9 600 bit/s，8位数据位，无校验；
2. SMB87=2#10010100：
允许接收消息，根据SMW90的值检测空闲，
根据SMW92的值检测结束。

First_Scan~: SM0.1
MOV_B: EN ENO; 2#1001 — IN OUT — P0_Config: SMB30
MOV_B: EN ENO; 2#10010100 — IN OUT — P0_Ctrl_R~: SMB87

2

1. SMW90 空闲定时(5 ms)；
2. SMW92 字符间定时(5 ms)。

First_Scan~: SM0.1
MOV_W: EN ENO; 5 — IN OUT — P0_Idle_~: SMW90
MOV_W: EN ENO; 5 — IN OUT — P0_Time~: SMW92

3

1. 中断服务程序INT_0连接Port0接收完成
中断23，并启用中断；
2. 执行RCV指令。

First_Scan~: SM0.1
ATCH: EN ENO; INT_0: INT0 — INT; 23 — EVNT
(ENI)
RCV: EN ENO; VB100 — TBL; 0 — PORT

(a) 主程序

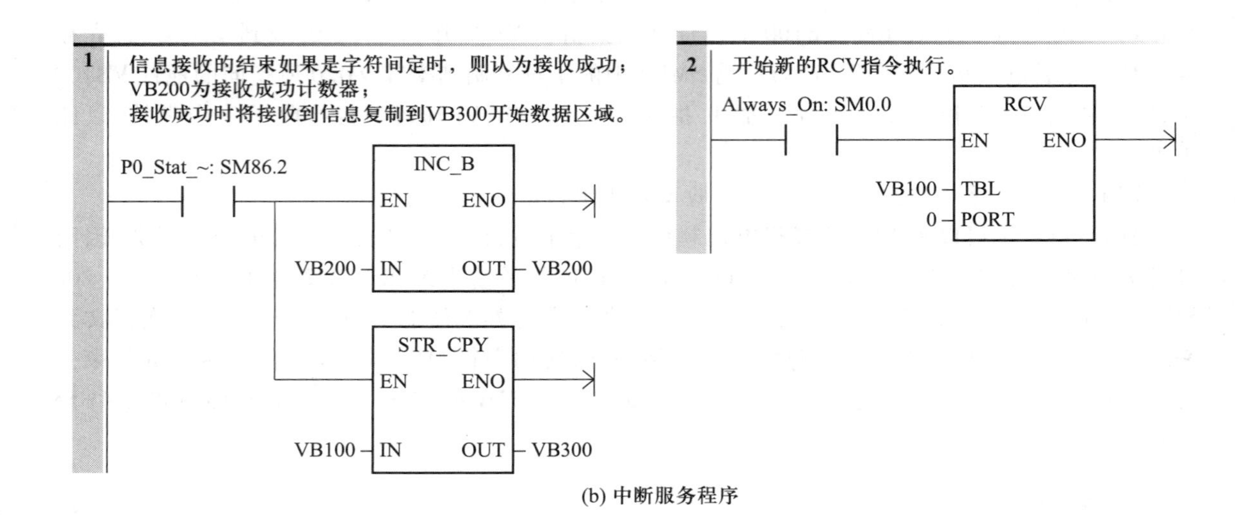

(b) 中断服务程序

图 4-55 自由口通信接收单片机串行口数据的梯形图

图 4-55 中,主程序网络 1 设置 SMB30=2#00001001,选择自由口通信方式,波特率为 9 600 bit/s,8 位数据位,无校验。设置 SMB87=2#10010100,选择使用空闲检测作为信息接收的起始条件,使用字符间定时器作为信息接收的结束条件。

网络 2 设置空闲定时器 SMW90 为 5 ms,设置字符间定时器 SMW92 为 5 ms。网络 3 将中断服务程序 INT_0 连接到 Port0 的接收完成中断 23 并使能中断,同时触发 RCV 指令执行。

中断服务程序 INT_0 的网络 1 中使用 SM86.2=1 判断信息接收结束条件是否为字符间定时结束(表 4-16),是则认为接收成功,计数器 VB200 自动加 1;接收到的数据从缓冲区 VB100 复制至 VB300 为起始地址的存储区中;继续使能 RCV 指令,准备接收新的信息。

【例 4-20】 采用自由口通信方式实现双 CPU 通信。CPU1 利用 XMT 指令发送字符"a""b""c"到 CPU2,CPU2 收到后回复"1""2""3"给 CPU1。

分析:利用自由口通信方式,设置接收起始条件为空闲检测 5 ms,结束条件为信息定时器 50 ms,接收字符数不超过 32 个。其梯形图如图 4-56 所示。

图 4-56a 为 CPU1 主程序,其网络 1 设置 SMB30=16#09,实现 Port0 自由口通信,波特率为 9 600 bit/s,8 位数据位,无校验;设置 SMB87=16#9C,选择使用空闲检测作为信息接收的起始条件,使用信息间定时器作为信息接收的结束条件。设置空闲定时器 SMW90=5 ms,设置信息定时器 SMW92=50 ms。设置 SMB94 最大允许接收字符数 32 个。连接中断服务程序 INT_0 到 Port0 发送完成事件,并启用中断。网络 2 每秒钟发送 3 个字符。

图 4-56b 为 CPU1 的中断服务程序 INT_0,设置 SMB87=2#10010100(SMB87.7=1),执行 RCV 指令接收 CPU2 的应答信息。

图 4-56c 为 CPU2 主程序,其中网络 1 设置 CPU2 参数与 CPU1 相同;网络 2 连接中断服务程序 INT_0 到 Port0 接收完成事件,中断服务程序 INT_1 到 Port0 发送完成事件,并启用中断,调用 RCV 指令。

图 4-56d 为 CPU2 的接收完成中断服务程序 INT_0,用于调用 XMT 指令发送字符到 CPU1;图 4-56e 为CPU2 的发送完成中断服务程序 INT_1,用于执行 RCV 指令,并开始新的信息接收任务。

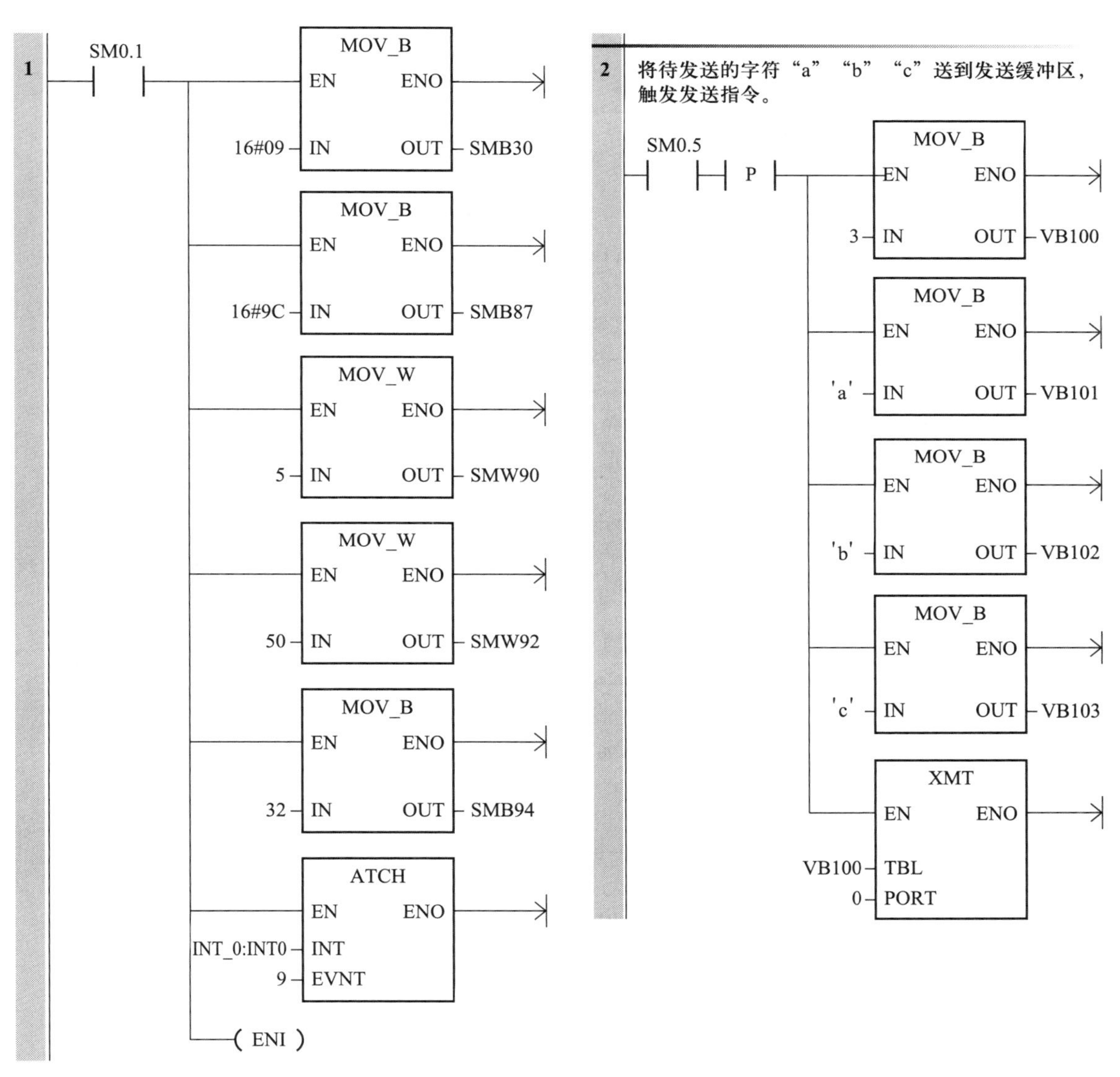

(a) CPU1主程序

1 发送完成中断：启动接收指令。

SM0.0

MOV_B

EN ENO

2#10010100 – IN OUT – SMB87

RCV

EN ENO

VB200 – TBL

0 – PORT

(b) CPU1中断服务程序INT_ 0

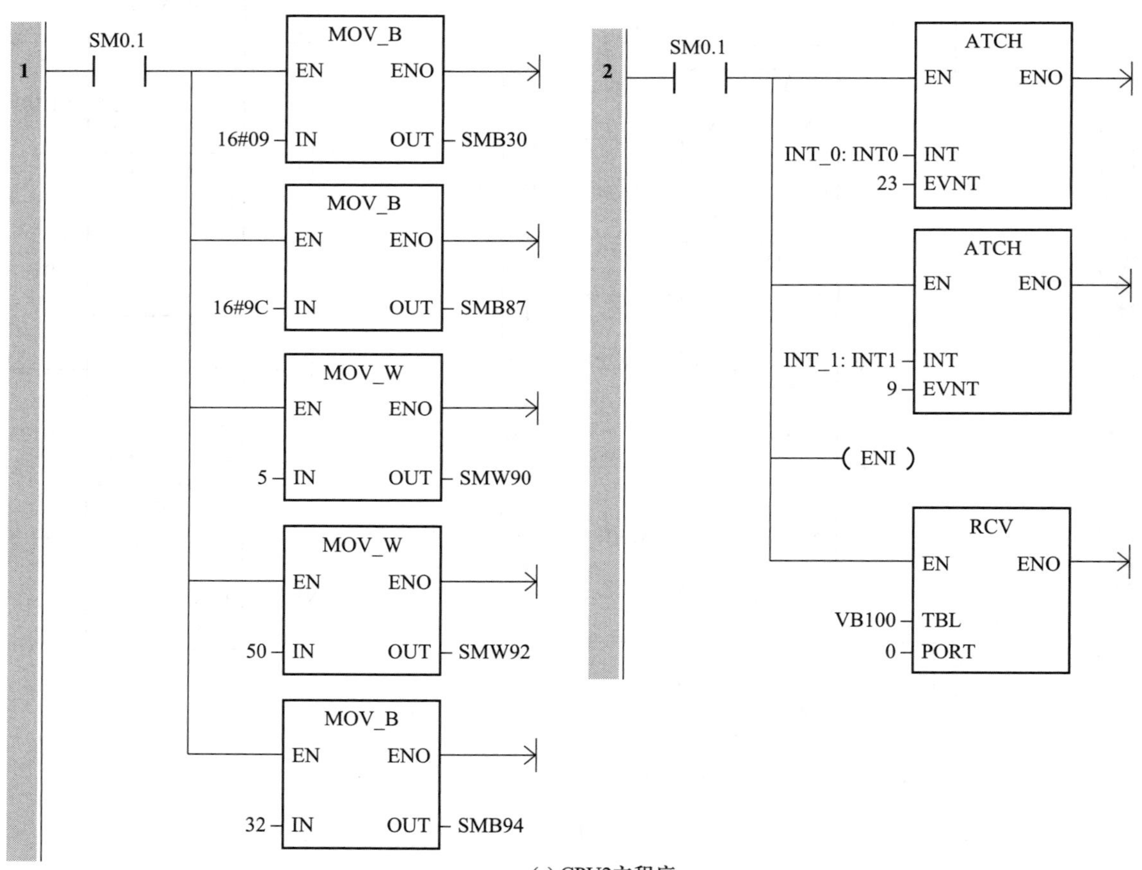

(c) CPU2主程序

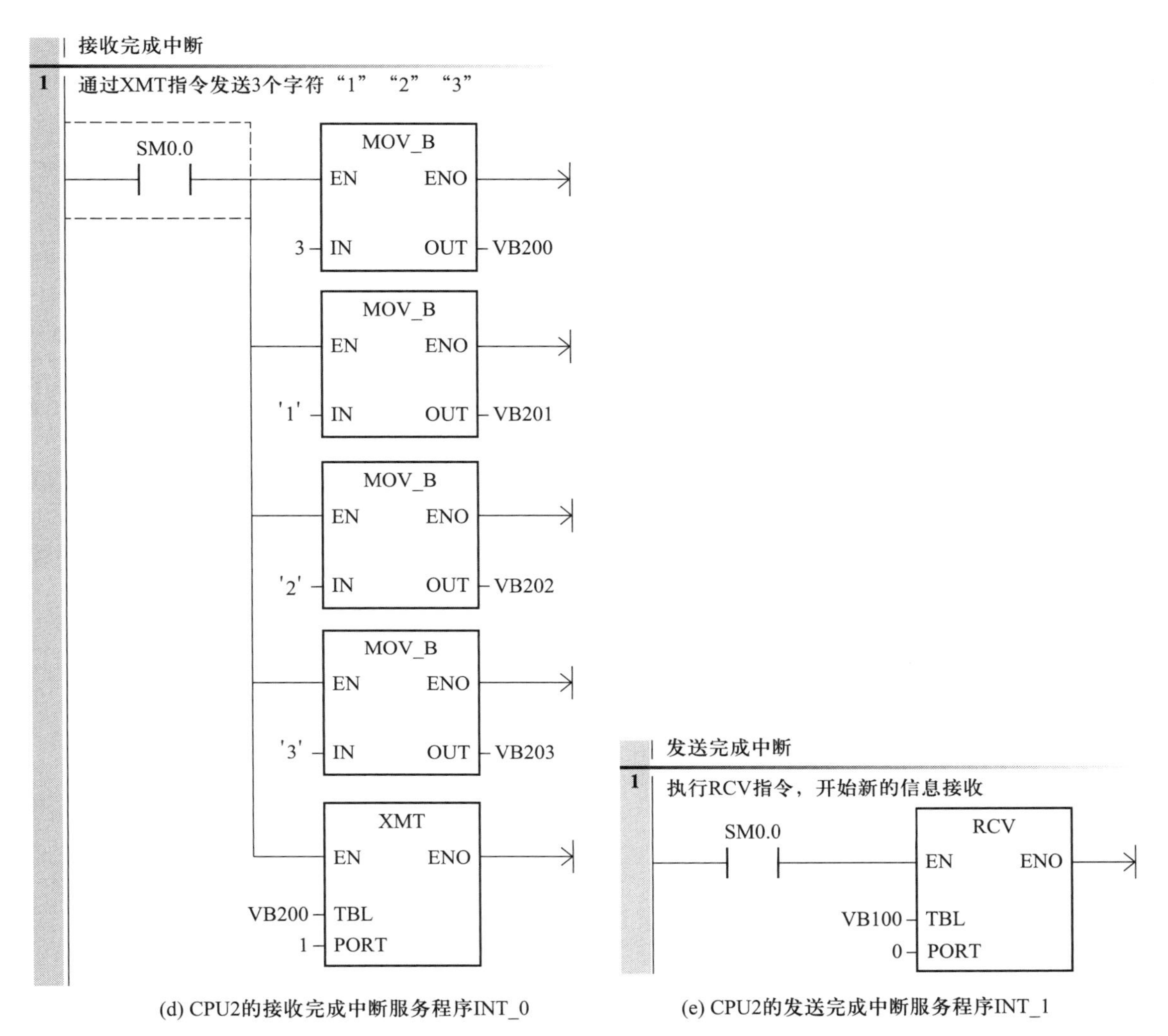

(d) CPU2的接收完成中断服务程序INT_0 (e) CPU2的发送完成中断服务程序INT_1

图 4-56 双 CPU 基于自由口方式相互通信的梯形图

4.9 本章小结

PLC 是融合了传统继电器控制技术、计算机技术和通信技术，广泛应用于工业自动化领域的自动控制设备。本章介绍了 PLC 的特点和工作原理，并以 S7-200 SMART 为例，结合实例分析介绍了 PLC 的编程元件与指令，基于顺序功能图的 PLC 逻辑编程。同时还结合工程实际需求，介绍了基于 PLC 的步进电机运动控制与自由口通信等相关内容。

本章知识重点：

1. PLC 的编程元件、基本逻辑指令和功能指令；
2. PLC 的 I/O 接线图绘制；
3. PLC 顺序功能图与逻辑代数表达式，并能够根据顺序功能图编写 PLC 程序。

4. PLC 的自由口通信。

复习参考题

1. 构成 PLC 的主要部件有哪些？各部分主要作用是什么？

2. 试根据 PLC 的构成简述其特点和应用场合。

3. 描述 PLC 的工作方式。输入映像寄存器、输出映像寄存器、输出锁存器在 PLC 中各起什么作用？

4. PLC 与继电器控制的差异是什么？

5. 试绘制异步电机星形-三角形启动控制的梯形图。其中:启动按钮 I0.0,停止按钮 I0.1,主控输出 Q0.0,星形输出 Q0.1,输出时间为 10 s,星形输出结束后延时 2 s 改为三角形输出 Q0.2。

6. 利用 PLC 实现两台电动机 M1、M2 启停的顺序控制。要求按下启动按钮 I0.0 后,电动机按照 M1→M2 的顺序启动,按下停止按钮 I0.1 后电动机按照 M2→M1 的顺序停止。试设计梯形图。

7. 试编写 PLC 程序实现 2 组 LED 灯控制,控制流程为第一组 LED 灯亮 4 s 后熄灭,第二组 LED 灯亮 2 s 后熄灭,两组 LED 灯同时亮 2 s,之后同时熄灭 1 s,重复上述过程。

8. 试利用 PLC 通过驱动器控制步进电机,按下启动按钮 I0.0 电动机旋转,按下停止按钮 I0.1 电动机停转。请画出 I/O 接线图并编写梯形图。

第5章 单片机原理与应用

单片机是采用超大规模集成电路技术,将中央处理器(CPU)、存储器(RAM、ROM、EPROM、Flash ROM等)、输入/输出接口(PWM、ADC/DAC、UART、IIC、SPI等)、定时器/计数器、中断系统等功能部件集成到一块芯片上的微型计算机系统,简称单片机或单片微型计算机,也称为微控制器(micro-controller unit,MCU),广泛应用于家用电器、音视频系统和智能家居等消费电子领域,智能仪器仪表和机电一体化设备等工业自动化领域,汽车动力总成及安全控制等汽车电子领域。

单片机经历了4位机、8位机、16位机、32位机和64位机,集成度、运算速度和接口性能等都在不断创新,但到目前为止8位机一直是市场主流产品。我国使用最多的单片机是MCS-51系列单片机及其增强型、扩展型等衍生机型。MCS是Intel公司生产的单片机系列符号,而MCS-51特指Intel公司的8031、8051和8751基本型单片机,以及对应的低功耗型80C31、80C51和87C51单片机。国内市场上与MCS-51指令系统兼容的单片机品种多样、型号繁多,具有代表性的如Atmel公司的AT89系列、NXP半导体公司的8051内核单片机、华邦公司的W78C51单片机、宏晶科技的STC系列等。此外,非8051内核的单片机也有很多系列,如Microchip公司的PIC系列单片机、Atmel公司的AVR系列单片机、TI公司的MSP430系列16位单片机等,均有各自的结构体系和型号。

MCS-51基本型单片机是具有8051内核的各种型号单片机的基础和核心,软、硬件应用设计资料丰富。本章内容将以8051单片机为基础进行介绍。

5.1 MCS-51单片机的内部结构

5.1.1 硬件结构及引脚

MCS-51单片机的内部结构和功能部件组成分别如图5-1、图5-2所示,主要包括以下几部分:

(1) 8位中央处理器(CPU),包括运算器和控制器两部分。

(2) 片内数据存储器RAM,片内128B(8052系列为256B)。

(3) 片内程序存储器ROM/Flash ROM,8051片内为4KB,片外最多可扩展至64KB。

(4) 4个8位可编程并行I/O接口(P0、P1、P2、P3口)。

(5) 2个16位的定时器/计数器(8052系列为3个),各具有4种工作方式。

(6) 1个全双工的串行口,具有4种工作方式,可进行双机、多机串行通信,或用于扩展并行I/O接口。

(7) 中断系统,具有5个中断源,2级中断优先权。

（8）特殊功能寄存器（SFR），共有 21 个。

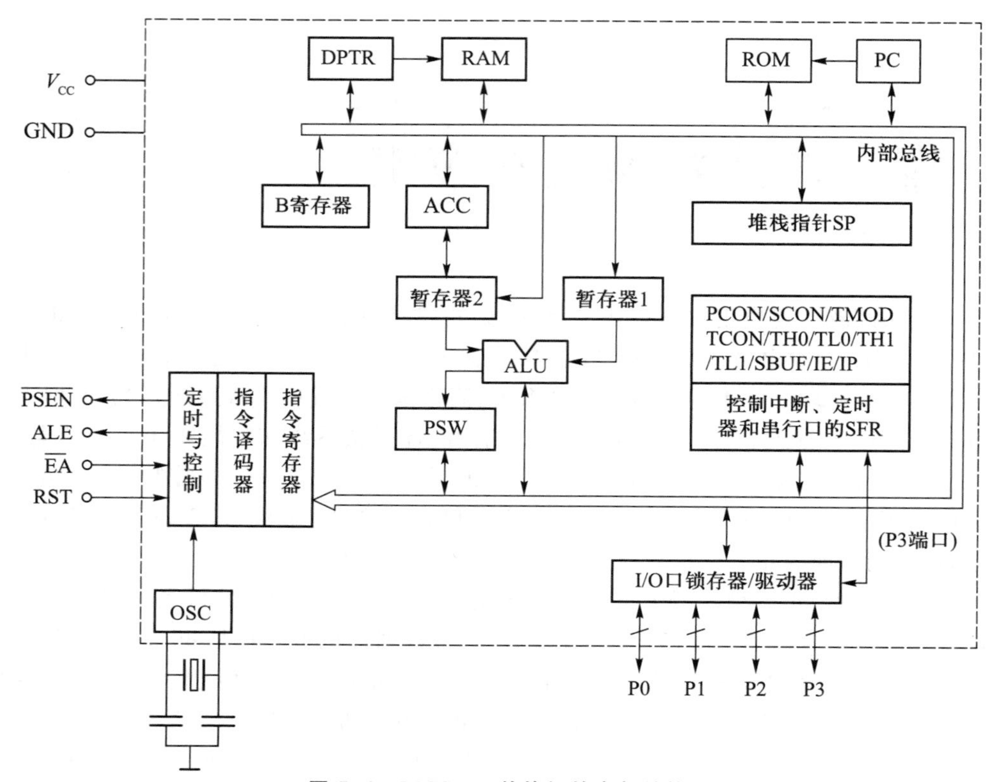

图 5-1 MCS-51 单片机的内部结构

CPU 是单片机的核心部件，负责读取和分析指令，并根据指令的功能有步骤地执行指定操作，完成指令所要求的处理功能。图 5-2 是 MCS-51 单片机的功能部件图，各功能部件通过片内单一总线连接在一起，由 CPU 通过特殊功能寄存器（SFR）对功能部件进行集中控制。

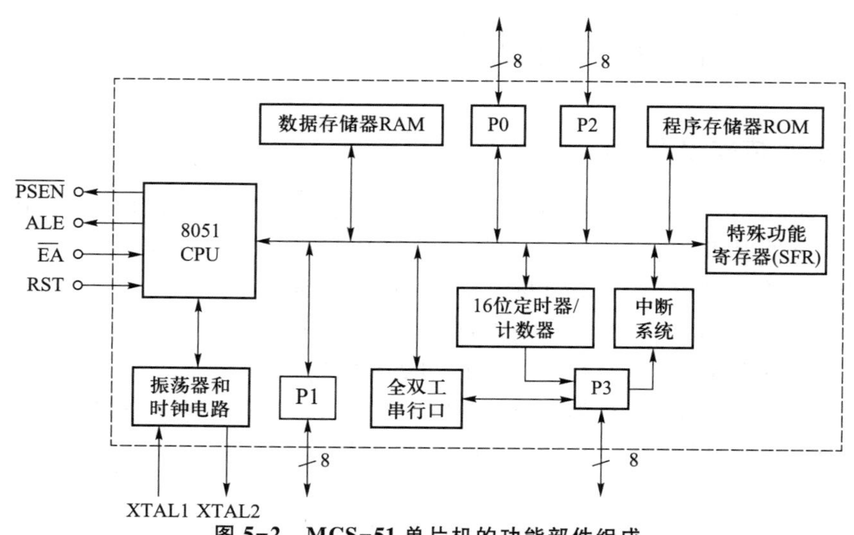

图 5-2 MCS-51 单片机的功能部件组成

MCS-51单片机有多种封装方式，各种型号芯片的引脚功能相互兼容。图5-3所示为MCS-51单片机的封装与引脚配置。其中，图5-3a为双列直插DIP40的封装方式，图5-3b为方形PLCC44贴片的封装方式，方形封装中4只标有NC的引脚是无用引脚。

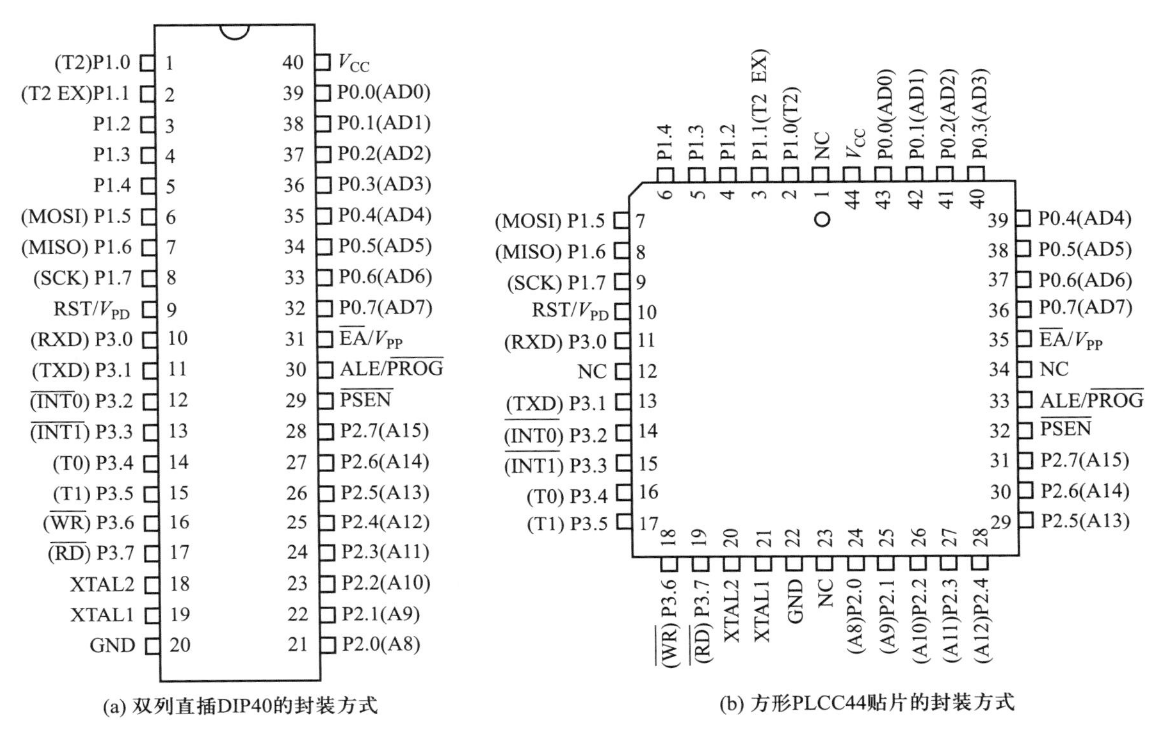

(a) 双列直插DIP40的封装方式　　(b) 方形PLCC44贴片的封装方式

图5-3　MCS-51单片机的封装与引脚配置

单片机的40只引脚按照功能可分为以下4类：

(1) 电源引脚　V_{CC}(引脚40)和V_{SS}/GND(引脚20)，分别接+5 V和电源地。

(2) 时钟电路引脚　XTAL1(引脚19)、XTAL2(引脚18)。如图5-4所示，采用内部时钟方式时分别接外部石英晶体和电容的一端；如果采用外部时钟输入，则XTAL1接地，XTAL2作为外部输入时钟的接收端。

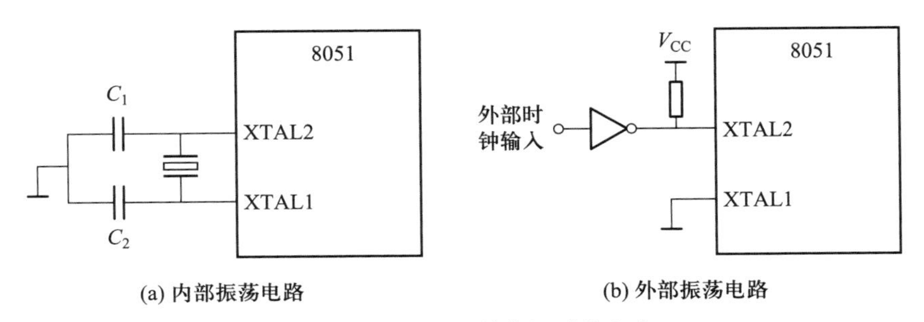

(a) 内部振荡电路　　(b) 外部振荡电路

图5-4　MCS-51单片机时钟电路

图5-4a中瓷片电容C_1、C_2为石英晶体的负载电容，与石英晶体构成振荡电路。对基本型的

8051 单片机，C_1、C_2一般为 30 pF±10 pF，典型取值为 22 pF 和 30 pF。石英晶体振荡频率一般取 1.2～12 MHz，增强型单片机如 AT89 系列和 STC 系列可取到 30 MHz 左右。

（3）控制引脚　RST/V_{PD}（引脚 9）、$\overline{EA}$/V_{PP}（引脚 31）、ALE/$\overline{PROG}$（引脚 30）、$\overline{PSEN}$（引脚 29）。

① RST/V_{PD}是复位信号输入端，高电平有效。单片机运行过程中，在此引脚施加持续时间大于 2 个机器周期（24 个时钟周期）的高电平时，完成复位操作，单片机从 PC＝0000H 地址处开始执行程序。

V_{PD}为其第二功能，即备用电源输入端。用于主电源 V_{CC}发生故障低于电平规定值时，为内部 RAM 提供备用电源。

② $\overline{EA}$/V_{PP}为程序存储器（片内、外 ROM）选择控制端。

$\overline{EA}$＝0 时，单片机只访问片外 ROM，范围 0000H～FFFFH（64KB）；

$\overline{EA}$＝1 时，单片机在地址 0000H～0FFFH（4KB）范围内访问片内 ROM，在 1000H～FFFFH 范围内自动访问片外 ROM。

V_{PP}为其第二功能，在对 8751 单片机 EPROM 编程时提供 12.5V 编程电压。

③ ALE/$\overline{PROG}$为地址锁存信号输出端。访问片外 ROM 时，ALE 输出控制信号（下降沿）将 P0 口输出的低 8 位地址锁存到外部锁存器中。不访问片外 ROM 时，ALE 以时钟频率的 1/6 输出正脉冲信号（即 $f_{ALE}=f_{osc}/6$）。

$\overline{PROG}$为其第二功能，用作 8751 单片机 EPROM 编程写入时的脉冲输入端。

④ $\overline{PSEN}$为片外 ROM 的选通信号，低电平有效。

（4）I/O 接口引脚　由 32 个引脚构成 4 个并行的 I/O 接口（P0 口、P1 口、P2 口和 P3 口），均可用于数据的输入输出。其中：

① P0 口（P0.0～P0.7，引脚 39～32），双向 8 位三态 I/O 接口，既可以分时复用作为地址总线（低 8 位）和双向数据总线，也可以作为普通 I/O 接口使用。

② P1 口（P1.0～P1.7，引脚 1～8），准双向 I/O 接口。

③ P2 口（P2.0～P2.7，引脚 21～28），准双向 I/O 接口，既可以配合 P0 口作为地址总线（高 8 位），也可以作为普通 I/O 接口使用。

④ P3 口（P3.0～P3.7，引脚 10～17），准双向 I/O 接口，双功能复用接口，既可以作为普通 I/O 接口使用，也可以按每位定义的第二功能操作。P3 口引脚的第二功能见表 5-1。

表 5-1　P3 口引脚的第二功能

引脚	第二功能
P3.0	RXD（串行输入口）
P3.1	TXD（串行输出口）
P3.2	$\overline{INT0}$（外部中断 0）
P3.3	$\overline{INT1}$（外部中断 1）
P3.4	T0（定时器 0 外部计数输入）

续表

引脚	第二功能
P3.5	T1(定时器 1 外部计数输入)
P3.6	$\overline{WR}$(外部数据存储器写选通)
P3.7	$\overline{RD}$(外部数据存储器读选通)

注意:P0 口为真正的双向接口,其内部由两只场效应晶体管串接,可开漏输出,也可处于高阻“浮空”状态。P0 口内部无固定上拉电阻,当需要输出高电平时,应外接上拉电阻。P0 口的每一位可驱动 8 个 LS 型 TTL 负载。

P1 口、P2 口、P3 口为准双向接口,均有固定的上拉电阻。当用作输入接口时,应先向相应接口的锁存器写“1”。准双向接口的每一位可驱动 4 个 LS 型 TTL 负载。

5.1.2 存储器配置

MCS-51 单片机存储器采用的是哈佛(Harvard)结构,程序存储器和数据存储器各自独立,两种存储器各有自己的选通信号、寻址方式和寻址空间。程序存储器和数据存储器均包括片内、片外两部分,共有 4 个物理上独立的存储器空间。

1. **程序存储器**

程序存储器分为片外 ROM、片内 ROM 两部分,最大扩展能力为 64 KB,用于存放程序指令、常数和表格,其存储结构如图 5-5 所示。

CPU 访问片内 ROM 和片外 ROM,由$\overline{EA}$引脚所接电平确定:

当$\overline{EA}$接高电平($\overline{EA}$=1)时,程序从片内 ROM 的 0000H 开始执行;PC 值超出片内 ROM 容量时,自动转向片外 ROM 空间执行。执行片外 ROM 程序时由$\overline{PSEN}$进行读选通。

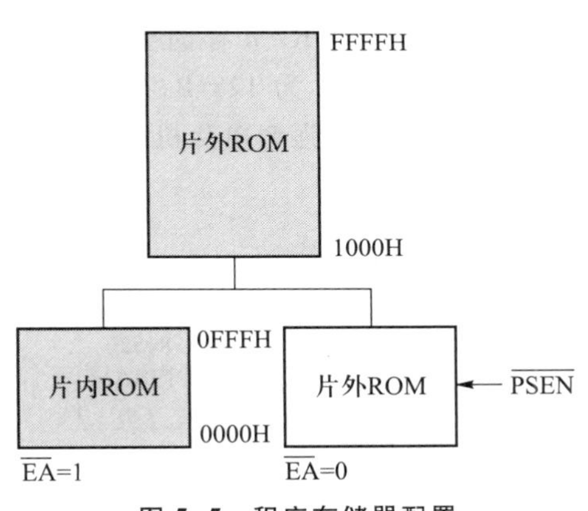

图 5-5 程序存储器配置

当$\overline{EA}$接低电平($\overline{EA}$=0)时,单片机只执行片外 ROM 中的程序。

程序运行由程序计数器 PC 控制:PC 指向指令操作码单元,则 CPU 执行该指令;PC 指向常数、表格单元,则 CPU 执行取数和查表操作。

程序存储器中有 6 个不可占用的特殊单元,用于存放复位入口地址和中断服务程序的入口地址,见表 5-2。从表中可知,各入口地址之间只相隔几个单元,难以满足相应程序的存储需求,对此可通过跳转指令使程序跳向另外的存储空间。例如,单片机复位后 PC = 0000H,程序从 0000H 单元开始执行,可以在该单元存放一条绝对跳转指令,使主程序跳过中断矢量区,跳向真正的主程序入口地址:

```
ORG 0000H
LJMP MAIN       ;跳转指令
 ⋮
```

```
ORG 0050H      ;实际的主程序起始存放地址
MAIN:…
```

同理,中断入口地址处一般也存放一条绝对跳转指令跳向中断服务子程序。

表 5-2　复位、中断入口地址

操作/中断源	入口地址
复位	0000H
外部中断 0(INT0)	0003H
定时器/计数器 0	000BH
外部中断 1(INT1)	0013H
定时器/计数器 1	001BH
串行中断	0023H

2. 数据存储器

数据存储器用于存放数据、计算过程的中间结果和标志位。MCS-51 单片机数据存储器的存储结构如图 5-6 所示。MCS-51 单片机的数据存储器空间分为片内 RAM 和片外 RAM 两部分,片内 RAM、片外 RAM 存储空间相互独立编址,分别使用不同的指令访问。其中基本型 8051 单片机的片内 RAM 为 128 B(字节地址 00H~7FH),增强型 8052 单片机为 256 B(字节地址 00H~FFH),STC 增强型单片机根据型号不同其片内 RAM 容量可达 2 KB、4 KB 和 8 KB。

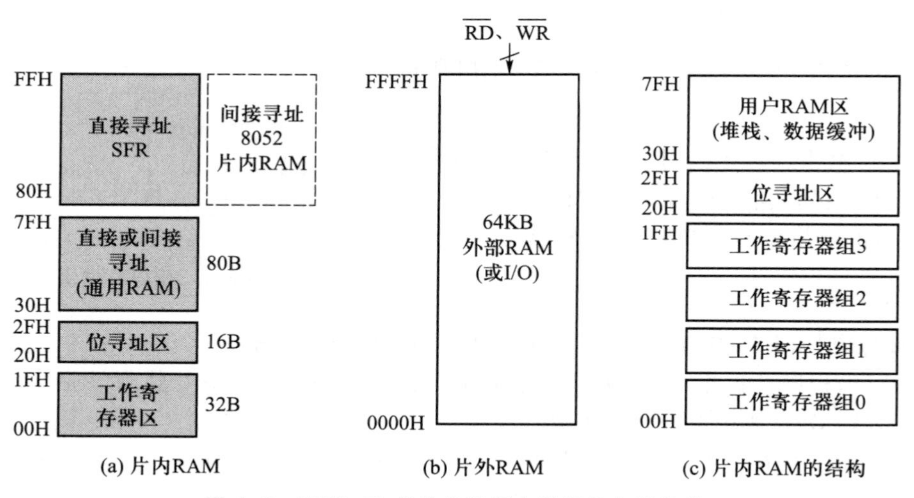

图 5-6　MCS-51 单片机数据存储器的存储结构

图 5-6a 所示的片内 RAM 中:

(1) 00H~1FH 的 32 个单元为 4 个工作寄存器组,每组都包括 R0~R7 8 个工作寄存器。任一时刻只能有一组寄存器可以选中工作,所以不同工作寄存器组中的同名地址不会发生冲突,复位后默认选中第 0 组。用户可通过对 PSW 中的 RS1、RS0 位进行设置以实现工作寄存器组的切换,如表 5-3 所示。

表 5-3　工作寄存器组的选择控制

RS1	RS0	工作寄存器组	R0~R7 地址
0	0	第 0 组	00H~07H
0	1	第 1 组	08H~0FH
1	0	第 2 组	10H~17H
1	1	第 3 组	18H~1FH

(2) 20H~2FH 的 16 个单元是位寻址区,每个单元都可以进行字节寻址,单元中的每一位都有自己对应的位地址(范围为 00H~7FH,共 128 位),可以进行按位寻址。位寻址区可作为位处理器子系统的 RAM 区,还可作为用户编程时的状态标志位灵活使用。

(3) 30H~7FH 的单元为用户 RAM 区,只能进行字节寻址,用作数据缓冲区以及堆栈区。

(4) 80H~FFH 为地址重叠区。特殊功能寄存器(SFR)和片内 RAM 的高 128B(基本型的 8051 单片机没有该 RAM 区)占用相同的逻辑地址 80H~FFH,但两者在物理上是相互独立的,有不同的访问存取方式。当使用寄存器间接寻址方式(如 MOV @R*i*, A)时,访问的是片内 RAM 区;当使用直接寻址方式时,访问的是 SFR。使用 C51 编程时,可在变量定义时加上相应的域修饰符,表示变量访问的位置或范围,如:

```
unsigned char data var1;
//data 修饰符表示无符号字符型变量 var1 可访问片内 RAM 的低 128B
unsigned char idata var2;
//idata 修饰符表示无符号字符型变量 var2 可访问片内 RAM 的 256B
```

3. 特殊功能寄存器(SFR)

MCS-51 单片机中 CPU 通过 SFR 实现对各功能部件的控制。SFR 实质上是具有特殊功能的 21 个片内 RAM 单元。8052 系列增强型单片机比 8051 基本型多了一个定时器/计数器 T2,增加了 5 个 SFR 单元。表 5-4 是 MCS-51 单片机按字节地址排序的 SFR 符号、名称及地址。

表 5-4　MCS-51 单片机的 SFR 符号、名称及地址(按字节地址排序)

SFR 符号	名称	字节地址	位地址
B	B 寄存器	F0H	F7H~F0H
A(ACC)	累加器	E0H	E7H~E0H
PSW	程序状态字	D0H	D7H~D0H
IP	中断优先级控制寄存器	B8H	BFH~B8H
P3	P3 口锁存寄存器	B0H	B7H~B0H
IE	中断允许控制寄存器	A8H	AFH~A8H
P2	P2 口锁存寄存器	A0H	A7H~A0H
SBUF	串行数据缓冲器	99H	
SCON	串行口控制寄存器	98H	9FH~98H

续表

SFR 符号	名称	字节地址	位地址
P1	P1 口锁存寄存器	90H	97H~90H
TH1	定时器/计数器 1(高字节)	8DH	
TH0	定时器/计数器 0(高字节)	8CH	
TL1	定时器/计数器 1(低字节)	8BH	
TL0	定时器/计数器 0(低字节)	8AH	
TMOD	定时器/计数器工作方式寄存器	89H	
TCON	定时器/计数器控制寄存器	88H	8FH~88H
PCON	电源控制寄存器	87H	
DPH	数据指针高字节	83H	
DPL	数据指针低字节	82H	
SP	堆栈指针	81H	
P0	P0 口锁存寄存器	80H	87H~80H

注意:

① 表 5-4 中凡是具有位地址的 SFR,其字节地址的末位只能是 0H 或 8H。

② 除了已经定义的 21 个 SFR 单元,其他未定义的地址单元用户不能使用。

③ 进行位寻址时,SFR 的字节地址就是其最低位的位地址,其他位地址依次递增。

④ 位操作指令中的地址是位地址,字节操作指令中的地址是字节地址,两者即使数值相同,其物理地址也不重合。位地址只能由位操作指令处理。

如:

```
SETB bit        ;位操作,将 bit 位地址所对应的位置 1
MOV A, #01H     ;字节操作,将 01H 赋值给累加器 A
```

(1) 累加器 A

单片机运算器(ALU)进行各种算术和逻辑运算时,大多要累加器与之配合。累加器在代表直接地址 E0H 时,或者对累加器的位进行操作时,记作 ACC(如 ACC.0 代表累加器的第 0 位);而在专指累加器的指令中,其助记符只写作 A。执行乘除运算指令时,需要寄存器 B 配合。

(2) 寄存器 B

寄存器 B 一般用于乘、除法操作指令,与累加器 A 配合使用。

乘法指令中,两个操作数分别为 A、B,结果存放在 BA 寄存器对中,其中 B 中存放乘积高 8 位,A 中存放乘积低 8 位。

除法指令中,被除数为 A,除数为 B,商存放在 A 中,余数存放在 B 中。

其他情况下 B 可作为一般寄存器或中间结果暂存器使用。

(3) 程序状态字寄存器 PSW

程序状态字寄存器 PSW 用于存放程序运行状态的不同信息,其格式和各位含义见表 5-5。

表 5-5　PSW 的格式

位序	D7	D6	D5	D4	D3	D2	D1	D0	字节地址
PSW	Cy	Ac	F0	RS1	RS0	OV	—	P	D0H

其中：

① Cy(PSW.7)　进位标志，也写作 C。执行加减指令时，如最高位产生进位或借位，则 Cy 由硬件自动置 1，否则清 0。在位处理器中作为位累加器，参与位传送和位运算。

② Ac(PSW.6)　辅助进位标志。执行加减指令时，如低 4 位向高 4 位有进位或借位，则 Ac 由硬件自动置 1，否则清 0。在 BCD 码运算进行十进制调整时，也需要根据 Ac 位状态进行判断。

③ F0(PSW.5)　用户定义的标志位，可根据需要由软件置 1 或清 0，以控制程序流程。

④ RS1、RS0(PSW.4、PSW.3)　工作寄存器组选择控制位，用于选择当前工作寄存器组，如表 5-3 所示。

⑤ OV(PSW.2)　溢出标志位。当进行带符号的加减运算时，若结果超出-128~+127，则 OV 位自动置 1，否则清 0。

⑥ P(PSW.0)　奇偶校验标志位，执行每条指令后都由硬件置 1 或清 0，以表示累加器 A 中 1 的个数：

P=0，表示 A 中 1 的个数为偶数；

P=1，表示 A 中 1 的个数为奇数。

奇偶标志位对串行通信的数据传输有重要意义，常用来检验数据传输的可靠性。

(4) 堆栈指针 SP

堆栈是一种执行“先入后出”算法的数据结构。MCS-51 单片机的堆栈是在片内 RAM 中定义的一个连续区域，通过堆栈指针 SP(8 位寄存器)指向栈顶——也就是最后一个压入堆栈的数据所在的存储单元地址。

堆栈的操作包括数据压入堆栈(PUSH)和弹出堆栈(POP)。数据进栈时 SP 先自动加 1，再将进栈数据压入 SP 所指示的堆栈单元；数据弹出时，先将 SP 指示的堆栈单元内的数据弹出栈，SP 再自动减 1。

单片机复位后 SP 的初始值为 07H，因此入栈数据将从 08H 存起，即栈底为 08H，根据 RAM 分布结构可知这将与工作寄存器区域重叠。为防止数据冲突现象发生，一般将堆栈设置在片内 RAM 的 30H~7FH 单元之间，如(SP)= 30H。MCS-51 的堆栈是向上生成的，即地址依次递增。

(5) 数据指针 DPTR

DPTR 是由两个独立的 8 位寄存器 DPH 和 DPL 组合而成的 16 位寄存器，常用于基址加变址间址寄存器寻址方式，访问 64 KB 范围内的任意地址单元。

DPH 和 DPL 也可以作为独立的 8 位寄存器使用。

4. 片外存储器的存取

片外存储器的访问分为片外 ROM 和片外 RAM 两种情况。图 5-7 为单片机访问扩展片外 ROM 的硬件接口原理图。

当 CPU 访问片外 ROM 读取指令时，程序计数器 PC 所存地址的低 8 位由 P0 口输出，高 8 位

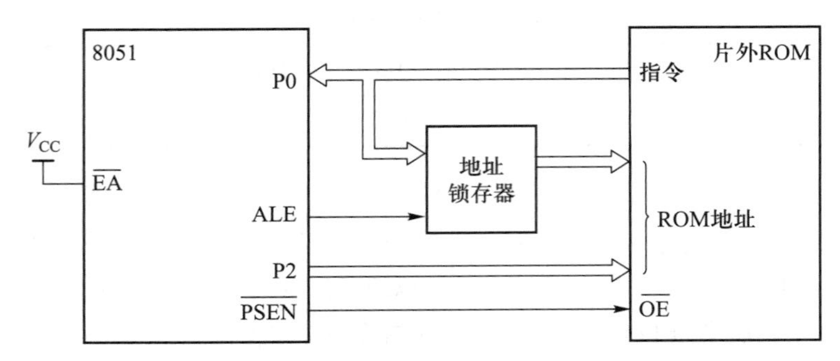

图 5-7　单片机访问扩展片外 ROM 的硬件接口原理图

由 P2 口输出;从片外 ROM 读取的指令代码由 P0 口输入。因此,P0 口是作为低 8 位地址总线和 8 位双向数据总线分时复用的。

为了保证访问期间提供给外部 ROM 的 16 位地址码不变,又要保证被访问的 ROM 存储单元读出的 8 位指令代码通过 P0 口正确输入,需要在 P0 口输出低 8 位地址码的有效期内,利用地址锁存允许信号 ALE 的下降沿将低 8 位地址字节锁入锁存器中维持输出。$\overline{\text{PSEN}}$负责选通上述地址所指定的单元,使单元内存放的指令代码通过 P0 口读入单片机。

图 5-8 为单片机访问扩展片外 RAM 的硬件接口原理图。

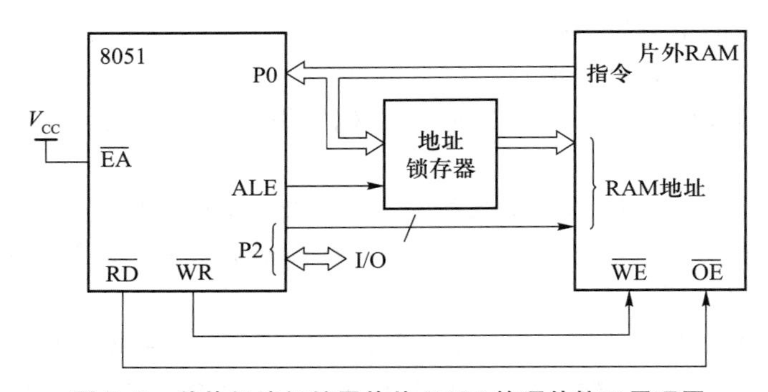

图 5-8　单片机访问扩展片外 RAM 的硬件接口原理图

访问片外 RAM 时使用 MOVX 指令,单片机自动产生$\overline{\text{RD}}$和$\overline{\text{WR}}$信号,分别通过 P3.7 和 P3.6 传递到 RAM 芯片的相应引脚。

注意:

① 片外 ROM 和片外 RAM 共用 16 位地址线,但由于访问 ROM 和 RAM 分别使用不同的地址指针:PC、DPTR;各指针又有不同的读写选通信号:$\overline{\text{PSEN}}$、$\overline{\text{RD}}$/$\overline{\text{WR}}$;并且采用不同的指令类型:访问片内 RAM 用 MOV 指令,访问片外 RAM 用 MOVX 指令,访问片外 ROM 用 MOVC 指令,从而保证了指令的执行不会出现错误。

② 片外 RAM 的存储单元与 MCS-51 单片机外部扩展的 I/O 接口统一编址,因而系统外围 I/O 接口的地址占用片外 RAM 的单元地址。MCS-51 单片机访问外部扩展 I/O 接口时使用与访问片外 RAM 相同的传送指令(MOVX)。

5.1.3 时钟与复位

1. 时钟与时序

MCS-51 单片机各功能组件的运行均以时钟控制信号为基准,在时序控制电路的控制下执行指令完成相应的工作。时钟控制信号由图 5-4 所示的时钟振荡电路产生,时钟频率高,则单片机运行速度也更快。各种时序都与时钟周期相关。

(1) 时钟周期

时钟周期是单片机的基本时间单位,若时钟电路石英晶体的振荡频率为f_{osc},则时钟周期$T_{osc}=1/f_{osc}$。

(2) 机器周期

CPU 完成一个基本操作所需的时间称为机器周期。MCS-51 单片机规定一个机器周期等于 12 个时钟周期,即

$$T_{cy}=12T_{osc}=12/f_{osc} \tag{5-1}$$

1 个机器周期分为 6 个状态,依次表示为 S1~S6。每个状态又分为 2 拍(P1、P2),因此 1 个机器周期共 12 个节拍:S1P1、S1P2、S2P1、S2P2、…、S6P2。

注意,也有增强型单片机采用单时钟的机器周期,如 STC 的新一代单片机均为 1T 单时钟/机器周期,在延时操作等涉及时钟的指令和处理中需要留意。

(3) 指令周期

执行一条指令所需的时间称为指令周期,它是机器周期的整数倍,最短的为 1 个机器周期,称为单周期指令,还有 2 个和 3 个机器周期的指令,最长的乘除指令占用 4 个机器周期。

(4) 指令时序

MCS-51 单片机执行指令时分为取指令和指令执行两个阶段。单片机在取指令阶段将程序计数器 PC 中的地址送到 ROM,并从地址对应的单元中取出指令的操作码和操作数。在指令执行阶段对指令操作码进行译码,产生一系列控制信号完成指令的执行。

2. 复位操作与复位电路

(1) 复位操作

复位是单片机的初始化操作,主要功能是将程序计数器 PC 初始化为 0000H,使单片机从 0000H 单元开始执行程序。复位是通过在复位引脚 RST 上施加大于 2 个机器周期的高电平实现的。除正常初始化外,当系统出错“死机”时也需要通过复位使单片机重新启动。

复位操作后,PC=0000H,SP=07H,4 个 I/O 接口引脚均为高电平,其他 SFR 初始化清 0。

(2) 复位电路

MCS-51 单片机的复位电路主要有上电自动复位和按钮复位两种方式,如图 5-9 所示。

图 5-9a 中的上电自动复位电路采用 RC 电路实现,RC 参数可以根据外部石英晶体的频率进行计算,保证 RST 引脚上施加的高电平时间大于 2 个机器周期。实际使用时,一般取 $R=8.2\sim10\ \text{k}\Omega$,电解电容 $C=10\ \mu\text{F}$,即可保证上电自动复位。

图 5-9b 中增加了按钮开关 SB 和电阻 R_1,从而可以在上电自动复位功能的基础上,实现按钮复位功能。R_1的作用是防止按下 SB 时电容 C 放电电流过大烧坏开关 SB 的触点。一般取电阻 $R_1=100\ \Omega$,$R_2=8.2\sim10\ \text{k}\Omega$,电容 $C=10\ \mu\text{F}$。

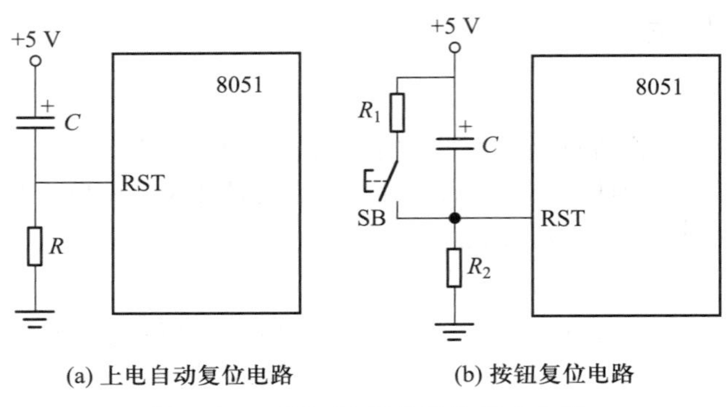

图 5-9 MCS-51 单片机的复位电路

5.2 MCS-51 单片机的指令系统

指令是单片机能够识别并用于控制功能部件执行某种操作的代码,单片机能够执行的全体指令的集合称为单片机的指令系统。指令系统是单片机进行程序设计的基础。

指令一般以英文名称或缩写形式作为助记符。以助记符代替机器指令的操作码、以符号地址或标号代替指令或操作数的地址进行程序编写的语言称为汇编语言,也称为符号语言。

单片机的指令可用机器语言、汇编语言和 C 语言等形式表示。对程序量较大,实时性要求不是很高的场合,采用 C 语言或混合编程可以达到编程简单、效率高的目的。但汇编语言编程结构紧凑、灵活高效,汇编后的目标程序占用 ROM 空间小、运行速度快、实时性强,较适合实时测控等领域。

5.2.1 指令格式

MCS-51 单片机的指令系统共有 111 条指令,按照指令所占 ROM 存储空间的字节数量来分:单字节指令 49 条,双字节指令 45 条,三字节指令 17 条。按照指令执行所需的机器周期数来分:单周期指令 64 条,双周期指令 45 条,四周期指令 2 条(乘、除指令)。

指令由操作码助记符和操作数两部分组成,格式如下:

[标号:] 操作码助记符 [目的操作数,] [源操作数] [;注释]

其中,[ ]内的内容为可选项。

① 标号:以英文字母开头的 1~8 个字母与数字的组合,用以表明某一段程序的入口地址或转移指令的目标地址,可根据需要设置。标号后用“:”与操作码隔开。

② 操作码助记符:规定指令所执行的操作。

③ 操作数:指令操作的对象,可以是具体的数据,也可以是地址或符号。操作数之间用“,”隔开。

④ 注释:是对指令的解释说明,便于阅读和理解源程序,属于非处理部分。注释前必须加“;”,注释换行时也应加“;”。

单字节指令操作码和操作数同在一个字节中;双字节指令操作码和操作数各占 1 个字节;三

字节指令操作码占 1 个字节,操作数占 2 个字节。

MCS-51 单片机的指令系统中,操作码有 44 种助记符,见表 5-6。

表 5-6　MCS-51 单片机操作码助记符

助记符	指令功能	助记符	指令功能
数据传送类指令 7 种		MUL	乘法
MOV	片内数据传送	DIV	除法
MOVC	ROM 表格数据传送	DA	十进制调整
MOVX	外部 RAM 数据传送	控制转移类指令 18 种	
PUSH	压入堆栈	AJMP	绝对转移
POP	堆栈弹出	LJMP	长转移
XCH	字节交换	SJMP	短转移
XCHD	低半字节交换	JMP	相对转移
逻辑运算类指令 10 种		JZ	A 为 0 则转移
ANL	逻辑与	JNZ	A 不为 0 则转移
ORL	逻辑或	JC	Cy=1 则转移
XRL	逻辑异或	JNC	Cy≠1 则转移
CLR	清 0	JB	位为 1 则转移
CPL	取反	JNB	位为 0 则转移
RL	循环左移	JBC	位为 1 则转移并清 0 该位
RLC	带进位循环左移	CJNE	比较不相等则转移
RR	循环右移	DJNZ	减 1 后不为 0 则转移
RRC	带进位循环右移	ACALL	子程序绝对调用
SWAP	低 4 位与高 4 位交换	LCALL	子程序长调用
算术运算类指令 8 种		RET	子程序返回
ADD	加法	RETI	中断子程序返回
ADDC	带进位加法	NOP	空操作
SUBB	带借位减法	位操作指令 1 种	
INC	加 1	SETB	位置 1
DEC	减 1		

在描述单片机指令系统时经常会使用约定的缩写符号,各种符号及含义见表 5-7。

表 5-7　单片机指令中的常用符号及含义

符号	含义
A	累加器 A
B	寄存器 B
C 或 Cy	进位标志
DPTR	数据指针寄存器
addr8	8 位片内 RAM 的直接地址
addr11	11 位目的地址,寻址范围 2 KB,用于 ACALL 和 AJMP
addr16	16 位目的地址,寻址范围 64 KB,用于 LCALL 和 LJMP
bit	位地址,片内 RAM 中的可寻址位和 SFR 中的可寻址位
direct	直接地址,表示 8 位片内 RAM 单元的地址
#data8	8 位立即数,“#”为立即数前缀
#data16	16 位立即数
@	间接寻址标识符
rel	8 位带符号偏移量(范围-128~+127),用于 SJMP 和所有条件转移指令
Rn	工作寄存器,$n=0,1,\cdots,7$
Ri	可作地址寄存器的工作寄存器 R0、R1,$i=0,1$
X	X 寄存器
(X)	X 寄存器中的内容
((X))	由 X 寄存器寻址的存储单元中的内容
→	数据传送的方向
$	当前指令所在地址

注意:单片机汇编语言中常用字母 B 或 b 结尾表示数据采用二进制(binary),用字母 H 或者 h 结尾表示数据采用 16 进制(hexadecimal),十进制(decimal)数据可以用字母 D 或 d 结尾,或者不加结尾字母。

5.2.2 寻址方式

指令中寻找源操作数所在地址的方式称为寻址方式。MCS-51 单片机共有立即寻址、直接寻址、寄存器寻址、寄存器间接寻址、变址寻址、位寻址和相对寻址 7 种寻址方式。

1. 立即寻址

立即寻址时,操作数在指令中直接给出,也称为立即数寻址。为了与直接寻址中的直接地址区别,用符号“#”表示。例如:

```
MOV A, #6FH          ;A←6FH
MOV DPTR, #7FF8H     ;DPH←7FH,DPL←F8H
```

结果:(A)=6FH,(DPTR)=7FF8H

2. 直接寻址

直接寻址时,指令中给出的是该操作数所在存储器中的单元地址,该单元中的内容就是操作数。直接寻址是对存储器进行访问时的最简单、直接的方式,可访问的存储空间包括 SFR 和片内 RAM 的低 128 B。例如:

已知:(4FH)=30H

```
MOV A, 4FH   ;A←(4FH)
```

结果:(A)=30H

3. 寄存器寻址

寄存器寻址时,指令所用的操作数就在寄存器中,寄存器以符号名称表示。寄存器寻址的寻址范围包括工作寄存器(R0~R7)、累加器 A、寄存器 B、数据指针寄存器 DPTR。例如:

已知:(R0)=0BFH

```
MOV A, R0    ;A←(R0)
```

结果:(A)=0BFH

4. 寄存器间接寻址

寄存器间接寻址时,指令中寄存器存放的是操作数的地址,而非操作数本身。需要先从寄存器中获得操作数的地址,再按地址找到操作数,即寄存器相当于地址指针,故称为间接寻址。寄存器间接寻址方式中,寄存器名称前需要加标识符“@”。

采用寄存器间接寻址方式时:

① 访问片内 RAM 只能采用 R0 或 R1 作为间接寻址寄存器,寻址范围为 256B;

② 访问片外 RAM 时,可以采用 R0 或 R1 作为间接寻址寄存器访问低 256B,也可以采用 DPTR 作为间接寻址寄存器访问整个片外 RAM 的 64KB 空间。

例如:

```
MOV   A,  @Ri     ;i =0 或 1,A←((Ri )),寻址范围为 256 B
MOVX  A,  @DPTR   ;A←((DPTR)),寻址范围为 64 KB
```

堆栈操作 PUSH 和 POP 也属于寄存器间接寻址方式,其地址指针为 SP。

5. 变址寻址

变址寻址也称为基址寄存器加变址寄存器间接寻址。指令中以 DPTR 或 PC 作为基址寄存器,以累加器 A 作为变址寄存器,以两者内容作为无符号数相加形成的 16 位地址作为操作数的地址。

变址寻址方式只能用来访问 ROM,用于进行查表操作,寻址范围为 64 KB。变址寻址共有 3 条指令:

```
MOVC A, @A+DPTR   ; A←((A)+(DPTR))
MOVC A, @A+PC
JMP     @A+DPTR
```

6. 位寻址

位寻址时,指令中对数据位进行直接操作,给出的是位地址。寻址范围为片内 RAM 的可位寻址区和 SFR 中的可寻址位,一般采用可寻址位的位名称或 SFR 名称加位数的方式表示。

例如：

```
SETB TI         ;将 SCON 的 TI 位置 1
SETB PSW.5      ;将 PSW 位 5 置 1
MOV C, 30H      ;将位 30H 的值送至进位位 C
```

7. 相对寻址

相对寻址方式是专为程序转移设置的，将程序计数器 PC 的当前值加上偏移量 rel，形成程序转移的目标地址。注意，此处的 PC 当前值是指执行完该指令后的 PC 值，因此目标地址可通过以下公式表示：

目标地址=转移指令所在地址+转移指令的字节数+rel　　(5-2)

例如：

```
SJMP  rel  ; PC←(PC)+2+rel
```

5.2.3 指令系统

MCS-51 指令系统共有 44 种助记符，构成了 111 条指令。这些指令按功能可分为数据传送类指令、算术运算类指令、逻辑运算类指令、控制转移类指令和位操作类指令。

1. 数据传送类指令

数据传送类指令是编程使用最频繁的指令类别，其功能是把源操作数“复制”到目的操作数，即源操作数在传送过程中不发生改变，通用格式为：

MOV　<目的操作数>，　<源操作数>

(1) 片内数据传送

① 以累加器 A 为目的操作数的指令

```
           Rn          ;A←(Rn)
MOV  A,    @Ri         ;A←((Ri))
           direct      ;A←(direct)
           #data       ;A← data
```

② 以 Rn 为目的操作数的指令

```
           A           ;Rn ←(A)
MOV  Rn ,  direct      ;Rn ←(direct)
           #data       ;Rn ← data
```

③ 以直接地址 direct 为目的操作数的指令

```
                 A           ;direct←(A)
                 Rn          ;direct←(Rn)
MOV  direct,     @Ri         ;direct←((Ri))
                 Direct2     ;direct←(direct2)
                 #data       ;direct← data
```

④ 以寄存器间接地址为目的操作数的指令

```
                      A                  ;(Ri)←(A)
MOV   @Ri ,           direct             ;(Ri)←(direct)
                      #data              ;(Ri)← data
```

⑤ 16 位数据传送指令

```
MOV   DPTR,           #data16            ; DPTR← data16
```

⑥ 堆栈操作指令

```
PUSH  direct              ;(SP)+1→SP,(direct)→(SP)
POP   direct              ;((SP))→direct,(SP)-1→SP
```

⑦ 数据交换指令

```
             Rn           ;(A)↔(Rn)
XCH   A,     @Ri          ;(A)↔((Ri))
             direct       ;(A)↔(direct)
XCHD  A,     @Ri          ;(A)3~0↔((Ri))3~0
```

（2）外部数据传送及查表

```
             A,@DPTR      ;A←((DPTR))
MOVX         A,@Ri        ;A←((Ri))
             @DPTR, A     ;(DPTR)←(A)
             @Ri ,  A     ;(Ri)←(A)

MOVC  A,     @A+PC        ;(PC)+1→PC,((A)+(PC))→A
             @A+DPTR      ;((A)+(DPTR))→A
```

2. 算术运算类指令

算术运算类指令主要包括加、减、乘、除、加 1、减 1 等运算指令，除加 1、减 1 外，都以累加器 A 为目的操作数，执行结果多数会影响 PSW 中的 Cy、Ac 和 OV 标志位。

（1）加法指令

① 不带进位的加法指令

```
             Rn           ;A←(A)+(Rn)
ADD   A,     @Ri          ;A←(A)+((Ri))
             direct       ;A←(A)+(direct)
             #data        ;A←(A)+ data
```

上述指令的一个加数总是来自累加器 A，相加的结果也总是送入 A 中。如运算结果的位 7 有进位，PSW 的 Cy 置 1，否则清 0；如果位 3 有进位，Ac 置 1，否则清 0；如果位 6 有进位而位 7 无进位，或者位 7 有进位而位 6 没有，溢出标志 OV 置 1，否则清 0。

② 带进位加法指令

```
            Rn          ;A←(A)+(Rn)+(Cy)
ADDC  A,    @Ri         ;A←(A)+((Ri))+(Cy)
            direct      ;A←(A)+(direct)+(Cy)
            #data       ;A←(A)+data+(Cy)
```

带进位加法指令将字节变量、进位标志 Cy 和累加器 A 内容相加，结果送入 A 中。运算结果对 PSW 的影响与 ADD 指令相同。

③ 加 1 指令

```
            A           ;A←(A)+1
            Rn          ;Rn←(Rn)+1
INC         @Ri         ;(Ri)←((Ri))+1
            direct      ;direct←(direct)+1
            DPTR        ;DPTR←(DPTR)+1
```

加 1 指令的功能是使源操作数加 1，且不影响 PSW 的任何标志位。

④ 十进制调整指令

十进制调整指令用于对 BCD 码的加法运算结果进行十进制修正，指令格式为：

DA A

(2) 减法指令

① 带借位的减法指令

```
            Rn          ;A←(A)-(Rn)-(Cy)
SUBB  A,    @Ri         ;A←(A)-((Ri))-(Cy)
            direct      ;A←(A)-(direct)-(Cy)
            #data       ;A←(A)-data-(Cy)
```

带借位的减法指令从累加器 A 减去源操作数及标志位 Cy，结果送入 A 中。如果位 7 需借位，则 Cy 置 1，否则清 0；如果位 3 需借位，Ac 置 1，否则清 0；如果位 6 需借位而位 7 不需借位，或者位 7 需借位而位 6 不需借位，溢出标志 OV 置 1，否则清 0。

② 减 1 指令

```
            A           ;A←(A)-1
DEC         Rn          ;Rn←(Rn)-1
            @Ri         ;(Ri)←((Ri))-1
            direct      ;direct←(direct)-1
```

减 1 指令的功能是使源操作数减 1。

(3) 乘法指令

MUL AB ;BA←A×B

乘法指令将累加器 A 和寄存器 B 中的 8 位无符号整数相乘，并把乘积的低 8 位放入 A

中，高 8 位放入 B 中。如果积大于 FFH，溢出标志位 OV 置 1，否则清 0。进位标志位 Cy 始终清 0。

(4) 除法指令

```
DIV  AB   ;(A)/(B)→A(商),余数→B
```

除法指令以累加器 A 中的 8 位无符号整数除以寄存器 B 中的 8 位无符号整数，所得的商放入 A 中，余数放入 B 中，Cy 和 OV 总是清 0。但若 B 中的除数为 0，则执行结果内容不定，OV 置 1。

3. 逻辑运算类指令

逻辑运算类指令主要完成与、或、异或等逻辑运算操作，不产生$\overline{WR}$和$\overline{RD}$控制信号。

(1) 逻辑与指令

```
               Rn               ;A←(A)∧(Rn)
               @Ri              ;A←(A)∧((Ri))
ANL  A,        Direct           ;A←(A)∧(direct)
               #data            ;A←(A)∧data

                  A             ;direct←(direct)∧(A)
ANL  direct,      #data         ;direct←(direct)∧data
```

逻辑与操作将目的操作数和源操作数进行按位逻辑与操作，结果送至目的操作数。

(2) 逻辑或指令

```
               Rn               ;A←(A)∨(Rn)
               @Ri              ;A←(A)∨((Ri))
ORL  A,        Direct           ;A←(A)∨(direct)
               #data            ;A←(A)∨data

                  A             ;direct←(direct)∨(A)
ORL  direct,      #data         ;direct←(direct)∨data
```

逻辑或操作将目的操作数和源操作数进行按位逻辑或操作，结果送至目的操作数。

(3) 逻辑异或指令

```
               Rn               ;A←(A)⊕(Rn)
               @Ri              ;A←(A)⊕((Ri))
XRL  A,        Direct           ;A←(A)⊕(direct)
               #data            ;A←(A)⊕data

                  A             ;direct←(direct)⊕(A)
XRL  direct,      #data         ;direct←(direct)⊕data
```

逻辑异或操作将目的操作数和源操作数进行按位逻辑异或操作，结果送至目的操作数。

(4) 简单逻辑指令

```
CLR  A           ;A←0,累加器 A 清 0
```

```
CPL  A          ;A←(/A),累加器 A 内容按位取反
```

(5) 循环移位指令

```
RL  A           ;A7~1←(A6~0),A0←(A7)
RR  A           ;(A7~1)→A6~0,(A0)→A7
RLC  A          ;A7~1←(A6~0),(A0)←(Cy),Cy←(A7)
RRC  A          ;(A7~1)→A6~0,(Cy)→A7,(A0)→Cy
```

4. 控制转移类指令

控制转移类指令通过修改程序计数器 PC 的值,使程序执行的顺序发生变化,可以细分为无条件转移指令、条件转移指令、子程序调用与返回指令。

(1) 无条件转移指令

① 长跳转,跳转范围为 64 KB 的 ROM 空间

```
LJMP  addr16    ;PC←addr16
```

② 短跳转,跳转范围为 2 KB

```
AJMP  addr11    ;PC←(PC)+2,PC0~10←addr11
```

③ 相对转移指令,跳转范围:以 PC 当前值为起点的前 128 B 与后 127 B 之间

```
SJMP  rel       ;PC←(PC)+2+rel
```

④ 间接转移指令

```
JMP @A+DPTR     ;PC←(A)+(DPTR)
```

(2) 条件转移指令

条件转移指令是对程序设定的条件进行转移判断,满足指令中规定的条件就进行转移,否则就顺序执行下一条指令。指令中的操作数均为相对寻址方式,即以本条指令地址为中心的 -128 B~127 B范围内。

① 累加器 A 判 0 转移

```
JZ  rel  ;IF (A)=0, THEN PC←(PC)+2+rel, ELSE PC←(PC)+2
JNZ  rel ;IF (A)≠0, THEN PC←(PC)+2+rel, ELSE PC←(PC)+2
```

根据累加器 A 的内容是否为 0 判断是否转向指定的目标地址。

② 比较不相等转移指令

```
CJNE  A,direct,rel     ;IF (A)≠(direct),THEN PC←(PC)+3+rel
                       ;ELSE PC←(PC)+3
CJNE  A,#data,rel      ;IF (A)≠data,THEN PC←(PC)+3+rel
                       ;ELSE PC←(PC)+3
CJNE  Rn ,#data,rel    ;IF (Rn)≠data,THEN PC←(PC)+3+rel
                       ;ELSE PC←(PC)+3
CJNE  @Ri,#data,rel    ;IF ((Ri))≠data,THEN PC←(PC)+3+rel
                       ;ELSE PC←(PC)+3
```

比较不相等转移指令的功能是比较前面的操作数 1 与操作数 2 是否相等,不相等则转移,目标地址为当前 PC 值加上 CJNE 指令的字节数(3B),再加上偏移量 rel;相等则顺序执行。如果操作数 1≥操作数 2,标志位 Cy=1,否则 Cy=0。因此,根据 Cy 可以比较两个数的大小。

③ 减 1 不为 0 转移指令

```
DJNZ   Rn ,rel        ;IF (Rn)-1≠0,THEN PC←(PC)+2+rel
                      ;ELSE PC←(PC)+2
DJNZ   direct,rel     ;IF (direct)-1≠0,THEN PC←(PC)+3+rel
                      ;ELSE PC←(PC)+3
```

减 1 不为 0 转移指令将源操作数(R*n* 或 direct)减 1 后进行判断,若结果不为 0 则进行转移,否则程序顺序执行。利用上述指令可实现按次数控制循环。

(3) 子程序调用与返回指令

① 短调用指令

```
ACALL  addr11
```

ACALL 指令与 AJMP 指令类似,是为了与 MCS-48 指令中的 CALL 指令兼容而设立的,用于在 2 KB 范围内调用子程序。指令执行时利用 PC+2 获得下一条指令地址并压入堆栈保护,之后将 PC 的高 5 位和指令中的 addr11 连接形成 16 位的子程序入口地址($PC_{10\sim0}$←addr11),转向执行子程序。

② 长调用指令

```
LCALL  addr16
```

LCALL 指令可以调用 64 KB 范围内 ROM 中的任意子程序。指令中 addr16 为子程序的入口地址。

③ 子程序返回指令

```
RET
```

子程序执行完毕后,程序应返回到原调用指令的下一指令处继续执行。因此,在子程序的结尾须设置返回指令。

④ 中断返回指令

```
RETI
```

RETI 指令用于从中断服务程序返回到主程序的断点地址,并同时清除相应的中断标志位。

⑤ 空操作指令

```
NOP
```

空操作指令不产生任何控制操作,只消耗一个机器周期,常用于程序中的等待延时。

5. 位操作类指令

MCS-51 单片机具有较为丰富的位操作指令,进行位操作时以进位标志位 Cy 作为位累加器,一般用 C 表示。单片机内可以位寻址的区域有两部分,即片内 RAM 的 20H~2FH 共 16 字节以及 SFR 中字节地址可以被 8 整除的寄存器。

(1) 位传送指令

```
MOV  bit, C   ;bit←(Cy)
MOV  C, bit   ;Cy←(bit)
```

位传送指令用于实现指定的位地址与进位标志位 Cy 进行内容传送。

(2) 位变量修改指令

```
CLR  C       ;Cy←0
```

```
CLR   bit      ;bit←0
SETB  C        ;Cy←1
SETB  bit      ;bit←1
```

(3) 位逻辑运算指令

```
ANL  C, bit     ;Cy←(Cy)∧(bit)逻辑与
ANL  C, /bit    ;Cy←(Cy)∧(/bit)先对 bit 位求反,再与 Cy 进行逻辑与
ORL  C, bit     ;Cy←(Cy)∨(bit)逻辑或
ORL  C, /bit    ;Cy←(Cy)∨(/bit)先对 bit 位求反,再与 Cy 进行逻辑或
CPL  C          ;Cy←(/Cy)位取反
CPL  bit        ;bit←(/bit)
```

(4) 位条件转移指令

```
JC   rel          ;(Cy)=1 时转移
JNC  rel          ;(Cy)=0 时转移
JB   bit, rel     ;(bit)=1 时转移
JNB  bit, rel     ;(bit)=0 时转移
JBC  bit, rel     ;(bit)=1 时转移并清除该位
```

5.2.4 汇编语言程序设计

利用汇编指令助记符进行程序设计需要熟悉 MCS-51 单片机的硬件结构、指令系统和寻址方式。编写好的程序称为汇编语言源程序,需要编译转换后才能被单片机识别和执行,这一过程也称为汇编或编译。编译后得到的程序称为目标程序。具体过程如图 5-10 所示。

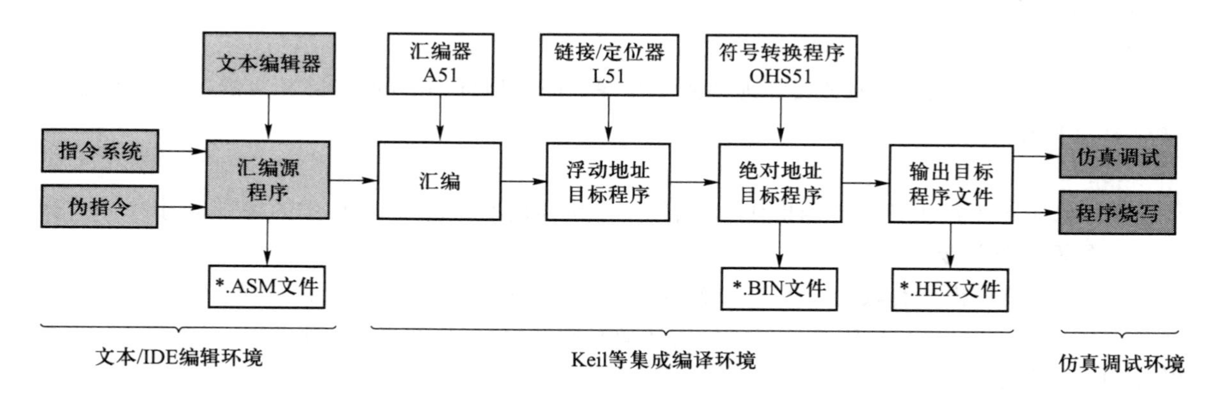

图 5-10 汇编语言的编辑、汇编和链接过程

1. 汇编语言的伪指令

为了明确编译软件源程序中程序或数据的存放地址、数据和符号的定义、源程序是否结束等信息,需要在源程序中设置一些说明性的语句或指令。这些指令虽然出现在源程序中,但并非控制单片机操作的指令,也不会在目标程序中产生相应的代码,故称为伪指令。

(1) 起始地址设置指令 ORG

格式:ORG　addr16

用于说明下面紧随其后的程序或数据块的起始地址。

汇编语言源程序的开始通常都会用一条 ORG 指令规定程序的起始地址,否则目标程序默认从 0000H 开始。在一个源程序中,可以多次使用 ORG 指令规定不同程序段的起始地址,但地址必须由小到大排列,不允许出现交叉重叠。例如:

```
ORG  0000H
AJMP  MAIN
ORG  0003H
AJMP  INT0
MAIN:…
INT0:…
```

(2) 汇编终止指令 END

格式:END

汇编语言源程序的结束标志,编译软件遇到 END 指令后结束汇编,END 后面的源程序代码将不再编译处理。因此,一个源程序中只能有一条 END 指令。

(3) 字节定义指令 DB

格式:[标号:] DB　字节数据表

用于从指定的地址开始,在 ROM 单元中连续存放 8 位字节数据,数据间用“,”分割。例如:

```
ORG  1000H
DB  30H, 88H, "2"
```

或:

```
SEG:DB  40H, 100, "C"
```

(4) 数据字定义指令 DW

格式:[标号:] DW　字数据表

用于从指定的地址开始,在 ROM 单元中连续存放 16 位的数据字,数据字之间用“,”分割。例如:

```
TAB:DW  1234H, 7BH
```

(5) 赋值指令 EQU

格式:符号名　EQU　表达式

用于给符号赋值,赋值后符号在整个程序有效。符号名必须是字母开头的字母或数字串,且先前未曾定义过。例如:

```
ERR  EQU  10H
```

(6) 片内数据地址符号定义指令 DATA

格式:符号名　DATA　字节地址

用于给片内 8 位 RAM 单元指定符号名,名字必须是以字母开头的字母数据串,同一单元地址可以有多个名字。例如:

```
ERROR  DATA  70H
```

(7) 片外数据地址符号定义指令 XDATA

格式:符号名　XDATA　字节地址

用于给片外 8 位 RAM 单元指定符号名,名字规定与 DATA 指令相同。例如:

```
IO_PORT  XDATA  0CF80H
```

(8) 位地址定义指令 BIT

格式:符号名　BIT　位地址

用于给位地址指定符号名,名字规定与 DATA 指令相同。例如:

```
CS  BIT  P1.0
SW  BIT  30H
```

2. 汇编语言程序设计的一般步骤

汇编语言程序设计时主要分为以下步骤:

(1) 分析待解决问题,确定相关任务需求和算法

对需要解决的问题进行具体分析,确定任务需求和工作过程;确定适宜的计算方法和数据结构,建立相应的数学模型。

(2) 根据所确定的算法或编程思路绘制程序流程图

单片机内部的功能单元具有结构化特征,汇编语言程序也通常采用结构化设计方法,便于集成应用成熟的功能单元驱动子程序。同时,结构化的编程思路有利于分解复杂程序,将程序分解成顺序结构、分支结构、循环结构和子程序,使结构清晰易读。在此指导思想下,通过绘制程序流程图可以使相关算法和步骤具体化,形成各功能模块的有机联系。

(3) 分配存储器、定时器、中断和 I/O 接口地址等系统资源

存储器分配主要针对片内 RAM,包括代码、数据和堆栈等区域的合理分配和首地址的确定。同时为片外扩展元件分配 I/O 口线,确认接口地址。

(4) 根据流程图编写程序

根据流程图所表示的步骤流程和模块关系,利用文本编辑器编写源程序。单片机程序一般分为初始化、主程序循环体和中断处理程序三大部分。

① 初始化部分　包括 I/O 接口输入/输出方式的选择、初始电平状态的设置;中断系统的初始化设置;定时器/计数器、UART 或 A/D 转换等功能模块的初始化设置;程序参数的初始化设置等。

② 主程序循环体部分　单片机主程序一般以循环方式进行设计编写,并可能存在多个循环体,这些循环体之间通过时间分片或状态标志量进行切换。主程序中一般处理比较耗时的分析计算以及人机交互和显示输出等任务。

③ 中断处理程序部分　用于处理实时性要求较高的任务或事件。中断服务程序应尽可能简短高效,例如可以在中断服务程序中只改变状态标志量的值,待返回到主程序中后再进行相应的响应处理,以保证所有的中断都能得到及时响应。

(5) 源程序上机调试

按照图 5-10 所示的流程,借助仿真开发的软、硬件工具进行代码的调试和运行。

3. 汇编语言程序的调试与下载

MCS-51 单片机汇编语言的开发设计与调试一般使用集成开发环境,典型的开发软件如 Keil

μVision、IAR Embedded Workbench for 8051 等。Atmel 和 STC 等单片机都具有片内 Flash ROM，编译生成的 Hex 文件可利用单片机厂商提供的 ISP 软件直接下载烧录到单片机中。因此，利用 Keil μVision 和 ISP 软件可以便捷地搭建起 MCS-51 单片机的开发环境。

以下是基于 Keil μVision 的程序编制与调试。

Keil μVision 是一个支持编辑、编译、链接、调试的集成开发环境，支持所有的 Keil C51 工具，包括 C51 编译器、A51 宏汇编器、BL51 链接/定位器、LIB51 库管理器、目标代码到 Hex 的转换器等。目前最新版本为 μVision5，其主界面如图 5-11 所示。

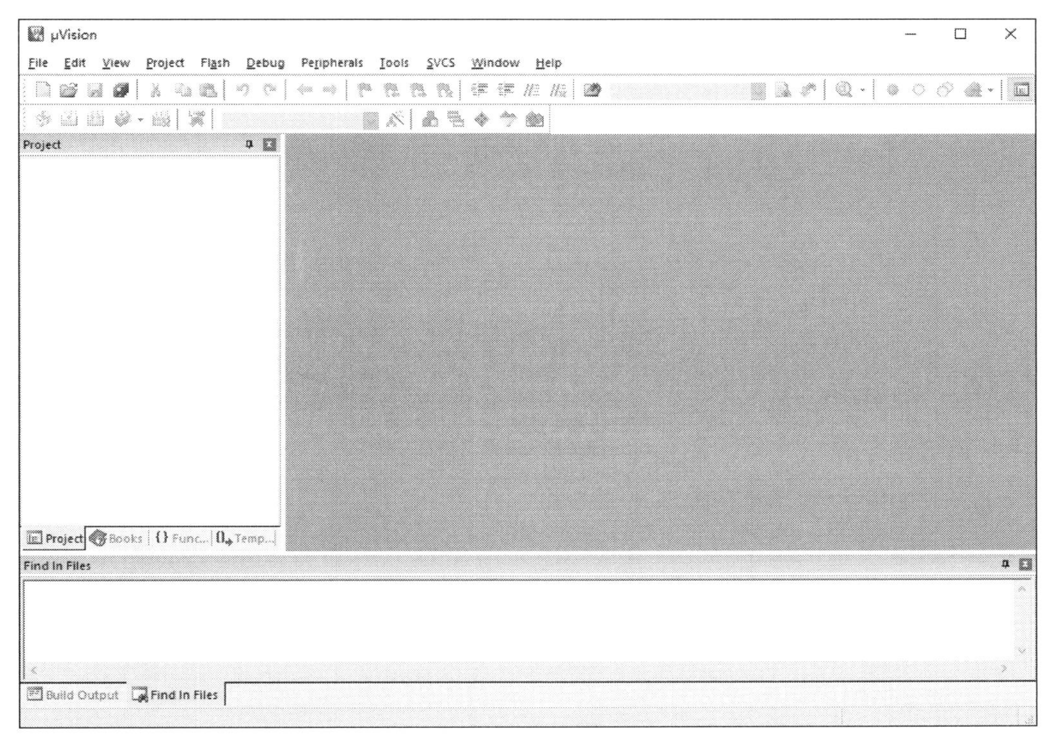

图 5-11 Keil μVision5 的主界面

下面以一个简单实例说明基于 Keil μVision 的汇编语言编程与调试步骤。

步骤 1：创建工程项目。

① 在“Project”菜单中选择“New μVision Project...”，并在弹出的“Create New Project”对话框中选择合适的文件目录、命名项目名称，确认创建新的工程项目文件，如图 5-12a、b 所示。

② 在弹出的“Select Device for Target 'Target1'...”中选定所使用的单片机型号。对 MCS-51 单片机而言，既可以根据项目设计选择 Atmel 或 STC 的单片机实际型号，也可以选择 Generic 分支下的通用型号，如图 5-12c 所示。当系统提示是否将标准 8051 启动代码 STARTUP.A51 复制到项目文件目录并添加到工程中时，默认选择“是”即可（注意：对简单的汇编源程序，选择将 STARTUP.A51 加入项目可能导致编译时出现“CODE SPACE MEMORY OVERLAP”，即代码段重叠，此时在工程中删除 STARTUP.A51 再编译就可以了）。

步骤 2：创建程序源文件。

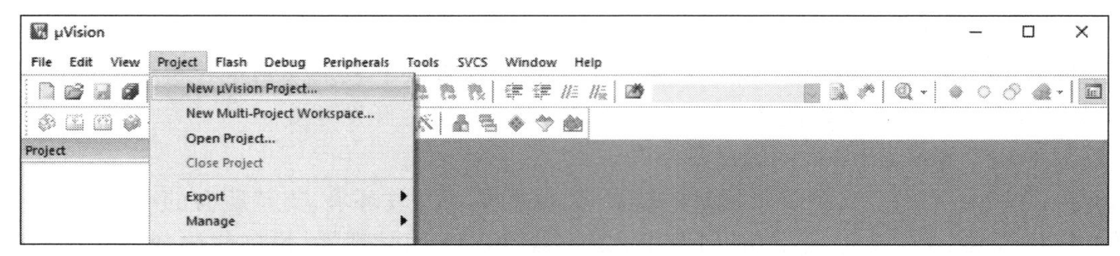

(a) 创建项目文件

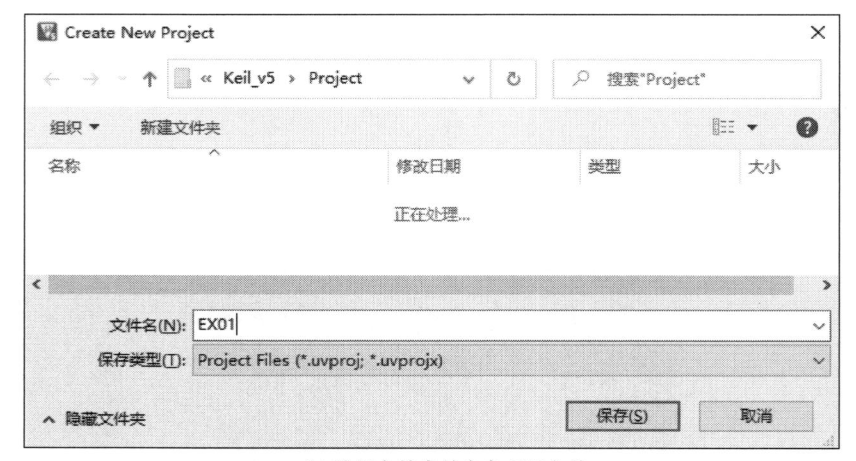

(b) 选择文件夹并命名项目文件

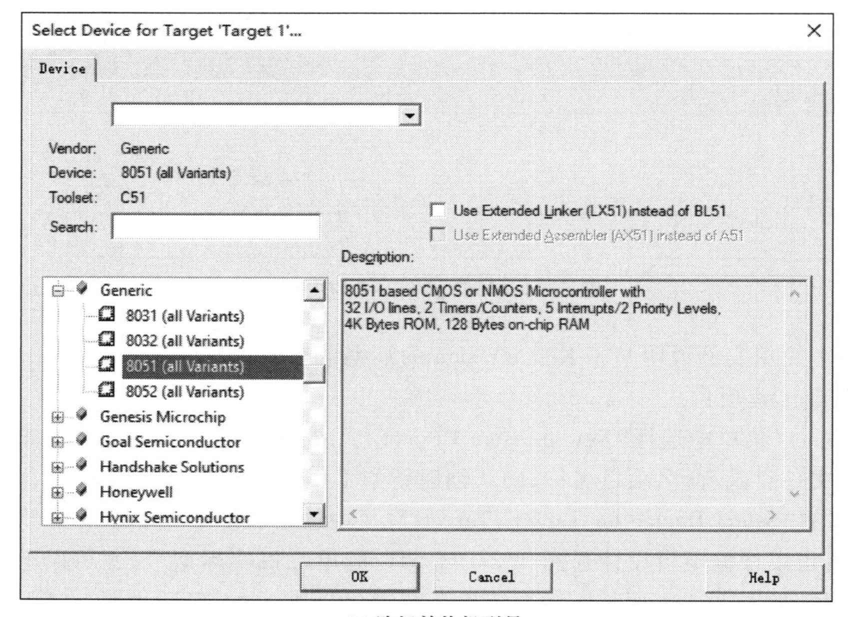

(c) 选择单片机型号

图 5-12　项目文件的创建

为项目文件创建一个新的源文件：

① 可以选择“File”→“New…”菜单项，或者单击工具栏中的“New”（新建）按钮创建源文件。

② 也可以在“Project”导航管理窗口中，右键点击“Source Group 1”，选择增加新的项目源文件，如图 5-13a 所示。在随后弹出的“Add New Item to Group 'Source Group 1'”对话框中根据需要选择添加符合 C、C++或 ASM 语法格式的源文件，并在下方填入文件名，如图 5-13b 所示。

③ 如果源文件已经存在，可以选择图 5-13a 所示的“Add Existing Files to Group 'Source Group 1'...”到文件所在目录选择该文件进行编辑。

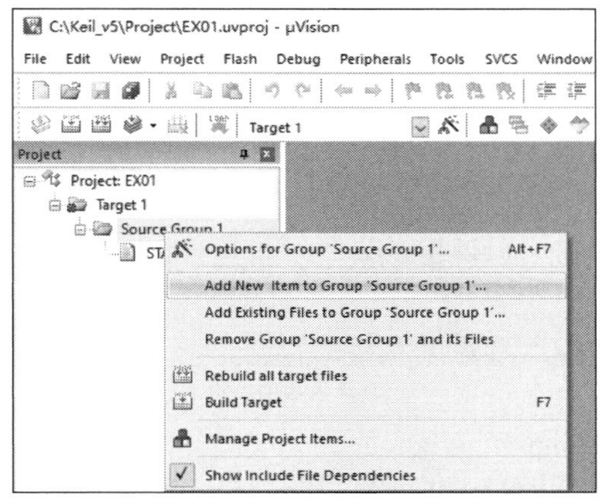

(a) 为项目添加文件

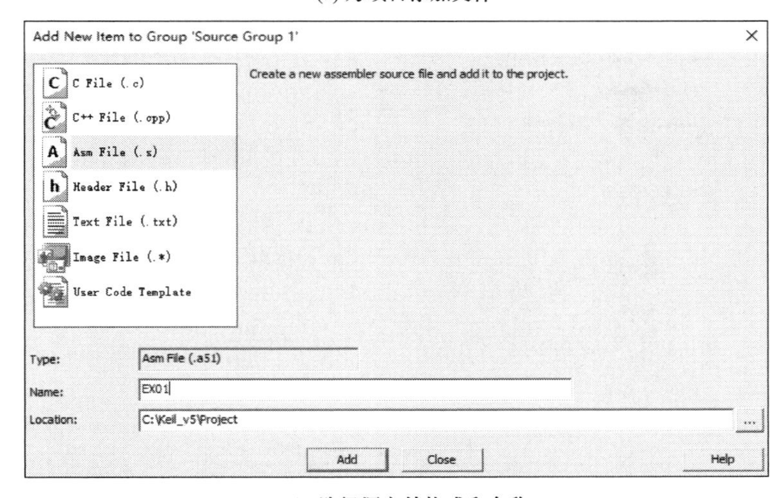

(b) 选择源文件格式和名称

图 5-13　创建源文件

步骤 3：设置项目硬件参数及编译选项。

Keil µVision 允许用户定义修改项目硬件和工程编译时的相关参数，如图 5-14 所示。图 5-14a中，通过单击箭头①所指的工具栏按钮，或者在“Project”导航管理窗口中的“Target 1”处点击鼠标右键，在弹出的快捷菜单中，选择箭头②所指的“Options for Target 'Target1'...”均可弹出硬件及编译调试选项修改窗口，如图 5-14b 所示，这些选项除少部分一般采用默认值即可。其中，如果要输出 HEX 文件，需要在“Output”选项卡中选中“Create HEX File”复选框，如图 5-14b 箭头所示。

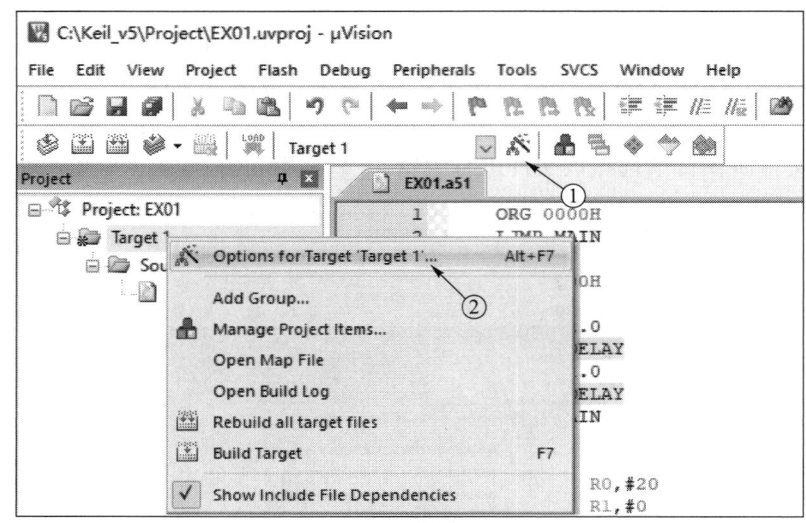

(a) 进入选项设置

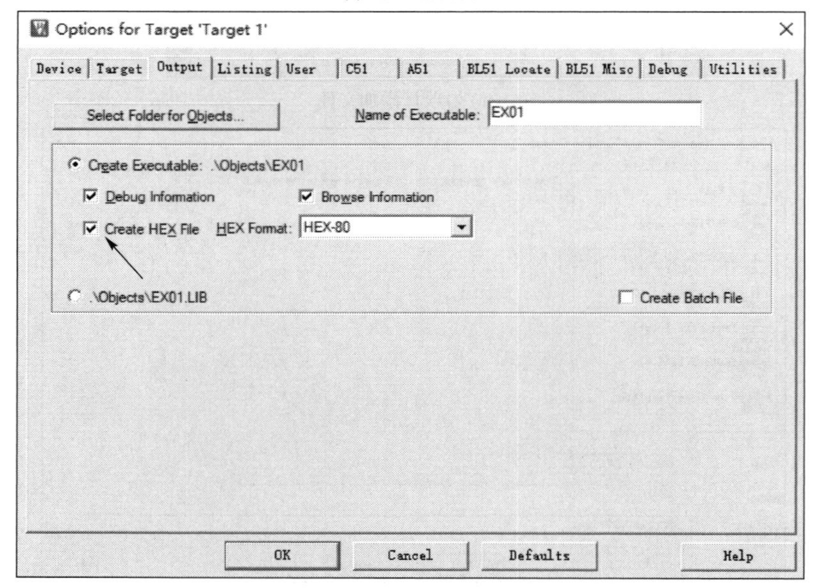

(b) 选项设定窗口

图 5-14　工程的硬件参数及编译选项设定

步骤 4:编译调试工程文件。

源程序编辑好后,单击图 5-15a 中箭头①所示的"Rebuild"图标按钮,编译源文件并生成 HEX 文件,编译提示信息会显示在图 5-15a 中箭头②所示的"Build Output"对话框中,可根据警告或错误提示信息进行相关错误的排除。

编译成功后可以进行程序的仿真调试。由于 Keil μVision 提供了丰富的软件模拟调试功能,因而对于较为简单的汇编语言程序,可以直接利用软件进行运算及逻辑功能的调试。调试前需要在图 5-15b 中"Debug"选项卡中的箭头①、②所示处,选择软件实时仿真调试功能。如果想利用仿真器或 Proteus 联合仿真，可以选取箭头③、④所示处的仿真功能并进行必要的设置。

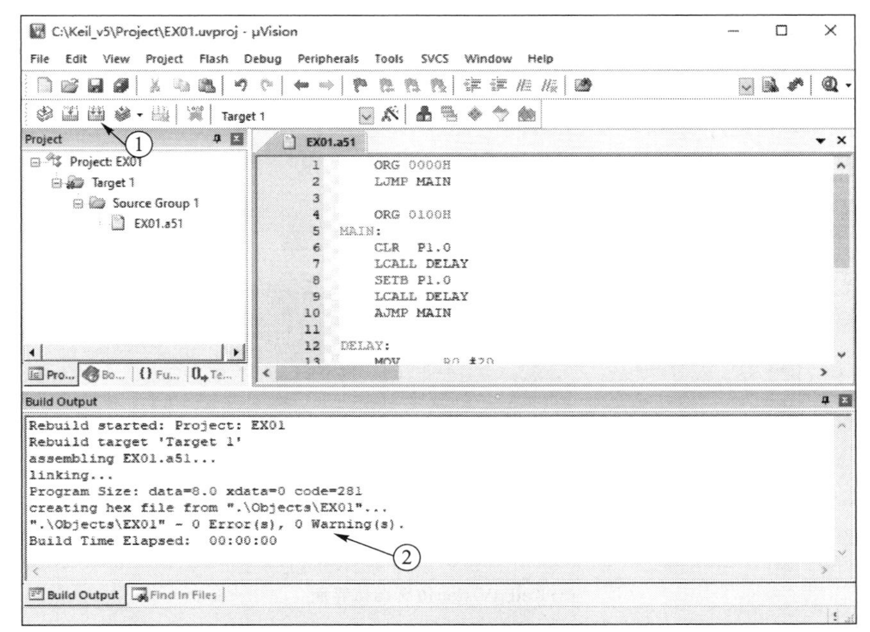

(a) 编译链接生成HEX文件

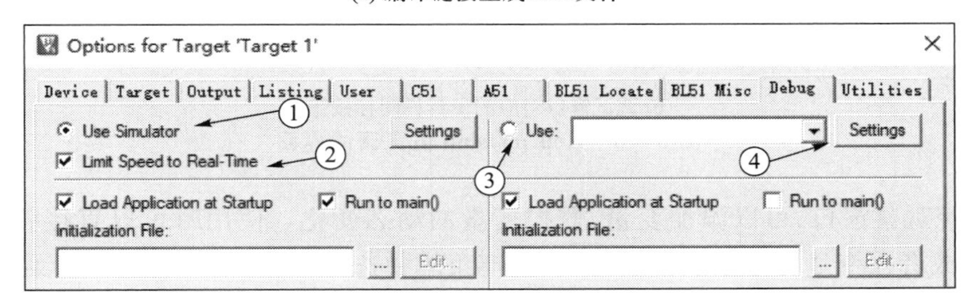

(b) 选择软件仿真调试功能

图 5-15 编译生成 HEX 文件

编译成功后，可以从“Debug”菜单中选择“Start/Stop debug session”菜单项进入模拟调试过程。继续按快捷键 F5 或从“Debug”菜单中选择“Run”菜单项启动程序运行，如图 5-16a 所示。

图 5-16a 中：

① 为寄存器窗口，可以观察 CPU 工作状态。

② 为逻辑分析仪窗口，可用来观察信号的时序变化，如图 5-17a 所示。单击图 5-17a 左上方鼠标所指的“Setup”按钮可以在弹出的窗口中添加待观察的信号，如图 5-17b 所示。对数字量信号可以选取显示类型为 Bit 型。

③ 为源代码窗口，图中所示的本例源程序，其功能是实现 P1.0 输出连续方波信号。

④ 为功能部件的寄存器和状态查看面板，可以从“Peripherals”菜单中选取要观察的功能部件面板，如中断、I/O 接口、串行口和定时器等，如图 5-18 所示。

⑤ 为符号类型观察窗口。

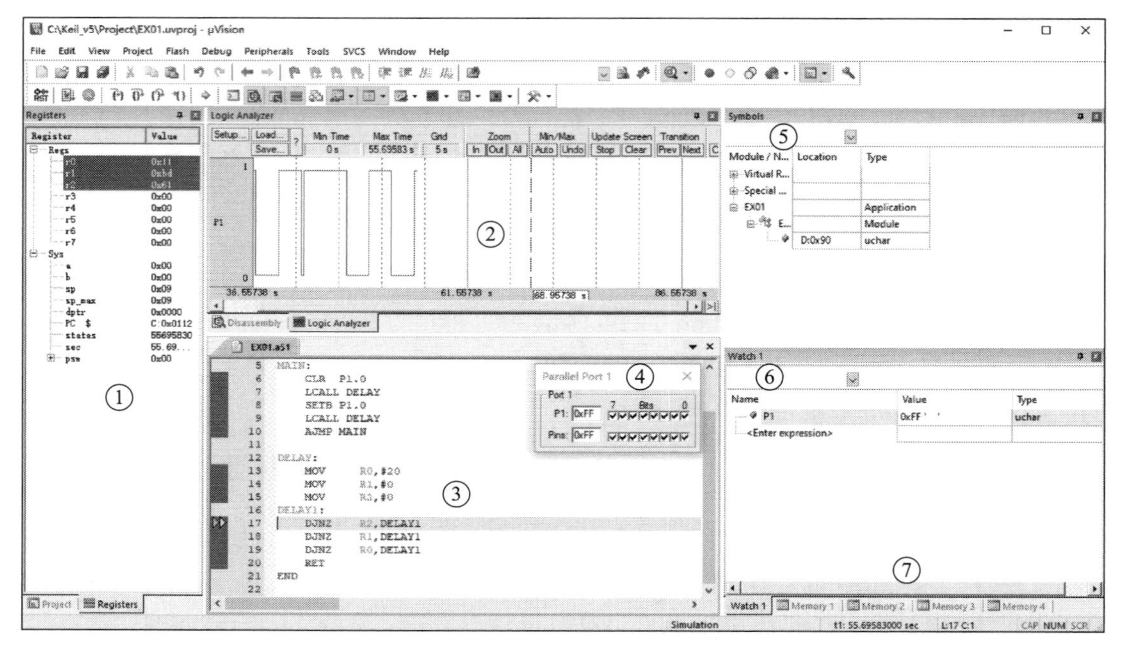

(a) Keil µVision仿真调试界面

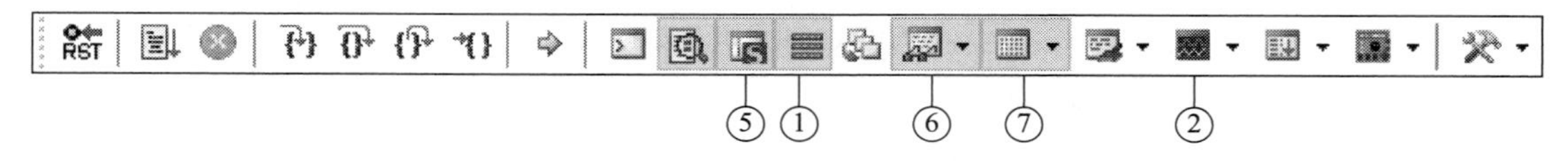

(b) 调试窗口对应的工具栏图标按钮

图 5-16　Keil µVision 仿真调试界面

⑥ 为监控观察窗口，可以添加变量，监控变量的动态变化。使用时可以直接将变量拖拽到监控窗口中，或者在变量符号上点击右键，在快捷菜单中选择“Add to Watch 1/2”菜单项。

⑦ 为存储器查看窗口，可以查看或修改系统各种存储单元的内容。如图 5-19 所示，在“Address”文本框内输入“字母:数字”即可显示相应存储单元的内容。其中，字母如下：

C　程序存储器空间；

D　直接寻址的片内 RAM 空间；

I　间接寻址的片内 RAM 空间；

X　片外 RAM 空间。

数字代表要查看的地址，如输入“C:0”可查看从地址 0 开始的 ROM 内容，输入“D:0”可以查看从地址 0 开始的片内 RAM 内容。

该窗口可显示十进制、十六进制或字符型等数据，可以在窗口上点击鼠标右键后弹出的快捷菜单中选择。

要改变某个单元的内容，可以在该单元上点击鼠标右键后弹出的快捷菜单中选择“Modify Memory”进行修改(注意如果输入十六进制应带“0x”前缀或“H”后缀)。

上述窗口可以从图 5-16b 所示的工具栏中或者图 5-20 所示的“View”菜单中选取是否显示。

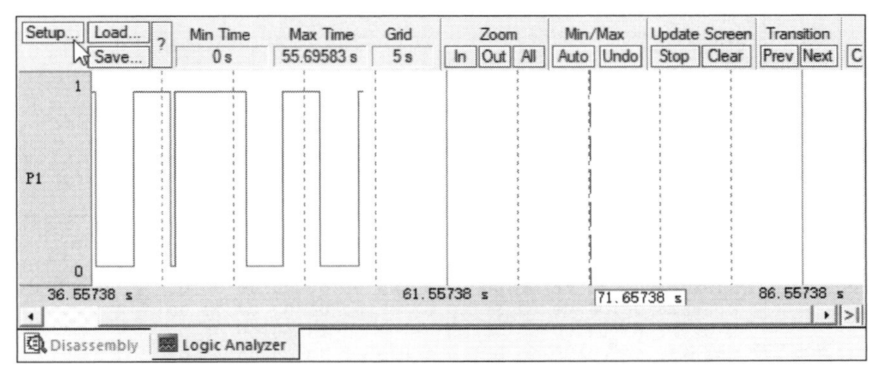

(a) 逻辑分析界面

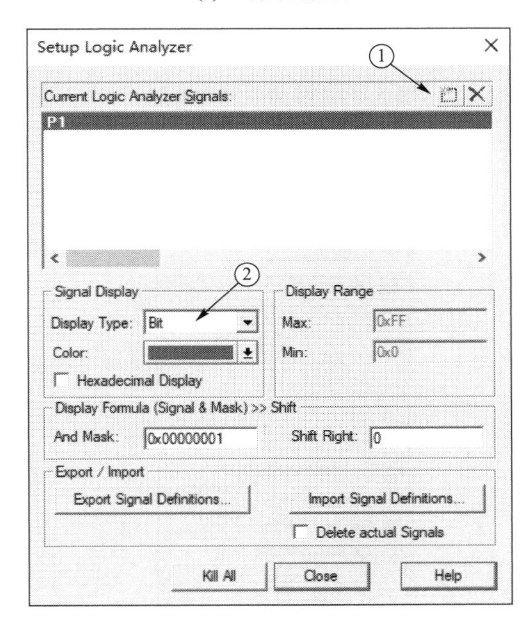

(b) 添加信号来源和显示类型

图 5-17 逻辑分析仪查看窗口

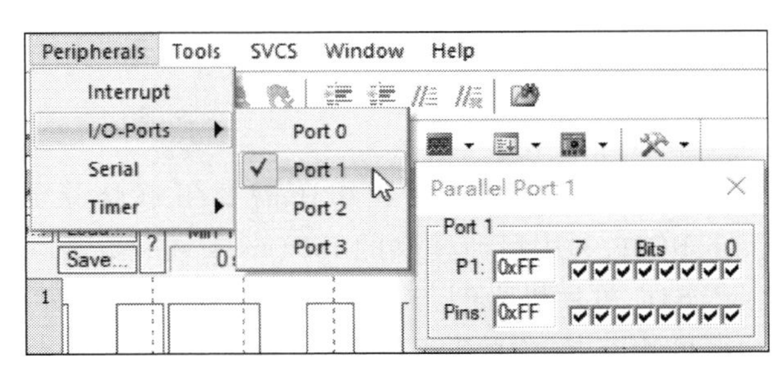

图 5-18 功能部件选取菜单和面板

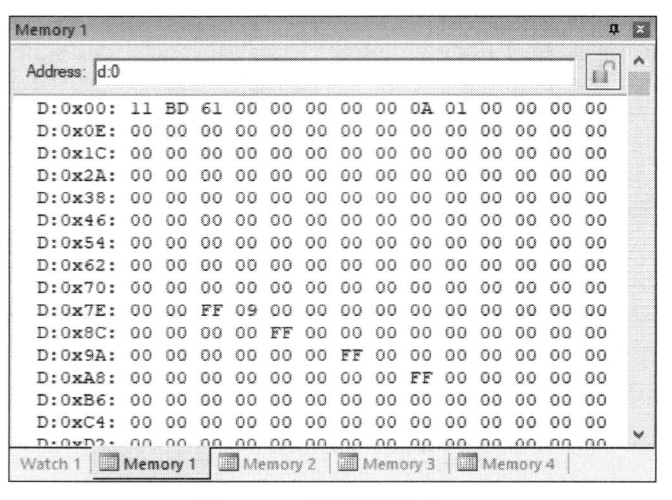

图 5-19　存储器查看窗口

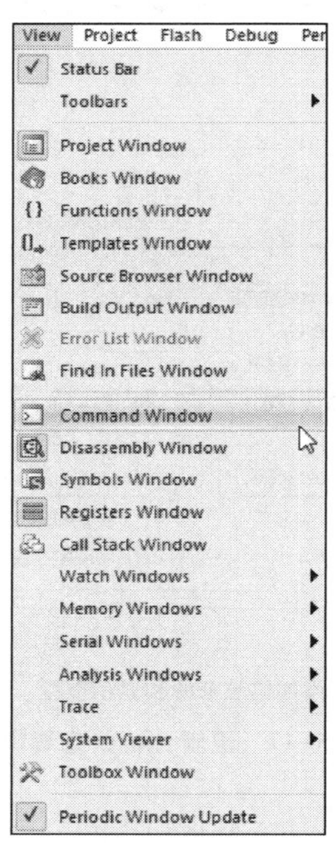

图 5-20　“View”菜单

步骤 5：利用 ISP 软件下载程序。

Keil μVision 编译调试后的汇编程序文件最终还需要下载烧录到单片机中。目前多数 MCS-51单片机都内置 Flash ROM，利用厂商提供的 ISP(in-system programming)在线下载软件可以便捷地烧录程序。以国产 STC 单片机为例，其 ISP 软件 STC-ISP 的界面如图 5-21 所示。

STC-ISP 是通过单片机的串行接口下载程序的，下载前应保证单片机与计算机之间建立了可靠的串口连接关系。注意，使用 ISP 软件下载程序时，计算机端控制软件需要先执行下载命令(单击下载按钮)，再给单片机上电复位。具体下载流程如下：

图 5-21　STC-ISP 的界面

(1) 从图中①处下拉列表框中选择系统实际使用的单片机型号(图中选择的为 STC89C51)。

(2) 在图中②、③处选择与单片机系统相连接的串行端口,如果是 USB 转换生成的串口,软件一般会自动显示端口号。波特率一般可选择默认值,如果出现烧录不稳定现象,可选择较低的最高波特率值。

(3) 在图中④处单击"打开程序文件"按钮,选择编译生成的 HEX 文件或 BIN 文件。

(4) 根据需要适当调整⑤处的参数,一般默认即可。对内置时钟的 STC 单片机,需根据实际项目要求选择时钟频率。

(5) 给单片机系统断电,单击图中⑥处的"下载/编程"按钮,再给单片机系统重新上电复位,软件与单片机内固化的引导代码"握手"后自动完成内存擦写和目标程序文件的下载过程。

下载完成后,应将单片机系统断电,重新上电复位,才能正确运行。STC-ISP 软件还内置了单片机开发的小工具软件,如图 5-21 中⑦处的"串口助手"等。

5.3　MCS-51 单片机与 C 语言

汇编语言有助于学习和掌握单片机的工作原理,但当程序较为复杂时,其可读性和可维护性较差。与汇编语言相比,C 语言更符合工程师的思维和表达习惯,且编写较为简单、直观易读。尤其是对于比较复杂的控制任务或需要大量运算的单片机系统,采用 C 语言开发系统程序有助于缩短软件的开发周期,提升软件可读性。用于 MCS-51 单片机开发的 C 语言及编译器简称 C51。

5.3.1 C51 与 ANSI C

C51 由 C 语言发展而来,基本语法和程序结构与 ANSI C 相同。但为了适应单片机的硬件结构和功能特点,C51 对 ANSI C 进行了变量类型和存储类型等扩展,并增加了 I/O 接口操作和中断函数。

1. 数据类型的扩充

C51 在 ANSI C 基本数据类型的基础上,增加了表 5-8 中所列的数据类型。

表 5-8 C51 扩充的数据类型

类型	含义	字节数	位数	取值范围	语法举例
bit	位变量		1	0 或 1	bit Flag
sbit	特殊功能位/可寻址位		1	0 或 1	sbit P10 = P1^0
sfr	特殊功能寄存器定义/字节地址	1	8	0x80 ~ 0xFF	sfr PSW = 0xD0
sfr16	特殊功能寄存器定义/字地址	2	16	0x80 ~ 0xFF	sfr16 T2 = 0xCC

表 5-8 中:

sbit 一般用于定义可位寻址的 SFR 的位变量,位的位置用位定义符“^”后的数字表示,如表中 P1^0 表示 P1 口的第 0 位。一般情况下,控制系统中的位操作比算术运算更频繁。

sfr 用于定义和访问 SFR,关键字“sfr”后面必须跟一个 SFR 名,“=”后面的地址必须为常数,不允许带有运算符,且常数值的范围必须在 SFR 地址范围内(0x80~0xFF)。

sfr16 用于定义和说明可组合为 16 位访问的 SFR,当 SFR 的高 8 位直接位于低 8 位地址之后时,可直接访问 SFR 的 16 位值,如 8052 的定时器 T2。注意应定义 SFR 的低 8 位地址作为 sfr16 地址。例如:

```
sfr16 T2 = 0xCC; /* T2 低 8 位地址 = 0CCH,高 8 位地址 = 0CDH* /
```

注意:

(1) 与 ANSI C 不同,Keil C51 中不能直接使用二进制形式赋值。表示十六进制数据时,要加前缀“0x”或“0X”,如 0x15 等于 15H。

(2) Keil 等 C51 编译软件一般自带 MCS-51 单片机 SFR 的定义声明头文件,如 reg51.h、reg52.h 等,对 I/O 接口、中断系统等几乎所有 SFR 和关键位地址进行了声明。编程时只要包含头文件(如#include “reg51.h”),就可以直接使用 SFR 或位地址的名称进行操作。

2. 存储类型的扩充

C51 编译器完全支持 MCS-51 单片机的硬件结构,可完全访问硬件系统的所有部分。正如前面部分所述,MCS-51 可以通过访问方式来区分物理内存的地址,即使存在“地址重叠”。例如片内 RAM 的高 128 字节,如果直接寻址就是访问操作 SFR,如果用间接寻址(MOVX @R*i*, A)就是访问操作 RAM。在 C51 中,编译器通过定义不同的存储类型,将变量、常量定位于不同的存储空间(表 5-9)。

表 5-9　C51 扩充的存储类型

存储类型	与存储空间对应关系/地址范围	字节长度	取值范围	对应汇编指令
data	直接寻址片内 RAM 低 128 B/00H~7FH	1 B	0~255	
bdata	可位寻址片内 RAM 区 16 B/20H~2FH	1 B	0~255	
idata	间接寻址片内 RAM 区 256 B/00H~0FFH	1 B	0~255	MOV　@R*i*, A
pdata	R*i* 间接访问片外 RAM 区 256 B	1 B	0~255	MOVX　@R*i*, A
xdata	DPTR 访问片外 RAM 区 64 KB/0000H~0FFFFH	2 B	0~65 535	MOVX　@DPTR, A
code	程序存储器 ROM 区 64 KB/由 MOVC 指令访问	2 B	0~65 535	

注意:关键字 code 指定的存储位置在程序存储器中,因此 code 类型的变量是全局变量,且无法在程序中再次赋值,例如:

```
unsigned char code str[ ]="READ ONLY";
```

3. I/O 接口的定义与访问

MCS-51 单片机没有专用的 I/O 接口指令,其 I/O 接口地址与 RAM 地址是统一编址的,即将 I/O 接口视作 RAM 的一个单元进行处置。在汇编语言中,使用 MOVX 等指令实现对片外存储器的访问。而在使用 C51 编程时,一般利用 sfr 定义片内 I/O 接口,利用 XBYTE 访问片外 RAM 或扩展的 I/O 设备。

(1) 利用 sfr 关键字定义访问片内 I/O 接口

```
sfr P0=0x80;  /* 定义 P0 口,地址为 80H* /
```

(2) 利用#define 宏定义访问片外扩展 I/O 接口,将扩展 I/O 接口视作片外 RAM 的一个单元进行访问

```
#include <absacc.h>             /* 头文件 absacc.h 中定义了宏 XBYTE * /
#define PORTA XBYTE[0x7FF8]  /* 定义 7FF8H 为 PORTA 的地址* /
```

定义好的 I/O 接口可以在程序中自由使用。如:

```
unsigned char x;
PORTA=0xFF;   /* 输出数值到端口 PORTA,即输出到地址 0x7FF8* /
x=PORTA;      /* 读取端口 PORTA 数值到变量 x* /
```

4. 中断函数的定义

中断函数是实现系统实时性、提高程序执行效率的重要手段。C51 中,中断函数的语法如下:

void 函数名(void) interrupt *m* [using *n*]

其中:

(1) *m* 为中断号,取值范围 0~31 的常整数,不允许使用表达式。*m* 取 0 对应外部中断 INT0,取 1 对应定时器 T0,取 2 对应外部中断 INT1,取 3 对应定时器 T1,取 4 对应串行中断。

(2) *n* 为工作寄存器组号,取值范围 0~3,对应工作寄存器组 0~3 区。例如:

```
void ISR_INT0(void) interrupt 0 using 1
{
```

```
/* 此处编写中断服务程序的功能代码* /
}
```

上述函数定义了外部中断INT0的中断服务程序,使用第1组工作寄存器。

注意:

(1) 中断函数是一个特殊函数,必须无参数、无返回值。

(2) 中断函数可以调用其他函数,但应保持被调用函数所使用的工作寄存器组与中断函数一致。

(3) 中断函数最好写在源文件的尾部,并禁止使用extern存储类说明,防止被调用。

5.3.2 C51源文件中嵌入汇编语言代码

C51编程时,经常需要实时控制外围元件。此时可以采取以C语言为主体,在其中嵌入部分汇编语言的方式,综合利用C语言可移植性强、可读性好的优点,汇编语言高效、快速和可直接对硬件进行底层操作等优点,更大限度地发挥单片机性能。

在Keil C51中加入汇编代码时,具体过程和要求如下。

(1) 以如下方式在C文件中加入汇编代码:

```
#pragma ASM
    ;此处插入汇编代码
#pragma ENDASM
```

(2) 在"Project"项目管理窗口中包含汇编代码的C文件上点击鼠标右键,在弹出的快捷菜单中选择"Options for File 'Ex02.c '..."菜单项,并在弹出的窗口中,选中箭头所指处的"Generate Assembler SRC File"和"Assemble SRC File"两个复选框,使检查框由灰色变为黑色有效状态,如图5-22a、b所示。

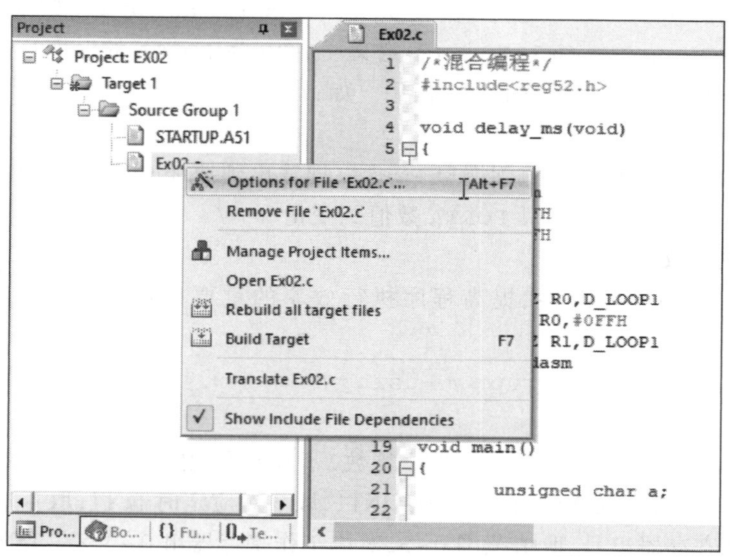

(a) 为插入汇编代码的C文件设置选项

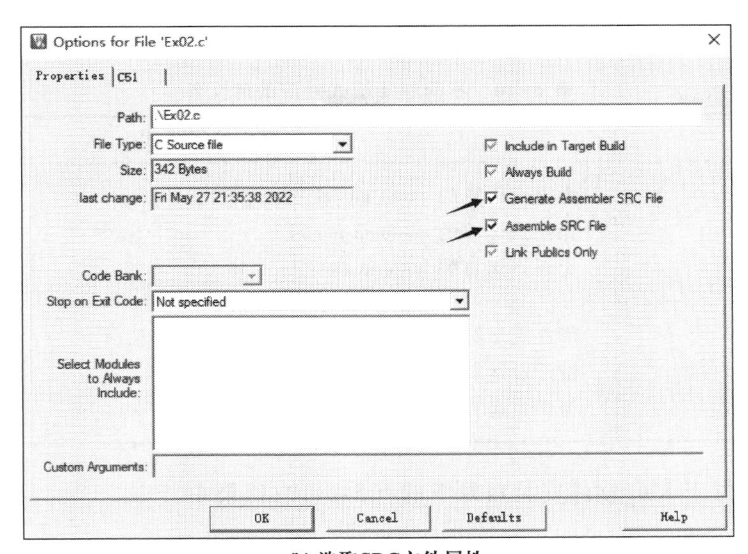

(b) 选取SRC文件属性

图 5-22　设置 C 语言程序文件属性

（3）根据编译模式，将对应的库文件加入工程项目的“Source Group 1”中，并使其位于项目工程文件的最后位置，如图 5-23 所示。

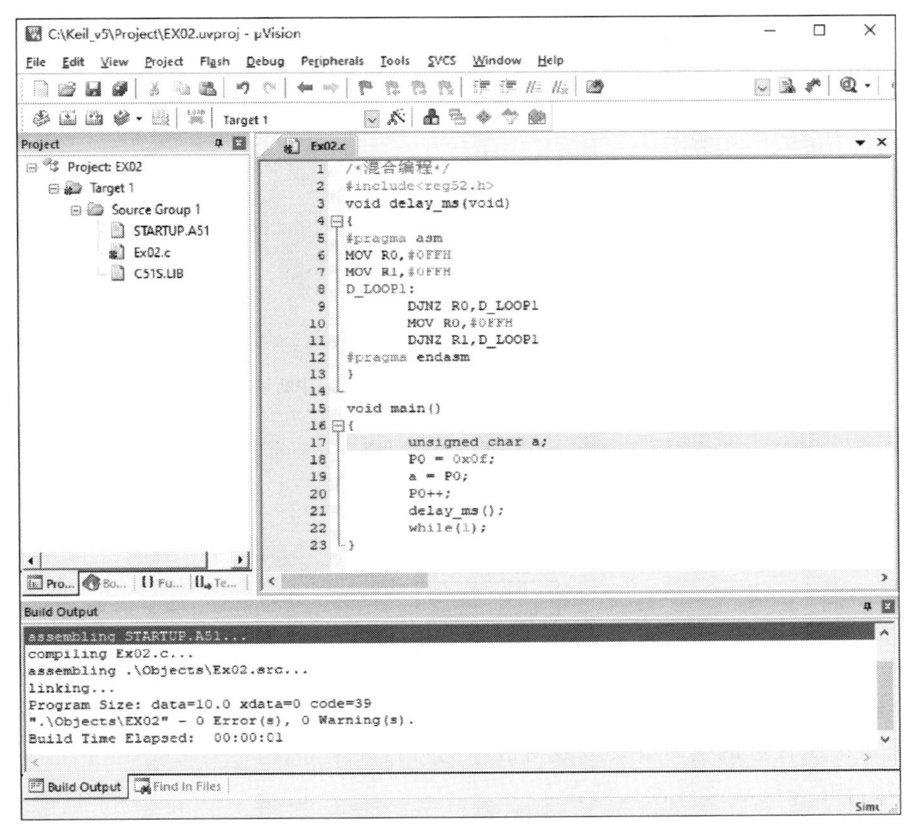

图 5-23　C51 文件中嵌入汇编语言代码

不同编译模式对应的库文件见表 5-10。

表 5-10 不同编译模式对应的库文件

库文件	对应编译模式
C51S.LIB	无浮点运算的 small model
C51C.LIB	无浮点运算的 compact model
C51L.LIB	无浮点运算的 large model
C51FPS.LIB	带浮点运算的 small model
C51FPC.LIB	带浮点运算的 compact model
C51FPL.LIB	带浮点运算的 large model

LIB 文件一般位于 Keil 软件安装目录下的/C51/LIB/目录中。

5.4 MCS-51 单片机内部功能单元的 C51 编程

5.4.1 中断系统

单片机的中断是指 CPU 在正常执行程序时,单片机内部或外部事件发出中断请求,CPU 进行中断响应,暂时终止当前程序并转到相应的中断入口地址(中断矢量),之后根据跳转指令的指引运行中断服务程序。中断事件处理完毕后,CPU 自动返回原来的程序中断点处继续执行(即中断返回),如图 5-24 所示。

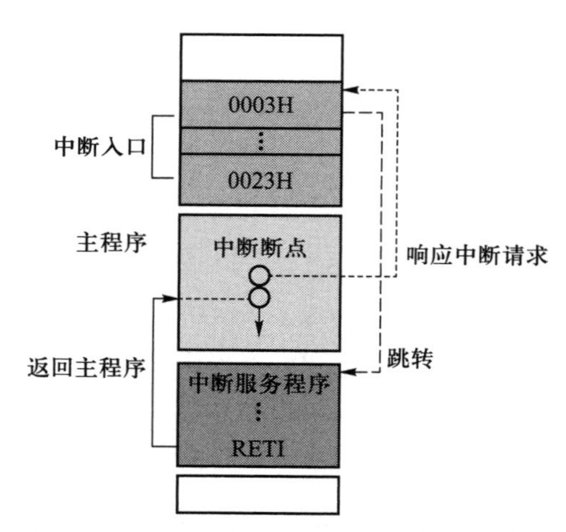

图 5-24 中断响应过程

中断系统使单片机能及时响应和处理内部或外部事件所发出的中断请求,实现对不同外设的分时操作,对控制任务的实时处理以及对故障的自行处理等。

中断系统的相关概念及其含义见表 5-11。

表 5-11　中断系统的相关概念及其含义

概念名称	含义
中断源	中断请求的信号来源
中断请求	中断信号有效时产生中断请求
中断标志位	与中断源对应的相关 SFR 功能位
中断优先级	多个中断源同时请求中断时，CPU 根据不同优先级别响应其中高一级的中断请求
中断响应	CPU 进行中断服务操作。满足中断响应的条件是有中断源提出中断请求，且系统允许中断，同时当前未进行更高级或相同级的中断响应
中断入口地址	中断服务程序的入口地址，也称中断矢量
中断服务程序	用户根据任务需求，针对中断源编制的处理操作程序（子程序）
中断保护	将中断时的片内某些寄存器和存储单元中的数据或状态压入堆栈进行保护，中断处理结束后再弹出恢复原有内容，以便继续执行
中断返回	中断服务程序中的最后一条指令 RETI，执行该指令后，程序返回中断断点处的下一条指令处继续执行
中断控制 SFR	用于控制中断系统工作的 SFR，包括 TCON、SCON、IE 和 IP

1. MCS-51 单片机中断系统的结构

MCS-51 单片机具有 5 个中断源，分别如下：

（1）外部中断请求 0，由 $\overline{INT0}$（P3.2 引脚）引入，中断请求标志位为 IE0。

（2）外部中断请求 1，由 $\overline{INT1}$（P3.3 引脚）引入，中断请求标志位为 IE1。

（3）定时器/计数器 T0 溢出中断请求，中断请求标志位为 TF0。

（4）定时器/计数器 T1 溢出中断请求，中断请求标志位为 TF1。

（5）串行口中断请求，中断请求标志位为 TI/RI。

中断源的中断请求标志位分别由特殊功能寄存器 TCON 和 SCON 的相应位锁存。同时，这 5 个中断源有高、低两组优先级，组内还有规定的优先级顺序（表 5-12）。

表 5-12　中断源入口地址及优先级

中断源	中断标志位	中断入口地址	自然优先级顺序
外部中断请求 0（$\overline{INT0}$）	IE0	0003H	最高
定时器/计数器 T0 溢出中断请求	TF0	000BH	
外部中断请求 1（$\overline{INT1}$）	IE1	0013H	↓
定时器/计数器 T1 溢出中断请求	TF1	001BH	
串行口中断请求	TI/RI	0023H	最低

高低优先级由特殊功能寄存器 IP 设置。优先级排列规则如下：

(1) 设定为高优先级的中断源,优先级高于所有设定为低优先级的中断源;

(2) 设定为同一优先级组的中断源,组内优先级按表 5-12 所示的自然优先级顺序排列。

MCS-51 单片机的中断系统结构示意图如图 5-25 所示。图中自左而右给出了中断源、中断控制、中断允许及中断优先级管理之间的关系。

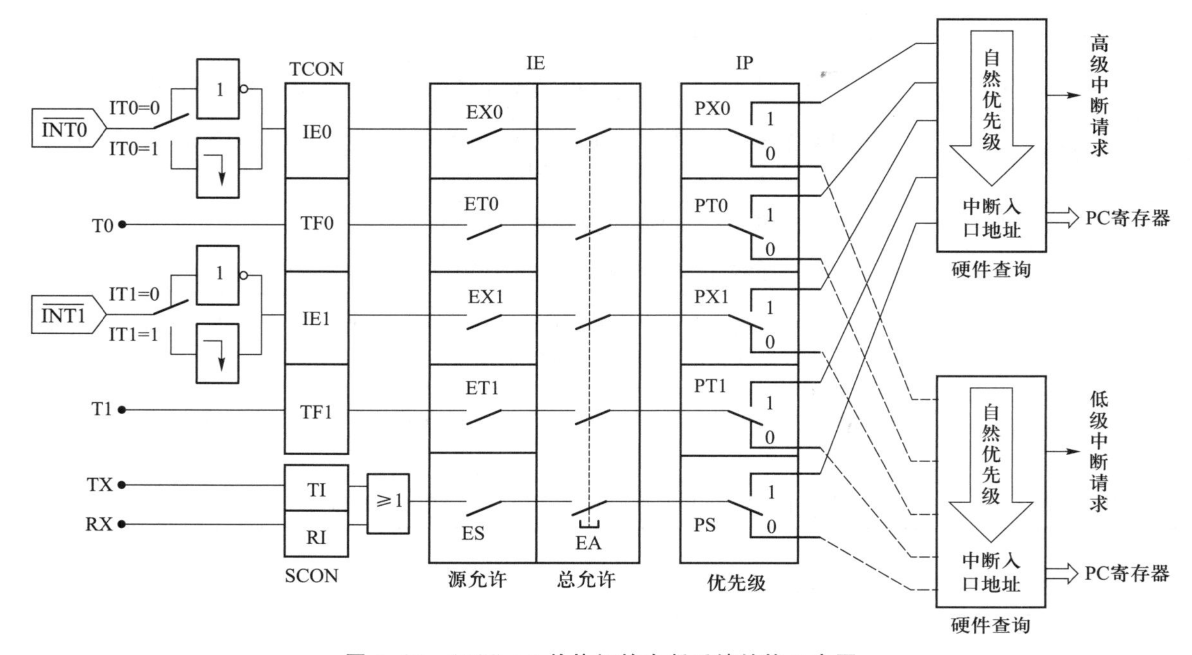

图 5-25 MCS-51 单片机的中断系统结构示意图

2. **中断系统相关** SFR

与中断系统有关的 SFR 有 TCON、SCON、IE 和 IP。单片机复位时这些寄存器的各位均清 0。

(1) 定时/计数器控制寄存器 TCON

TCON(字节地址 88H)为可位寻址 SFR,其与中断系统相关的功能位如下:

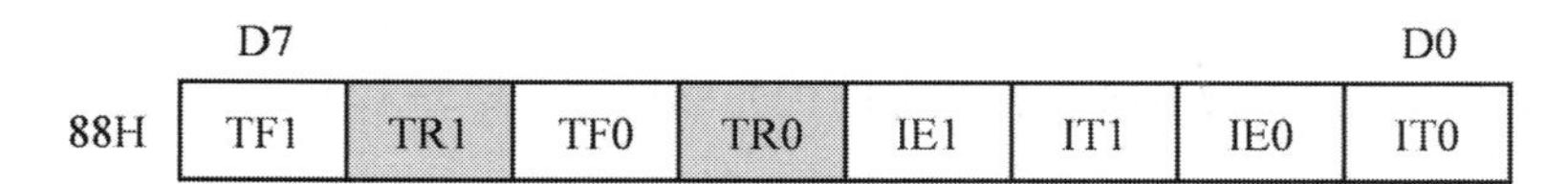

	D7							D0
88H	TF1	TR1	TF0	TR0	IE1	IT1	IE0	IT0

① IT0、IT1 外部中断 0、1 的触发方式选择位,“0”低电平有效,“1”下降沿有效。

② IE0、IE1 外部中断 0、1 的请求标志位,置位时表示有中断请求,中断响应后自动清 0。

③ TF0、TF1 定时/计数器溢出中断请求标志位,置位时表示有中断请求,中断响应后自动清 0。

(2) 串行口控制寄存器 SCON

SCON(字节地址 98H)为可位寻址 SFR,用于串行口的操作管理,其与中断系统相关的功能位如下:

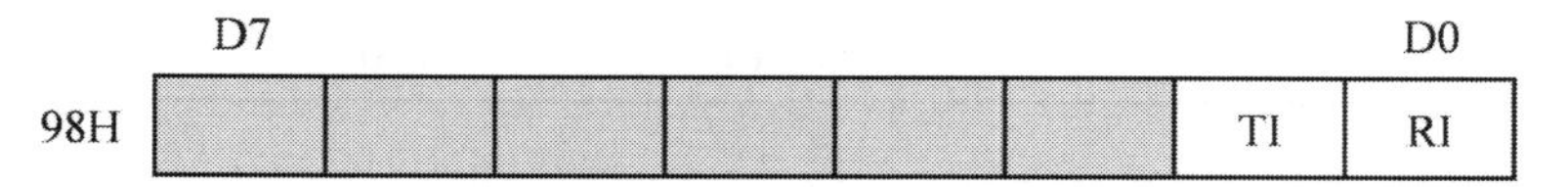

	D7							D0
98H							TI	RI

① RI　串行口接收中断标志位，每接收完 1 帧串行数据后 RI 自动置位。CPU 响应串行中断时不会自动清除 RI 标志，必须在中断服务程序中由软件清 0。

② TI　串行口发送中断标志位，CPU 将 1B 数据写入发送缓冲器 SBUF 时会启动 1 帧串行数据的发送，每发送完 1 帧数据后 TI 自动置位。CPU 响应串行中断时不会自动清除 TI 标志，必须在中断服务程序中由软件清 0。

(3) 中断允许寄存器 IE

IE(字节地址 A8H)为可位寻址 SFR，用于中断源的开放和屏蔽管理，其功能位的定义如下：

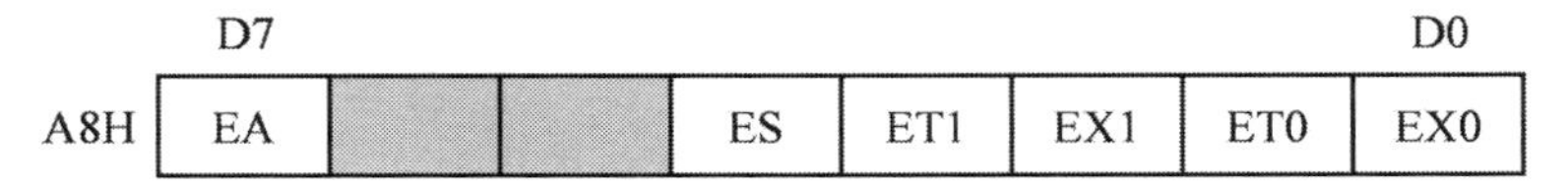

① EA　CPU 中断允许总控制位，EA = 1 时允许开放 CPU 中断。

② EX0、EX1　外部中断允许位，EX0、EX1 都为 1 时允许$\overline{\text{INT0}}$、$\overline{\text{INT1}}$中断。

③ ET0、ET1　定时/计数器中断允许位，ET0、ET1 都为 1 时允许 T0、T1 溢出中断。

④ ES　串行口中断允许位，ES = 1 时允许串行口发送/接收中断。

(4) 中断优先级寄存器 IP

IP(字节地址 B8H)为可位寻址 SFR，用于设定中断源的优先级组别。IP 的状态由软件设定，置位时为高优先级组，清 0 时为低优先级组。其功能位的定义如下：

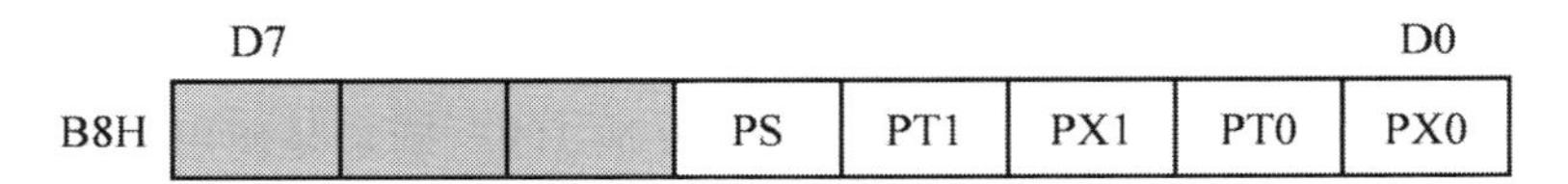

① PX0、PX1　外部中断源$\overline{\text{INT0}}$、$\overline{\text{INT1}}$的优先级组选择设定位。

② PT0、PT1　定时/计数器溢出中断的优先级组选择设定位。

③ PS　串行口发送/接收中断的优先级组选择设定位。

MCS-51 单片机的中断优先级控制原则如下：

① CPU 同时接收到几个中断时，首先响应优先级别最高的中断请求。

② 低优先级中断过程可被高优先级的中断请求中断，反之则不能。

③ 正在进行响应的中断过程不会被新的同级或低优先级中断请求所中断。

3. 中断响应的处理过程

中断响应的处理过程分为 4 个阶段：中断请求→中断响应→中断服务→中断返回。中断请求和中断响应不依赖指令控制，由系统硬件自动完成。

(1) 中断请求的响应条件

中断源的中断请求需要满足以下条件才能被 CPU 响应：

① IE 寄存器中该中断源对应的中断允许位置 1，中断允许总控制位 EA = 1。

② TCON 或 SCON 寄存器中该中断源对应的中断请求标志位为 1。

③ 当前无同级或更高级别的中断处理进程。

(2) 中断响应的 CPU 处理过程

CPU 查询到有效中断请求时，要完成以下自主操作：

① 将相应的优先级状态触发器置 1,阻断后续的同级或低级别中断请求。

② 将程序计数器 PC 内的断点地址装入堆栈保护(注意,CPU 不会自动保存 PSW、A 和工作寄存器等的内容,如需要保护处理,应通过软件自行处置)。

③ 自动生成一条长调用指令 LCALL addr16,其中 addr16 为中断服务程序的入口地址,见表 5-12。

④ 进入中断服务程序,CPU 自动清除中断请求标志位(TI、RI 除外)。

(3) 中断返回

中断服务程序的最后一条指令必须是中断返回指令 RETI。CPU 执行中断返回指令 RETI 时进行以下操作:

① 将相应的优先级状态触发器清 0。

② 将断点地址弹出堆栈送入 PC,程序返回到断点处继续执行。

注意:不能用 RET 指令代替 RETI。RET 指令虽然也能够返回断点,但它不能恢复中断逻辑,即不能清除中断优先级状态触发器,导致中断控制系统认为中断仍在进行之中,因而无法再响应与此同级或低级别的中断请求。

4. 中断服务程序的设计

中断服务程序的设计由以下几部分组成:

(1) 中断初始化。

① 设置 IE,打开相应的中断请求源;

② 设置 IP,确定并分配所用中断源的优先级;

③ 对外部中断源,设置中断请求的触发方式(IT0 或 IT1),确定是使用电平触发还是下降沿触发。

中断初始化一般放在主程序的初始化程序段中。

(2) 使用汇编语言编程时,一般需要在中断入口地址处设置无条件转移指令,跳转至中断服务程序的入口地址。同时,还要利用堆栈操作进行必要的现场保护。使用 C51 编程时一般可忽略此项处理过程。

(3) 根据任务的具体要求编写中断服务程序。

(4) 恢复现场并利用 RETI 指令返回断点处,重新执行被中断的程序。

【例 5-1】 利用外部中断 0 控制 LED 灯。

如图 5-26 所示,按钮 K1 接至外部中断的 P3.2 引脚。按下 K1 时,LED 灯 D1 在点亮和熄灭状态中切换。

程序实现如下:

```
#include <reg51.h>
sbit LED=P2^0;  //位定义,LED 接在 P2.0 引脚
void main(void)
{
IT0=1;              //选择触发方式为下降沿有效
EX0=1;              //允许外部中断 0
EA=1;               //开总中断
```

```
while(1);
}
//外部中断服务程序 0
void exINT0(void) interrupt 0
{
LED=~LED;          //LED 状态翻转
}
```

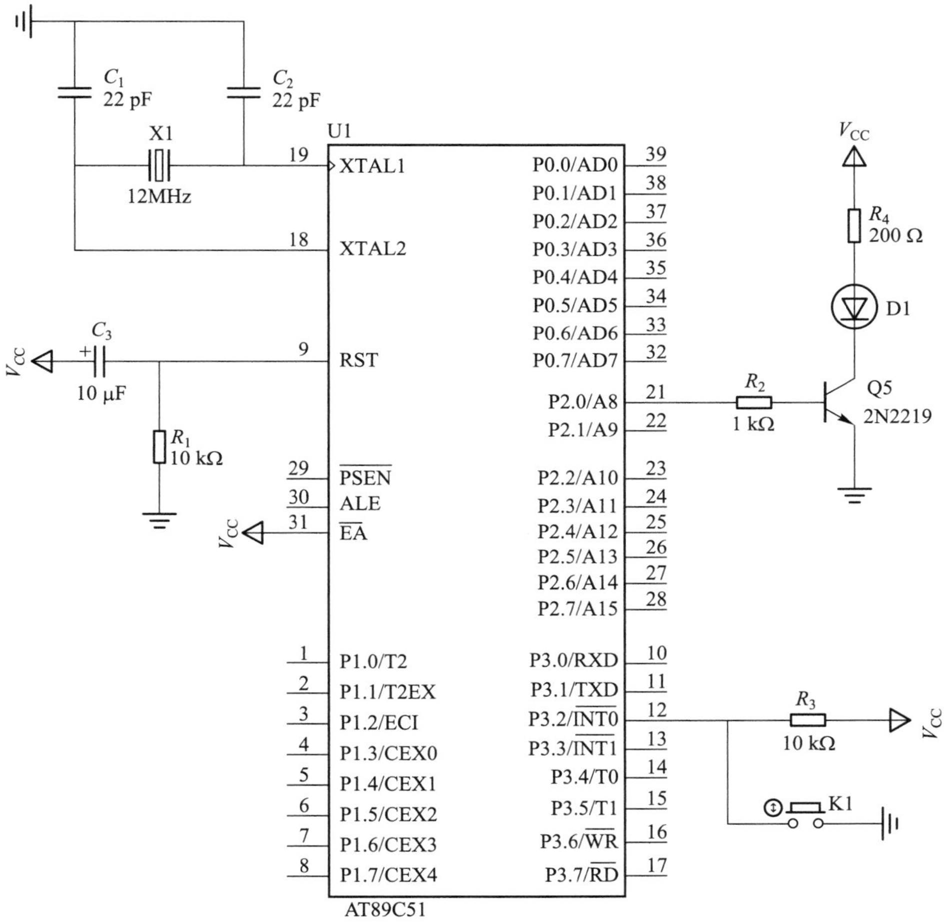

图 5-26　利用外部中断控制 LED 灯亮灭

5.4.2　定时器/计数器(T/C)

MCS-51 单片机内部有两个可编程的 16 位定时器/计数器 T0、T1(增强型的 8052 单片机有第三个定时器/计数器 T2),两个定时器/计数器都具有两种工作模式(定时器模式、计数器模式)和 4 种工作方式(方式 0、方式 1、方式 2 和方式 3)。通过对 SFR 的编程,可以方便地选择其工作模式及工作方式。此外,T1 还可以作为串行口的波特率发生器使用。

T0 和 T1 都是加 1 计数器，每输入一个脉冲计数器自动加 1，直至加满（计数寄存器各位均为 1 时）溢出，重新清 0。计数器溢出会使 TCON 中的标志位 TF0 和 TF1 置位。定时器工作模式实际也工作在计数方式下，其脉冲为内部时钟振荡器，由于脉冲周期固定，由计数值可以计算出时间，从而实现定时功能。

（1）当 T0/T1 工作在定时器模式时，计数脉冲为时钟频率的 12 分频，即每个机器周期计数值加 1，计数频率 $=f_{osc}/12$。例如，晶振频率为 6 MHz 时，计数频率为 500 kHz，每 2 μs 计数值加 1。

（2）当 T0/T1 工作在计数器模式时，计数脉冲来自外部引脚 P3.4（T0）或 P3.5（T1），当输入引脚出现电平负跳变（下降沿）时计数值加 1。由于识别引脚电平负跳变需要两个机器周期，即 24 个振荡周期，因此可计数外部脉冲的最高频率为 $f_{osc}/24$。例如，晶振频率为 12 MHz 时，最高计数频率为 500 kHz，高于此频率将计数出错。

1. 定时器/计数器的基本结构

定时器/计数器的基本结构如图 5-27 所示（图中以 T0 为例，T1 与之相同），由计数输入、控制逻辑、计数器、溢出管理和 SFR 等构成。其中：

① 计数输入　通过 TMOD 的 $C/\overline{T}$ 位选择脉冲来源，$C/\overline{T}=0$ 时对 f_{osc} 的 12 分频脉冲计数，实现定时功能；$C/\overline{T}=1$ 时对外部引脚脉冲计数，实现计数功能。

② 控制逻辑　通过 TMOD 的 GATE 位选择计数器的启停控制方式，GATE = 0 时，由 TR0 控制启停；GATE = 1 时，需 TR0 和外部引脚 $\overline{\text{INT0}}$ 同时为高电平才能启动计数。

③ 计数器　由高 8 位寄存器 TH0 和低 8 位寄存器 TL0 组成（注意，T0、T1 不能像 DPTR 一样作为 16 位寄存器用）。在不同的工作方式下，TH0 和 TL0 的组合方式和结构不同。

④ 溢出管理　计数器 T0 溢出时，TCON 的中断请求标志位 TF0 置位，中断响应后硬件自动清 0。

⑤ SFR　包括工作方式寄存器 TMOD 和控制寄存器 TCON。

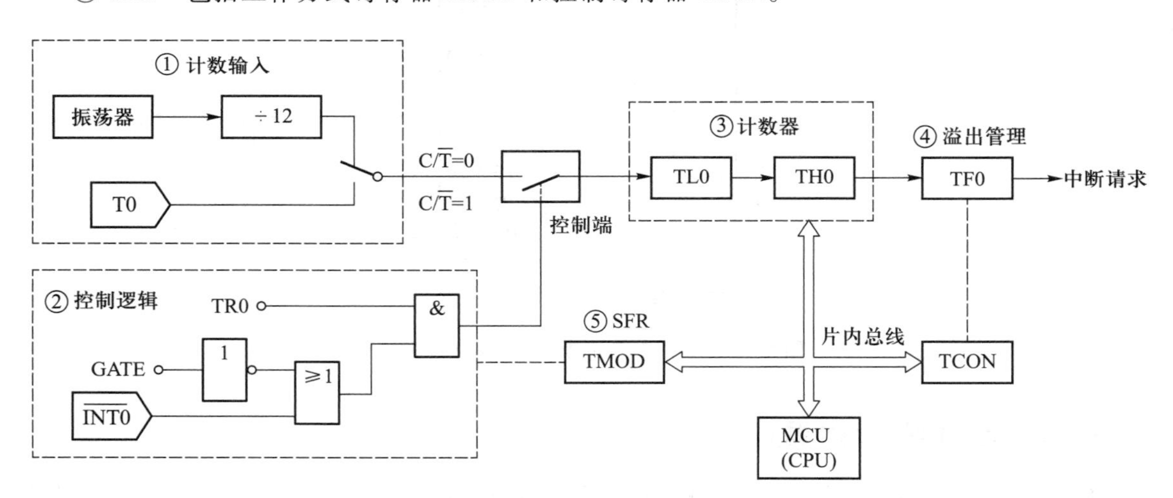

图 5-27　定时器/计数器的基本结构

2. 定时器/计数器相关 SFR

MCS-51 单片机定时器/计数器的控制管理通过工作方式寄存器 TMOD 和控制寄存器 TCON

完成。

(1) 工作方式寄存器 TMOD

TMOD 的直接地址为 89H,不能进行位寻址,用于选择定时器/计数器的工作模式和工作方式,其功能位定义如下:

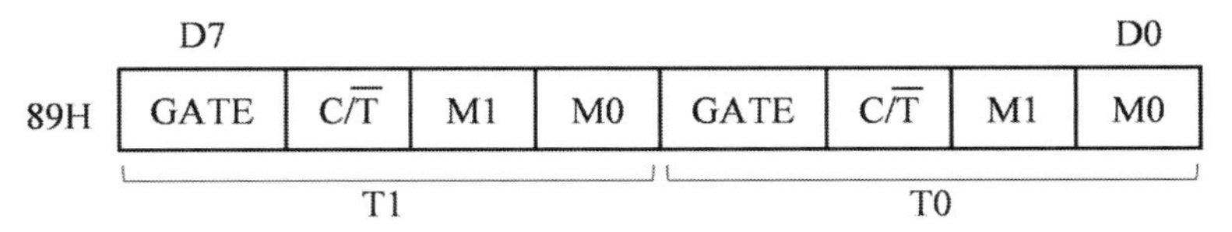

可见其 8 位共分为 2 组,其中高 4 位控制 T1,低 4 位控制 T0。各位功能如下:

① GATE　门控位。GATE=0 时,由软件控制 TR0 或 TR1 来启动定时器/计数器工作(置位时启动,清 0 时停止)。GATE=1 时,由软件设置 TR0 或 TR1 为 1,当外部中断引脚$\overline{\text{INT0}}$或$\overline{\text{INT1}}$为高电平时才能启动定时器/计数器工作。

② $C/\overline{T}$　计数/定时模式选择位,$C/\overline{T}=0$ 为定时模式,$C/\overline{T}=1$ 为计数模式。

③ M1、M0　工作方式选择位,4 种工作方式的设置见表 5-13。

表 5-13　定时器/计数器工作方式的设置

M1 M0	工作方式	功能
0 0	方式 0	13 位定时器/计数器
0 1	方式 1	16 位定时器/计数器
1 0	方式 2	初值可自动重装的 8 位定时器/计数器
1 1	方式 3	仅适用于 T0,T0 分成 2 个 8 位计数器,T1 停止计数

(2) 控制寄存器 TCON

TCON 的直接地址为 88H,可位寻址。TCON 的低 4 位供外部中断使用,高 4 位用于控制计数器的启、停和计数溢出后的中断请求标志。各功能位定义如下:

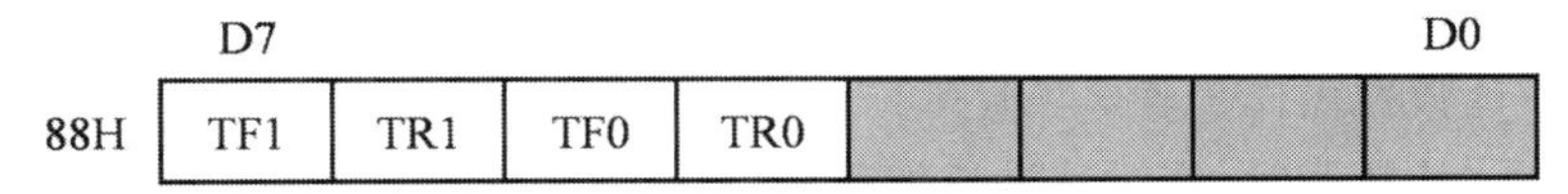

① TF1、TF0　计数溢出中断请求标志位。当计数溢出时,该位自动置 1,进入中断服务程序后由硬件自动清 0。使用查询方式时,可作为状态位供查询,但应在查询有效后由软件进行清 0。

② TR1、TR0　计数运行控制位。TRi=1(i=0、1),启动定时器/计数器工作;TRi=0,停止定时器/计数器工作。TRi 由软件置 1 或清 0。

3. 定时器/计数器的工作方式

如表 5-13 所示,定时器/计数器有 4 种工作方式。

(1) 方式 0

TMOD 中的 M1M0=00 时,定时器/计数器被设置为方式 0。此时图 5-27 中所示的计数器③结构如图 5-28a 所示。注意,图中仅示意了 T0,实际上 T1 与 T0 结构相同。

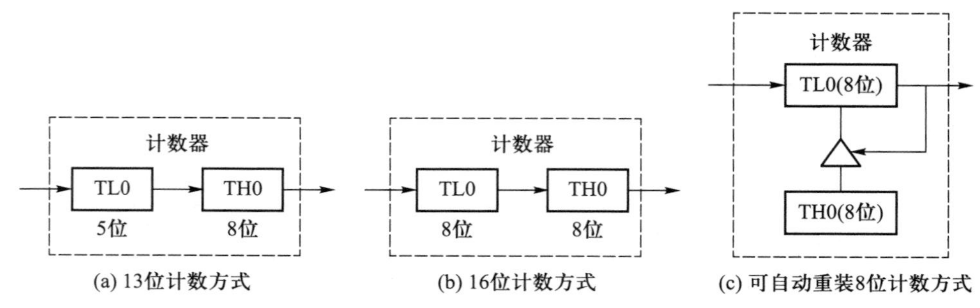

图 5-28　方式 0~2 的计数器结构

方式 0 为 13 位定时计数,由 TH 提供高 8 位,TL 提供低 5 位,满计数值为 2^{13}。TL 低 5 位计数溢出时向 TH 进位,TH 溢出时将中断溢出标志位 TF 置 1,产生中断请求。方式 0 是为与早期的 MCS-48 系列兼容而设置的,实际使用时一般采用方式 1。

(2) 方式 1

TMOD 中的 M1M0=01 时,定时器/计数器被设置为方式 1。此时图 5-27 中所示的计数器③结构如图 5-28b 所示。方式 1 为 16 位定时/计数,由 TH 提供高 8 位,TL 提供低 8 位,满计数值为 2^{16}。

(3) 方式 2

TMOD 中的 M1M0=10 时,定时器/计数器被设置为方式 2。此时图 5-27 中所示的计数器③结构如图 5-28c 所示。方式 2 是初值可自动重装的 8 位定时/计数,满计数值为 2^{8}。其中,TL0 作为 8 位定时器/计数器使用,TH0 作为 8 位计数初值寄存器。当 TL0 满值溢出时,除产生溢出中断请求外,还自动将 TH0 中的计数初值送入 TL0,实现计数初值的重装。

(4) 方式 3

TMOD 中的 M1M0=11 时,定时器/计数器被设置为方式 3。方式 3 只适用于 T0,此时 TH0 和 TL0 构成两个独立的计数器,其中 TL0 可作为定时器/计数器使用,占用 T0 在 TMOD 和 TCON 中的控制位与标志位;TH0 只能作为定时器使用,并占用 T1 的资源 TR1 和 TF1。此时,T1 一般用作串行口通信用的波特率发生器,可用于方式 0~2,但不能使用中断方式。

4. 定时器/计数器程序设计

(1) 定时器/计数器操作步骤

在使用定时器/计数器时,应对其进行编程初始化,计算定时器/计数器的初值。一般使用步骤如下:

① 通过对 TMOD 编程,设定定时器/计数器的工作方式和工作模式。

② 计算定时器/计数器的初值,并装入 TH 和 TL。

③ 如果要使定时器/计数器以中断方式工作,需对 IP、IE 编程,进行中断初始化。

④ 对 TCON 中的 TR 位编程,启动定时器/计数器。

(2) 计数初值的计算

① 定时器的计数初值

定时器方式是对机器周期脉冲进行计数的,机器周期 $T_{cy}=12/f_{osc}$,所以,

方式 0:13 位定时器的最大定时间隔 $=2^{13}T_{cy}$;

方式 1:16 位定时器的最大定时间隔 = $2^{16}T_{cy}$;

方式 2:8 位定时器的最大定时间隔 = $2^{8}T_{cy}$。

若使定时器以方式 1 工作,定时时间为 t,设其计数初值为 x,则有

$$所需计数值\ y = t/T_{cy} \tag{5-3}$$

$$计数初值\ x = 2^{16} - y \tag{5-4}$$

例如,若 f_{osc} = 6 MHz,则 T_{cy} = 12/f_{osc} = 2 μs。当要求定时时间 t = 1 ms 时,其所需计数值 y = 1 000 μs/2 μs = 500,故计数初值 $x = 2^{16} - y$ = 65 536 − 500 = 65 036,即 FE0CH,将 FEH 装入 TH0 中,0CH 装入 TL0 中。

② 计数器的计数初值

方式 0:13 位计数器的满计数值 = 2^{13} = 8 192;

方式 1:16 位计数器的满计数值 = 2^{16} = 65 536;

方式 2:8 位计数器的满计数值 = 2^{8} = 256。

例如,若使计数器以方式 2 工作,要求计数 10 个脉冲,设其计数初值为 x,则有

$$x = 2^{8} - 10 = 256 - 10 = 246,即\ F6H$$

即将 F6H 装入 TH0 和 TL0。

(3) 设计练习

【例 5-2】 方波输出:设单片机的晶振频率 f_{osc} = 12 MHz,要求通过对 T0 的操作,在 P1.0 引脚输出 500 Hz 的方波。

① 分析:

可采用 T0 的定时器功能,对 P1.0 定时进行取反操作,形成电平方波。500 Hz 方波周期为 2 ms,故 P1.0 取反,定时时间为 1 ms。

已知 f_{osc} = 12 MHz,机器周期 T_{cy} = 12/f_{osc} = 1 μs,所需计数值 y = 1 000 μs/1 μs = 1 000。

② TMOD 设定:

由于计数值 y = 1 000,根据计数能力可选择 T0 的工作方式 1,并采用内部 TR0 位控制定时器启停。据此设置 TMOD 的控制字为××××0001B,令 TMOD 中不用的功能位("×"位)保持复位状态,则 TMOD 控制字取为 01H。

③ 计数初值设定:

由于所需计数值 y = 1 000,故其计数初值 $x = 2^{16} - y$ = 65 536 − 1 000 = 64 536,即 FC18H,所以将 FCH 装入 TH0,将 18H 装入 TL0。

④ 程序实现:

1 ms 定时时间到,TF0 = 1,可采取查询方式或中断方式设计程序。

采用查询方式时,程序如下:

```
#include<reg51.h>
sbit P10=P1^0;        //设定电平输出引脚
void main(void)
{
  TMOD=0x01;          //选择定时器 T0 的工作方式 1
  TH0=0xFC;           //装入计数初值
```

```
  TL0=0x18;
  TR0=1;              //启动定时器 T0

  while(1){
    while(! TF0);     //查询等待 TF0 置 1
    TF0=0;            //TF0=1,定时时间到,软件清除 TF0
    P10=! P10;        //P1.0 取反
    TH0=0xFC;         //重新装入计数初值
    TL0=0x18;
  }
}
```

采用中断方式时,程序如下:

```
#include<reg51.h>
sbit P10=P1^0;        //设定电平输出引脚
void main(void)
{
  TMOD=0x01;          //选择定时器 T0 的工作方式 1
  TH0=0xFC;           //装入计数初值
  TL0=0x18;
  ET0=1;              //T0 开中断
  EA=0;               //CPU 开中断
  TR0=1;              //启动定时器 T0
  while(1)
    ;
}

void ISR_Timer0(void) interrupt 1 using 1
{
  P10=! P10;          //P1.0 取反
  TH0=0xFC;           //重新装入计数初值
  TL0=0x18;
}
```

【例 5-3】 脉宽测量:如图 5-29 所示,已知外部脉冲信号经由$\overline{INT1}$引脚输入单片机,要求通过对 T1 的操作,测量正脉冲信号的宽度。

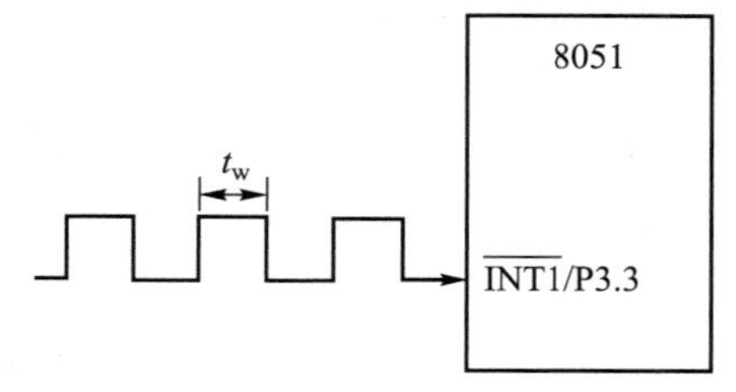

图 5-29 脉宽测量示意图

① 分析:

对脉宽的测量可以采用两种思路:第一种思路是利用

外部中断$\overline{INT1}$结合定时器计数,外部中断采用下降沿触发。首次中断请求时启动计时,第二次中断请求时停止计时,两次中断的时间历程就是脉冲信号的周期长度($2t_w$)。

第二种思路是将 TMOD 中的门控位 GATE 置 1,从而利用$\overline{INT1}$上的电平变化与 TR1=1 共同控制定时器启停,实现对脉冲宽度 t_w的测量。

两种思路都是利用计数值 y 与机器周期 T_{cy}的乘积换算得到时间长度。

② TMOD 设定:

根据上述分析,选用 T1,工作模式选用定时器(对机器周期计数),工作方式选用方式 1,门控位 GATE 置 1,故 TMOD 各位取值 1001××××B,取 TMOD=90H。

③ 计数初值设定:

脉宽测量为累加计数,计数初值应取 0,即 TH1=00H,TL1=00H。

④ 程序实现:

```
#include <reg51.h>
sbit INT1=P3^3;   //选定 INT1 引脚
void main(void)
{
  unsigned int tw=0;
  TMOD=0x90;       //设置 TMOD 控制字:定时器模式,方式 1,GATE=1
  TH1=0;           //计数器装入初值 0
  TL1=0;
  INT1=1;          //置位 INT1 引脚
  while(INT1);     //等候 INT1 引脚变低,进入低电平状态
  while(! INT1);   //等待 INT1 引脚电平变高
  TR1=1;           //启动定时器计数
  while(INT1);     //等待正脉冲结束
  TR1=0;           //停止定时器计数
  tw=TH1;          //读取当前计数值高 8 位,TH 和 TL 不能作为 16 位寄存器访问
  tw<<8;           //左移 8 位,准备读取计数值低 8 位
  tw=tw|TL1;       //按位或,叠加低 8 位计数值
  /* 此处可对 tw 进行必要的处理以计算或显示脉冲宽度* /
  while(1);        //结束程序运行
}
```

5.4.3 串行口

MCS-51 单片机有一个全双工的异步通信串行口,具有多机通信功能,也可用作同步移位寄存器方式下的串行扩展口。这里全双工是指两个串行通信设备之间可以同时进行接收和发送;异步通信是指设备之间不需要通过时钟进行同步传送,数据以字符帧为单位逐帧发送和接收。

1. **串行口的结构**

MCS-51 单片机的串行口内部结构示意图如图 5-30 所示。其内部由发送控制器、接收控制器、波特率发生器(T1)和发送/接收缓冲器 SBUF 组成。发送/接收缓冲器是物理上独立的两个缓冲器,但在逻辑上共用一个 SFR 地址 99H。串行口可通过累加器 A 与 SBUF 间的数据传送操作实现同时发送、接收数据,对应的外部引脚分别为串行数据接收端 P3.0(RXD)和发送端 P3.1(TXD)。

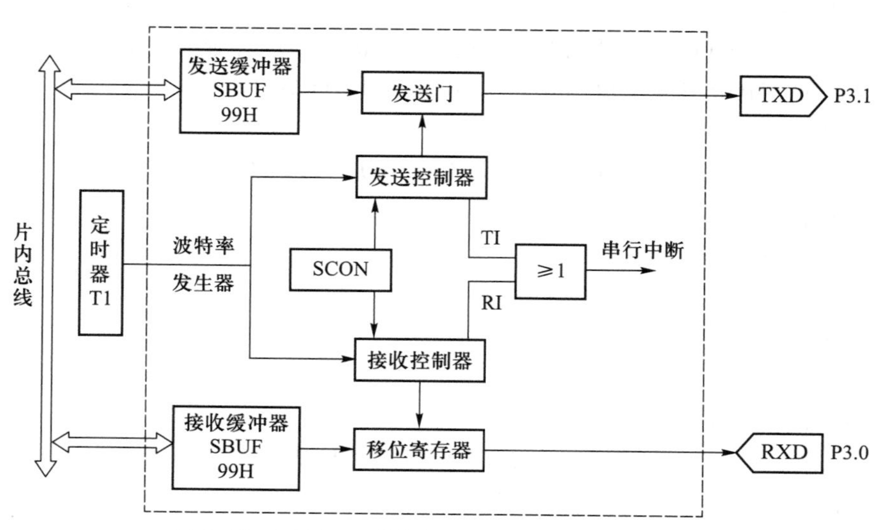

图 5-30 MCS-51 单片机的串行口内部结构示意图

2. **串行口相关** SFR

MCS-51 单片机的串行口 SFR 有 SBUF、SCON 和 PCON 三个,其中 SCON 和 PCON 为控制寄存器。

(1) 数据缓冲器 SBUF

如前所述,发送/接收缓冲器 SBUF 物理上独立,逻辑上共用同一个直接地址 99H,这种设计可以实现同时发送和接收数据。MCS-51 单片机没有专门针对串行口通信的启动发送指令,数据写入 SBUF 时即启动发送。

(2) 串行口控制寄存器 SCON

SCON 为可位寻址寄存器,直接地址 98H,用于串行口的工作方式设定和数据传送控制,其功能位定义如下:

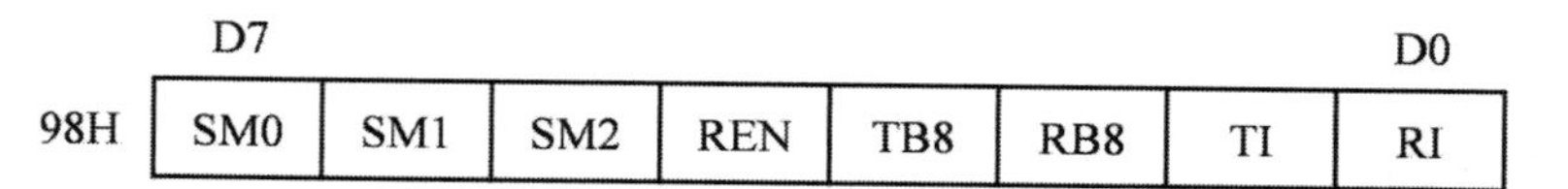

	D7							D0
98H	SM0	SM1	SM2	REN	TB8	RB8	TI	RI

① SM0、SM1 工作方式选择位,用于选择串行口的 4 种工作方式,见表 5-14。

② SM2 多机通信控制位,在方式 2、方式 3 中用于多机通信控制。

若发送端设置 SM2=1,则数据帧第 9 位 TB8=1 时作为地址帧寻找从机,TB8=0 时作为数据帧进行通信。

表 5-14 串行口的工作方式

SM0 SM1	方式	功能说明	波特率
0 0	0	同步移位寄存器输入/输出方式(用于扩展 I/O 接口)	$f_{osc}/12$
0 1	1	8 位异步收发 UART	可变波特率
1 0	2	9 位异步收发 UART	$f_{osc}/64$ 或 $f_{osc}/32$
1 1	3	9 位异步收发 UART	可变波特率

若接收端设置 SM2=1,则接收到的串行帧第 9 位 RB8=1 时,前 8 位数据送入 SBUF,RI 置 1 产生中断请求;RB8=0 时,舍弃数据,RI 清 0。

若 SM2=0,则正常接收数据,无论 RB8 为 1 或 0,均将前 8 位数据送入 SBUF,RI 置 1 产生中断请求。

③ REN:允许串行接收位。由软件置 1 或清 0,置 1 时允许串行口接收数据。

④ TB8:方式 2、3 中发送数据的第 9 位,由软件置 1 或清 0。多机通信中用于标明主机发送的是地址帧还是数据帧,TB8=1 为地址帧,TB8=0 为数据帧。双机通信时可以作为奇偶校验位使用。

⑤ RB8:方式 2、3 中用于存放接收到的第 9 位数据。方式 1 中若 SM2=0,则 RB8 是接收到的停止位。

⑥ TI:发送中断标志位。方式 0 时,发送完 8 位数据后由硬件将 TI 置 1,其他方式下,发送停止位时由硬件将 TI 置 1,发送中断请求。TI 可以软件查询,必须由软件清 0。

⑦ RI:接收中断标志位。方式 0 时,接收完 8 位数据后由硬件将 RI 置 1,其他方式下,接收到停止位时由硬件将 RI 置 1,发送中断请求。RI 可以软件查询,必须由软件清 0。

(3) 电源控制寄存器 PCON

PCON 不可位寻址,直接地址 87H。PCON 只有最高位 SMOD 与串行口的设定有关,其功能位定义如下:

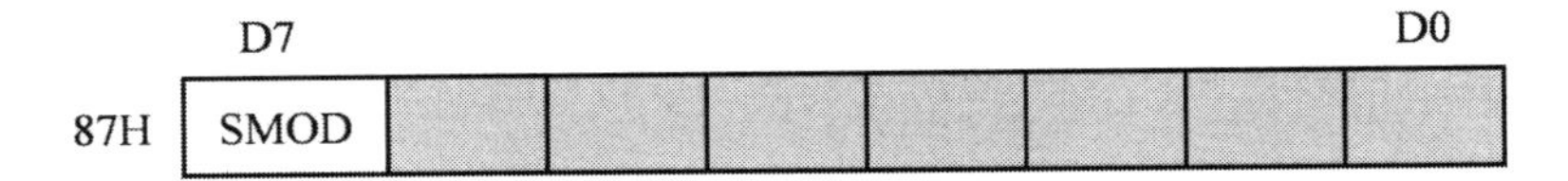

SMOD 波特率倍增位,SMOD=1 时,串行口的波特率加倍。

3. 串行口的工作方式

串行口的 4 种工作方式由 SCON 中的 SM0、SM1 位定义,见表 5-14。其中,方式 0、方式 2 的波特率固定,方式 1、方式 3 的波特率可变,由定时器 T1 的溢出率控制。

(1) 方式 0

① 特点 方式 0 为同步移位寄存器输入/输出方式,常用于外接移位寄存器,以扩展并行 I/O接口。如外接 74LS164 可构成输出接口电路,外接 74LS165 可构成输入接口电路。

方式 0 的数据通过 RXD 输入/输出,TXD 则用于提供移位时钟脉冲。收发的数据均为 8 位,低位在前、高位在后。波特率固定为 $f_{osc}/12$。

② 发送 以写 SBUF 寄存器启动发送操作,8 位数据发送结束时 TI 自动置 1,继续发送前必

须由软件将 TI 清 0。

③ 接收　需要同时满足 REN=1 和 RI=0,接收到的数据被装入 SBUF,结束时 RI 自动置 1,继续接收时必须由软件将 RI 清 0。

(2) 方式 1

① 特点　选择方式 1 时串行口为波特率可变的 8 位数据异步通信接口,可真正用于串行数据的发送和接收。其中 RXD 用于数据接收,TXD 用于数据发送。

方式 1 的数据帧结构为 10 位,包含 1 个起始位“0”、8 位数据、1 个停止位“1”,起始位和停止位发送时由硬件自动插入,数据位低位在前、高位在后。如下所示:

起始位	D0	D1	D2	D3	D4	D5	D6	D7	停止位

方式 1 的波特率由下式确定:

$$\text{方式 1 的波特率}=\frac{2^{\mathrm{SMOD}}}{32}\times\text{定时器 T1 的溢出率} \tag{5-5}$$

其中,SMOD 为 PCON 的最高位,可见当 SMOD=1 时,波特率加倍。

② 发送　当 TI=0 时,执行以 SBUF 为目的寄存器的指令即启动发送,数据由 TXD 端异步发送。发送完一帧数据后中断标志位 TI 自动置 1,如果继续发送必须由软件先将 TI 清 0。

③ 接收　当 REN=1 且 RI=0 时启动接收过程,单片机检测 RXD 引脚发生负跳变时(起始位确认)开始接收数据进入图 5-30 所示的移位寄存器。

若 RI=0 且 SM2=0(或接收到的停止位为“1”),本次接收有效,数据前 8 位装入 SBUF,停止位装入 RB8,中断标志位 RI 自动置 1。否则数据视为无效。

如果需要继续接收,就必须由软件将 RI 清 0。

(3) 方式 2 和方式 3

方式 2 和方式 3 除了波特率设置不同外,其余完全相同。

① 特点　选择方式 2 和方式 3 时串行口为 9 位数据的异步通信接口,其中 RXD 用于数据接收,TXD 用于数据发送。数据帧结构为 11 位,包含 1 个起始位“0”、8 位数据、1 个可编程位 TB8/RB8,1 个停止位“1”,数据位低位在前、高位在后,如下所示:

起始位	D0	D1	D2	D3	D4	D5	D6	D7	TB8 RB8	停止位

方式 2 的波特率由下式确定:

$$\text{方式 2 的波特率}=\frac{2^{\mathrm{SMOD}}}{64}f_{\mathrm{osc}} \tag{5-6}$$

即当 SMOD=1 时为 $f_{\mathrm{osc}}/32$,SMOD=0 时为 $f_{\mathrm{osc}}/64$。

方式 3 的波特率与方式 1 相同,由下式确定:

$$\text{方式 3 的波特率}=\frac{2^{\mathrm{SMOD}}}{32}\times\text{定时器 T1 的溢出率} \tag{5-7}$$

② 发送　发送前先根据通信协议由软件设置 SCON 的 TB8,然后将数据写入 SBUF 即启动

发送过程,CPU 会自动将 TB8 取出装入数据帧的第 9 位。发送完一帧数据后中断标志位 TI 自动置 1,如果继续发送必须由软件先将 TI 清 0。

③ 接收　当软件使 REN=1 且 RI=0 时启动接收过程,帧结构的第 9 位接收到后,若 RI=0 且 SM2=0(或接收到的第 9 位为“1”),本次接收有效,数据前 8 位装入 SBUF,第 9 位装入 RB8,中断标志位 RI 自动置 1。否则,数据视为无效。

如果需要继续接收,必须由软件将 RI 清 0。

④ 多机通信　方式 2 和方式 3 具有多机通信功能,可以构成一主多从的总线式多机分布式系统,如图 5-31 所示。

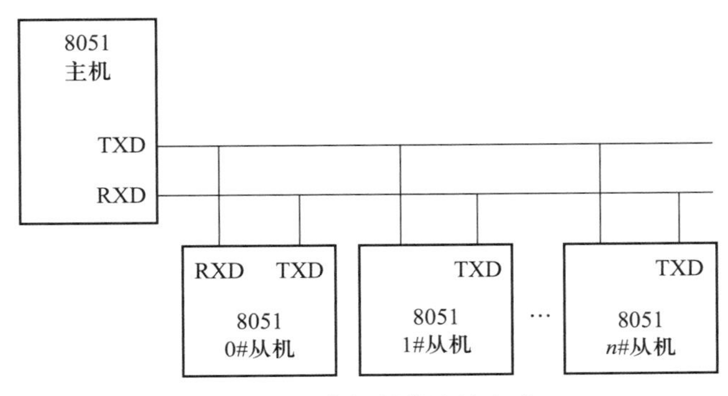

图 5-31　多机通信连接方式

多机通信利用 SCON 的 SM2 控制位,当从机 SM2=1 时,从机只接收主机发送的地址帧(第 9 位为 1),而忽略数据帧(第 9 位为 0);当 SM2=0 时,可以接收主机发送的所有信息。

多机通信的工作过程如下:

a. 从机初始化允许串行口中断,并将串行口设置为方式 2 或方式 3;软件置位 REN 和 SM2,从而使从机处于多机通信且只能接收地址帧的状态。

b. 主机发送地址帧,第 9 位为 1 表示所发送的数据前 8 位为地址帧。

c. 从机收到地址帧后,执行中断服务程序,判读主机所发送的地址与自身地址是否相符,符合时置 SM2 为 0,否则保持 SM2=1 不变。

d. 主机发送数据帧(TB8=0),此时只有 SM2=0 的从机才能接收主机发送的信息,从而实现了主机与被寻址从机的双机通信。

e. 被寻址的从机通信完毕后,继续置其 SM2=1,恢复多机系统的原有状态。

4. 单片机双机通信接口电路

单片机之间通过串行口连接进行双机通信时,可以采用 TTL 电平连接,也可以采用 RS-232 或 RS-485 方式连接。采用 TTL 电平连接时抗干扰能力较弱,通信距离一般在 1 m 范围之内,采用 RS-232 连接时最大通信距离为 15 m,而采用 RS-485 连接时最大无中继传输距离为1 200 m。

图 5-32 为双机串行口通信的 TTL 连接和 RS-232 连接示意图。注意,两机之间的 RXD 和 TXD 应交叉互连,并应保证两机共地。图 5-32b 中的 MAX232CPE 芯片为美信(MAXIM)公司专为 RS-232 标准串行口设计的单电源电平转换芯片,使用+5 V 单电源供电,类似的芯片还有 SP232 等。

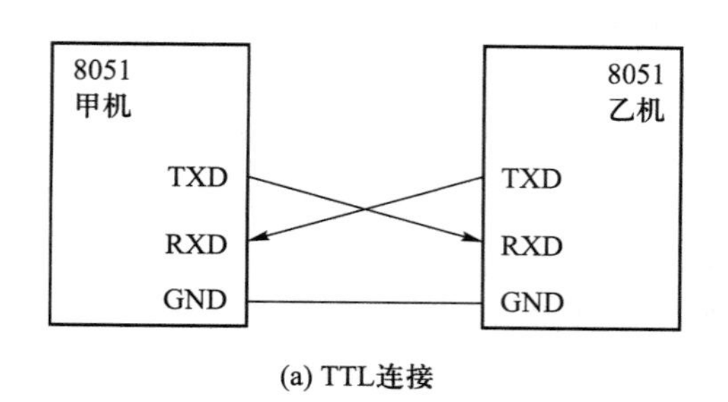

(a) TTL连接

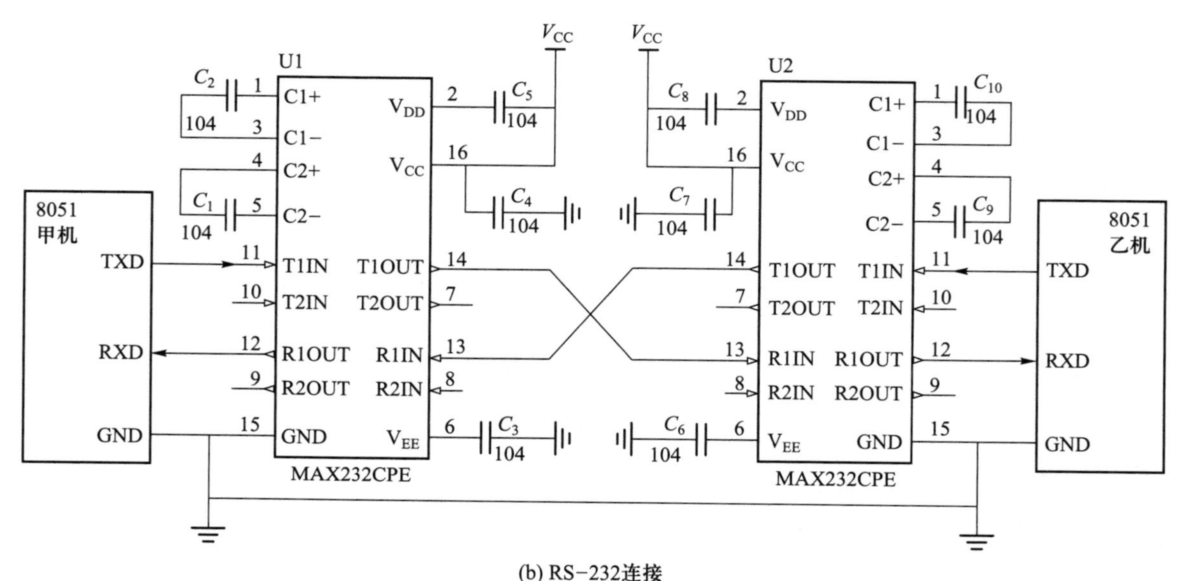

(b) RS−232连接

图 5−32 单片机双机串行口通信连接方式

5. 串行口程序设计

(1) 串行口波特率

串行口每秒钟发送或接收的位数称为波特率,单位是 bit/s。异步串行通信的接收方和发送方应使用相同的波特率(一般要求两者之间的波特率误差小于 2.5%),才能成功传送数据。

串行口的方式 1 和方式 3 一般以定时器 T1 作为波特率发生器。由式(5−5)和式(5−7)可以看出,此时波特率由 T1 的溢出率和 SMOD 的值共同决定。实际设定波特率时,一般将 T1 设定为方式 2 的初值自动装填模式,避免因为软件重装初值带来的定时误差。

设 T1 方式 2 的计数初值为 x,则有

$$\text{定时器 T1 的溢出率} = \frac{f_{\text{osc}}/12}{256-x} \tag{5-8}$$

代入式(5−7)有

$$\text{波特率} = \frac{2^{\text{SMOD}}}{32} \cdot \frac{f_{\text{osc}}/12}{256-x} \tag{5-9}$$

注意:6 MHz 或 12 MHz 的时钟频率计算得到的初值和相应波特率之间有一定误差。为了消

除误差一般采用 11.059 2 MHz 的时钟振荡频率。

(2) 串行口编程初始化步骤

使用单片机串行口时应对其进行编程初始化，设置波特率发生器 T1、串行口控制 SFR 和中断控制 SFR 等。具体如下：

① 编程设定 TMOD，确定定时器 T1 的工作方式；

② 根据式(5-9)计算 T1 的计数初值，装入 TH1 和 TL1；

③ 编程设定 SCON，确定串行口的工作方式和其他相应控制；

④ 如需串行口以中断方式工作，编程设定 IE、IP，开启中断，设定优先级；

⑤ 置位 TCON 中的 TR1，启动定时器。

(3) 设计练习

【例 5-4】 双机通信：设单片机的晶振频率 f_{osc} = 11.059 2 MHz，波特率为 9 600 bit/s，设计实现甲机发送，乙机以中断方式接收后，把收到的字节即可发送返回。

① 分析

甲、乙两机均采用定时器 T1 作为波特率发生器，选用方式 2 自动重装初值，当波特率为 9 600 bit/s，晶振频率 f_{osc} = 11.059 2 MHz 时，取 SMOD 为 0 即可。

② SFR 设定

两机均选择 T1 的工作方式为方式 2，并采用内部 TR1 位控制定时器启停。据此设置 TMOD 的控制字为 0010××××B，令功能位(“×”位)保持复位状态，取 TMOD 控制字为 20H。

对甲机，串行口的工作方式选用方式 1，由于甲机只负责发送，取 REN = 0，故 SCON 控制字为 0100××××B，令功能位(“×”位)保持复位状态，取 SCON 控制字为 40H。SMOD = 0，故 PCON 控制字为 00H。甲机不接收数据，不需设置中断。

对乙机，串行口的工作方式选用方式 1，允许串行数据接收，取 REN = 1，故 SCON 控制字为 0101××××B，令功能位(“×”位)保持复位状态，取 SCON 控制字为 50H。SMOD = 0，故 PCON 控制字为 00H。乙机采用中断方式接收串行数据，可在程序初始化时进行中断控制位设定。

③ 计数初值设定

将波特率 9 600 bit/s 和时钟频率 11.059 2 MHz 代入式(5-9)，计算得到计数初值为 FDH，即 TH0 = TL0 = FDH。

④ 程序实现

a. 甲机发送程序：

```
/* 甲机串行口发送字符串“MCS-51”* /
#include <reg51.h>
unsigned char idata str[]={'M','C','S','-','5','1',0x00};
void main(void)
{
    unsigned char i;
    TMOD=0x20;               //设置 T1 的工作方式为方式 2,自动重装初值
    PCON=0;                  //SMOD=0
    SCON=0x40;               //串行口的工作方式选择方式 1,REN=0,不接收数据
```

```
    TH1=0xFD;                   //时钟频率为 11.059 2 MHz,波特率为 9 600 bit/s
                                  对应的初值
    TL1=0xFD;
    TR1=1;                      //启动 T1

    i=0;
    while(str[i]! =0x00)        //以 0x00 判断字符串是否已发送完毕
    {
        SBUF=str[i];            //启动串行数据发送
        while(TI==0);           //等待发送串行帧完毕,TI 自动置 1
        TI=0;                   //软件清除 TI
        i++;                    //依次发送数组 str 中的字符
    }
    while(1);
}
```

b. 乙机接收机发送程序:

```
/* 乙机串行口数据中断方式接收及发送* /
#include <reg51.h>
void main(void)
{
    TMOD=0x20;                          //设置 T1 的工作方式为方式 2,自动重装初值
    PCON=0;                             //SMOD=0
    SCON=0x50;                          //串行口的工作方式选择方式 1,REN=1,接收数据
    TH1=0xFD;                           //时钟频率为 11.059 2 MHz,波特率为 9 600
                                          bit/s 对应的初值
    TL1=0xFD;
    TR1=1;                              //启动 T1
    ES=1;                               //允许串行口中断
    EA=1;                               //开放总中断
    while(1);
}
void serial() interrupt 4 using 3      //串行口中断子程序
{
    unsigned char ch;
    if(RI)                              //串行口接收中断服务处理
    {
        RI=0;                           //软件清除 RI
        ch=SBUF;                        //读取 SBUF 内容
```

```
    }
    SBUF=ch;                        //将接收到的数据发送回去,实现即收即发
    while(! TI);                    //等待串行数据帧发送完毕
    TI=0;                           //软件清除 TI
}
```

5.5 MCS-51 单片机扩展资源的 C51 编程

MCS-51 单片机片内集成了存储器、功能部件和 I/O 接口等资源,但仍有很多应用场合仅靠单片机内部资源无法满足要求,需要进行如存储器、键盘及显示器、I/O 接口、A/D 及 D/A 转换电路等接口部件和设备的扩展。了解并学习系统扩展资源的使用是单片机设计与应用的重要内容。

5.5.1 扩展存储器与地址空间分配

1. 系统总线扩展

MCS-51 单片机的系统扩展主要包括存储器扩展和 I/O 接口扩展,其中,存储器扩展分为 ROM 扩展和 RAM 扩展,均可扩展至 64 KB,形成两个并行的 64 KB 外部存储器空间。

具有总线兼容能力的扩展 I/O 接口和片外 RAM 统一编址,即每一个扩展的 I/O 接口都相当于片外 RAM 的一个存储单元,与片外 RAM 的读写操作一样,拥有一个唯一对应的地址编码,可以通过单片机地址总线选中。

MCS-51 单片机的扩展是通过系统总线进行的,由总线把单片机与外围扩展功能单元相互连接,进行数据、地址和控制信号的传递。按照功能通常把系统总线分为三组,即地址总线 AB 负责外围功能单元的寻址,数据总线 DB 负责数据传输,控制总线 CB 负责读/写等传输控制。

(1) 地址总线和数据总线

MCS-51 单片机采用 P0 口作为数据总线。受引脚数目限制,P0 口还兼作低 8 位的地址线(A0~A7),即 P0 口具有地址线和数据总线的双重作用。为此需增加一个 8 位的地址锁存器(一般采用 74LS373),以实现 P0 口的分时复用。使用时,先由 P0 口把低 8 位地址送至锁存器暂存,然后由地址锁存器为系统提供低 8 位地址, P0 口作为数据总线使用,实现数据和地址的分离,如图 5-33 所示。

图 5-33 中,P0 口在 ALE(地址锁存使能)信号变高的同时输出低 8 位有效地址,并在 ALE 信号的下降沿将低 8 位地址锁存到 74LS373 中。P2 口作为高位地址线使用,可根据实际寻址范围的需要选用合适的 P2 口线数量。当使用全部 8 位口线时,可与 P0 口提供的低 8 位地址形成完整的 16 位地址总线,使寻址范围达到 64 KB。

地址锁存器也可以采用 74LS573,其功能与 74LS373 完全相同,但引脚排列有区别,如图 5-34所示。图中$\overline{\text{OE}}$为数据输出允许,低电平有效,LE 为输入锁存选通引脚。74LS573 的引脚排列比 74LS373 规律,绘制 PCB 印制电路板时布线较为方便。

(2) 控制总线与读写控制

控制总线用于控制读写操作。

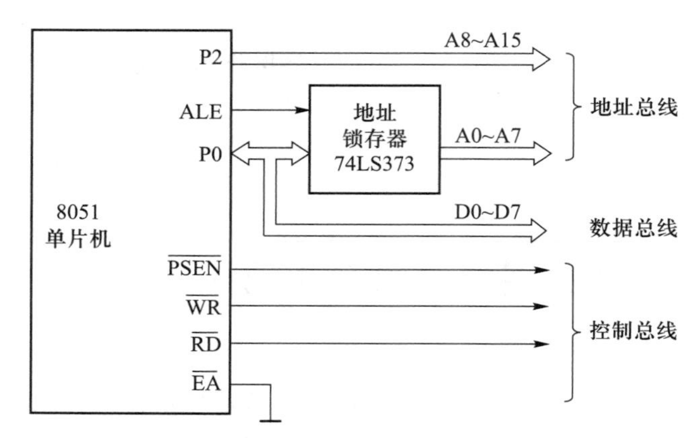

图 5-33　MCS-51 单片机扩展系统总线

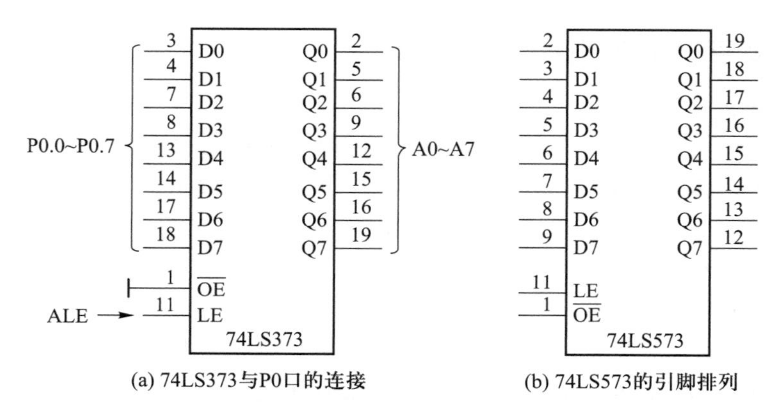

图 5-34　74LS373 和 74LS573 的引脚排列

① ALE 信号是低 8 位地址的锁存控制信号。

② $\overline{\text{PSEN}}$信号是扩展 ROM 的读选通信号。

③ $\overline{\text{EA}}$信号是内、外程序存储器的选择控制信号。$\overline{\text{EA}}=0$ 时访问片外 ROM，$\overline{\text{EA}}=1$ 时在片内 ROM 范围内访问片内 ROM，超出片内 ROM 范围时自动访问片外 ROM。

④ $\overline{\text{RD}}$和$\overline{\text{WR}}$信号是扩展 RAM 和扩展 I/O 接口的读选通和写选通信号。通常扩展的 RAM 都有读写控制引脚$\overline{\text{OE}}$和$\overline{\text{WE}}$，分别连接$\overline{\text{RD}}$和$\overline{\text{WR}}$；扩展 ROM 一般只能读出，不能写入，读出控制引脚为$\overline{\text{OE}}$，与单片机的$\overline{\text{PSEN}}$相连。

2. 扩展存储器地址空间分配

单片机系统扩展时经常会出现多片 RAM 和 ROM、多片 I/O 接口芯片（可视作 RAM 的一部分）并存的现象，如何保证芯片之间地址不重叠、避免发生寻址冲突，就涉及地址空间分配问题。

所谓地址空间分配，就是指通过地址线和读写控制引脚的适当连接，实现一个地址对应存储器的一个可寻址单元。

单片机对扩展芯片的“单元寻址”涉及双层选择：第一层是“片选”，只有被选中的芯片才能被单片机访问,完成读写操作。第二层是“单元选择”,使地址总线发出的地址与被选中芯片的可寻址单元一一对应。此外,还需要合理分配各扩展芯片在存储空间内占据的地址范围,以便程序设计时能正确地使用这些芯片。

常用的存储器地址分配方法包括线选法和译码法两种。

(1) 线选法

线选法是将选定的高位地址线与存储芯片的片选引脚直接相连,用系统的高位地址线作为存储芯片的片选信号。

图 5-35 是单片机系统通过线选法进行片外存储器地址空间分配的示例。图中综合扩充了 4 KB 的片外 ROM(2732-A、2732-B,EPROM),2 KB 的片外 RAM(6116-A、6116-B)各两片。2732 是4 KB 的程序存储器,共有 12 根地址线 A0~A11($2^{12}=4\ 096$),分别与 P0 口和 P2.0~P2.3 口相连。为了区分两片 2732 的访问寻址,2732-A 的片选引脚$\overline{CE}$接到了 A12,2732-B 的片选引脚$\overline{CE}$接到了 A13。由于$\overline{CE}$引脚低电平有效,因此要想选中芯片只需令对应的片选地址线为低电平即可。而为了避免两片 ROM 地址冲突,需要确保未被选中的芯片对应片选地址线为高电平。同样的原因,6116-A 的片选线为 A14,6116-B 的片选线为 A15。

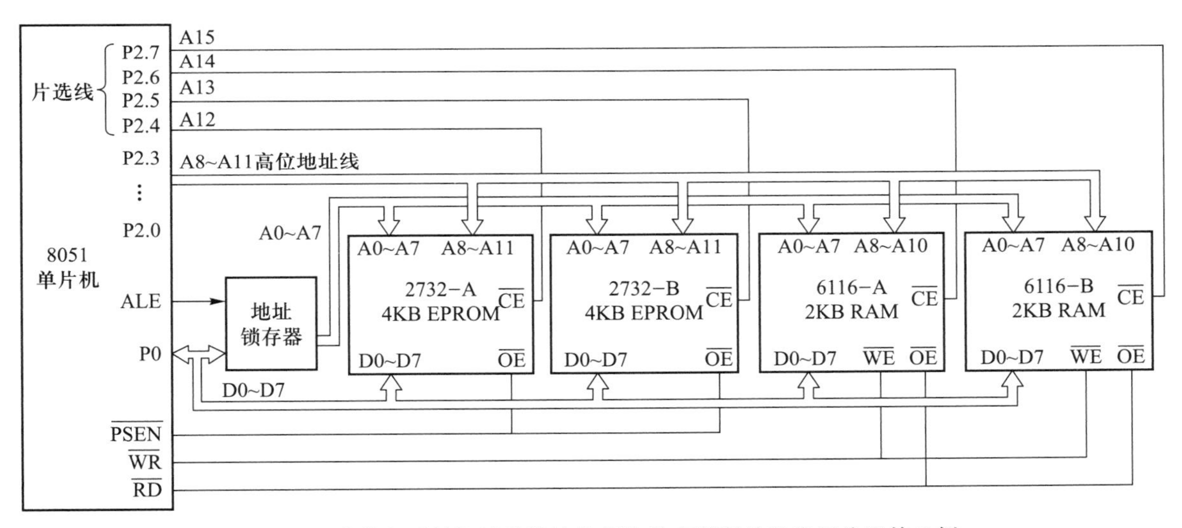

图 5-35 单片机系统通过线选法进行片外存储器地址空间分配的示例

由于片外 ROM 和 RAM 的访问控制信号不同,即便两者存在地址重叠,访问时也不会产生数据冲突。但 ROM 和 ROM 之间、RAM 和 RAM 之间不允许地址重叠。

根据上述分析,图 5-35 中 2732-A 的地址范围所对应的地址线引脚状态如下:

P2.7							P2.0	P0.7							P0.0
1	1	1	0	*	*	*	*	*	*	*	*	*	*	*	*

其中 * 为 0 或 1,故其 12 位地址范围为 1110 0000 0000 0000B~1110 1111 1111 1111B(E000H~EFFFH)。类似的,2732-B 的地址范围为 D000H~DFFFH。

图 5-35 中 6116-A 的地址范围所对应的地址线引脚状态如下：

P2.7				P2.3			P2.0	P0.7							P0.0
1	0	1	1	1/0	*	*	*	*	*	*	*	*	*	*	*

其 11 位地址范围为 1011 1/0000 0000 0000B～1011 1/0111 1111 1111B（B800H～BFFFH 或 B000H～B7FFH）。6116 的存储空间为 2 KB，地址线有 11 位，高位地址线 P2.3 引脚放空，即 P2.3 取 1 或 0 并不影响对 6116 的访问。但为了便于在程序中循环访问，实际使用时一般将其固定为 1 或 0，因此其地址可以固定为 B800H～BFFFH（P2.3＝1 时）或 B000H～B7FFH（P2.3＝0 时）。类似的，6116-B 的地址范围为 7800H～7FFFH 或 7000H～77FFH。

由上述分析可见，因可用的高位地址线数量有限，线选法可选取的元件数目受到限制，且地址空间不连续，存储单元的地址不唯一，给程序设计带来不便。

（2）译码法

译码法是利用译码器对高位地址进行译码，译码输出作为片选信号，能够有效利用存储器空间。常用的译码器芯片有 74LS138（3-8 译码器）和 74LS139（双 2-4 译码器）等。图 5-36 是 74LS138 芯片的引脚分布，其真值表见表 5-15。

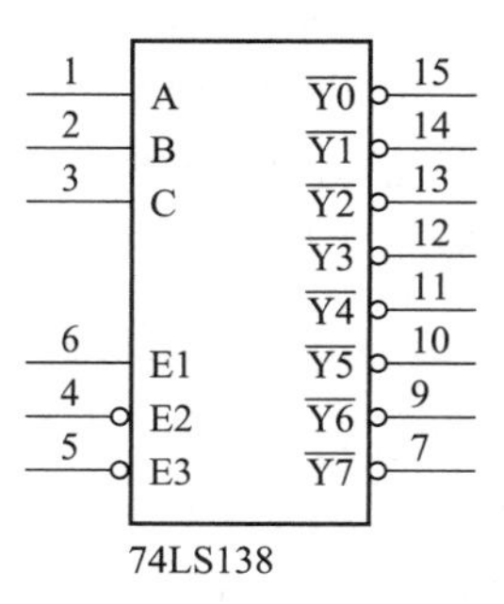

图 5-36　74LS138 引脚分布图

表 5-15　74LS138 真值表

输入						输出							
E1	E2	E3	C	B	A	$\overline{Y7}$	$\overline{Y6}$	$\overline{Y5}$	$\overline{Y4}$	$\overline{Y3}$	$\overline{Y2}$	$\overline{Y1}$	$\overline{Y0}$
1	0	0	0	0	0	1	1	1	1	1	1	1	0
1	0	0	0	0	1	1	1	1	1	1	1	0	1
1	0	0	0	1	0	1	1	1	1	1	0	1	1
1	0	0	0	1	1	1	1	1	1	0	1	1	1
1	0	0	1	0	0	1	1	1	0	1	1	1	1
1	0	0	1	0	1	1	1	0	1	1	1	1	1
1	0	0	1	1	0	1	0	1	1	1	1	1	1
1	0	0	1	1	1	0	1	1	1	1	1	1	1
其他状态			×	×	×	1	1	1	1	1	1	1	1

图 5-37 是单片机系统利用译码法进行片外存储器扩展和地址空间分配的示例。单片机的 P2.7、P2.6 和 P2.5 依序分别接到 74LS138 的 C、B、A 引脚，最多可以形成 8 个 8 KB 的存储空间。

图 5-37 中，74LS138 的 $\overline{Y0}$～$\overline{Y3}$ 对应连接到 2764-A 等外接芯片的片选引脚 $\overline{CE}$，结合表 5-15，参考线选法中地址线引脚状态，其地址空间分配如下所示：

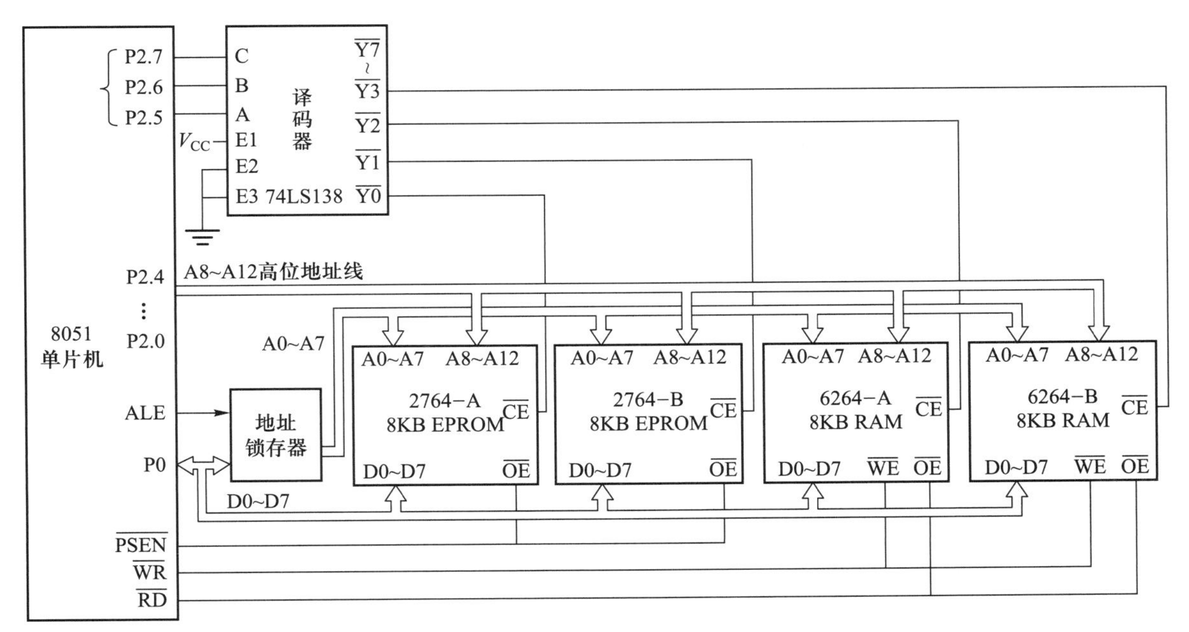

图 5-37 单片机系统利用译码法进行片外存储器扩展和地址空间分配的示例

① 2764-A CBA=000,地址空间 0000H~1FFFH;

② 2764-B CBA=001,地址空间 2000H~3FFFH;

③ 6164-A CBA=010,地址空间 4000H~5FFFH;

④ 6164-B CBA=011,地址空间 6000H~7FFFH。

3. 统一编址

MCS-51 单片机对于具有并行总线接口的存储器和外围 I/O 接口元件使用相同的系统总线,实现统一编址。当单片机需要对这些外围扩展单元进行操作时,可以使用线选法或译码法进行元件芯片的选通,此时该非存储类元件将占用相应的片外 RAM 的单元地址空间,这个地址就是该元件的访问地址。单片机可以直接使用访问片外 RAM 的指令访问这些 I/O 接口芯片,对其功能寄存器进行读写操作,使用简单、方便。

5.5.2 并行 I/O 接口扩展

1. 利用锁存器和三态缓冲器进行 I/O 接口扩展

MCS-51 单片机共有 4 个 8 位并行接口。其中,P0 口作为数据/地址线分时复用,P2 口作高位地址线,P3 口具有第二功能,用于外接中断输入或进行串行口通信,因而 I/O 接口资源较为有限,一般需要进行 I/O 接口扩展。扩展时通常基于 P0 口,采用 TTL 电路或 CMOS 电路锁存器或三态缓冲门电路,如 74LS244、74LS273 等,按照"输入三态,输出锁存"的原则构成输入/输出(I/O)接口。即输入时接口芯片应具有三态缓冲功能,输出时接口芯片应具有锁存功能,并通过单片机的读/写信号进行输入、输出控制。

图 5-38 是单片机利用锁存器扩展并行 I/O 接口举例,即利用 74LS244 和 74LS273 对 P0 口进行扩展形成的输入/输出接口电路。图中,74LS244 是 3 态 8 位缓冲器,作为总线驱动器扩展

输入接口;74LS273 是带清除功能的 8D 触发器,作为 8 位数据/地址锁存器扩展输出接口。

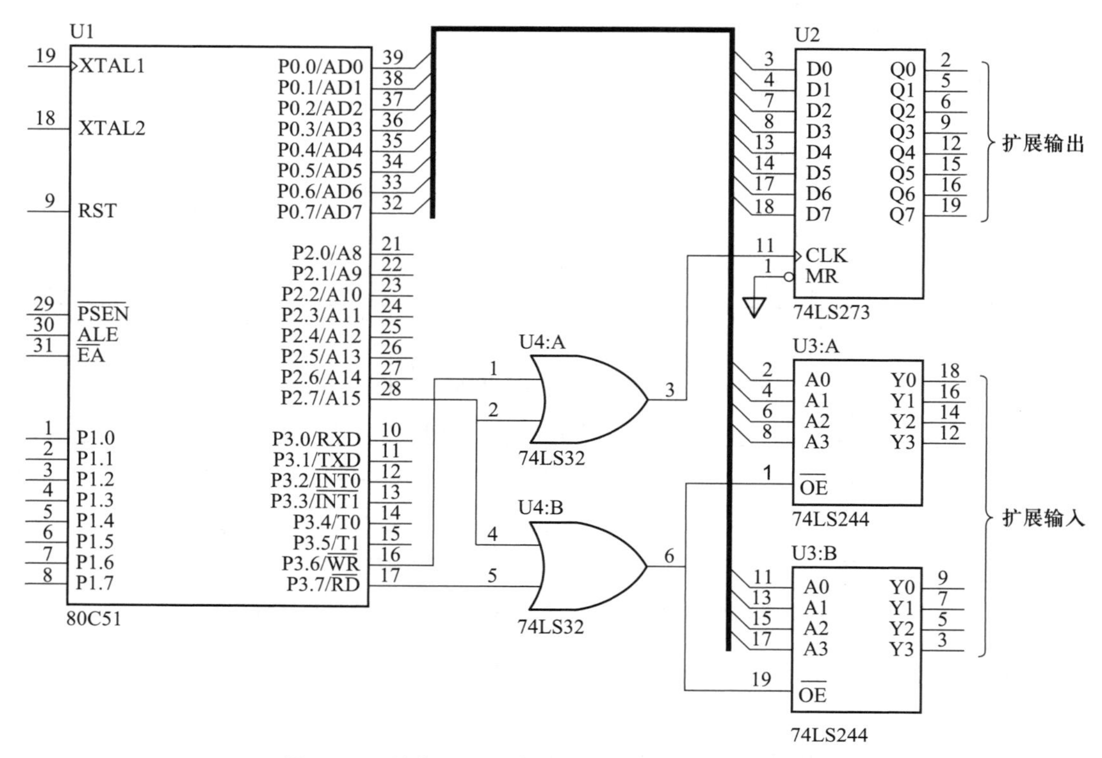

图 5-38　单片机利用锁存器扩展并行 I/O 接口举例

74LS273 的 MR 引脚为高电平时,CLK 在上升沿完成数据锁存。图 5-38 中利用 P2.7、$\overline{\text{WR}}$以及或门 U4:A(U4 是或门芯片 74LS32,包含 4 个独立的两输入或门,图中使用了其中 A、B 两个门电路)配合控制 74LS273 的 CLK 引脚,当写指令有效时,$\overline{\text{WR}}=0$、P2.7 = 0 可以使或门 U4:A 输出低电平;写指令完成时或门 U4:A 电平由低到高变化,数据被 74LS273 锁定,实现数据输出。

74LS244 的$\overline{\text{OE}}$引脚用于控制数据传输,当$\overline{\text{OE}}$为低电平时输入侧 A 的电平状态被传送到输出侧 Y。当$\overline{\text{OE}}$为高电平时,输出呈高阻状态。图 5-38 中利用 P2.7、$\overline{\text{RD}}$以及或门 U4:B 配合控制 74LS244 的$\overline{\text{OE}}$引脚,当读指令有效时,$\overline{\text{RD}}=0$、P2.7 = 0 可以使或门 U4:B 输出低电平选通 74LS244,外部数据输入单片机。

74LS244 是一种单向的数据总线缓冲器,数据只能从 A 端传送到 Y 端,如果要进行双向数据传送,可以选用双向数据总线缓冲器 74LS245。

图 5-38 中,在 P2.7 = 0 时,通过读/写指令就可以实现数据经由 74LS273 输出或经由 74LS244 输入。因此,其地址可以设定为 7FFFH(无效地址位均取 1 时)或 7000H(无效地址位均取 0 时)。利用 C51 编程时程序如下:

```
#include <reg51.h>
#include <absacc.h>                    //包含 XBYTE 宏定义
#define ExtPort XBYTE[0x7FFF]          //定义扩展接口的地址
```

```
void main(void)
{  unsigned char port;
   ExtPort=0xFF;                          //写操作,实现输出
   …
   port=Export;                           //读操作,实现输入
   …
   while(1);
}
```

如果用汇编语言编制,其读写程序段如下:

```
;数据输出
MOV A, #data          ;待输出的数据→A
MOV DPTR, #7FFFH      ;I/O 地址→DPTR
MOVX @DPTR, A         ;写操作,WR为低电平,数据由 74LS273 输出
;数据输入
MOV DPTR, #7FFFH      ;I/O 地址→DPTR
MOVX A, @DPTR         ;读操作,RD为低电平,数据由 74LS244 读入累加器 A
```

2. 利用移位寄存器进行 I/O 接口扩展

MCS-51 单片机串行口以同步移位寄存器的方式工作,可用于 I/O 接口扩展。8 位数据低位在前,高位在后,由 RXD(P3.0)输入,同步移位时钟由 TXD(P3.1)输出。通常利用 74LS164 作输出接口扩展,74LS165 作输入接口扩展。

图 5-39 中利用 74LS164 扩展了 2 个 8 位的并行输出接口。CLK 引脚是移位时钟输入端,时钟信号由单片机的 TXD(P3.1)输出。在 CLK 信号的上升沿,单片机 P3.0 引脚输出的串行数据通过 74LS164 的两个输入端 A、B 的逻辑与,输入到 Q0 并顺次右移 1 位。MR 是复位清除引脚,低电平时强制所有输出为 0。

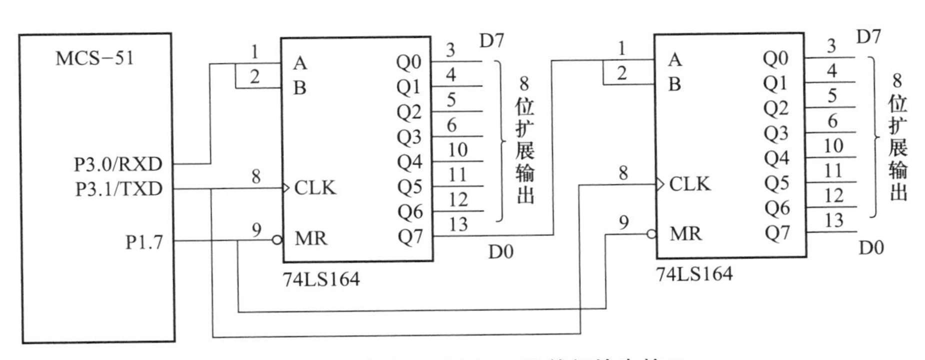

图 5-39 利用 74LS164 扩展并行输出接口

74LS164 可以级联使用,将上一级的 Q7(引脚 13)接到下一级的输入端 A、B 即可实现级联。注意,图中数据位的顺序是低位在前、高位在后。由于扩展了 2 片 74LS164,可以一次性连续输出 2 个字节的数据,同样是先发出的数据在“远端”,后发出的数据在“近侧”。

利用 C51 编程实现串入并出的程序示例如下：

```
#include <reg51.h>
sbit MR=P1^7;
void main(void)
{
  unsigned chara,b;
  a=0x01;
  b=0x02;
SCON=0x00;          //设置串行口工作方式为方式 0
  SBUF=a;           //赋值给 SBUF 串行口开始发送第 1 个字节数据
while(TI==0);       //等候数据发送完毕
TI=0;               //软件清除 TI
SBUF=b;             //赋值给 SBUF 串行口开始发送第 2 个字节数据
while(TI==0);
TI=0;
while(1);
}
```

图 5-40 中利用 74LS165 扩展了 2 个 8 位的并行输入接口。74LS165 是 8 位并入串出移位寄存器，可以级联使用，只需将上一级 74LS165 的串行输出端 SO(引脚 9)接至下一级的串行输入端 SI(引脚 10)即可。CLK 为同步时钟输入端，时钟信号由单片机 TXD(P3.1)输出。SH/$\overline{LD}$为移位控制端，低电平时并行数据进入 74LS165 内部寄存器，高电平时执行串行移位操作，通过 RXD 进入单片机 CPU。

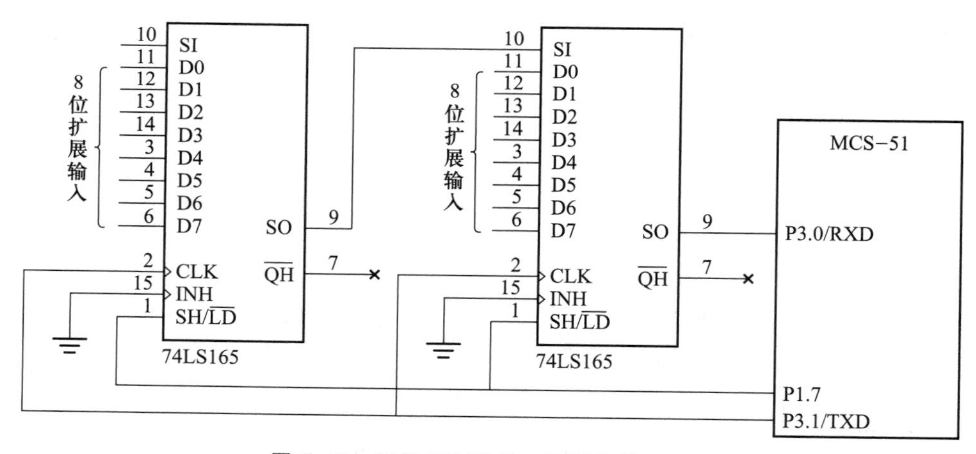

图 5-40　利用 74LS165 扩展并行输入接口

利用 C51 编程实现并入串出的程序示例如下：

```
#include <reg51.h>
sbit SHLD=P1^7;
```

```c
void main(void)
{
    unsigned chara,b;
    SCON=0x10;          //设置串行口工作方式为方式 0,允许接收数据,REN=1
    SHLD=0;             //并行数据进入 74lS165
    SHLD=1;             //允许串行移位
    while(RI==0);       //等待串行帧接收完毕
    RI=0;               //软件清除 RI
    a=SBUF;             //读入第 1 个数据字节
    SHLD=0;
    SHLD=1;
    while(RI==0);       //等候下一帧串行数据接收完毕
    RI=0;
    b=SBUF;             //读入第 2 个数据字节
    while(1);           //进入循环等待过程
}
```

5.5.3 模拟量转换

单片机应用系统可以直接处理数字量、开关量等形态的信号,对于电压、电流等模拟量则必须转换为数字量后才能在单片机中进行编程处理。同样,单片机处理完毕的数字量也经常需要转换为模拟量才能驱动执行元件工作。能将模拟量转换成数字量的元件称为 A/D 转换器(analog to digital converter,ADC),主要用于单片机系统对传感器信号的处理;能将数字量转换成模拟量的元件称为 D/A 转换器(digital to analog converter,DAC),主要用于对执行器的控制和调整。

1. 单片机与 DAC0832 的接口设计

(1) D/A 转换器的主要技术指标

D/A 转换器输出的模拟量随输入的数字量线性变化,其主要技术指标如下:

① 分辨率

分辨率是指 DAC 的单位数字量变化引起的模拟量变化,取决于 DAC 的二进制位数 n,通常定义为模拟量满量程输出值的 2^{-n} 倍。例如,若满量程为 5 V,则 8 位 DAC 的分辨率为 5 V× 2^{-8} = 19.5 mV。DAC 的二进制位数越多,其分辨率就越高。

② 转换精度

转换精度是指满量程时实际输出值与理论输出值之差。理想情况下转换精度与分辨率基本一致,位数越多,精度越高。但实际上两者并不完全等同,分辨率高并不意味着转换精度一定高。

③ 转换时间

转换时间也称为建立时间,是描述 D/A 转换速度快慢的参数。一般定义为输入的数字量为满刻度值(各位全为 1)时,输出模拟信号达到满刻度值的 $\pm\frac{1}{2}$LSB(最低有效位)所需的时间。

（2）DAC0832 的逻辑结构和引脚功能

DAC0832 是 8 位 D/A 转换元件，由 8 位输入数据寄存器、8 位 DAC 寄存器、8 位D/A转换器构成，其引脚分布和逻辑结构如图 5-41 所示。

图 5-41 中，8 位输入寄存器为第一级锁存器，由$\overline{\text{LE1}}$控制，用于缓冲和锁存 CPU 输入的数字量，$\overline{\text{LE1}}$为高电平时处于跟随状态，为低电平时处于锁存状态。

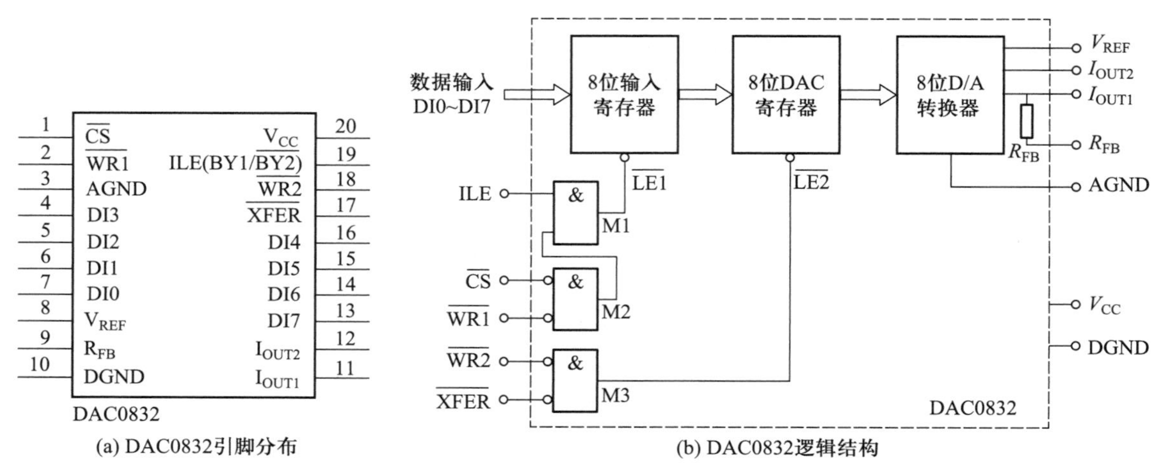

(a) DAC0832引脚分布　　(b) DAC0832逻辑结构

图 5-41　DAC0832 的引脚分布及逻辑结构

8 位 DAC 寄存器为第二级锁存器，由$\overline{\text{LE2}}$控制，用于缓冲和锁存待转换的数字量，$\overline{\text{LE2}}=1$ 时处于跟随状态，$\overline{\text{LE2}}=0$ 时处于锁存状态。

两级锁存器可以使 DAC0832 工作在双缓冲模式下，在输出模拟量的同时采集下一个数字量，有效提高转换速度。还可以利用第二级锁存信号实现多片 DAC、多路 D/A 同时输出模拟量。

8 位 D/A 转换器由 8 位 T 型电阻网络和电子开关组成，在上级 DAC 寄存器的控制下输出与数字量线性相关的电流信号。如果应用系统需要输出电压信号，可以通过运算放大器实现电流和电压转换，其输出电压值$V_o=-B\dfrac{V_{REF}}{255}$，$B$ 为待输出的数字量。

DAC0832 的引脚功能如下：

① DI0~DI7　8 位数据输入端。

② ILE　输入寄存器的数据锁存允许信号，高电平有效。

③ $\overline{\text{CS}}$　片选信号输入线（选通输入寄存器），低电平有效。

④ $\overline{\text{WR1}}$　输入寄存器写选通信号，低电平有效。由 ILE、$\overline{\text{CS}}$、$\overline{\text{WR1}}$的逻辑组合产生$\overline{\text{LE1}}$，当 ILE=1，$\overline{\text{WR1}}=0$，$\overline{\text{CS}}=0$ 时，$\overline{\text{LE1}}$为高电平，输入寄存器的输出跟随输入数据变化，$\overline{\text{LE1}}$负跳变（下降沿）时将锁存输入数据。

⑤ $\overline{\text{WR2}}$　DAC 寄存器写选通信号，低电平有效。由$\overline{\text{WR2}}$、$\overline{\text{XFER}}$的逻辑组合产生$\overline{\text{LE2}}$，当$\overline{\text{WR2}}=0$，$\overline{\text{XFER}}=0$ 时，$\overline{\text{LE2}}$为高电平，DAC 寄存器的输出随寄存器的输入而变化，$\overline{\text{LE2}}$负跳变时锁存数据并启动转换。

⑥ $\overline{XFER}$　数据传输控制信号,低电平有效。

⑦ V_{REF}　基准电压输入端,V_{REF}的范围为-10 V~+10 V。

⑧ I_{OUT1}　电流输出端 1,其值随 DAC 寄存器的内容线性变化。

⑨ I_{OUT2}　电流输出端 2,其值与 I_{OUT1}值之和为一常数。

⑩ R_{FB}　反馈信号输入端。

⑪ V_{CC}　电源输入端,其范围为+5 V~+15 V。

⑫ AGND　模拟信号地。

⑬ DGND　数字信号地。

(3) DAC0832 与 MCS-51 单片机的接口电路

DAC0832 带有数据输入寄存器,是总线兼容型的芯片,可以直接与 MCS-51 单片机的数据总线相连,作为扩展 I/O 接口访问。DAC0832 与单片机的接口电路有三种方式:直通方式、单缓冲方式和双缓冲方式,常用的是单缓冲方式或双缓冲方式的单极性输出。

① 单缓冲方式

单缓冲方式是指 DAC0832 内部两个数据缓冲器一个处于直通方式,另一个处于受控锁存方式,或者是将两级数据缓冲器的控制信号并联,使其同时受控,等同于一个缓冲器。单缓冲方式适用于只有一路模拟量输出的场合。图 5-42 是 DAC0832 与单片机的单缓冲方式接口电路。

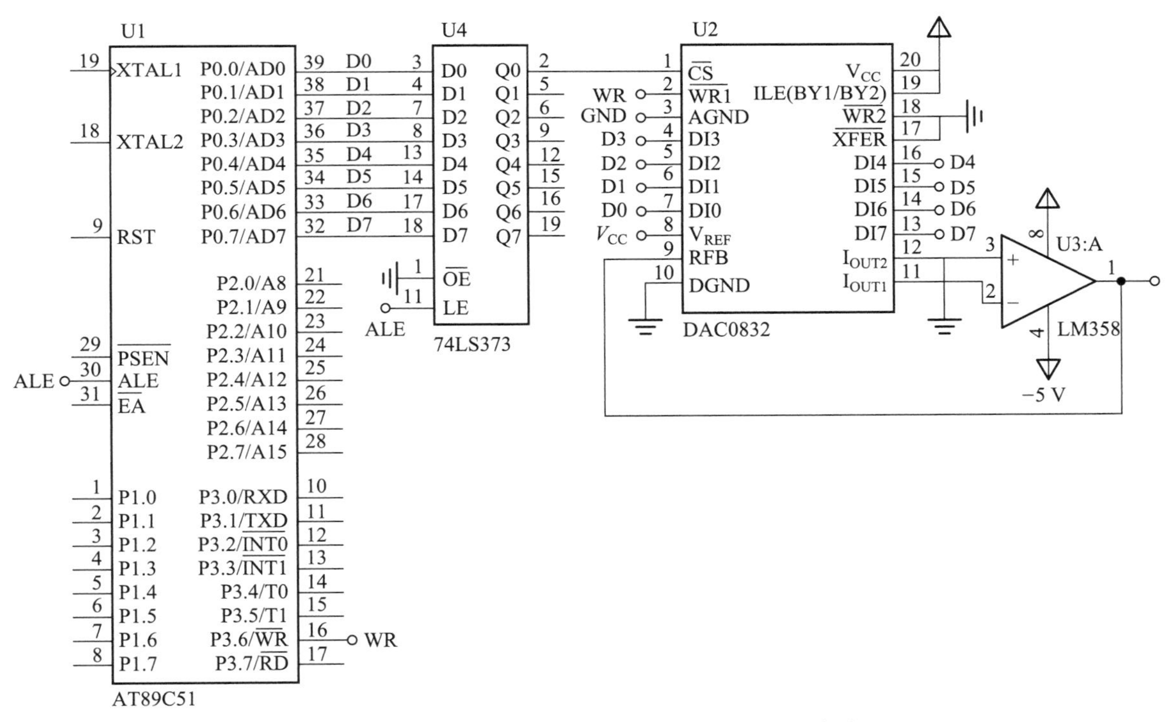

图 5-42　DAC0832 与单片机的单缓冲方式接口电路

图 5-42 中,$\overline{WR2}$和$\overline{XFER}$接地使 DAC0832 的 DAC 寄存器以直通方式工作。输入寄存器由$\overline{CS}$、$\overline{WR1}$控制,其中$\overline{CS}$与地址线 AD0 相连接,因此 DAC0832 的对应地址为 FFFEH(最低位为 0,

对应二进制 1111 1111 1111 1110B)，向此地址执行写操作即可实现对 DAC0832 的访问。

【例 5-5】 利用 DAC0832 作为波形发生器，根据图 5-42 所示的接线方式编制程序，生成锯齿波和三角波。

生成锯齿波：

```
#include <reg51.h>
#include <absacc.h>
#define DAC0832 XBYTE[0xFFFE]   //根据图 5-42 定义 DAC0832 的地址
void main(void)
{
    unsigned char i;
    while(1){
    for(i=0;i<255;i++)
        DAC0832=i;              //通过写操作实现数据的传输，数字量逐次叠加
                                  至 255
    }
}
```

上面代码中，单片机发送给 DAC0832 的数字量从 0 开始逐次加 1 直至 255，模拟量输出与其成线性正比关系(0~5 V)。反复循环就形成了图 5-43a 所示的锯齿波。注意，由于图 5-42 运算放大器 LM358 以反相放大方式工作，所以图 5-43 中波形为负值。

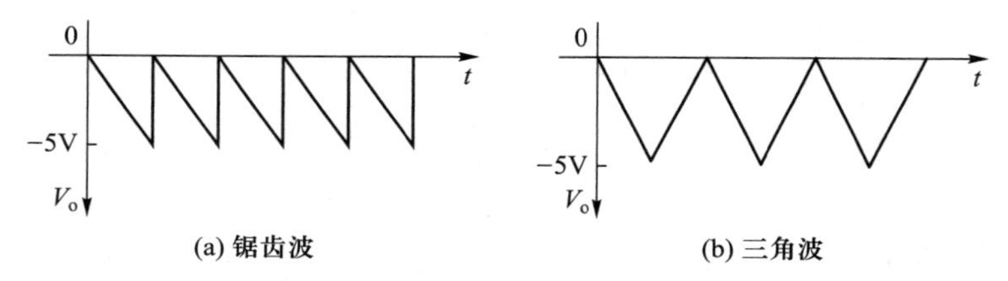

图 5-43 DAC0832 生成的波形

生成三角波：

```
#include <reg51.h>
#include <absacc.h>
#define DAC0832 XBYTE[0xFFFE]
void main(void)
  {
    unsigned char i;
    while(1){
    for(i=0;i<255;i++)
        DAC0832=i;              //通过写操作实现数据的传输，数字量逐次叠加
                                  至 255
    for(i=0;i<255;i++)
```

```
            DAC0832=255-i;                //通过写操作实现数据的传输,数字量由 255 逐
                                            次递减至 0
        }
    }
```

生成的三角波形如图 5-43b 所示。

② 双缓冲方式

双缓冲方式适用于多模拟量同时输出的系统,每一路模拟量输出使用一片 DAC0832,构成多个 DAC0832 同步输出系统。图 5-44 所示为 DAC0832 与单片机的双缓冲方式接口电路。

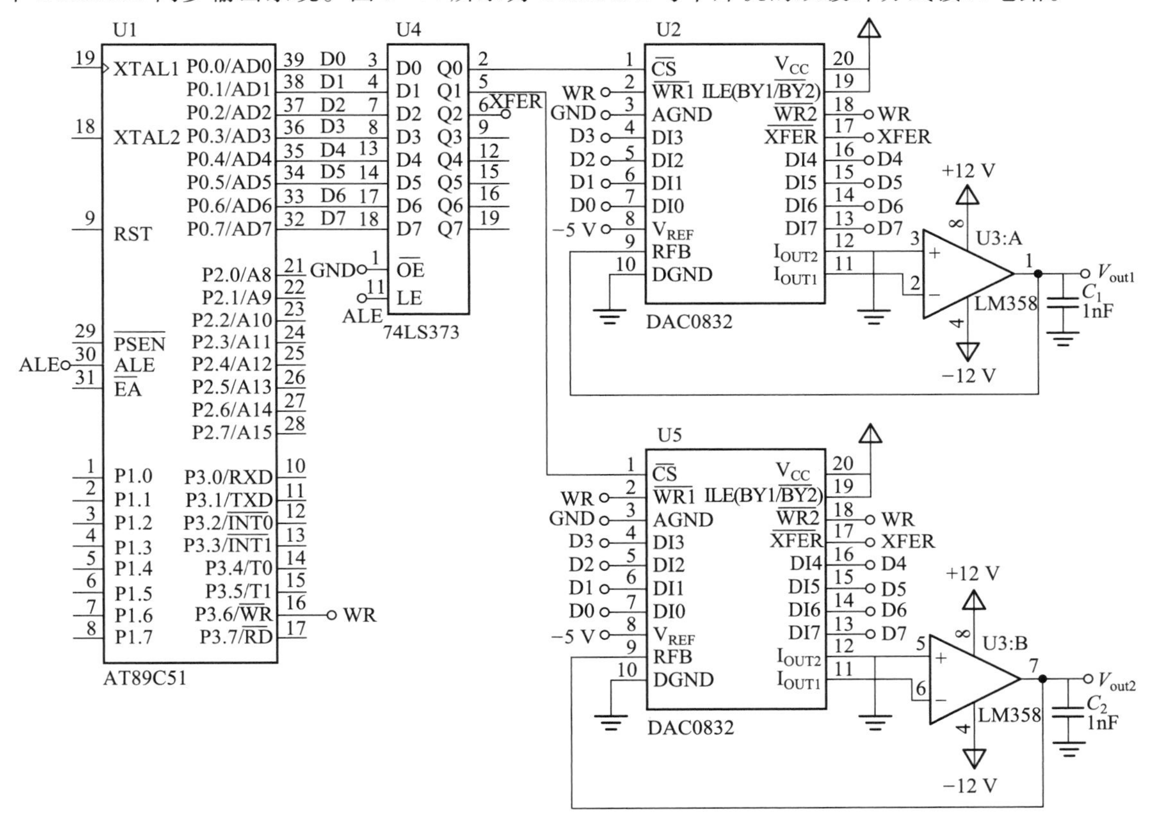

图 5-44　DAC0832 与单片机的双缓冲方式接口电路

图 5-44 中,单片机通过$\overline{LE1}$(由 ILE:$\overline{CS}$和$\overline{WR1}$逻辑组合而成,如图 5-41 所示)锁存待转换的数字量,通过$\overline{LE2}$(由$\overline{XFER}$和$\overline{WR2}$逻辑组合而成,如图 5-41 所示)启动 D/A 转换。因此,在双缓冲方式下两片 DAC0832 的输入寄存器各占一个扩展 I/O 接口地址。如图 5-44 所示,DAC0832-U2 的$\overline{CS}$连接到 AD0,其接口地址为 FFFEH;DAC0832-U5 的$\overline{CS}$连接到 AD1,其接口地址为 FFFDH。DAC0832-U2、DAC0832-U5 的$\overline{XFER}$并联至 AD2,其接口地址为 FFFBH,同时对应两个 DAC 寄存器。

转换操作时,先将两路待转换数据分别写入两个 DAC0832 的输入寄存器,再将数据同时传

送到两个 DAC 寄存器启动 D/A 转换，使两个 DAC0832 同步输出模拟量。

【例 5-6】 参照图 5-44，利用 DAC0832 的双缓冲方式实现两路同步输出。

```
#include <reg51.h>
#include <absacc.h>
#define DACU2 XBYTE[0xFFFE]      //定义 DAC0832-U2 的端口地址
#define DACU5 XBYTE[0xFFFD]      //定义 DAC0832-U5 的端口地址
#define DAC XBYTE[0xFFFB]        //定义 DAC 寄存器地址

void main(void)
{
    unsigned  char a1,b2;
    a1=0xAA;
    b2=0xBB;                     //两路输出数字量
    DACU2=a;                     //数据 1 写入 DAC0832-U2
    DACU5=b;                     //数据 2 写入 DAC0832-U5
    DAC=0;                       //启动两个 DAC0832 的 DAC 寄存器进行同时转换
    …                            //可在此处加入其他数据处理代码
    while(1);
}
```

2. 单片机与 ADC0809 的接口设计

A/D 转换器用于将模拟电压转换为与其成正比的数字量，供单片机进行识别处理。ADC0809 是典型的 8 位逐次逼近型 A/D 转换器，共有 8 个模拟量输入通道，通过芯片内的通道地址译码锁存器实现 8 路模拟量的分时输入。ADC0809 带有三态锁存缓冲器，用于存放和输出转换得到的数字量，可直接与 MCS-51 单片机的数据总线相连。

(1) A/D 转换器的技术指标

技术指标是选用和衡量 ADC 芯片的基本依据。

① 分辨率

ADC 的分辨率是指数字量变化为一个相邻数码时所需要的输入模拟电压的最小变化量。常用二进制的位数 n 表示，定义分辨率为满刻度的 $1/2^n$。例如，一个满刻度 10 V 的 12 位 ADC 能分辨的输入电压变化最小值是 $10\ \text{V}\times\frac{1}{2^{12}}=2.4\ \text{mV}$。位数越高，ADC 的分辨率也越高。

② 转换误差

转换误差由模拟误差和数字误差组成，是指在零点和满刻度都校准以后，在整个转换范围内，分别测量各个数字量所对应的模拟输入电压实测范围与理论范围之间的偏差，取其中的最大偏差作为转换误差的指标。转换误差通常以相对误差的形式出现，并以 LSB 为单位表示。

③ 转换速度

转换速度是指能够重复进行数据转换的速度，即每秒转换的次数。它是完成一次 A/D 转换所需时间的倒数。ADC 的转换速度主要取决于转换电路的类型，不同类型的 ADC 转换速度相差较大,例如:双积分型 ADC 完成单次转换需要几百毫秒,逐次逼近式 ADC 完成单次转换需要几十微秒,而并联比较型 ADC 完成单次转换仅需几十纳秒。

(2) ADC0809 的逻辑结构和引脚功能

ADC0809 的引脚排列和逻辑结构如图 5-45 所示,主要由三部分组成:第一部分是输入通道,包括一个 8 位模拟开关以及具有 A、B、C 三条地址线的锁存译码器,可实现 8 路模拟量输入通道的选择。第二部分是一个 8 通道共用的 8 位逐次逼近型 A/D 转换器。第三部分是一个 8 位三态数据输出锁存器。

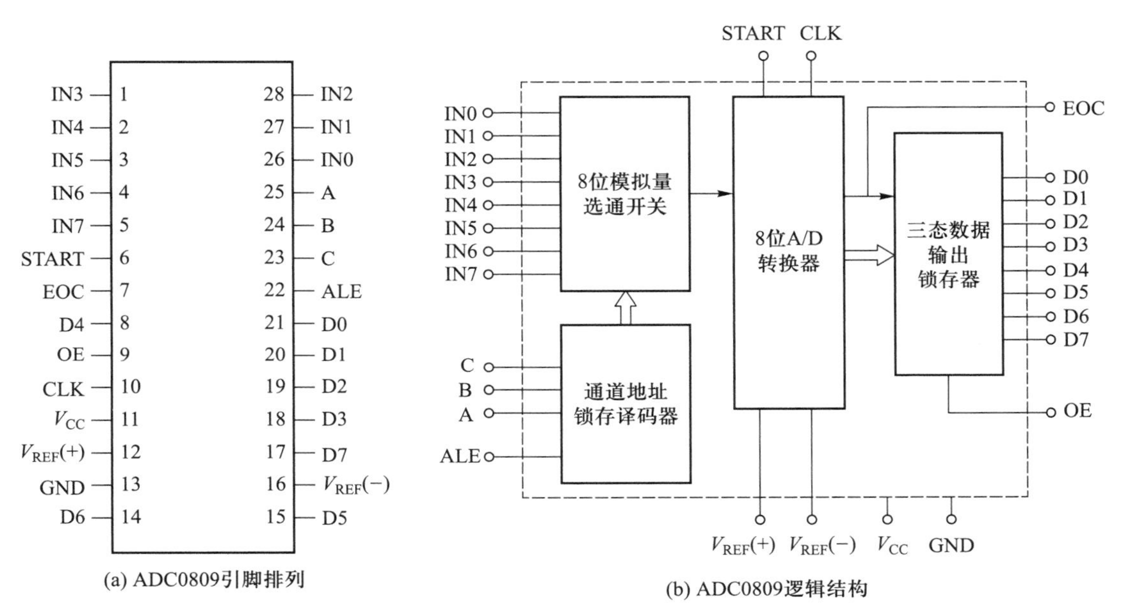

图 5-45 ADC0809 的引脚排列和逻辑结构

ADC0809 的引脚排列如图 5-45a 所示,主要引脚功能如下:

① IN0~IN7 8 路模拟量输入通道,要求输入单极性 0~5 V 电压信号;

② A、B、C 通道地址线,3 位编码对应 8 个通道地址端口,CBA=000~111 分别对应 IN0~IN7 的通道地址;

③ ALE 地址锁存允许信号,ALE 在上升沿时地址输入锁存器;

④ START 启动转换信号,下降沿时开始 A/D 转换,转换期间应保持低电平;

⑤ CLK 外部时钟输入端,典型频率为 640 kHz;

⑥ EOC 转换结束信号,EOC=1 表示转换结束,可以作为查询状态标志或中断请求信号使用;

⑦ D0~D7 数据输出线,可与 MCS-51 单片机的数据总线直接相连;

⑧ OE 输出允许信号,OE=0 时,输出呈高阻状态,OE=1 时,允许输出;

⑨ $V_{REF}(+)$、$V_{REF}(-)$ 参考电压输入端;

⑩ V_{CC} +5 V 电源;

⑪ GND 电源地。

（3）ADC0809 与 MCS-51 单片机的接口

ADC0809 的工作过程如下：

① 输入 ABC 三位地址，并使 ALE=1，将地址存入地址锁存器；

② 地址译码后选通模拟量输入通道中的对应通道，将通道输入端电平送入比较器，并在 START 信号的下降沿启动 A/D 转换，EOC 输出低电平表示转换正在进行；

③ A/D 转换完成后 EOC 变为高电平，转换结果存入锁存器；

④ OE 输入高电平时，打开输出三态缓冲器，转换结果输出到数据总线上。

图 5-46 是 ADC0809 与 MCS-51 单片机的接口电路。图中，ADC0809 的启动信号 START 和 ALE 并接，可以在锁存地址通道的同时，启动并进行 A/D 转换。单片机的写信号 $\overline{WR}$ 和 P2.7（高位地址线 A15）经或非门产生脉冲控制信号输入 START，控制 ADC 的地址锁存和转换启动。读信号 $\overline{RD}$ 和 P2.7 经或非门产生脉冲控制信号输入 OE，用以打开三态数据输出锁存器输出转换数据。上述设计使单片机可以利用对 ADC0809 端口地址的“写操作”来启动转换工作，对 ADC0809 端口地址的“读操作”来使数据输出。EOC 信号经非门后接入单片机 INT1（P3.3），可以采用查询或中断请求方式，检查 A/D 变换是否已经结束。

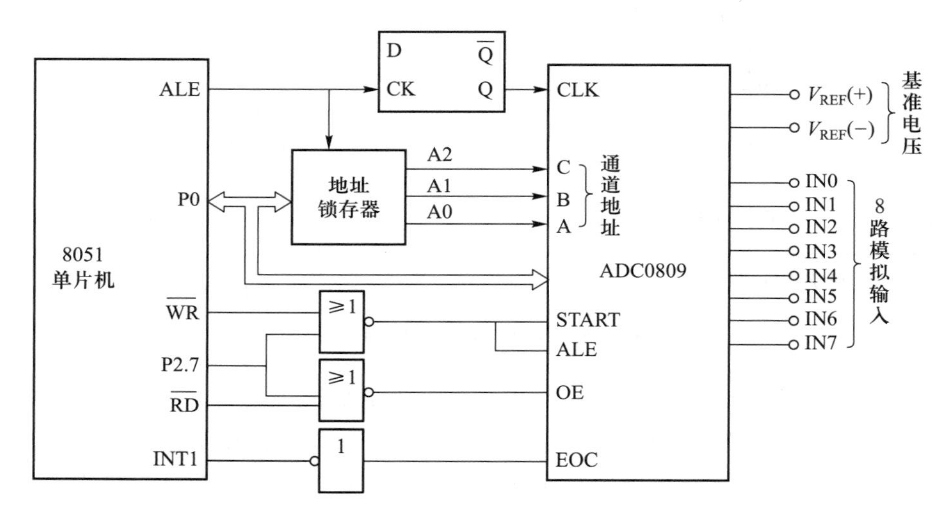

图 5-46　ADC0809 与 MCS-51 单片机的接口电路

按照图 5-46 中的通道地址线接法，ADC0809 的模拟通道 IN0～IN7 的端口地址（A15=0）为 7FF8H～7FFFH。

【例 5-7】 参照图 5-46，编程对 IN0～IN7 上的模拟电压信号进行巡检。

```
#include <reg51.h>
#include <absacc.h>
#define IN0 XBYTE[0x7FF8]                  //定义 ADC0809 的通道 0 地址
sbit EOC=P3^3;                             //查询 EOC 状态
static unsigned char idata ad[10];         //采样结果存放数组
```

```
void main(void)
{
    unsigned char i;
    unsigned char xdata * addr;          //定义通道地址指针
    addr=&IN0;                           //指针指向 IN0 地址

    for(i=0;i<8;i++)                     //对 8 个通道进行巡检
    {
        addr=0;                          //写操作,启动转换
        while(EOC==0);                   //查询等待转换完毕
        ad[i]=addr;                      //读操作,读入转换结果并保存到数组 ad
        addr++;                          //进行下一个通道的采集
}
    …
    while(1);
}
```

5.5.4 人机交互接口设计

MCS-51 单片机应用系统经常需要配置简单的人机交互接口,完成输入、输出操作。常用的输入设备有键盘和 BCD 码拨码盘等,用于向单片机输入数据和指令;常用的输出设备有 LED 数码管等显示元件,用于显示过程数据或结果。

1. LED 数码管接口设计

(1) LED 数码管段码

LED(light emitting diode)数码管是由发光二极管构成的。常用 LED 数码管的结构及引脚如图 5-47a 所示,共有 7 段构成"日"字形,另外还有一个圆点"dp"可作为小数点使用,共计 8 段。按照内部结构的不同,LED 数码管分为两种:一种是将所有发光二极管的阴极连接在一起,称为共阴极数码管,如图 5-47b 所示;另一种是将所有发光二极管的阳极连接在一起,称为共阳极数码管,如图 5-47c 所示。当某一个发光二极管回路导通时,相应的字段会点亮发光,通过对 LED 数码管各段的亮灭组合,可以形成不同的显示字符,这些组合一般称之为段码或字形码。

连同"dp"点在内的 8 段 LED 刚好与 1 个字节的 8 位对应,对应关系如下:

字节位	D7	D6	D5	D4	D3	D2	D1	D0
显示段	dp	g	f	e	d	c	b	a

按照上述格式,8 段 LED 数码管的段码如表 5-16 所示。其中,同一字符的共阴极接法和共阳极接法所对应的段码具有按位取反的关系。

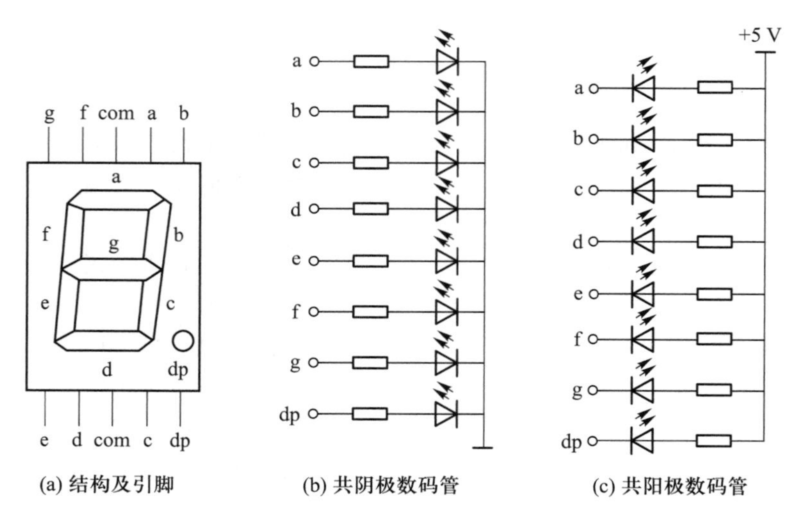

(a) 结构及引脚 (b) 共阴极数码管 (c) 共阳极数码管

图 5-47 常用 LED 数码管的结构及其原理

表 5-16 LED 数码管段码表

显示字符	共阴极段码	共阳极段码	显示字符	共阴极段码	共阳极段码
0	3FH	C0H	B	7CH	83H
1	06H	F9H	C	39H	C6H
2	5BH	A4H	D	5EH	A1H
3	4FH	B0H	E	79H	86H
4	66H	99H	F	71H	8EH
5	6DH	92H	P	73H	8CH
6	7DH	82H	y	6EH	91H
7	07H	F8H	H	76H	89H
8	7FH	80H	L	38H	C7H
9	6FH	90H	—	40H	BFH
A	77H	88H	全暗	00H	FFH

(2) LED 数码管显示方式

LED 数码管有静态显示和动态显示两种显示方式,如图 5-48 所示。

① 静态显示方式

静态显示的特点是每个数码管必须接一个具有锁存功能的 8 位 I/O 口线来发送要显示的字形段码,并且在发送另一个字符的段码前,输出将维持不变。静态显示的优点是显示亮度较高,CPU 不需要频繁扫描显示端口。缺点是占用 I/O 接口较多。如图 5-48a 所示,4 只数码管在静态显示方式下需要占用 4 个 8 位的 I/O 接口。

为了节省 I/O 接口资源,静态显示经常会采用串行口的移位寄存器方式,通过外接 74LS164

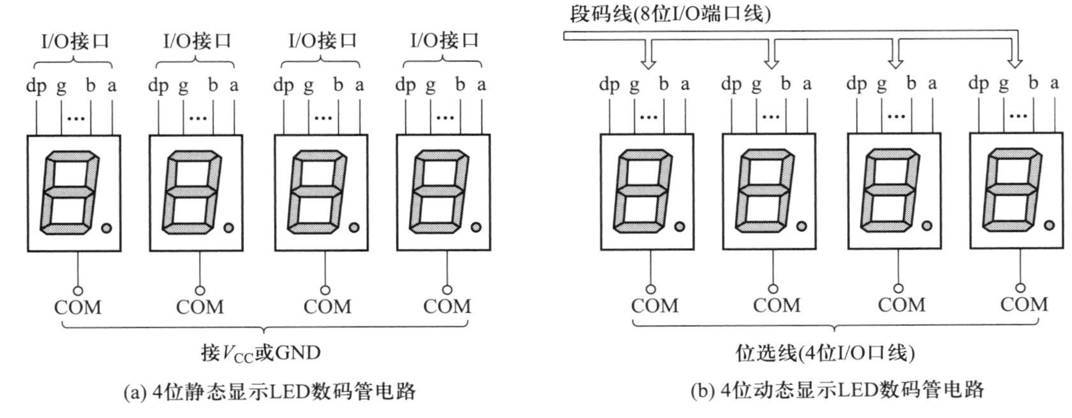

(a) 4位静态显示LED数码管电路　　(b) 4位动态显示LED数码管电路

图 5-48　LED 数码管的静态显示和动态显示的电路

移位寄存器构成数码管驱动电路。此外，还可以借助 8421BCD 码译码器驱动芯片，配合锁存器使一个 8 位 I/O 接口驱动 2 只数码管，如图 5-49 所示。图中，74LS273 用于实现数据锁存，当其引脚 11 CLK 输入信号出现上升沿时，触发锁存，使数据呈现在输出端 Q0～Q7。CLK 信号由 P2.7（A15）和$\overline{WR}$经或门 74LS32 处理后输入，故 74LS273 对应的端口地址为 7FFFH。74LS47 是适用于共阳极数码管的 8421BCD 码译码器驱动芯片，如果要驱动共阴极数码管，应选择 74LS49 作为译码器驱动。

【例 5-8】　参照图 5-49，编程实现对 LED 数码管的静态显示驱动。

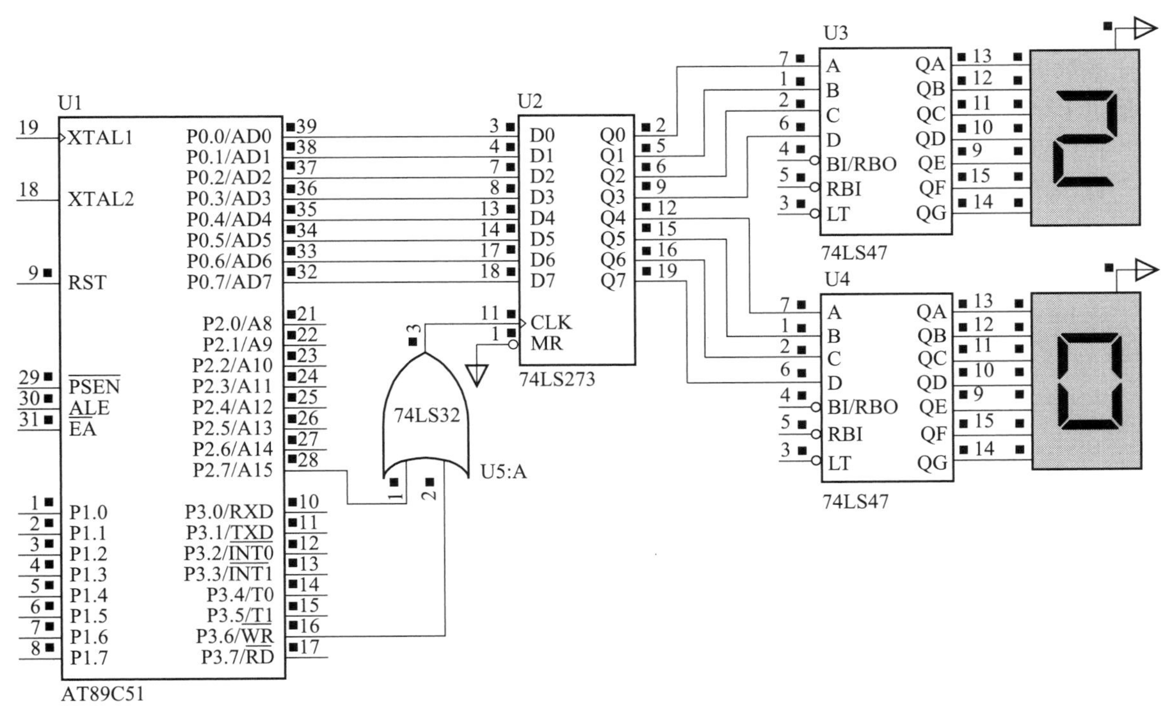

图 5-49　采用 74LS47 驱动 LED 数码管静态显示

```c
#include <reg51.h>
#include <absacc.h>
#define LS273 XBYTE[0x7FFF]  //定义 74LS273 的端口地址
void main(void)
{
  LS273=0x02;                //将两位十进制数 0、2 以 BCD 码的形式发送至数码管
  while(1);
}
```

注意:图 5-49 中由于 74LS47(U4)的 A～D 连接了 74LS273 的 Q4～Q7,因而显示的是高位字符。

② 动态显示方式

当数码管的显示位数较多时,一般采用动态显示方式,如图 5-48b 所示。动态显示将所有数码管的段码并联在一起,由一个 8 位的 I/O 接口控制,数码管的公共端(COM 端)作为位选控制线,实现对各位数码管的分时选通。位选通信号的组合称为位码。

动态显示轮流向各位数码管发送段码和位码,某一时刻只允许一只数码管的位选线处于选通状态,其他各位均处于关闭状态。只要轮流点亮显示的时间间隔 Δt 足够小,就可以利用 LED 的余辉和人眼视觉暂留效应,形成各位数码管同时显示的"假象"。

注意:Δt 应根据实际情况设定。LED 发光有延时,如果 Δt 太小,将导致 LED 不能完全点亮发光,显示过暗;Δt 太大则会形成闪烁。

【例 5-9】 参照图 5-50,编程实现对数码管的动态显示驱动。

分析:图 5-50 中,P1 口连接 74LS244 总线驱动器输出段码,实现对数码管的段驱动。为了防止各数码管同时显示,将共阴极数码管的公共端(COM 端)分别连接至 PNP 型三极管 2N3905,并通过 P2.0～P2.3 输出低电平有效的控制信号,实现对数码管的位选通。

代码:

```c
#include <reg52.h>
#include <stdio.h>
#define uchar unsigned char
uchar idata num[ ] = {0x3f,0x06,0x5b,0x4f,0x66,0x6d,0x7d,0x07,0x7f,
0x6f};                                           //共阴极段码数组
uchar add[ ]={0x0fe,0x0fd,0x0fb,0x0f7};          //位选线,某一时刻只允许一位
                                                   导通
void main(void)
{
    int i;
    uchar digit_counter=0;                       //定义显示指针,实现轮流显示
    while(1){
        P1=num[digit_counter];                   //发送段码
        P2=add[digit_counter];                   //发送位选线
```

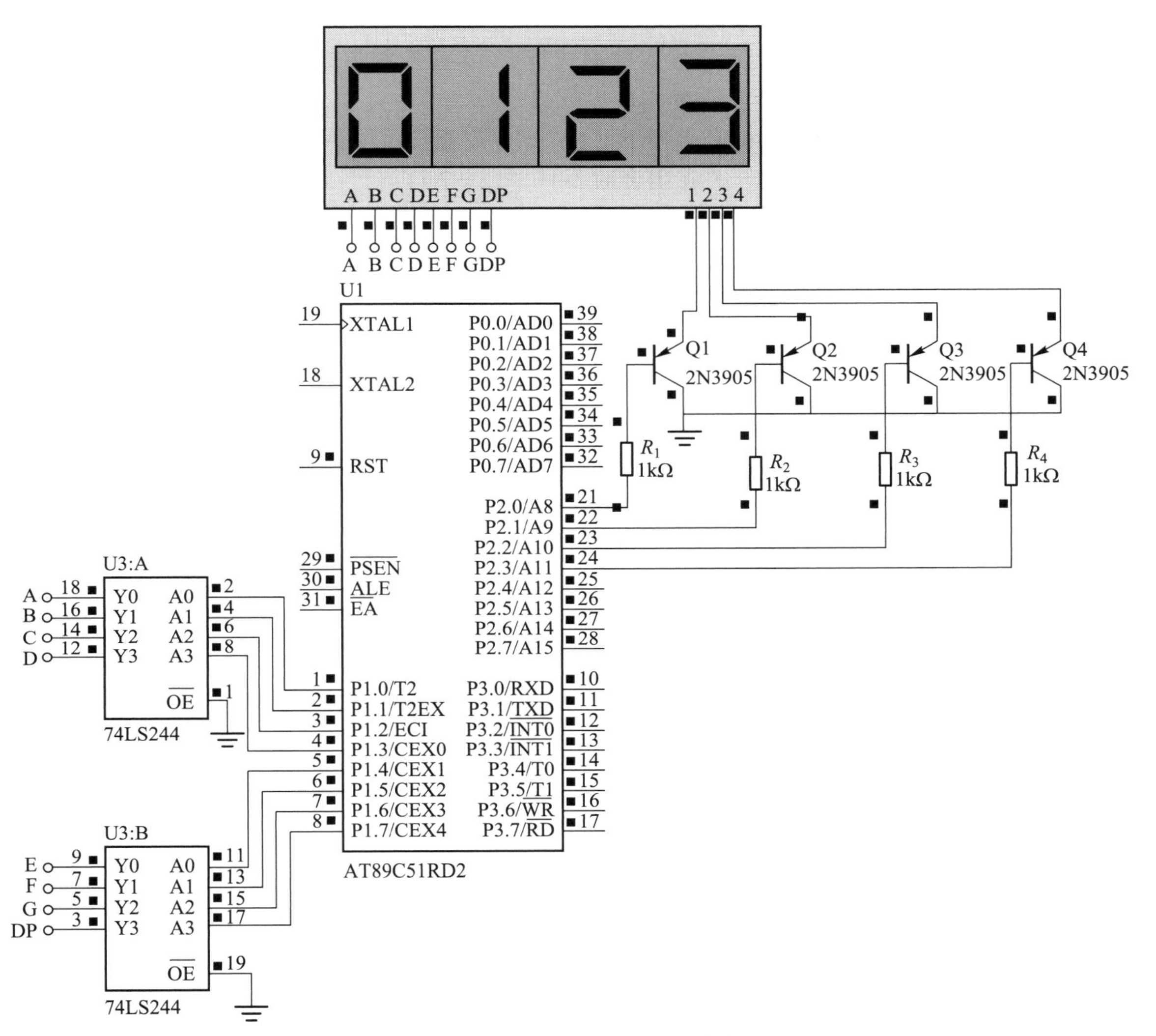

图 5-50　数码管的动态显示驱动电路

```
        for(i=0; i<500; i++);                     //延时使对应的数码管保持一定时
                                                    间的点亮状态
        digit_counter++;
        if(digit_counter>=4)                       //在 4 位数码管上循环扫描
          digit_counter=0;
        P2=P2 | 0x0f;                              //在下一位点亮前熄灭全部数码
                                                    管,改善显示效果
    }
}
```

2. 键盘接口设计

通过键盘可以向单片机控制系统输入数据或指令,实现控制参数的设置和修改。单片机键盘一般利用机械触点的闭合、断开改变相应I/O线路的电平状态,供系统判断按键是否按下。由于机械触点存在弹性作用,按键开关在闭合时不会马上稳定接通,在释放时也不会立即断开,而是在闭合和断开的瞬间伴随抖动,如图5-51所示的前沿抖动和后沿抖动。为了使单片机正确读出端口电平状态,必须考虑采取一定的措施消除抖动的影响。

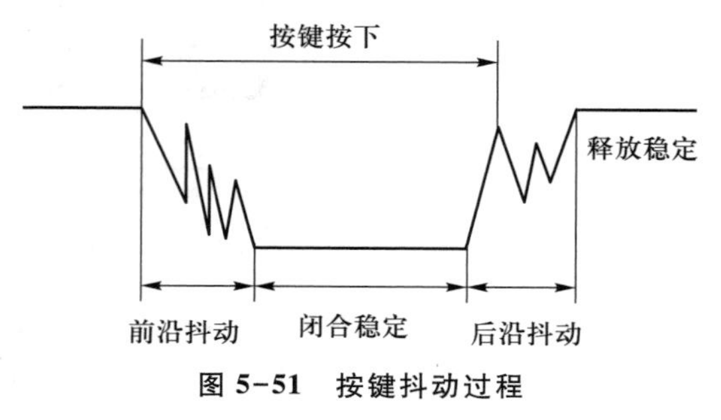

图5-51　按键抖动过程

单片机常用软件方法消除抖动:当检测到按键状态变化后,先延时10 ms或更长时间(抖动持续的时间通常不大于10 ms,而按键按下的持续时间至少上百ms),再次检测按键状态,如果与之前检测的状态相同,就可以进行确认按键已经稳定的动作。

单片机键盘分为独立式键盘和矩阵式键盘。

(1) 独立式键盘

独立式键盘的各键相对独立,每个按键连接一根单片机I/O口线,通过读取I/O接口的电平状态,即可识别相应的按键是否按下,如图5-52a所示。独立式键盘一般采用上拉电阻接法,其按键一端接地,一端接单片机的I/O口线并通过上拉电阻与V_{CC}相连。上拉电阻可以保证按键断开时,各I/O口线有确定的高电平。图5-52a中按键通过四输入与门芯片74LS21接至外部中断INT0,可以在触发外部中断请求时进行按键识别,适合操作速度要求较高的场合。当然也可以用查询的方式,循环判断I/O口线的电平状态以识别按下的键位。

【例5-10】 使用查询方式判断独立键盘键位。

```
sbit key1=P1^0;              //定义按键对应的I/O口线
sbit key2=P1^1;
void delay10ms()             //10 ms延时函数
{ unsigned char i, j;
   i=117;
   j=184;
   do{
      while(--j);
    }while(--i);
}
void main(void){
    if(key1==0){             //查询判断是否为低电平状态(key1按下)
        delay10ms();         //调用10 ms延时函数进行软件消除抖动处理
        if(key1==0){         //再次查询判断是否为低电平状态
        ……                   //进行相应按键处理
        }
```

```
    }
    if(key2==0){           //查询判断 key2 是否按下
        delay10ms();
        if(key2==0){
        ……
        }
    }
    ……
}
```

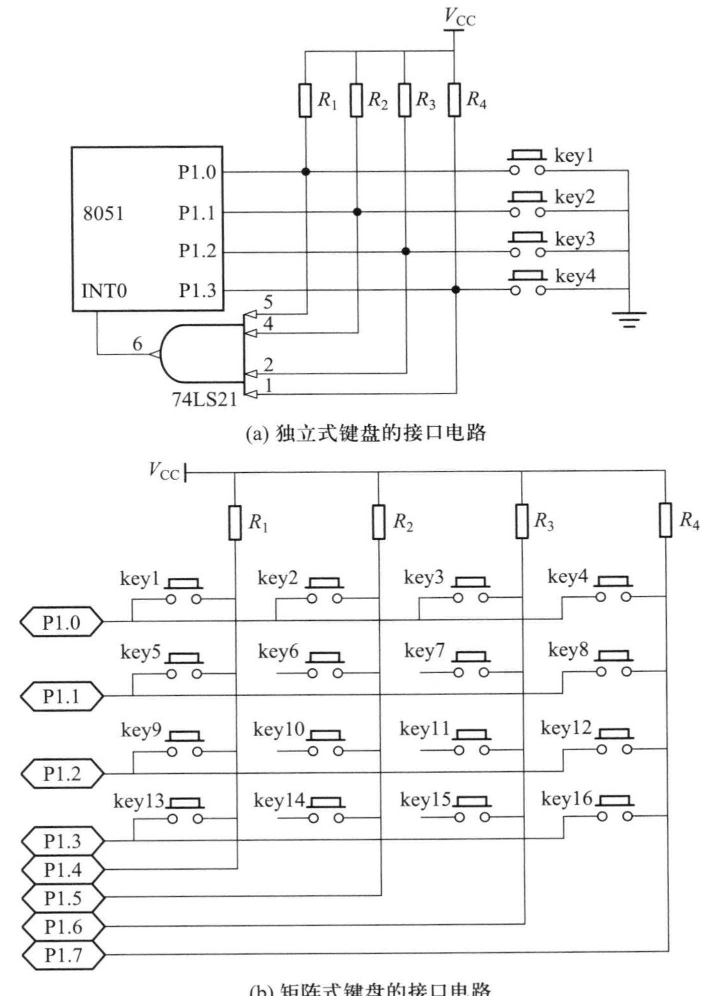

(a) 独立式键盘的接口电路

(b) 矩阵式键盘的接口电路

图 5-52　独立式键盘与矩阵式键盘的接口电路

(2) 矩阵式键盘

矩阵式键盘也称行列式键盘。当键盘中按键数量较多时,为了减少 I/O 口线的占用,通常将按键排列成矩阵形式，如图 5-52b 所示。在矩阵式键盘中，每条水平线（行线，图 5-52b 中接至 P1.0~P1.3）和垂直线（列线，图 5-52b 中接至 P1.4~P1.7）在交叉处不直接连通，而是通过一个按键加以连接，这样单个 8 位并行口就可以构成 1 个拥有 16 键位的 4×4 矩阵结构，比独立式键盘的接法多出了一倍，节省很多 I/O 口线。

矩阵式键盘的按键识别通常采用“行扫描法”或者“线反转法”。行扫描法又称为逐行（或列）扫描查询法，它是一种最常用的多按键识别方法。

① 行扫描法

行扫描法的处理过程如下：

a. 判断键盘中有无按键按下。

将所有的列线均置为低电平，检查各行线电平是否有变化，如有变化，说明有按键按下闭合，否则说明无按键按下。

b. 消除按键抖动。

为了保证按键每闭合一次，CPU 仅做一次处理，须消除按键抖动影响。因此，当检测到有按键按下时，延时一段时间重复 a 的过程，确认按键动作。

c. 判断闭合按键所在位置。

确认有按键按下后，即可进行按键位置判断。依次将某一列置低电平，其余各列保持高电平；检查读取各行线电平变化，如果某行线电平为低电平，则该行线与当前置为低电平的列线交叉点处的按键就是闭合的按键。由此得到闭合键的键值（即该闭合键所在行的行号和所在列的列号）。

【例 5-11】 参照图 5-52b 所示的接口电路，基于行扫描法编程实现键位扫描程序。

分析：按照行扫描法的流程，提取键位特征码。先向列扫描 P1.4~P1.7 发送全“0”扫描码 0x0F，此时如果没有按键按下，则 P1.0~P1.3 应全为 1，P1.4~P1.7 应全为 0。检测行输入口 P1.0~P1.3信号，如有不为 1 的行，即 P1 口不为 0x0F，表示有按键按下（该按键将其所在行线的高电平拉低到与其所在列线一致的低电平）。注意，在此过程中应进行延时防抖动处理。

进行行、列位置查询。先确定键位所在列，发送逐列扫描码，如扫描第一列时发送 0xEF；检测行输入信号，如果不全为“1”，则表示该列就是键位所在列，否则进行逐列扫描；找到所在列后对扫描码进行取反操作，P1.4~P1.7 中为 1 的位置就是所在列；对检测到的行码进行取反操作，P1.0~P1.3 中为 1 的位置就是所在行。

对得到的行号和列号进行译码，根据得到的键值进行相关操作和处理。

程序代码：

```
#include <reg51.h>
#include <stdio.h>
#define  uchar unsigned char
uchar keyScan(void);

void delay()                        //延时函数
{
    unsigned int i=1000;
```

```
    while(i--);
}

/* 重定义 putchar()函数,重定义后才能使用 printf()函数* /
char putchar(char ch)
{
    SBUF=ch;
    while(TI==0);
    TI=0;
    return ch;
}

void main(void)
{
    uchar key;
    SCON=0x50;                  //串行口初始化
    TMOD=0x20;
    TH1=0xFD;                   //波特率取 9 600 bit/s
    TL1=0xFD;
    TR1=1;

    while(1){
        key=keyScan();
        delay();
        if(key!=0) printf("key=%bx\r\n",key);  //%bx 打印 8 位十六进制数
      }
}

/* 键位扫描函数* /
uchar keyScan(void)
{
  uchar i,row,column;
  P0=0x0F;                      //发送全列扫描码,P1.4~P1.7 均取 0
  if((P0 & 0x0F)!=0x0F)         //判断是否有按键按下,即P1.0~P1.3 有不为 1 的位
    {  delay();                 //延时防抖
       if((P0 & 0x0F)!=0x0F)
       {   column=0xEF;         //开始逐列扫描
           for(i=0;i<=3;i++){//4×4 矩阵,扫描 4 次即可
```

```
            P0=column;                              //输出列扫描码
            if((P0 & 0x0F)! =0x0F){                 //如果行码各位不全为 1,表明
                                                      该列有按键按下
              row=(P0&0x0F)|0xF0;                   //与、或运算,方便后面取反操作
                printf("row= % bx \r \n",row);
                                                    //打印所在行
                printf("column= % bx \r \n",column);
                                                    //打印所在列
                return((~column)+(~row));//行码和列扫描码取反求和,并
                                                      返回
            }
            else
                column=(column<<1)|0x01;          //如果不在该列,移位后进行下
                                                      列扫描
            }                                       //利用或运算保证只有扫描列
                                                      为 0,其余列为 1
          }
        }
    return(0);                                      //如果没有按键返回 0
}
```

注意:为了方便查看扫描码和键值,程序中利用 printf( )函数进行了过程监测,打印格式%bx 表示输出 1 个字节 8 位十六进制数。

printf( )函数的定义包含在 stdio.h 头文件中,在 Keil C51 中进行了扩展,且编程时应进行 putchar( )函数的重定义才能使用。

另外,注意取反操作后返回的键值是 BCD 码的组合。如 4 行 4 列点位处的按键返回值为 0x88,实际上就是取反后保留的高四位列线 1000B 和低 4 位行线 1000B 的和。

② 线反转法

线反转法的处理过程如下:

第一步,将行线作为输入线,列线作为输出线,并使输出线全为 0(低电平),则行线中电平由高变低的行为按键所在行。

第二步,进行反转处理,将行线作为输出线,列线作为输入线,并使输出线全为 0,则列线中电平由高变低的列为按键所在列。

第三步,综合第一步的行线值和第二步的列线值,即可识别得到按键的位置。

3. BCD 拨码盘接口设计

拨码开关又称作指拨开关、编码开关等。与按键开关相比,拨码盘可以直接输入 BCD 码数值,且拨动后数值固定不变。对于某些需要随时改变控制参数,并且希望断电重启后也无须重新输入这些参数的单片机系统(如温控系统)而言,拨码盘无疑既简单直观,又方便实用。

拨码盘种类众多,如图 5-53a 所示。常用的拨码盘为以十进制方式拨动输入、BCD 码形式输出的 BCD 拨码盘。每片拨码盘具有 0~9(十进制)或 0~F(十六进制)个位置,多片拨码盘可以拼装在一起形成不同位数的输入组合。

如图 5-53b 所示,BCD 拨码盘有 5 个引脚,其中 A 为公共引脚,另外 4 个引脚分别为 BCD 码的 8、4、2、1“权重”引脚。旋转拨码盘指向不同的显示数值时,8、4、2、1 四只引脚会与公共引脚 A 呈现不同的导通状态,导通规律与所对应的显示数值的 BCD 码完全一致。

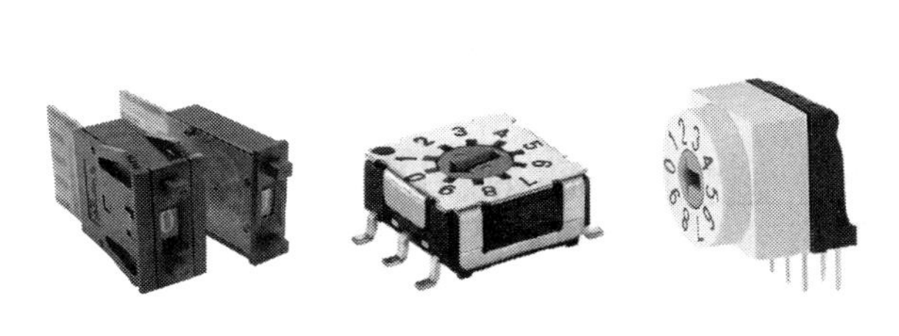

(a) 拨码盘实物

引脚	十进制数字									
	0	1	2	3	4	5	6	7	8	9
A										
1		●		●		●		●		●
2			●	●			●	●		
4					●	●	●	●		
8									●	●

(b) 引脚与公共端的导通状态(●为导通)

图 5-53　BCD 拨码盘实物及其输入/输出导通状态

(1) 单个 BCD 拨码盘与单片机的接口

单个 BCD 拨码盘可以与单片机的 4 位 I/O 口线相连,输入 BCD 码。

实际使用 BCD 拨码盘时,如果 A 端接高电平,则 8、4、2、1 引脚输出端需经下拉电阻拉至低电平。这样当 4 个引脚不与 A 连通时为低电平,与 A 连通时为高电平,从 8、4、2、1 引脚读出的数值即为正逻辑 BCD 编码,如图 5-54a 所示。

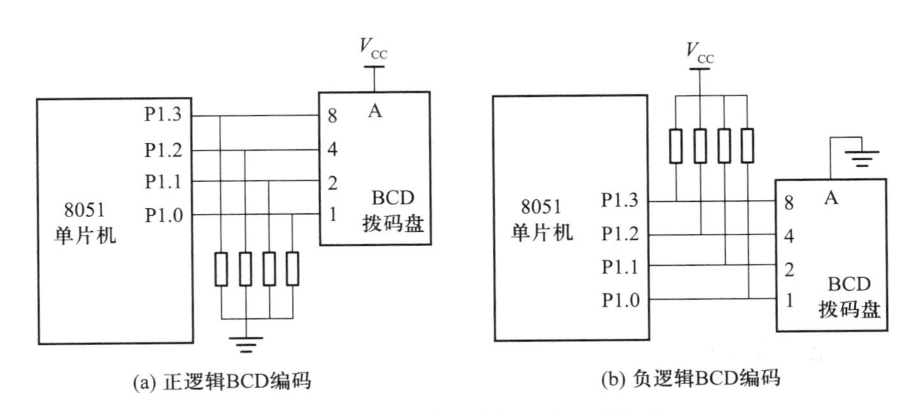

(a) 正逻辑BCD编码　　(b) 负逻辑BCD编码

图 5-54　BCD 拨码盘的正负逻辑编码

如果 A 端接低电平,则 8、4、2、1 引脚输出端需经上拉电阻拉至高电平。4 个引脚不与 A 连通时为高电平,与 A 连通时为低电平,从 8、4、2、1 引脚读出的数值为负逻辑 BCD 编码,需要进行取反操作后才能得到与拨码盘输入对应的 BCD 码。如图 5-54b 所示,若 4 拨通,则 P1 口低 4 位输入的数据为 1011B,取反操作后为 0100B。

（2）多个 BCD 拨码盘与单片机的接口

在实际的单片机应用系统中，可以将多个 BCD 拨码盘通过卡扣拼装在一起，形成拨码盘组，从而实现多位十进制数的输入。图 5-55 为两个 BCD 拨码盘通过 74LS244 与 MCS-51 单片机连接的电路图。BCD 拨码盘的公共引脚 A 接地，4 位数据线和 74LS244 的 4 位并行输入线相连，并通过电阻接到 V_{CC}。当 BCD 拨码盘处于某个位置时，和 A 端相通的数据线为 0，不相通的数据线为 1，数据线的状态符合拨码盘位置的负逻辑 BCD 码编码规律。单片机对 74LS244 进行读操作获取拨码盘的负逻辑状态，取反后可得到正确的 BCD 码。

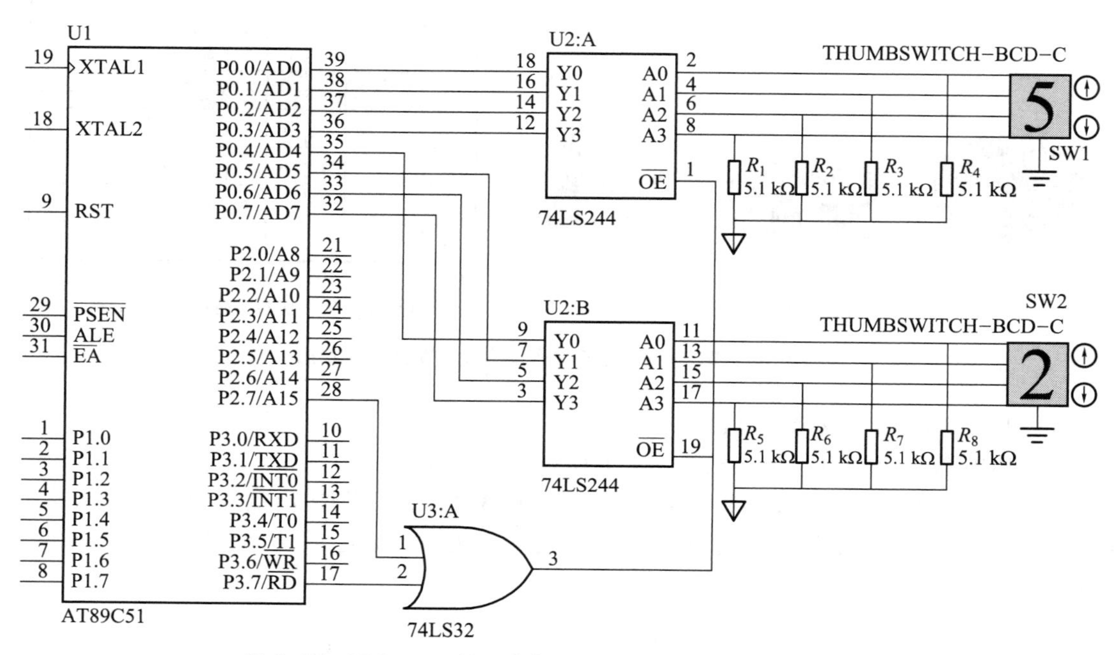

图 5-55　两个 BCD 拨码盘与 MCS-51 单片机连接的电路图

【例 5-12】　参照图 5-55 所示的电路图，编程实现 BCD 码拨码盘读取程序。

分析：图 5-55 中，两个 BCD 拨码盘经 74LS244 分别接至 P0 口的高 4 位和低 4 位，由于采用了负逻辑接线方式，读取后需对 P0 口进行按位取反以获取正确的 BCD 码对应数值。图中，P2.7 和单片机 $\overline{RD}$ 引脚经 74LS32 或门处理后接至两个 74LS244 的 $\overline{OE}$ 输出允许引脚，可以按照扩展 I/O 接口方式对 74LS244 进行寻址，端口地址为 7FFFH。单片机对地址端口进行读操作时，74LS32 输出为低电平，74LS244 导通，拨码盘数据线的电平高低状态传至 P0 口。

程序代码：

```
#include <reg51.h>
#include <absacc.h>
#define addr XBYTE[0x7FFF]        //定义 74LS244 端口地址
#define uchar unsigned char

/* 串行口输出函数* /
```

```
void putchar(uchar ch)
{
    uchar a,b;
    a = ch/16;                     //对单字节 BCD 码进行分解,将十六进制数以
                                     ASCII 码形式发送至串行口
    b=ch% 16;
    if(a<=9)a=a+0x30;             //数字(0~9)+0x30 即为其 ASCII 码
    else a=a+0x37;                //字母(A~F)+0x37 即为其 ASCII 码
    if(b<=9)b=b+0x30;
    else b=b+0x37;
    SBUF=a;                       //数据传送至 SBUF 进行发送
    while(TI==0);                 //等待发送完毕 TI 置位
    TI=0;                         //软件清 0
    SBUF=b;
    while(TI==0);
    TI=0;
    SBUF=0x0d;
    while(TI==0);
    TI=0;
}

/* 延时函数,软件延时 100 ms,时钟频率为 11.059 2 MHz* /
delay()
{
    unsigned char i, j;
    i=180;
    j=73;
    do{
        while(--j);
    }while(--i);
}

/* 主函数* /
void main(void)
{
    uchar key,a,b;
    SCON=0x50;                    //串行口初始化
    TMOD=0x20;
```

```
    TH1=0xFD;
    TL1=0xFD;
    TR1=1;

    while(1){
    key=addr;                        //对端口地址进行读操作,启动对拨码盘的读取
    key=~key;                        //负逻辑接线,对读取结果按位取反
    putchar(key);                    //显示拨码盘数值
    delay();                         //延时操作
  }
}
```

5.6 MCS-51 单片机的功率接口电路

单片机应用系统中有继电器、电动机、电磁阀或者 LED 指示灯等各种执行电器,这些执行电器的工作电压和工作电流多数都远远超出了单片机 I/O 接口的驱动能力,必须通过三极管、MOS 管等功率接口电路进行放大驱动。此外,电磁阀和继电器线圈等感性负载在工作过程中对电路的干扰较大,影响单片机正常运行,一般还需要通过光电耦合器等进行必要的隔离。

5.6.1 MCS-51 单片机的 I/O 接口驱动能力

MCS-51 单片机具有 4 个并行 I/O 接口。其中,P0 口作为通用 I/O 接口使用时是开漏输出,每一位可驱动 8 个 LSTTL 负载。P1~P3 口每一位可驱动 4 个 LSTTL 负载,驱动能力是 P0 口的一半。以 AT89C51 单片机为例,其 P0 口高电平输出驱动电流为 400 μA,要想得到高电平拉负载能力需外接上拉电阻。低电平时 P0 口的每位口线可提供 3.2 mA 的灌入电流,单根口线最大可吸收灌入电流 10 mA,但 P0 口所有引脚总和只能吸收 26 mA 电流。P1~P3 口单根口线可提供 1.6 mA 灌入电流,最大可吸收电流为 10 mA,P1~P3 每个口的引脚总和只能吸收约 15 mA 电流。整个单片机芯片的最大吸收电流不能大于 71 mA。

而像 STC15 等增强型单片机,一般还设置有强推挽输入/输出模式,单个 I/O 接口可输出或灌入 20 mA 电流,但芯片整体电流总和不大于 90 mA。为了配置 I/O 接口的不同工作模式,STC 单片机每个接口都设置有 2 个工作模式的寄存器,即 P_iM1 和 P_iM0,其设置见表 5-17。

表 5-17 STC 单片机 I/O 接口工作模式设置

$P_iM1[7:0]$	$P_iM0[7:0]$	I/O 接口工作模式
0	0	准双向口(基本型 8051 单片机模式),最大灌入电流为 20 mA,拉电流为 270 μA
0	1	推挽输出(强上拉输出,可达 20 mA,需加限流电阻)
1	0	仅作为高阻输入

续表

$P_iM1[7:0]$	$P_iM0[7:0]$	I/O 接口工作模式
1	1	开漏输出(open drain),需外加上拉电阻

使用STC单片机I/O接口的灌电流方式时,应将单片机的I/O接口设置为准双向接口/弱上拉工作模式;而采用拉电流方式时,应将单片机的I/O接口设置为推挽输出/强上拉工作模式。实际使用时一般尽量采用灌电流方式,以提高系统的负载能力和可靠性,如图5-56所示。注意图中的限流电阻 R 不能省略,以免烧毁I/O接口。

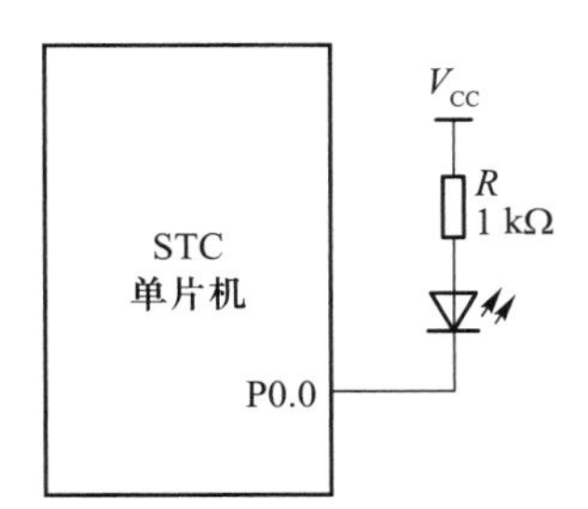

图 5-56 STC 单片机以灌电流方式驱动 LED

5.6.2 单片机与 TTL 或 CMOS 元件的输出接口

当负载要求有较强的驱动电流时,可以考虑给I/O接口增加TTL或CMOS元件提高驱动能力,如74LS245、7407、7406等。单片机通过TTL或CMOS元件输出时一般采用集电极开路(OC)元件,如图5-57所示。图中7407为集电极开路的同相驱动器(即OC门电路),最大驱动电流为40 mA,可以带动40 mA以下的负载正常工作。

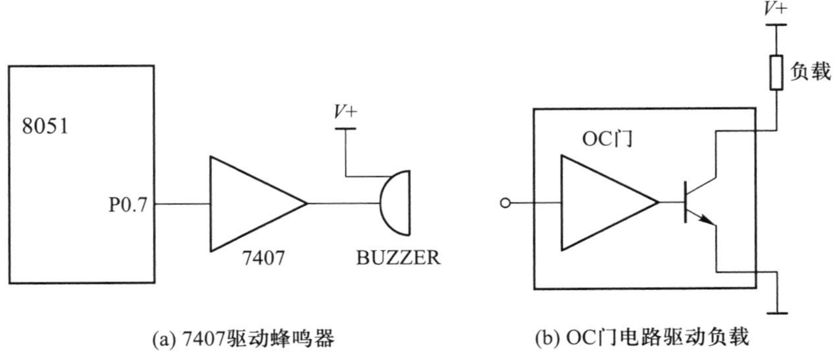

图 5-57 单片机利用 OC 门电路驱动蜂鸣器

注意:OC门电路的输出极内部连接一个集电极开路的晶体三极管,如图5-57b所示。OC门输出端外接负载时须接至正电源才能正常工作,负载电源电压可以高于TTL电路的 V_{CC}(一般为+5 V)。OC门电路输出既有电流放大功能,又有电压放大功能。如反相驱动器7406、同相驱动器7407的输出极截止时耐压可达30 V,低电平时吸收电流为40 mA。

图5-58是单片机利用CMOS芯片74HC245驱动共阴极数码管的电路图。74HC245是8路

同相三态双向总线收发器，可在方向引脚（引脚 1）的控制下实现双向传输数据，其引脚输出电流为35 mA。当外围元件达到或超过 8051 单片机 I/O 接口总线的最大负载能力时，可接入 74HC245 等总线驱动器，同时起到保护单片机的作用。图 5-58 中引脚 1 AB/$\overline{\text{BA}}$接地，电流方向为 An→Bn。

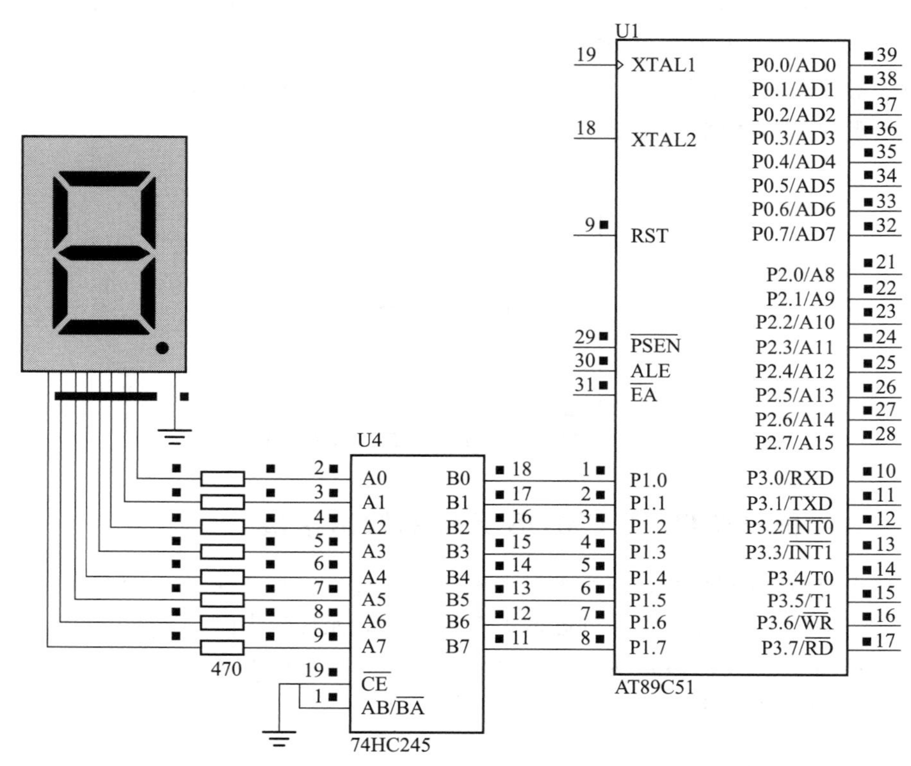

图 5-58　单片机利用 CMOS 芯片 74HC245 驱动共阴极数码管的电路图

5.6.3　单片机与三极管和光电耦合器的输出接口

1. 单片机与三极管的接口电路

三极管在单片机系统中通常用来作为开关控制使用，通过单片机 I/O 接口连接三极管的基极，控制三极管的通断，实现开关/驱动或电压/电平的转换，此时一般会设置电路使三极管处于饱和导通或截止状态，如图 5-59 所示。

图 5-59b、c 为基于三极管的电压/电平转换电路。当单片机 I/O 接口输出高电平时，三极管导通，合理设置 R_1 阻值（如 4.7～10 kΩ），可以使图 5-59b 的 OUT 端输出低电平，图 5-59c 的 OUT 端输出高电平。当 I/O 接口输出低电平时，三极管截止，此时图 5-59b 的 OUT 端由 R_1 上拉输出高电平，而图 5-59c 的 OUT 端则由 R_2 下拉输出低电平。由于三极管的耐压可以高于单片机输出电平，上述电路既可以实现电平高低的逻辑变换，也可以实现单片机利用 I/O 接口低电平、低电流控制高电压、高电流输出的目的。

而单片机利用三极管驱动 LED 指示灯或数码管时，除可利用三极管的开关特性进行位选

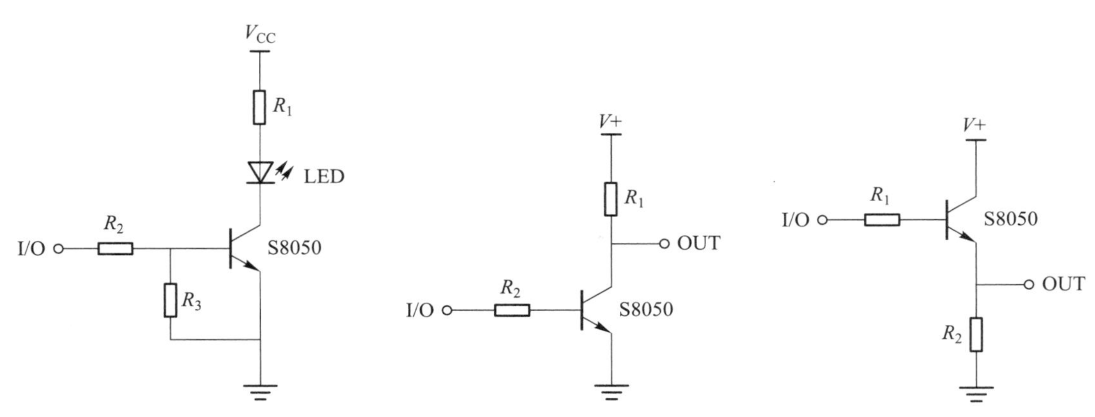

(a) 基于三极管的开关/驱动电路　(b) 基于三极管的电压/电平转换电路1　(c) 基于三极管的电压/电平转换电路2

图 5-59　单片机与三极管接口电路

外,还利用了三极管的电流放大特性(图 5-59 中三极管 S8050 耐压 40 V,集电极电流 $I_c=0.5$ A),满足数码管正常点亮的电流需求。如图 5-59a 所示,电阻 R_2 的选取可以根据 LED 的电流和三极管的放大倍数进行计算:

$$R_2=\frac{V_{IO}-V_{be}}{I_{be}}\approx\frac{V_{IO}-V_{be}}{I_c}\beta \tag{5-10}$$

其中,V_{IO}为 I/O 接口输出电平,V_{be}为三极管基级与发射级间电压,I_c为集电极电流,β 为三极管放大倍数。

电阻 R_3(一般取 10 kΩ)用于和 R_2 配合,一方面当 I/O 接口悬空时,将电平下拉至低电平,防止误动作;一方面在 I/O 端电压接近三极管导通临界值(一般为 0.7 V)时,通过 R_2、R_3 的串联分压确保三极管截止。R_3 也可称为旁路电阻,提供三极管集电结反向漏电流的通路,保证其可靠截止。

2. 单片机与光电耦合器的接口电路

光电耦合器又称光电隔离器,简称光耦,是以光为媒介,通过电—光—电的转换来传输电信号的半导体光电子元件。由于发射端和接收端可以实现电气切断,使得两侧电路的控制信号和“电气地”信号能够完全隔离,因而具有良好的绝缘和抗干扰能力。

光耦包括发光元件和光敏元件两部分,其中发光元件为 LED 发光二极管,光敏元件通常为光敏三极管等。反映光耦传输特性的一个主要参数是电流传输比(current transfer radio,CTR),它是指输出晶体管的工作电压为规定值时输出电流 I_c和发光二极管正向电流 I_F之比。CTR 的合理范围一般为 50%~200%,过低则光耦中的 LED 需接入较大电流才能工作,增加了控制系统的功耗;过高则光耦变得非常灵敏,容易造成误触发。

图 5-60 为常见的单片机 I/O 接口驱动光耦的接口电路。为了保证光耦能正常“打开”,一般会在 I/O 接口和光耦控制输入端之间增加一个三极管或同相驱动器 7407。

图 5-60a 中,电阻 R_1、R_2 的选择可参考图 5-59a。图 5-60b 中,限流电阻 R_1 的选择可根据下式计算:

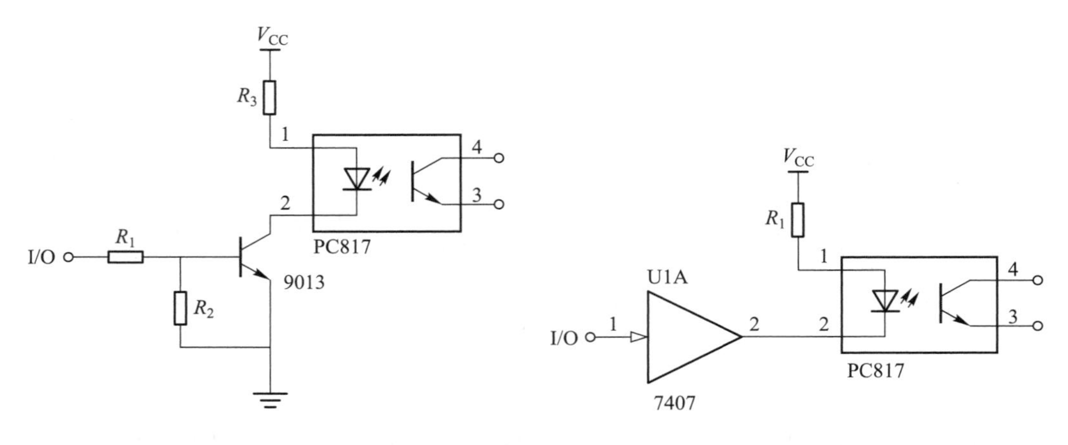

(a) I/O利用三极管驱动光耦　　(b) I/O口利用7407驱动光耦

图 5-60　常见的单片机 I/O 接口驱动光耦的接口电路

$$R_1 = \frac{V_{CC} - V_F - V_{CS}}{I_F} \tag{5-11}$$

其中:I_F为光耦输入端电流,对 PC817 一般取 $I_F = 5$ mA;$V_F = 1.2$ V,为光耦 LED 的正向压降;$V_{CS} = 0.5$ V,为 7407 压降。由此可得出 $R_1 \approx 660$ Ω,可向上圆整取标称值 680 Ω。

此外,选用光耦隔离信号还要注意其转换频率,以 PC817 光耦为例,其转换截止频率为 80 kHz。对高频隔离信号应选择高速光耦。

5.6.4　单片机与继电器的接口电路

在低压电器回路中,继电器主要用于控制电路,它可以通过多组触点扩大控制范围,可以通过触点组合实现一定的控制逻辑,可以放大微小控制量来驱动大功率电路,在电路中起到自动调节、安全保护和转换电路等作用,是单片机系统中重要的控制元件之一。

MCS-51 单片机系统驱动继电器时通常要利用三极管或相应的驱动芯片(如 ULN2003N)等元件进行放大驱动。图 5-61 给出了单片机利用不同元件驱动继电器的几种方案。由于光耦内阻较大,一般不直接驱动继电器负载,通常会在光耦后面增加一级驱动三极管。

图中:

(1) 图 5-61a、b 中在利用三极管驱动继电器时,三极管工作在截止状态和饱和状态,因此需将继电器接在三极管集电极回路中。如果接入发射极回路中,可能会导致三极管不能完全饱和导通而无法驱动继电器线圈。

(2) 三极管驱动继电器时,多数选用 NPN 型三极管。这是因为 NPN 型三极管对前级控制电路输出信号的幅值要求较低,通常只需要 V_{be}>0.7 V 即可使三极管饱和导通,驱动继电器工作。而 PNP 型三极管则要求前级控制电路能够输出足够幅值的电压才能控制导通和截止。

(3) 如果采用 PNP 型三极管驱动继电器,为了使三极管能充分截止,一般要求在 PNP 型三极管的发射极两端并联一个合适阻值的电阻,如图 5-61b 所示。

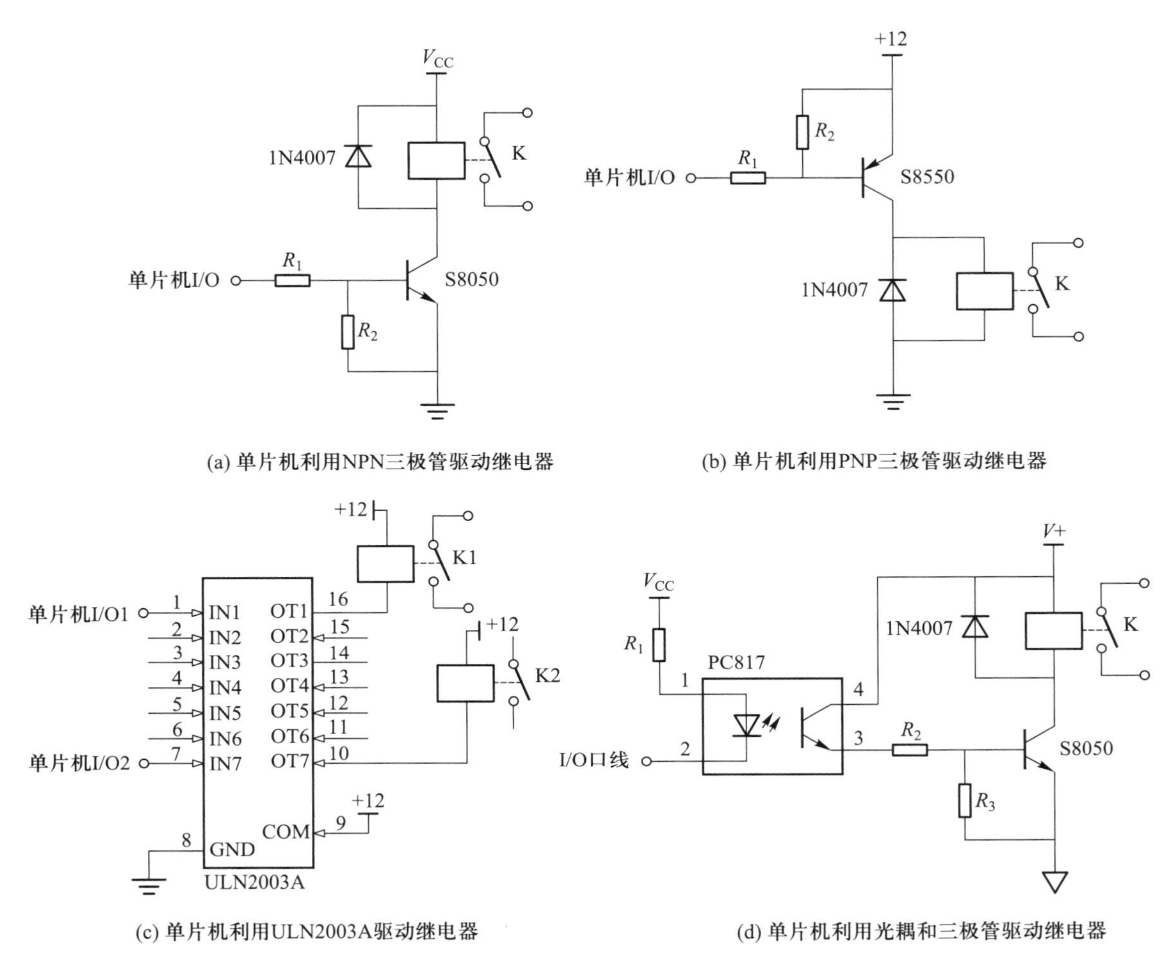

(a) 单片机利用NPN三极管驱动继电器

(b) 单片机利用PNP三极管驱动继电器

(c) 单片机利用ULN2003A驱动继电器

(d) 单片机利用光耦和三极管驱动继电器

图 5-61　单片机与继电器的接口电路

(4) 图 5-61c 中,利用了达林顿晶体管芯片 ULN2003A 来驱动继电器。ULN2003A 是 1 个 7 路反相器电路,当输入端为高电平时 ULN2003A 输出低电平。ULN2003A 为集电极开路输出,内部带有续流二极管并连接到 COM 端(引脚 9),因而使用时须将 COM 端连接到负载供电电源。ULN2003A 的输入控制电平为 5 V,最大输出电压为 50 V,最大连续电流为 500 mA。

(5) 图 5-61d 中,单片机利用光耦驱动三极管 S8050,再利用三极管驱动继电器,从而通过光耦实现了隔离驱动。

(6) 如图 5-61a、b 所示,在选用三极管时,应注意根据继电器参数来确定三极管的参数。以常见的 PCB 板载型继电器松乐 SRD-05V 为例,其线圈额定电压为 5 V,线圈电阻为 55 Ω,继电器的吸合电流为 89.3 mA。为了保证电路稳定性,一般要求三极管的集电极最大允许耗散功率 P_{CM} 至少是继电器额定功率的 2 倍,集电极最大允许电流 I_{CM} 至少是继电器吸合电流的 2 倍,同时集电极-发射极反向击穿电压 BV_{CEO} 也至少是继电器额定电压的 2 倍。图中所选 NPN 型三极管 S8050 的 $P_{CM}=1$ W,$I_{CM}=1.5$ A,$BV_{CEO}=25$ V,都能够满足要求。

5.7 单片机应用系统的设计与开发

5.7.1 单片机应用系统的设计步骤

1. 单片机应用系统的结构特点

从结构上看,单片机应用系统一般由单片机基本系统、前向通道、后向通道、人机交互通道及数据通信通道组成。

(1) 单片机基本系统

单片机芯片配置复位电路、时钟电路等必要的外围元件构成基本系统。

(2) 前向通道及其特点

前向通道是单片机应用系统与采集对象相连接的部分,具有以下主要特点:

① 与现场被控制对象直接相连,是现场干扰进入的主要通道,因而是系统抗干扰设计的重点部位。

② 前向通道采集现场传感器测量信号传送给单片机,由于对象的性质不同(如开关量、模拟量、脉冲量等),许多参数信号往往不能满足单片机的输入要求,故前向通道多数需要包含放大器、I/F 变换、V/F 变换、A/D 转换和信号整形等变换电路。

③ 前向通道是一个模拟、数字混合电路系统,其电路功耗小,通常没有功率驱动要求。

(3) 后向通道及其特点

后向通道是系统的伺服驱动控制通道,具有以下主要特点:

① 是应用系统的输出通道,通常需要功率驱动。

② 靠近伺服驱动现场,伺服控制系统的大功率负荷易从后向通道进入单片机,故后向通道的隔离方式对系统影响极大。

③ 根据输出控制的不同要求,后向通道电路有模拟电路、数字电路、开关电路等多种形式,输出信号有电流输出、电压输出、开关量输出及数字量输出等不同类型。

(4) 人机交互通道及其特点

单片机应用系统中的人机交互通道是用户为了对应用系统进行干预以及了解系统运行状态所设置的,主要有键盘、显示器、打印机等接口。其特点如下:

① 单片机应用系统通常是小规模的,系统中的人机交互设备多采用微型打印机、非编码键盘、LED/LCD 显示器等。

② 人机交互通道接口通常为数字电路,电路结构简单、可靠性高。

(5) 数据通信接口及其特点

利用单片机系统组成较大的测控系统时,系统间的相互通信接口必不可少。单片机带有的 UART 串行口为应用系统数据通信提供了便利条件。

① 单片机自身所带的串行口为相互通信提供了基本结构及基本通信方式,但并没有提供标准通信规程,故利用单片机串行口构成通信接口时,还要配置较复杂的通信软件。

② 在很多情况下,需要利用 MAX232、MAX485 等标准通信接口芯片来构成通信接口。

③ 通信接口都是数字电路,抗干扰能力强,但多数需要长距离传输,需解决长距离传输的驱动、匹配、隔离等问题。

2. 单片机应用系统的设计方法和步骤

单片机应用系统是指针对工业测控或智能仪表需求,利用单片机作为控制核心而专门设计开发的单片机系统,一般由硬件和软件两部分构成。硬件部分是指由单片机,扩展 RAM/ROM, I/O 接口,A/D、D/A 转换等外围元件,通信、控制、驱动等各种功能性硬件模块以及键盘、显示器等人机交互设备组成的系统电路。软件部分包括完成系统检测、计算、输入/输出等各种功能的驱动执行类软件模块,以及协调功能模块运行的调度监控软件模块。单片机应用系统的硬件和软件是密不可分的,两者之间需要相辅相成、协调运行才能实现应用系统的功能。

(1) 设计方法与步骤

单片机应用系统的开发是指用单片机组成应用系统时,从任务提出到设计定型、制造调试,直到使用的整个过程。单片机的应用领域很宽,要求各不相同,设计方案也千差万别,很难有一个固定的模式适用一切问题,但就设计方法和步骤来说是基本相同的,如图 5-62 所示。

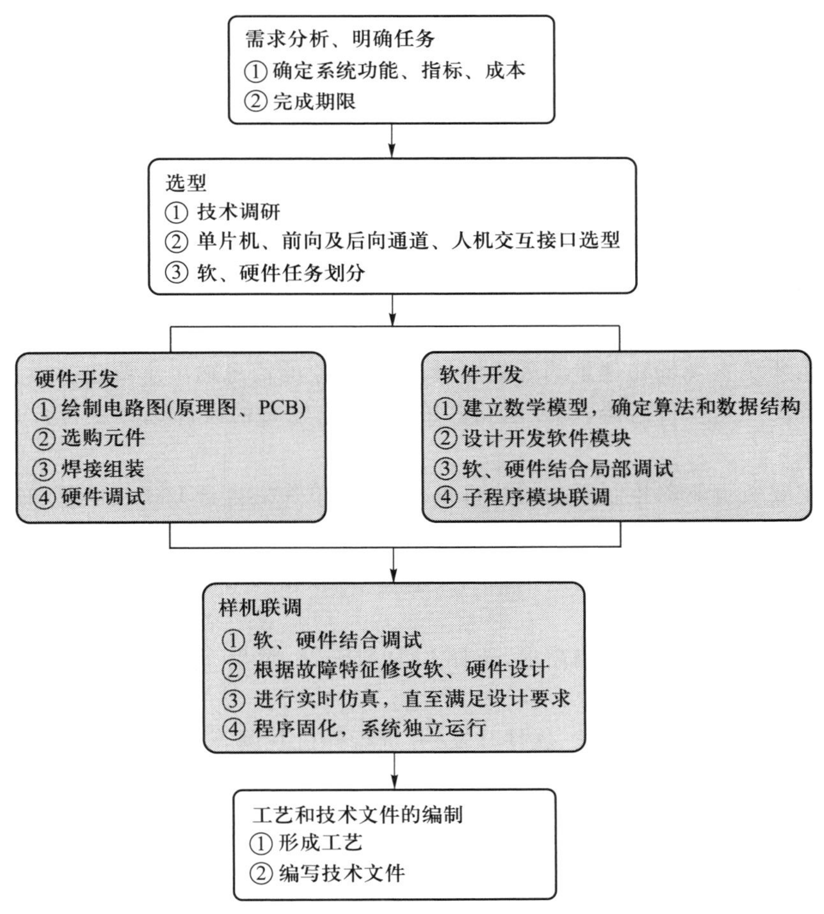

图 5-62　单片机应用系统设计过程示意图

(2) 需求分析、明确任务

设计前应综合考虑系统的先进性、可靠性和经济性,通过需求分析明确应用系统的功能和技术要求。需求分析主要包括确认测控参数的范围和形式(电量、非电量、模拟量、数字量等),确认系统的功能和性能指标,确认系统的工作环境,确认系统的人机交互要求等。其中,功能和性能的确认一般以够用为准、必要为度,应充分发挥单片机系统开发周期短、费用低、见效快的特点。单片机应用系统本身属于经济型系统,没必要画蛇添足。

此外,应用系统是由各子系统或各个环节组合而成的,应重视对接口方案的设计,对传送信息的形式、内容、时序等进行严格的定义和安排,使信息流保持通畅、准确。

总之,系统方案和功能指标的确立应坚持在满足用户需求的基础上,尽量使系统简单、经济、可靠。

(3) 选型

在进行选型时,主要包括以下几个方面:

① 单片机选型

进行单片机选型时,首先要考虑计算速度和计算精度,计算速度决定控制功能能否实时实现,而计算精度决定了系统的性能指标能否达到要求。当系统比较简单,计算量小、计算精度和计算速度要求不高时,优先考虑 8 位单片机,否则可以考虑选用 16 位单片机。

其次,应根据实际需要,确定 I/O 接口数量和 ROM/RAM 容量,并留有余地。同时要注意系统必须具有较完善的实时时钟和中断系统,保证系统的实时控制性能。

在此基础上,尽量了解单片机的性能指标和所集成的资源,根据系统的要求选用合适的单片机。目前许多增强型单片机内置 SPI 或 I^2C 串行通信接口模块,并具有较高转换精度的 A/D 通道,应优先考虑选用,以减少外围扩展元件的数量,提高系统集成度和稳定性。还应注意根据系统的应用环境,选择适当的芯片等级(军用级、工业级和商用级)。

② 前向及后向通道选型

前向通道主要负责现场物理量的采集测量,测量对象的信息输出主要包括模拟量、数字量和开关量等三种形式。这些传感器、模拟电路和输入/输出电路的设计选择应符合系统的精度、速度和可靠性要求。

后向通道主要负责驱动控制系统的执行机构,由于单片机自身 I/O 接口驱动能力有限,需要通过 I/O 接口控制功率接口模块来实现对负载的驱动,如继电器、集成驱动电路、总线驱动器和三极管等。同时要考虑采取必要的抗干扰设计措施,如通过光电耦合器进行光电隔离等。

③ 人机交互接口选型

可根据系统的参数调整和监测需求,选择 LED 数码管、键盘等输入、输出设备。

(4) 系统设计与调试

在此阶段完成系统的硬件开发、软件开发,并进行样机联调等。

(5) 工艺和技术文件的编制

文件不仅是设计工作的成果,而且是使用、维修和改进设计的依据。文件一般包括任务描述、技术路线及方案的论证、测试报告、系统使用说明/操作手册、软件设计资料(流程图、子程序/函数功能及接口参数说明、I/O 定义和地址空间分配等)、硬件设计资料(原理图、PCB 电路图、BOM 表等),应精心编写、规范描述,并保证数据和资料的齐全。

3. **硬件设计**

硬件设计时,在单片机、前向及后向通道、人机交互接口选型的基础上,首先要根据系统的功能构成(图5-63)和结构特点,确定系统扩展、外围设备和人机交互设备,然后再确定各部分的逻辑和电气连接关系及各种电器和功能单元所需的外围辅助电路,据此设计系统的电路原理图。

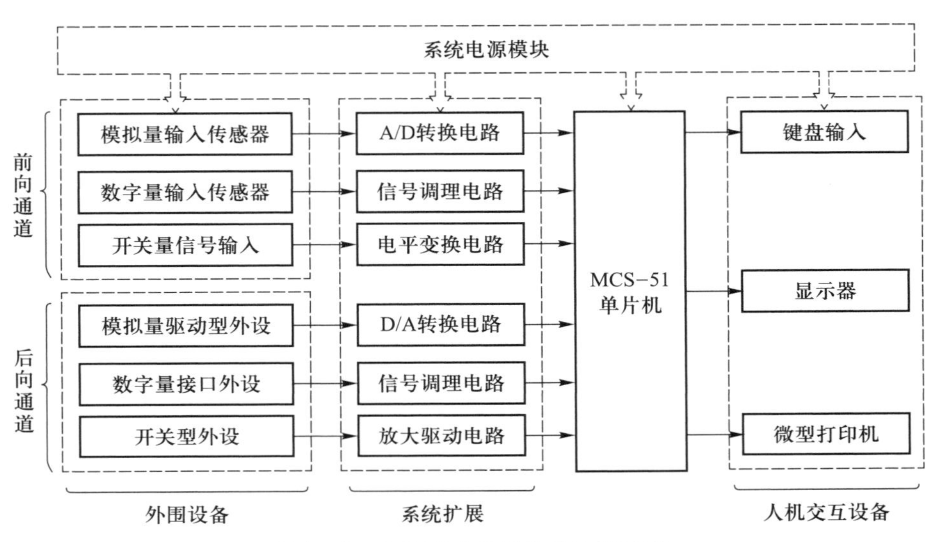

图5-63 典型单片机系统的功能构成

为使设计尽可能合理,保证设计的成功率,应注意以下几个方面:

① 尽量选用增强型单片机。此类单片机一般含有大容量的Flash ROM和RAM,编程下载简单,且多数包含了串行总线通信接口、模拟量转换通道等功能单元,可大大减少扩展元件的需求,降低电路设计的复杂程度。

尽量选用或参考成熟的典型电路,单片机应用广泛,各种功能单元和元件的使用都有若干可供参考的成熟电路(如串行口通信电路、继电器驱动电路等),采用和借鉴这些电路既可以避免设计失误,也有利于实现系统的标准化、模块化。

尽量提高系统和芯片的集成度,元件越多,相互间的干扰越复杂。

② 电路设计和资源配置应在充分满足系统现有功能需求的基础上留有余地,为后续的修改和二次扩展提供方便。例如,I/O接口数量、A/D和D/A通道的数量配置等都应有余量,并在电路设计时留置必要的测试点。

③ 原则上能用软件实现且能满足性能要求的,就不用硬件。

④ 要充分考虑系统的驱动能力和抗干扰能力。可通过增设总线驱动器、集成驱动电路等方式提高单片机的驱动能力,提高系统工作的可靠性;通过去耦滤波、通道隔离、设置看门狗电路等提高系统的抗干扰能力。

⑤ 要重视监测电路的设计。设计时应在硬件、软件方面采取一定的措施,如自诊断功能、看门狗电路等,以及时处理故障和防止事故扩大。

⑥ 不可忽视工艺设计。必须考虑机箱、机架、面板、地线、接插件等安装、调试、维修的方便。

硬件电路的抗干扰措施也应包括在设计之中,否则不能称之为完整的硬件设计。

4. 软件设计

系统的控制功能一般是在硬件的基础上通过软件来实现的,硬件是软件的后台,软件是决定系统功能指标的关键。单片机系统的软件与 PC 软件、智能终端 APP 软件不同,它与硬件电路结合更加紧密,硬件功能的实现通常需要软件根据元件的驱动特性,严格按照时序进行特殊功能寄存器的配置和操作控制;同时,单片机系统的实时性和控制精度也比一般的 PC 软件和智能 APP 软件要求高。这些都要求单片机软件的设计者既要了解硬件资源开发的相关知识,又要具备软件编程能力和控制模型、控制算法的设计能力。

单片机软件设计的步骤如下:

(1) 选择开发软件和开发环境

软件设计时,首先要根据所选单片机的型号及硬件配置,合理选择软件开发环境和开发工具,以保证用较少的时间、较低的成本开发出满意的软件。

(2) 进行软件总体规划

从软件功能来看,系统软件可以分为执行软件和监控软件两类,执行软件一般要求实时性强,算法效率高。可执行程序模块多以中断服务程序的形式来实现,根据各个执行模块的实时性要求,可将其安排在不同优先级的中断服务程序中。软件总体规划就是要将各个执行模块逐一列出,进行模块功能定义和接口定义,规划好数据结构及其类型。

监控软件的作用是协调各执行模块和操作者的关系。监控程序规划的主要任务是定义好各执行模块之间的数据传递关系、执行的因果关系和调用关系等。

清晰、简洁地合理划分软件功能模块有利于实现程序的模块化、子程序化,既便于调试连接,也方便移植和修改。

(3) 进行系统资源分配

单片机系统的硬件资源包括 RAM/ ROM、定时/计数器、中断源和 I/O 接口等。软件总体规划时定时/计数器、中断源等已分配好;ROM 资源是用来存放程序和表格的,也已确定。因此,资源分配主要是针对 RAM 和 I/O 接口进行,单片机 RAM 存取速度快、操作方便,常用来存放常用数据、计算的中间结果等。片内 RAM 是宝贵的资源,应精心分配规划。利用汇编语言编程时一般会列出 RAM 分配清单,作为编程时的依据。

(4) 程序设计与编制

程序设计与编制是软件设计的具体实现。程序设计的一个重要内容是流程图的设计。绘制流程图的过程就是进行程序逻辑设计的过程,是软件设计的关键。应当认识到,编程只是将设计好的流程图转换成程序设计语言而已,应养成绘制流程图的良好习惯。

流程图绘制可以分三步进行:第 1 步是将总任务分成若干子任务,安排好它们之间的相互关系。第 2 步是将流程图的各个子程序进行细化,决定每个子任务的算法模型。第 3 步以资源规划为重点,为每一个参数、中间结果、各种指针和标志、计数器等分配工作单元,定义数据类型和数据结构。

(5) 程序调试

程序调试要设计调试方案和方法,一般可以编写一个模块调试一个模块。先排除语法错误、生成可执行的机器代码,然后进行输入、输出等方面的测试,最后进行逻辑测试和功能测试。测试时既要对一般情况进行测试，又要考虑可能出现的特殊情况，尽可能找出所有错误，确保程序正确可靠运行。

5. 系统调试与仿真

单片机系统经过总体设计，软、硬件设计后，下一步工作是加工 PCB 电路板并进行元件的焊接和功能调试，最后是进行系统的软、硬件联合调试。实际上后面两步的工作并不能在时间线上截然分开，元件的焊接和调试以及最后的软、硬件联合调试都可以称为目标系统的调试阶段。

(1) 硬件调试

单片机的软件调试和硬件调试是分不开的，两者互相配合才能排除硬件设计或焊接时导致的故障。

硬件调试时首先进行静态调试，需要先排除设计错误、工艺错误，在焊接前应重点检查 PCB 电路板是否存在短路、断路现象；对照设计文件检查电源是否存在极性错误；根据所选元件的技术说明文档（datasheet）和推荐的设计电路，检查是否存在接线错误或者接线缺失。

之后按照 PCB 标识焊接元件，可以按照先焊接电源部分→再焊接单片机及最小系统外围电路→再按照功能单元逐块焊接，边焊接边调试的顺序进行 PCB 电路板的焊接组装，从而可以使问题局部性呈现，便于故障定位。

电源部分焊接好后，可以利用万用笔、示波器等检查电源供电电压和输出特性曲线等是否满足系统需求，检查各功能单元的供电电压和极性是否正确。单片机系统焊接好后检查单片机的供电和时钟电路、复位电路，确保系统正常工作。对于部分时钟和复位电路内置的增强型单片机，可以通过编写简单 I/O 输出程序的方式确认系统能够正常运行。

静态调试只能排查较为明显的外在故障，对于元件内部故障和相互间的逻辑连接错误等要结合软件调试在后续的在线仿真调试过程中排查。

(2) 软件调试

软件调试不仅仅包括对模块化子程序和监控程序的功能以及逻辑关系的调试，还包括单片机系统内置和扩展功能单元运行状态和功能的调试。通常会结合 PC 机，采用仿真开发器进行在线联机调试，或者直接采用仿真模拟软件完成。

调试时一般先进行模块化子程序的调试，检测功能单元的状态和输入/输出是否满足设计要求，检测程序模块的执行结果是否符合设计预期，通过调试可以排除程序故障、算法和硬件设计错误，并不断优化调整系统软、硬件模块。

子程序模块调试通过后，根据流程图结合监控程序进行功能综合调试，检测模块间数据传递、执行因果和相互调用逻辑是否符合设计要求。

程序调试和修改完成后就可以烧录固化到单片机的 Flash ROM 中，完成系统研制。

① 基于在线仿真开发器的调试

在线仿真开发器（in circuit emulator，ICE）能够仿真目标系统中的单片机，并模拟系统的 RAM/ROM、I/O 接口、SFR 和内置功能单元等各种资源，使应用系统能够根据单片机固有的资源特性进行软、硬件设计。

利用开发器可以实现以下功能：

a. 目标系统硬件电路的诊断与检查。

b. 用户程序的输入、修改和编译；程序软件的跟踪调试和运行，可以通过单步运行、断点运行、连续运行和启停控制等功能实现状态跟踪和查询。

c. 程序固化和烧录，即利用开发器将用户程序固化到单片机的 Flash ROM 中。

图 5-64 是国产的增强型 USB2.0 接口 ICE52F 型单片机仿真器的仿真头，能够仿真标准 8051/8052 单片机的所有功能以及部分单片机的增强型功能。图中仿真头通过电缆连接到仿真器，仿真器则通过 USB 接口连接至 PC 机。通过晶振选择开关，可自由选择仿真头内置晶振或者目标板的1～40 MHz晶振。调试目标系统时，仿真头可以替代用户单片机，插到 PCB 板上的单片机 IC 插座中。通过更换仿真头或仿真头电缆座形式，能够满足不同种类和封装形式的单片机。

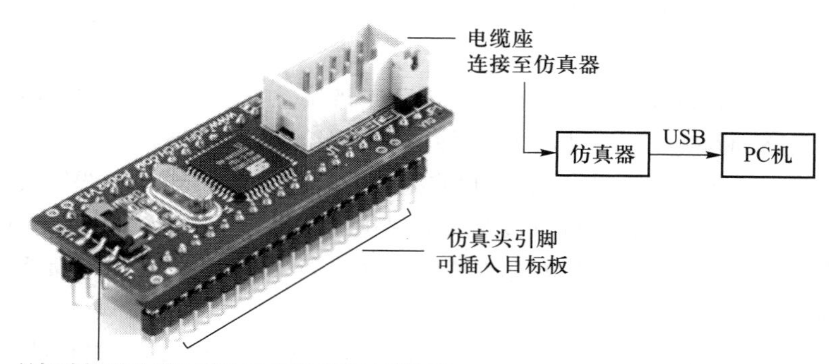

图 5-64　ICE52F 型单片机仿真器的仿真头

ICE52F 支持 Keil 仿真驱动，可以借助 Keil 软件实现对 MCS-51 系列单片机的仿真。并嵌入 Keil 软件的烧写功能中，可以在 Keil 中进行 ISP 编程下载。使用前需要先安装 ICE52F 仿真驱动程序(安装前应确保计算机已经装有 Keil 软件)，安装后，可以在图 5-65 所示的对话框中选择“ICE52F Emulator”选项。

注意，ICE52F 仿真器具有暂停功能，可以在仿真运行过程中选择暂停。但该功能需要占用用户代码空间 003BH 处 3 个字节的 ROM 空间，因此在使用 C51 编写系统程序时，应在主函数 main( )前加入以下语句：

```
char code dx516[3] _at_ 0x003b;
```

如果使用汇编语言，则应使主程序跳过中断区直到 0060H 以后：

```
        ORG 0000H
        LJMP START
        ……
        ORG 0060H
START:……              ;程序开始
```

② 基于仿真软件的仿真调试

仿真软件可以在计算机中实现对单片机系统的硬件模拟、指令模拟和运行状态模拟，可以实现从硬件到软件开发调试的全过程，开发效率较高，适合使用通用元件的中小型单片机应用系统开发。Keil μVision 软件自身就具备对 MCS-51 单片机内置功能单元的模拟仿真功能。

Proteus 软件是另外一款著名的仿真软件，它将电路仿真软件、PCB 设计软件和虚拟模型仿

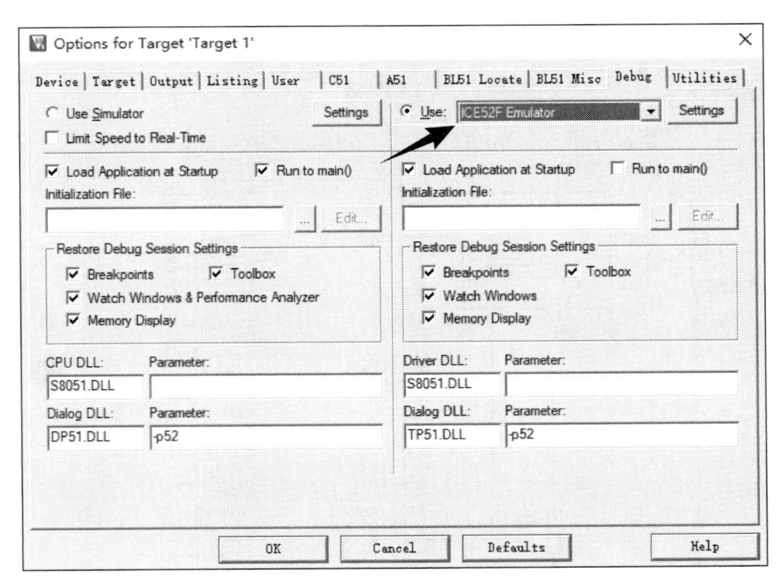

图 5-65 Keil 中利用 ICE52F 进行仿真模拟的设置

真软件合而为一，能够完成从原理图布图、代码调试到单片机与外围电路协同仿真的完整设计功能；还配置有丰富的模拟和数字测试信号，提供了示波器、逻辑分析仪、虚拟终端等仿真仪表资源用于电路测试，可以仿真主流的单片机（如 8051 系列、AVR 系列等）及 RAM/ROM、键盘、LED/LCD、AD/DA 等各种常见的外围元件。当单片机应用系统在 Proteus 中完成设计、仿真和调试后，可以切换到软件的 PCB 印制电路板设计模块，完成 PCB 布局和走线，形成实物电路，完成设计任务，从而大大节省系统的开发成本，提高系统的开发效率。

使用 Proteus 软件开发单片机应用系统时，可以使用 Proteus 软件自带的编译器利用汇编语言或 C51 语言进行编程调试；也可以根据使用者的习惯，联合 Keil 软件进行“远程”调试。下面通过一个简单示例说明如何利用 Proteus 及 Keil 进行单片机的软件编程。

【例 5-13】 利用 Proteus 软件设计一个简单的 LED 驱动系统。

a. Proteus 与 Keil 联合仿真调试

Step1：在 Proteus 中新建工程文件，并绘制好单片机电路，如图 5-66 所示。

Step2：在 Keil 中新建工程并编写好程序；在“Project”菜单中选择“Options for Target ‘Target 1’”，之后在弹出的对话框的“Output”选项卡中选中“Create HEX File”复选框，在“Debug”选项卡中的“Use：”下拉列表中选择“Proteus VSM Simulator”选项，如图 5-67a、b 箭头所示。

注意：需要首先下载 Keil 与 Proteus 软件的链接文件 vdmagdi.exe，并运行安装到 Keil 软件的安装路径中。软件安装完成后，将在 Keil 安装路径下的 \C51\BIN 目录中添加 C51 联调文件 VDM51.dll。此时才会在图 5-67b 中出现“Proteus VSM Simulator”选项。

Step3：在 Proteus 软件的“调试”菜单中，选中“启动远程编译监视器”复选框；在 Keil 软件的“Debug”菜单中选择“Start/Stop Debug Session”选项，并选择“Run”（或者按 F5），Proteus 软件就可以自动启动仿真模拟了，如图 5-68 所示。

此时，除可参照 § 5.2.4，在 Keil 中仿真跟踪和观察软件运行状态之外，也可以在 Proteus 的“调

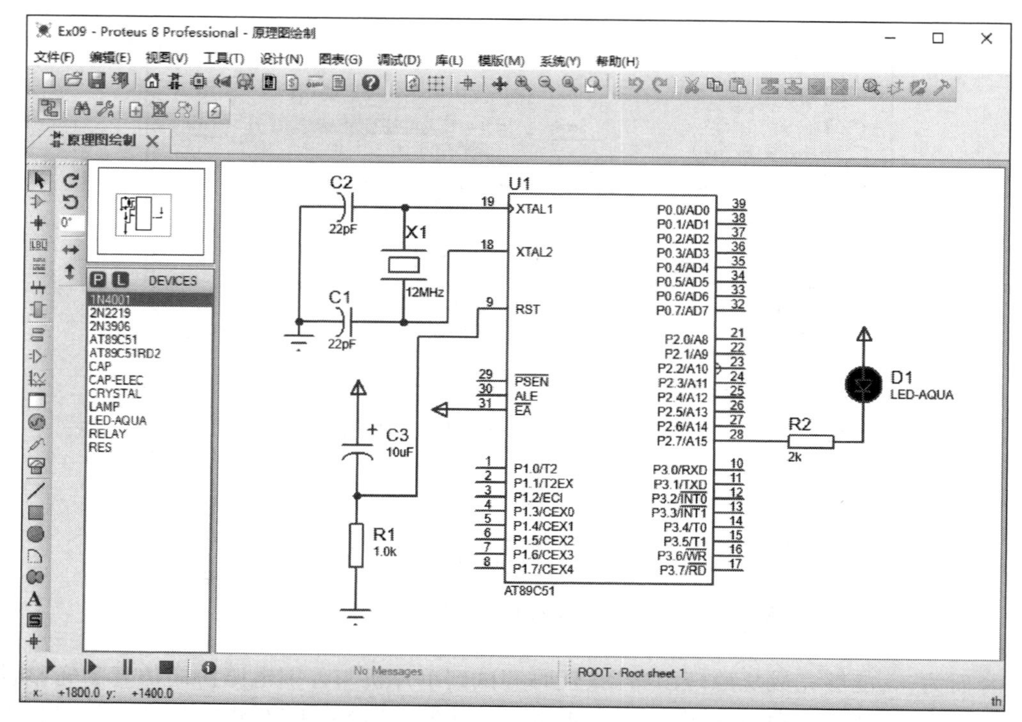

图 5-66　Proteus 软件设计的单片机驱动 LED 电路

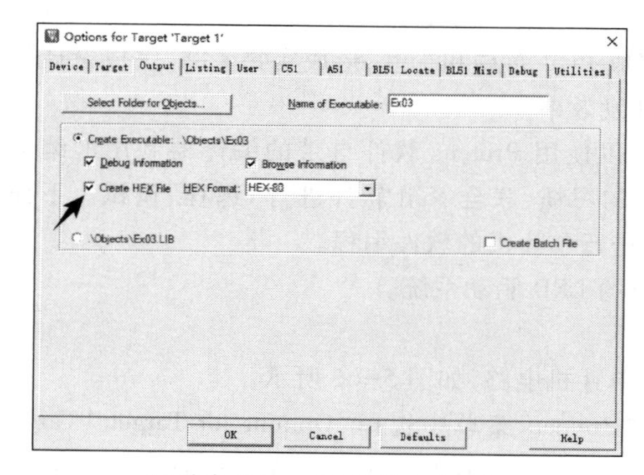

(a) 选中“Create HEX File”复选框

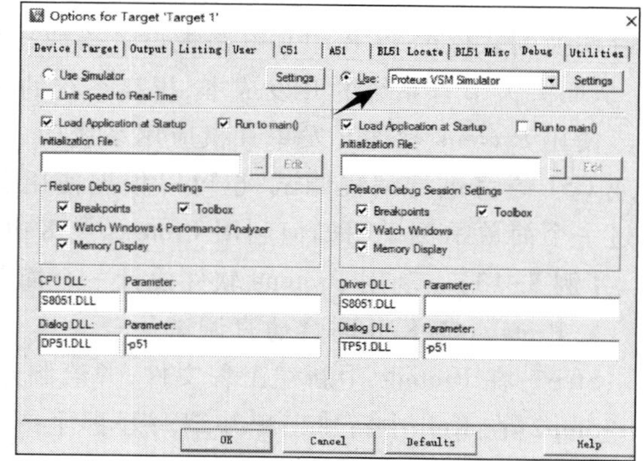

(b) 选择“Proteus VSM Simulator”选项

图 5-67　Keil 软件的“Options for Target ‘Target 1’”对话框

试”菜单中，根据需要选择底部“3. 8051 CPU”子菜单中的“1. Registers-U1”“2. SFR Memory-U1”“3. Internal(IDATA) Memory-U1”或“4. EEPROM-U1”选项，观察寄存器、特殊功能寄存器、内部 RAM/ROM 在运行时的状态变化，如图 5-69 所示。

Step4：停止仿真调试时，在 Keil 软件的“Debug”菜单中选择“Start/Stop Debug Session”选项。

在 Step3 中，也可以不采用联合仿真方式，即不使用 Keil 的“Debug”功能。而在 Proteus 中双击电路中的单片机图形，在弹出的对话框中单击如图 5-70 箭头①所示的图标，为单片机浏览选

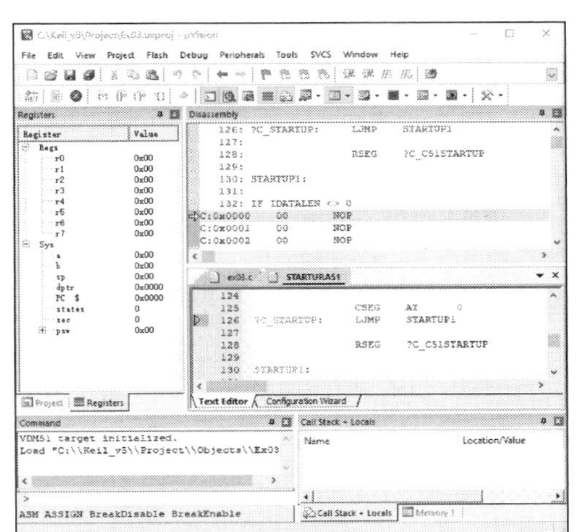

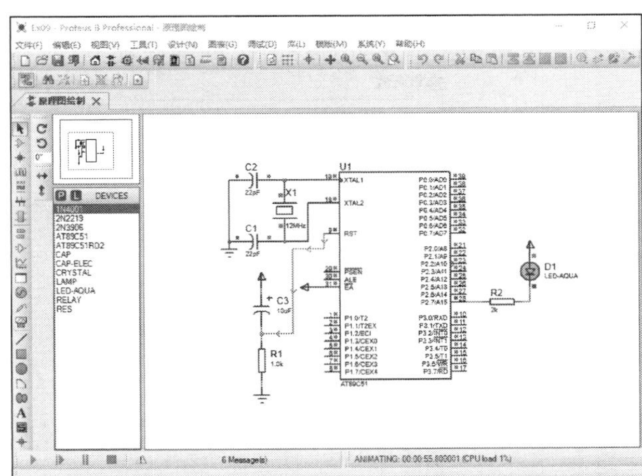

图 5-68　Keil 与 Proteus 联合仿真

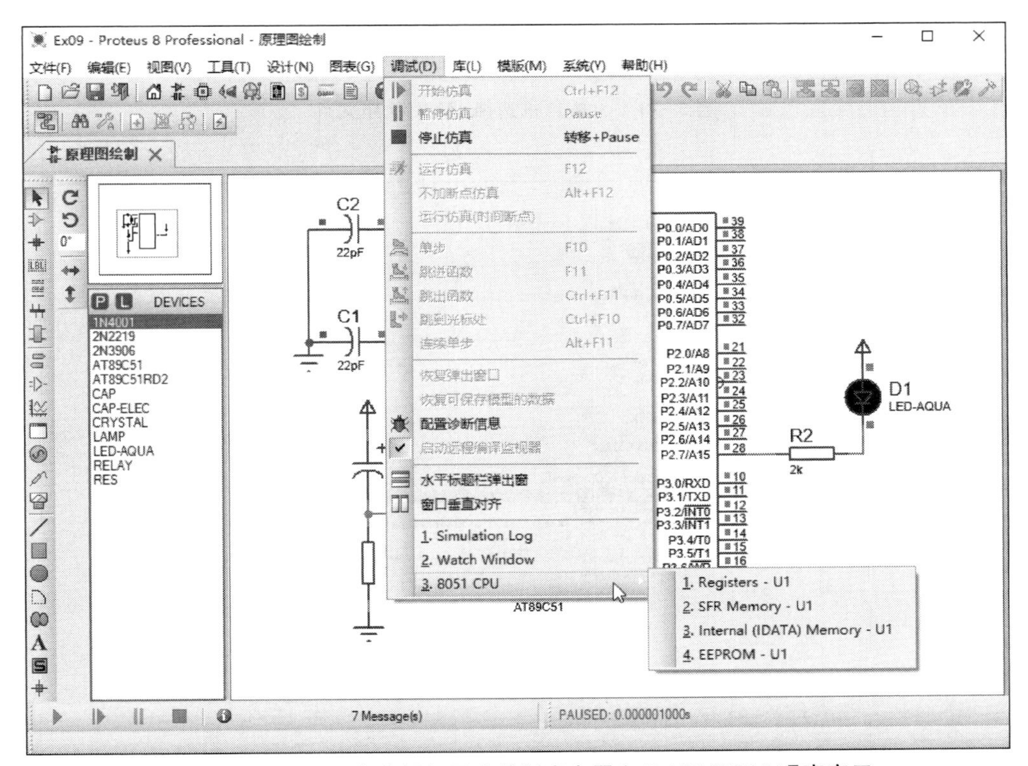

图 5-69　Proteus 中选择打开或关闭寄存器和 RAM/ROM 观察窗口

择 Keil 编译生成的 HEX 程序文件，就可以直接在 Proteus 中查看仿真运行结果。

b. 使用 Proteus 自带编译器进行仿真调试

Proteus 8 以后的版本自带汇编语言编译器。如果事先安装过 Keil 或 IAE 等编译软件，具备 C51 编译环境，也支持 C51 语言的编译调试。仍以图 5-66 所示的 LED 驱动为例，单击

图 5-70 箭头②所示处的“编辑固件”按钮，进入新固件项目设置窗口，如图 5-71 所示。可根据需要在图中箭头①所示处选择合适的编译环境，或者单击箭头②所示的按钮进行编译器配置。

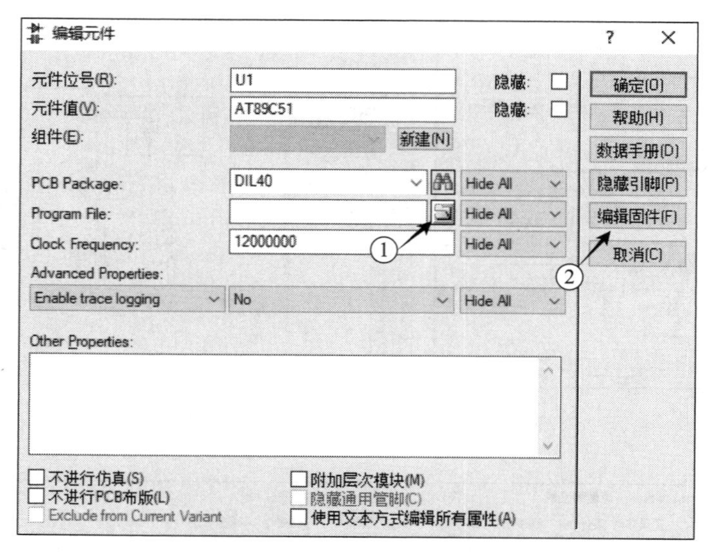

图 5-70　为单片机选择 HEX 程序文件

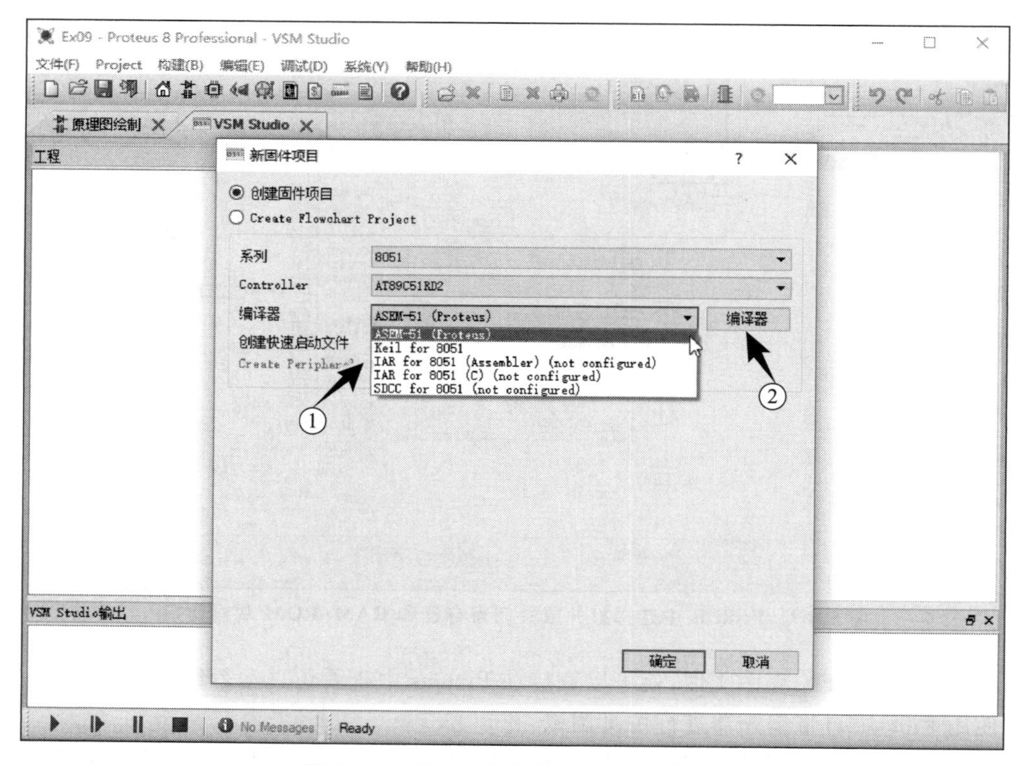

图 5-71　选择编译器建立单片机新固件

图 5-72 为 Proteus 的“Source Code”编辑窗口，可正常进行代码编写，并支持语法着色。代码编辑完成后可单击箭头①所示的按钮进行编译、下载（至单片机），然后单击箭头②所示的按钮进行仿真运行。

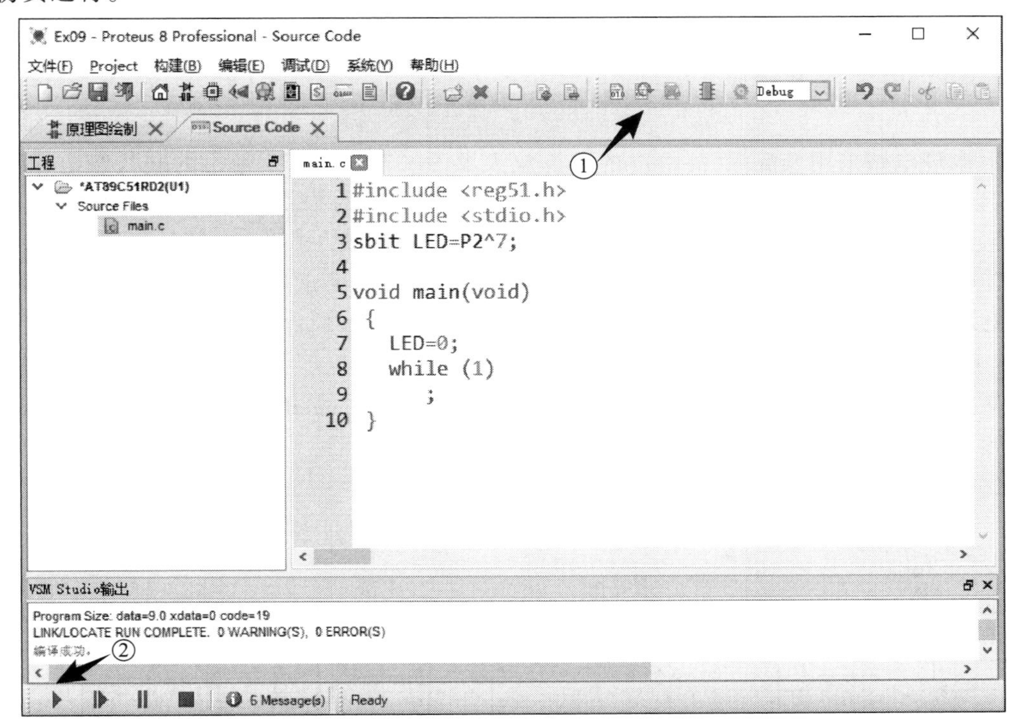

图 5-72 Proteus 的“Source Code”编辑窗口

5.7.2 单片机应用系统开发实例

例 5-14～例 5-16 给出了三个综合示例，其原理图均在 Proteus 8.0 中绘制，代码功能也在 Proteus 中进行调试验证。

【例 5-14】 基于温度传感器 LM35 的室温测量系统。

（1）任务分析

室温测量电路主要由温度传感器 LM35、运算放大调理电路、ADC0809 转换器等组成。LM35 是一种广泛应用的集成温度传感器，工作范围为 0～100 ℃，工作电压为 4～30 V，测温精度为 ±0.5 ℃（25 ℃时），常温下准确率为±1/4 ℃。外形一般采用 TO-92 封装，与三极管非常相似，如图 5-73 所示。LM35 的特点是无需外围元件和标定即可使用，其输出电压与温度成正比，灵敏度为 10 mV/℃，0 ℃时输出为 0 V，每升高 1 ℃，输出电压增加 10 mV。LM35 输出电压与温度的转换计算公式为

$$V_{out}=10\left(\frac{\text{mV}}{℃}\right)\cdot T(℃) \tag{5-12}$$

（2）硬件设计

根据任务分析，单片机选择 AT89C51，并基于总线方式进行室温数据的采集。

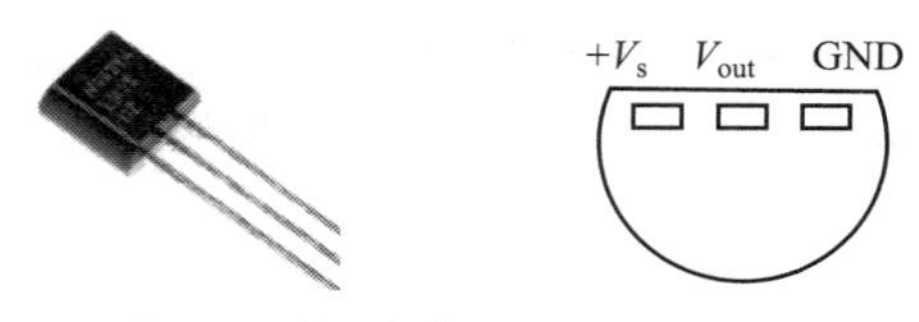

(a) LM35的TO-92外形封装　　(b) LM35引脚功能

图 5-73　LM35 封装及引脚功能

放大调理电路采用低温漂、高精度的运算放大器 OP07，将 LM35 输出的毫伏级电压信号进行放大，以便于 A/D 转换器进行转换。正常情况下的室温约为 25 ℃，若将室温范围定义为 0～50 ℃，则放大调理电路需要将 500 mV 信号放大到 5 V，放大 10 倍。

由于室温变化缓慢，温度变化范围有限，ADC0809 足以满足要求。ADC0809 的电路参考图 5-46设计，故其端口地址为 7FF8H。测量结果采用动态刷新的方式显示在 4 位共阴极数码管上，其中 P1 口负责发送段码，P2.0～P2.3 负责发送位选信号。

注意：因 Proteus 中没有提供 ADC0809 的可仿真模型（simulator model），仿真设计时需将 ADC0809 更换为 ADC0808，两者功能完全相同。

最终设计的 LM35 室温测量电路原理图如图 5-74 所示。

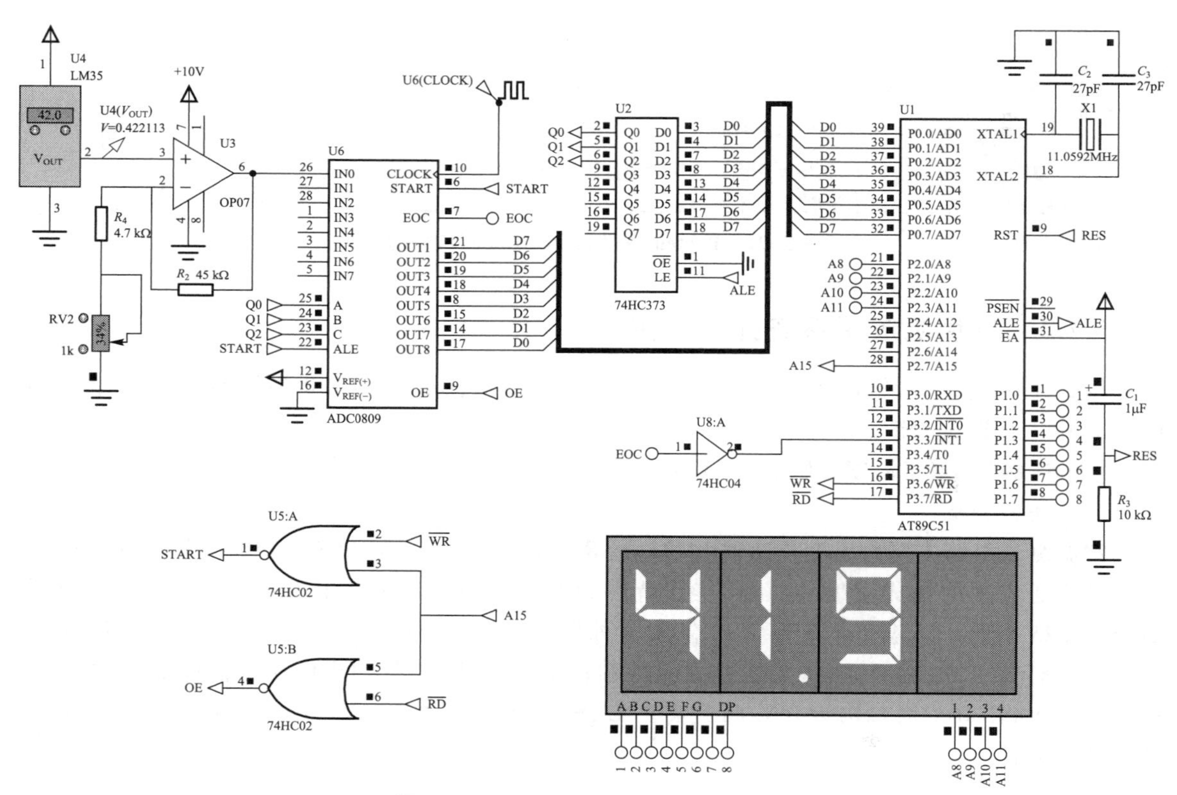

图 5-74　LM35 室温测量电路原理图

（3）软件设计

系统主程序采用 C51 编写，清单如下：

```
#include <reg51.h>
#include <absacc.h>
#include <stdio.h>
#define AD_IN0 XBYTE[0x7ff8]          //定义 ADC0809 的地址端口

sbit EOC=P3^3;                        //ADC 转换结束判断
static unsigned char adc_data;
static int a,b,c;
unsigned char Tab[ ]={0x3f,0x06,0x5b,0x4f,0x66,0x6d,0x7d,0x07,0x7f,
0x6f};
void main(void)
  {
  float tmp=0;
  int i,j,delay;
  while(1)
    {
    AD_IN0=0;                         //写操作 WR,启动 AD 转换
    while(EOC==0);
    adc_data=AD_IN0;                  //读操作 RD,读取转换结果
  for(delay=0; delay<30; delay++)     //数码管动态显示
    {
    tmp=adc_data;
    tmp =tmp/255* 500;                //根据测量范围(0~50 ℃)和放大倍数,换
                                        算实际温度
      a=(int)tmp;
      P1=Tab[a/100];                  //发送十位数段码
      P2=0xFE;                        //发送位码
      for(i=0; i<500; i++);           //延时点亮
      P2=P2 |0x0f;                    //关断 LED 数码管,防止残影

      b=(a% 100)/10;
      P1=Tab[b] |0x80;                //发送个位数段码,并增加小数点
      P2=0xFD;
      for(i=0; i<500; i++);
      P2=P2 |0x0f;

      c=a% 10;                        //发送小数位段码
      P1=Tab[c];
```

```
        P2=0xFB;
        for(i=0; i<500; i++);
        P2=P2 |0x0f;
      }
    }
}
```

【例 5-15】 基于 Pt100 温度传感器测量水温并控制加热开关通断。

(1) 任务分析

本例为简化的水温控制系统，要求采用 AT89C51 单片机作为控制核心，采用 Pt100 作为温度传感器，采用 LED 数码管动态显示设定水温和测量结果，采用 BCD 拨码盘作为温度设定输入装置。

Pt100 是铂热电阻，测量精度高且性能稳定。0 ℃ 时其阻值为 100 Ω，100 ℃ 阻值约为 138.5 Ω。Pt100 的阻值会随着温度的上升近似匀速增长，但阻值与温度并非成线性正比关系。实际使用时可以根据电工委员会标准 IEC751 的方程式分段计算 Pt100 在温度 T(℃)时的阻值(单位为 Ω)。

可见，基于 Pt100 测温实际上就是测量传感器的阻值，并转换为电压或电流等模拟信号，经放大后转换为数字信号输入单片机，由单片机换算成相应的温度。由于换算公式复杂、计算效率低，单片机系统中一般采用先查表、再插值的方法进行温度换算，也可以采用近似计算公式测算。测量时可以采用恒流源驱动电路或者惠斯通电桥电路。

(2) 硬件设计

根据任务分析，采用与图 5-74 类似的电路设计方案完成应用系统设计。其中，三线制 Pt100 采用电桥测温方案，如图 5-75所示。电桥电压随 R_t 的阻值变化而改变。初始时温度为 0 ℃，Pt100 的 R_t 阻值为 100 Ω，无电流通过，电桥达到平衡；随着温度的上升，Pt100 的 R_t 阻值变为 100+ΔR，电桥产生电势差 ΔV，从而可以根据 ΔV 换算出温度。运算放大器选用仪表放大器 AD623，这是一个集成单电源仪表放大器，能在单电源(+3~+12 V)下提供满电源幅度的输出。

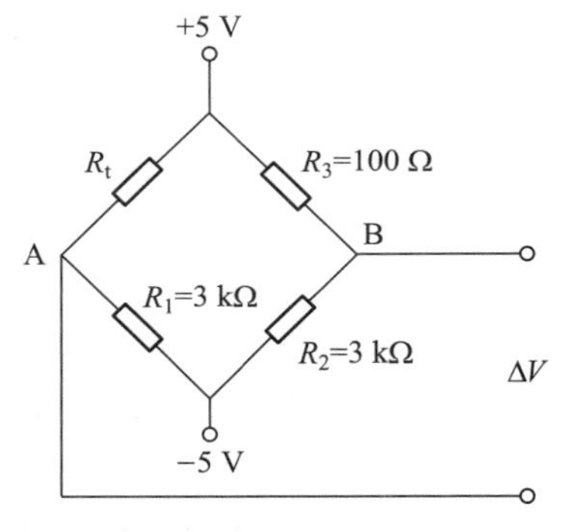

图 5-75 Pt100 电桥测量电路

A/D 转换以及数码管动态显示部分采用与图 5-74 相同的电路方案。

温度值的设定输入通过两个 BCD 拨码盘完成，拨码盘经三态缓冲器 74LS244 接至 P0 口，74LS244 的输出使能控制信号 $\overline{OE}$ 由 P2.6(A14)控制。加热控制执行电路由 P3.0 经逻辑门电路 74HC04 反相后输出控制信号，驱动 NPN 型三极管饱和导通带动继电器 RL2 闭合、断开，完成加热控制。

最终设计的电路原理图如图 5-76 所示。

(3) 软件设计

系统程序采用 C51 编写，主程序负责循环调用 BCD 拨码盘读取模块、ADC 转换模块、数码管动态显示模块以及加热控制模块。其中，温度测量和加热控制做了简化：温度测量进行了近似线性处理；加热控制只根据设定值与测量值的大小比较进行通断控制。实际使用时应采用位置型 PID 算法等减少超调，提高控制精度。

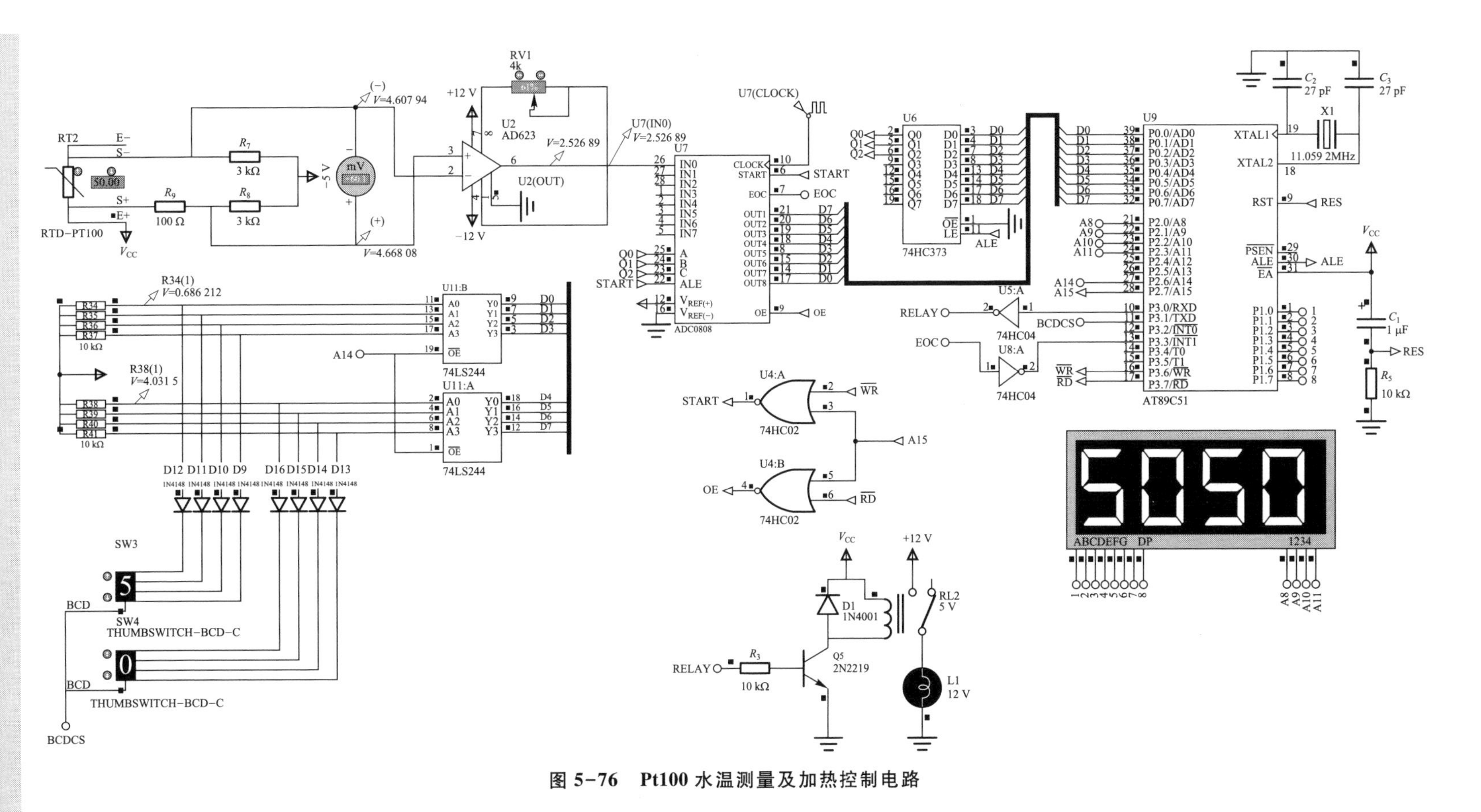

图 5-76　Pt100 水温测量及加热控制电路

程序清单如下：

```
#include <reg51.h>
#include <stdio.h>
#include <absacc.h>

#define AD_IN0 XBYTE[0x7ff8]                //ADC 端口定义
#define LS244 XBYTE[0xBFFF]                 //74LS244 端口定义
typedef unsigned int u16;
typedef unsigned char u8;

sbit EOC=P3^3;                              //ADC 转换判断
sbit A14=P2^6;                              //74LS244 输出使能
sbit BCDCS=P3^1;                            //BCD 拨码盘控制
sbit RELAY=P3^0;                            //继电器控制

u8 code smgduan[10]={0xC0,0xF9,0xA4,0xB0,0x99,0x92,0x82,0xF8,0x80,
0x90};
u8 code weixuan[8]={0x01,0x02,0x04,0x08,0x10,0x20,0x40,0x80};

static u8 adc_data;
static int ge,shi;
u8 bcdBuff[2]={0xff,0xff};
u8 bcdData;
u8 B_output,output;

void delay(u16 i)                           //延时函数
{
    while(i--);
}

void read()                                 //BCD 拨码盘读入
{
    u8 bcdH;
    u8 bcdL;

    A14=0;                                  //启动 74LS244
    BCDCS=0;                                //连接 BCD 拨码盘
```

```
    bcdData=LS244;                     //读取设定值
    bcdData=~bcdData;                  //拨码盘取反
    bcdL=bcdData & 0x0f;               //拨码盘低 4 位
    bcdBuff[0]=bcdL;
    bcdH=bcdData>>4;                   //拨码盘高 4 位
    bcdBuff[1]=bcdH;
    B_output=bcdL* 10+bcdH;            //转换为设定值
}

void BCD_display()                     //BCD 拨码盘显示
{
    P1=smgduan[bcdBuff[0]];
    P2=0x04;
    delay(200);
    P2=0x00;

    P1=smgduan[bcdBuff[1]];
    P2=0x08;
    delay(200);
    P2=0x00;
}

void display()                         //AD 转换结果形式
{
    float  temp;
    AD_IN0=0;                          //写动作启动转换
    while(EOC==0);                     //EOC == 0,ADC 转换完毕
    adc_data=AD_IN0;                   //读取 ADC 数值

    temp=adc_data;                     //显示测量值
    temp=temp/255* 100;                //进行温度换算
    output=(u8)temp;

    shi=output/10;
    P1=smgduan[shi];
    P2=0x01;
    delay(200);
    P2=0x00;
```

```
        ge=output% 10;
        P1=smgduan[ge];
        P2=0x02;
        delay(200);
        P2=0x00;
    }

void heat()
{
    if(output >= B_output)              //低于设定值加热
        RELAY=1;
    else
        RELAY=0;
}

void main()
{
    int t;
    while(1)
    {
        read();                         //BCD 拨码盘读取
        BCD_display();                  //显示设定温度
        display();                      //显示测量温度
        heat();                         //判断是否加热
        for(t=0;t<50;t++);              //延时处理
    }
}
```

【例 5-16】 利用 MCS-51 单片机实现对步进电机的转动控制。

(1) 任务分析

本例题用于理解步进电机的驱动方式,要求采用 AT89C51 单片机驱动四相六线步进电机,实现电动机的调速和正、反转控制。实际使用单片机驱动步进电机时一般使用通过配套设计的驱动器,单片机发送脉冲信号给驱动器,再由驱动器负责驱动步进电机,如图 5-77 所示。图中:

① 控制脉冲 PUL 负责调速和定位,其频率与步进电机转速成正比,脉冲个数决定步进电机旋转的角度,脉冲宽度一般应大于 1.2 μs,如采用+12 V 或 24 V,则需串接 1 kΩ 或 2 kΩ 电阻。

② 方向控制信号 DIR 决定电动机的旋转方向。

③ 使能控制信号 ENA 有效时驱动器停止工作,电动机处于自由状态,默认可以不连接。

图 5-77b 为单片机与驱动器的共阳极接线方式。除此之外,还有共阴极接线方式,即将 PUL-、

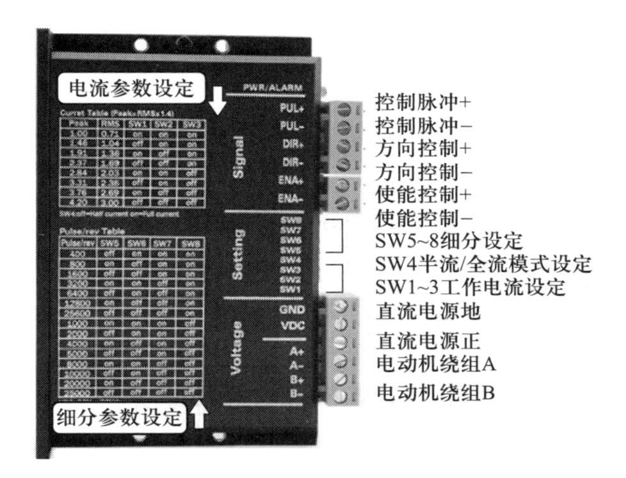

(a) 步进电机驱动器

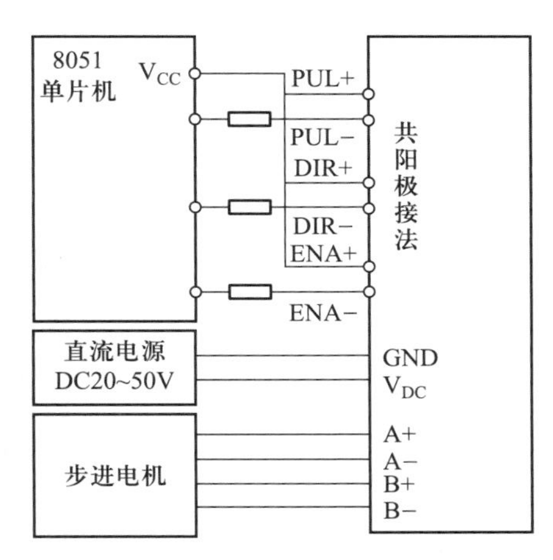

(b) 单片机与驱动器的共阳极接线方式

图 5-77 步进电机驱动器及其与单片机的连接

DIR-和 ENA-并接作为共阴端接至控制器的 GND,控制信号分别接入 PUL+、DIR+和 ENA+。

驱动器的电流参数选择一般是把电流设成电动机长期工作时出现温热但不过热时的数值。设定后可运转电动机 15~30 min,如电动机温升太高(>70 ℃),则应降低电流设定值。

驱动器的细分数是指电动机运行时的真正步距角是固有步距角(整步)的 $1/n$(n 为细分数)。细分设定有利于提高输出扭矩、减少低速振动并提高分辨率。驱动器细分表给出的形式一般是细分后电动机旋转一圈所需脉冲数。

步进电机作为控制执行元件,是机电一体化的关键产品之一,广泛应用于各种自动化控制系统和精密机械等领域。步进电机是数字式控制电动机,也称为脉冲电机,它将脉冲信号转变成角位移,即收到一个脉冲信号电动机就转动一个角度,在非超载的情况下,电动机转速、停止位置等只取决于脉冲信号的频率和脉冲数,因而非常适合单片机控制。

对四相六线步进电机来说,双四拍工作方式下,正转时绕组的通电顺序为 AB—BC—CD—DA,反转时绕组的通电顺序为 AD—DC—CB—BA。四相八拍工作方式下,正转时绕组的通电顺序为 A—AB—B—BC—C—CD—D—DA,按照图 5-78 的接线方式,对应控制字为 0x01—0x03—0x02—0x06—0x04—0x0c—0x08—0x09;反转时绕组的通电顺序为 AD—D—DC—C—CB—B—BA—A,按照图 5-78 中单片机与步进电机驱动芯片 ULN2003A 的接线方式,对应控制字为 0x09—0x08—0x0c—0x04—0x06—0x02—0x03—0x01。八拍工作方式的步距角是单四拍与双四拍的一半,因此八拍工作方式既可以保持较高的转动力矩,又可以提高控制精度。本例中采用四相八拍控制相序。

(2) 硬件设计

根据任务分析,单片机采用 AT89C51。由于单片机 I/O 接口的输出电流太小,不能直接驱动步进电机,因而利用单片机 I/O 接口输出具有一定时序的方波作为步进电机控制信号,信号再通过芯片 ULN2003A 驱动步进电机。ULN2003A 采用高耐压、大电流的达林顿阵列,灌入电流可达 500 mA。同时还设置了 4 位共阴极 LED 数码管,可直观显示电动机转速和转向。数码管采用动态刷新方式，由 P0 口负责输出段码，并经总线驱动器 74LS245 放大后驱动数码管；P2 口的 P2.0～P2.3 作为位选线。为了控制电动机转速和转向，设置了 4 位按键分别接至 P1.0～P1.3，实现正/反转、加/减速控制。

最终设计的单片机驱动步进电机电路原理图如图 5-78 所示。

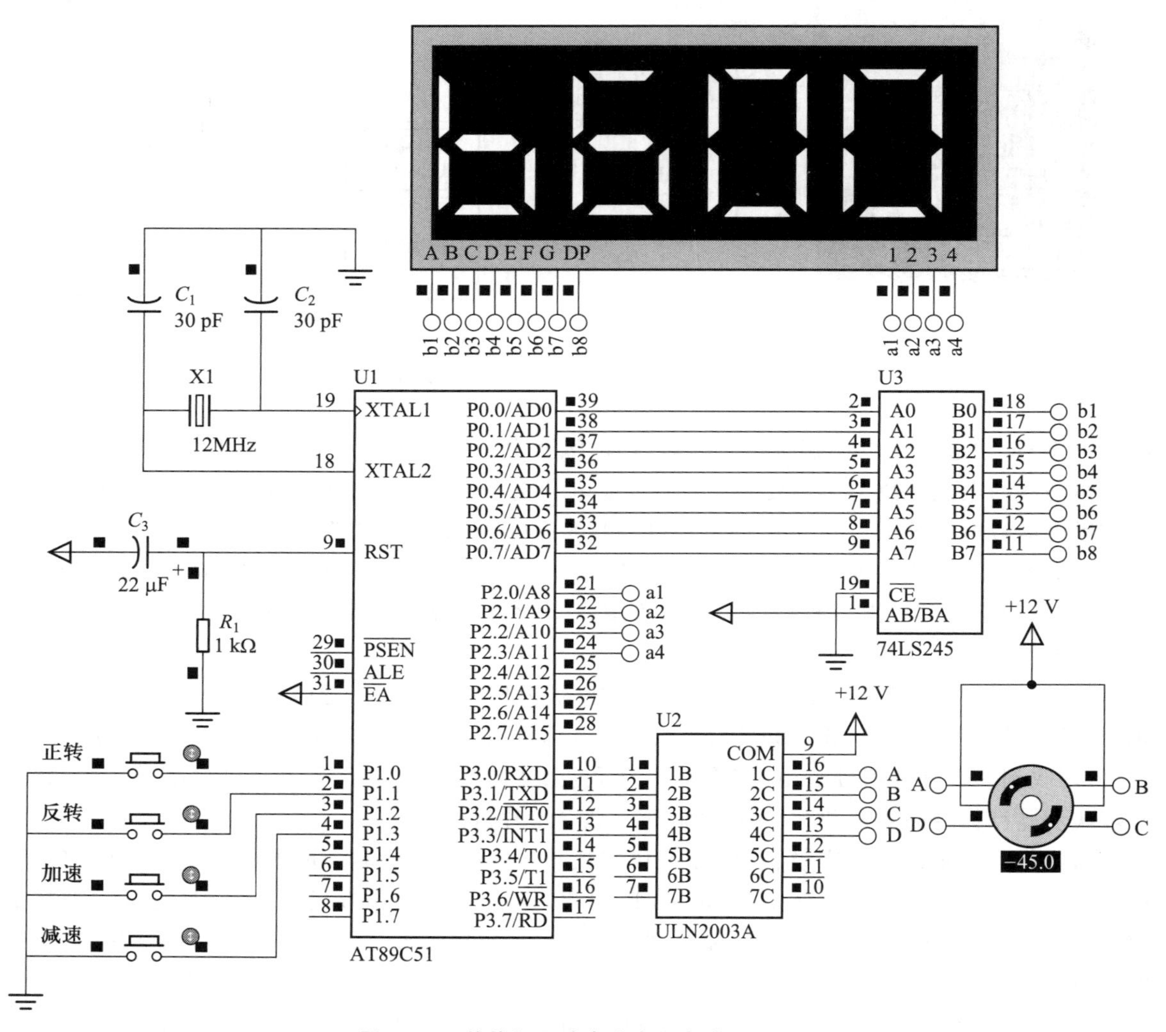

图 5-78　单片机驱动步进电机电路原理图

（3）软件设计

程序采用 C51 编写。C51 主要分为 LED 数码管动态显示控制函数、延时函数、主函数和定时中断函数 4 个模块。其中，定时中断函数的设置是为了在主函数循环输出步进电机控制字的同时，能保证数码管稳定显示。程序代码如下：

```
#include <reg52.h>
#include <intrins.h>
#define uchar unsigned char
```

```
    #define uint unsigned int
    sbit key1=P1^0;                          //设置 4 个按键控制转向和转速
    sbit key2=P1^1;
    sbit key3=P1^2;
    sbit key4=P1^3;

    uchar direc=0;
    static int speed;
    static int DispNum;
  uchar code reverse[]={0x09,0x08,0x0c,0x04,0x06,0x02,0x03,0x01};
                                             //反转控制字
  uchar code forward[]={0x01,0x03,0x02,0x06,0x04,0x0c,0x08,0x09};
                                             //正转控制字
  uchar code DSY_CODE[] = {0x3f, 0x06, 0x5b, 0x4f, 0x66, 0x6d, 0x7d, 0x07,
0x7f,0x6f,0x77,0x7C};                        //共阴极数码管

     void delay1ms(int t){                   //延时 1 ms
        unsigned char i;
        int m;
        for(m=0;m<t;m++)
           {
              _nop_();
              i=47;
              while(--i);
        }
  }
  void LED_Disp(void)                        //数码管显示驱动
  {
        P0=DSY_CODE[direc];                  //段码
        P2=0xfe;                             //位码
        delay1ms(15);P2=0xff;                //延时关闭保证显示效果

        P0=DSY_CODE[(speed)/100];            //百位
        P2=0xfd;
        delay1ms(15);P2=0xff;

        P0=DSY_CODE[(speed)/10% 10]; //十位
        P2=0xfb;
```

```
            delay1ms(15);P2=0xff;

            P0=DSY_CODE[(speed)% 10];      //个位
            P2=0xf7;
            delay1ms(15);P2=0xff;
    }

    void main(void)
    {
            uchar i;
            TMOD=0x01;                               //定时器 T1,工作方式 1
            TL0=0x18;                                //1 ms 初值,时钟频率 12 MHz
            TH0=0xFC;
            TR0=1;
            ET0=1;
            EA =1;
            speed=600;                               //设定初始转速
            DispNum=0;

            while(1){
                if(key1==0){                         //正转
                    direc=10;                        //显示正转符号“A”
                    for(i=0;i<8;i++){
                      P3=forward[i];
                      delay1ms(1000-speed);//延时长
                }
            }
            if(key2==0){                             //反转
                direc=11;                            //显示反转符号“b”
                for(i=0;i<8;i++){
                    P3=reverse[i];
                    delay1ms(1000-speed);
                }
            }
            if(key3==0){
                speed=750;                           //提高转速
            }
            if(key4==0){
```

```
            speed=450;                    //降低转速
        }
}

void t0_func() interrupt 1                //定时中断函数
{
    TR0=0;
    DispNum++;
    if(DispNum>=30){
        LED_Disp();                       //保证动态显示的刷新率
        DispNum=0;
    }
    TL0=0x18;                             //重装初值
    TH0=0xFC;
    TR0=1;
}
```

5.8 本章小结

以 MCS-51 为代表的单片机广泛应用于消费电子领域、工业自动化领域和汽车电子领域，目前为止 8 位机仍然占据市场主流。本章首先介绍了 MCS-51 单片机的内部结构、指令系统，并根据编程技术的发展需求，结合实例分析介绍了基于 C 语言的 MCS-51 单片机功能单元、扩展资源的操作和编程。同时还结合单片机在机电控制设备中的实际应用，介绍了功率接口电路、应用系统的设计开发和基于 Proteus 的仿真调试等内容。

本章知识重点如下：

1. MCS-51 单片机的存储器配置；
2. MCS-51 单片机的指令系统和寻址方式；
3. MCS-51 单片机中断、定时器/计数器及串行口等内部功能单元及其 C51 编程控制；
4. MCS-51 单片机模拟量转换的编程控制。

复习参考题

1. MCS-51 单片机的时钟周期、机器周期、指令周期是如何划分的？当 $f_{osc}=6$ MHz 时，机器周期 T 为多少？

2. 单片机系统的外接 ROM 和 RAM 共用 16 位地址线和 8 位数据线，为何不发生冲突？

3. 若要完成以下的数据传输，应如何用 8051 单片机的指令来实现？

(1) 外部 RAM40H 单元数据送入 R_1 中；

(2) 外部 RAM2000H 单元内容送入外部 RAM3000H 单元中；

(3) 将 ROM3000H 单元内容送入内部 RAM30H 单元中。

4. 试用单片机、74LS373 锁存器、1 片 2764 程序存储器和 1 片 6116 数据存储器组成单片机系统，绘制电路连接原理图，并给出相应的程序存储器和数据存储器地址范围。

5. 写出一个 C51 程序的基本构成。

6. 利用定时器 T0，选择合适的工作方式，在 P1.0 输出周期为 500 μs 的矩形波。试编写相应程序。

7. 设外部晶振的振荡频率为 11.059 2 MHz，串行口以方式 1 工作，波特率为 9 600 bit/s，试写出用 T1 作为波特率发生器的方式控制字和计数初值。

8. 简述 RET 和 RETI 的区别。中断响应的过程是什么？

9. 设计一个由 MCS-51 单片机构成的力、速度测量信号报警系统，其采样周期为 2 s，力、速度报警信号分别接入单片机的 INT0、INT1，并且其故障处理的优先级是速度—力—定时时间。

（1）请写出相关寄存器 TMOD、TCON、IE、IP 的具体值。

（2）故障处理的中断程序能否存储在 64 KB 的程序存储器的任意区域？若不可以，说明其理由；若可以，如何实现？

10. 若单片机外部晶振的频率为 11.059 2 MHz，串行口以方式 1 工作，波特率为 9 600 bit/s，试写出用 T1 作为波特率发生器的方式控制字和计数器初值。

11. 什么是按键的去抖动问题？为什么要对按键进行去抖动处理？

12. 试说明单片机系统中键盘的不同工作方式及其工作原理。

13. 设计一个单片机 LED 显示与键盘输入应用系统，要求外接 4 位 LED 和 4 个按键，每个按键对应 1 位 LED，按下按键后点亮对应的 LED。试绘制接口电路并编写显示控制和键盘读取子程序。

14. 利用 DAC0832 输出矩形波。试绘制单片机与 DAC0832 的连接原理图，并编写相应控制程序。

15. 如果要输出梯形波，并利用 MCS-51 单片机的定时器维持梯形波的水平部分，应如何编写梯形波程序？

16. 试编程实现对步进电机的变速控制，并应用中断服务程序实现控制脉冲的输出。

17. 一个由单片机和 ADC0809 构成的数据采集系统中，ADC0809 的 8 个输入通道地址为 7FF8H～7FFFH，系统每隔 1 min 轮流采集 8 个通道的数据一次，共采集 60 次，采样结果存入片外 RAM 从 3000H 单元开始的存储区中。试绘制单片机与 ADC0809 的连接原理图，并编写相应控制程序。

18. 请您针对日常生活、学习工作中的某一问题，利用已学的机电控制技术知识，提出一个解决方法（应包括问题的提出、研究目标、测控方案）。

第 6 章 Arduino 系统应用基础

Arduino 和 MCS-51 单片机均可作为机电系统的控制器使用。实际上,Arduino 平台的微处理器就是采用 AVR 指令集的单片机。但本质上,Arduino 更应该看作是一个开源的电子原型平台(prototype platform),而非特指某一种单片机。它将单片机的使用和控制进行了高度封装,使得开发者不需要清楚了解单片机的硬件原理,不需要配置特殊的功能寄存器,只需利用平台或开源资源提供的库文件,参考样例程序进行适当修改即可编写出功能较为复杂的程序,从而可以大大节约学习成本,缩短开发的周期。

6.1 认识 Arduino

Arduino 是一款优秀的开源软硬件平台,包括开源的硬件系统(如 Uno、Mega 等各种符合 Arduino 规范的开发板)和开源的 Arduino IDE(集成开发环境)软件开发平台。

Arduino IDE 基于 Processing IDE 开发而成,源代码遵循 GPL 开源协议,可以在 Windows、Mac OS 和 Linux 三大主流操作系统上跨平台运行。其编译器使用 GCC,编程语言源自 Wiring 语言并基于 AVR-Libc 扩展库编写封装。借助 Arduino IDE,使用者可以编写并下载程序代码,或者从网站下载与开发板相关的函数库或板级支持包(board support package,BSP)。

Arduino 的硬件由单片机、闪存(flash)和通用输入/输出接口(GPIO)等构成,其原理图、电路图、IDE 软件及核心库文件同样是开源的,遵循 CC BY-SA 共享协议,可以在开源协议范围内任意修改原始设计和相应代码。

Arduino 的硬件设计文档和 IDE 软件均可从其官方网站免费下载。

相对于 MCS-51 单片机的开发来说,Arduino 利用硬件抽象层(hardware abstraction layer,简称 HAL)实现了硬件无关层和硬件相关层的分离。这使得开发者不需要直接操作微处理器的各种特殊功能寄存器,不需要太过关心底层代码的运行,只需通过调用库函数或 API 接口就能轻易使用控制器的各项功能,对于缺少硬件开发基础的开发者而言十分友好。

而且 Arduino 有众多的开源示例代码和硬件设计,可以在 GitHub、Arduino、OpenJumper 等官网上找到 Arduino 的第三方硬件、外设和类库等支持,从而可以加快项目开发的速度。

Arduino Uno 是目前使用最广泛的 Arduino 控制器,具有 Arduino 的所有功能。Arduino Mega 则是增强型的 Arduino 控制器,相对于 Arduino Uno,它提供了更多的输入/输出接口,拥有更多的程序空间和内存,能够满足较大型项目的需求。

6.2 Arduino Uno 的资源和引脚

如图 6-1 所示,Arduino Uno 的核心控制器采用 AVR 单片机 ATMEGA328P,共配置有 14 个数字量双向 I/O 接口(图中编号前带有 ~ 的 6 个引脚还可提供 PWM 输出),6 个模拟量输入接口,每个数字量 I/O 接口的最大输出电流为 20 mA。此外,还配置有 USB 接口、电源接口、复位按钮和石英晶振(频率为 16 MHz)。ATMEGA328P 内置有 32 KB 闪存(其中 0.5 KB 作为 BOOT 区用于存储引导程序,实现通过串行口下载程序的功能)、2 KB SRAM 和 1 KB EEPROM。通过数据线将 USB 接口连接计算机,即可实现供电、下载程序和串口数据通信。

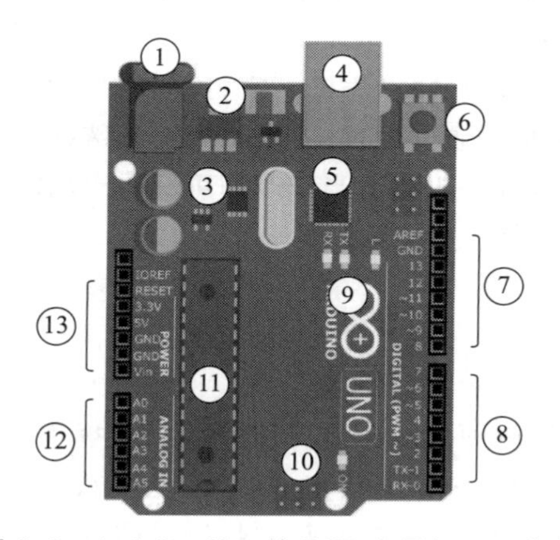

图 6-1 Arduino Uno 的 PCB 布局与 I/O 分布

Arduino Uno 的板上资源分布和引脚功能如图 6-1 和表 6-1 所示。

表 6-1 Arduino Uno 资源及引脚定义

序号	功能说明
①	电源插座,可以输入 7~12 V 直流电源。除此之外,还可以通过图 6-1 中所示的“5 V”引脚、“Vin”引脚(与 AMS-1117 的 V_{in} 引脚相连通,输入电压 7~12 V)、USB 接口等为开发板供电。注意,电源插座与 AMS-1117 间有二极管防电源极性连接错误,但“5 V”和“Vin”引脚并无此二极管,使用时应确认连接的电压和极性正确,防止烧坏开发板
②	5 V 稳压芯片(国产兼容开发板一般采用 AMS-1117,要求最小输入电压为 6.2 V)
③	3.3 V 稳压芯片,型号一般为 LP2985-33
④	USB 接口,既可实现 PC 端与开发板的通信,也可为开发板提供 5V 电源(500 mA)
⑤	USB 转串行口芯片,型号 ATMEGA16U2-MU。部分兼容开发板使用 CH340 芯片,使用时注意选择安装正确的驱动程序
⑥	复位按钮

续表

序号	功能说明
⑦	自上而下分别如下： AREF：模拟量输入转换的参考电压； GND：电源地； 8～13：数字量输入/输出引脚，可使用 pinMode( )、digitalWrite( )和 digitalRead( )控制，标有“～”的引脚可用于提供 PWM 输出，对应控制函数为 analogWrite( )
⑧	2～7：数字量输入/输出引脚，标有“～”的引脚可用于提供 PWM 输出； TX►1：TX 串行通信发送引脚，与 TX LED 指示灯相连，发送数据时 LED 闪烁； RX◄0：RX 串行通信接收引脚，与 RX LED 指示灯相连，接收数据时 LED 闪烁
⑨	LED 指示灯，其中 TX LED 连接 TX 引脚，RX LED 连接 RX 引脚，L 连接引脚 13，引脚输出高电平时点亮 LED
⑩	ICSP 引脚，通过编程电缆连接到编程器设备，可用于给 Arduino 烧写 BootLoader
⑪	Arduino UNO 开发板主控制器，ATMEGA 328P
⑫	模拟量输入引脚 A0～A5，10 位分辨率。可以使用函数 analogRead( )、analogReference( )和 analogWrite( )进行操作
⑬	复位及电源引脚

表 6-1 中，Arduino Uno 的模拟量输入引脚 A0～A5 以及数字量输入/输出引脚 0～13 与 ATMEGA328P 引脚的对应关系如图 6-2 所示。其中，数字量通道的引脚 2、3 还是外部中断 INT0、INT1 的输入引脚；数字量通道的引脚 10～13 可作为 SPI 总线接口。而模拟量输入通道的 A4、A5 可以作为 I^2C 总线的数据线 SDA 和时钟线 SCL。

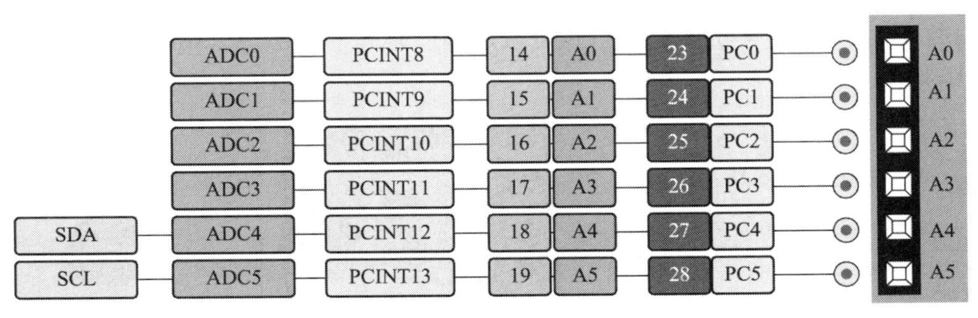

(a) Arduino Uno A0~A5 脚与 ATMEGA328P 引脚的对应关系

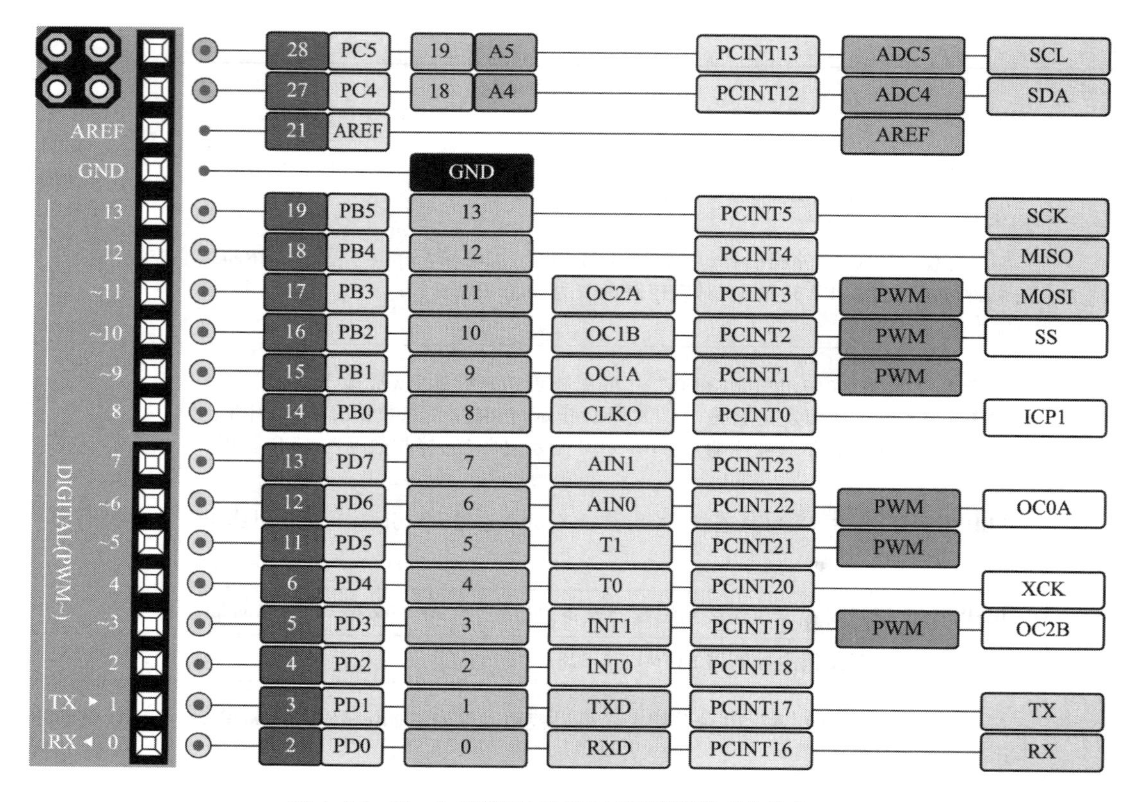

(b) Arduino Uno 0~13脚与ATMEGA328P引脚的对应关系

图 6-2　Arduino Uno 引脚与 ATMEGA328P 引脚的对应关系

6.3　Arduino IDE 的配置与使用

Arduino IDE 提供了 Arduino 开发板的软件编辑环境，可用于程序的编写开发和 ISP 在线烧写。使用时可从 Arduino 官方网站下载，或者通过 Microsoft Store 搜索“Arduino”并选择安装 Arduino IDE，如图 6-3 所示。

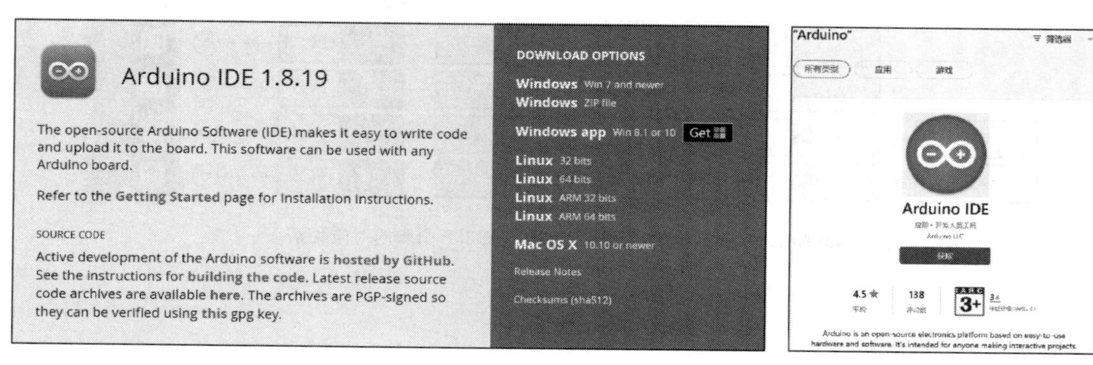

(a) Arduino官方网站Arduino IDE下载列表　　(b) Microsoft Store中下载

图 6-3　从 Arduino 官网和 Microsoft Store 中下载 Arduino IDE

如果下载的是 ZIP 文件可免安装，解压后双击运行目录中的“Arduino.exe”，即可出现如图 6-4所示的程序窗口。

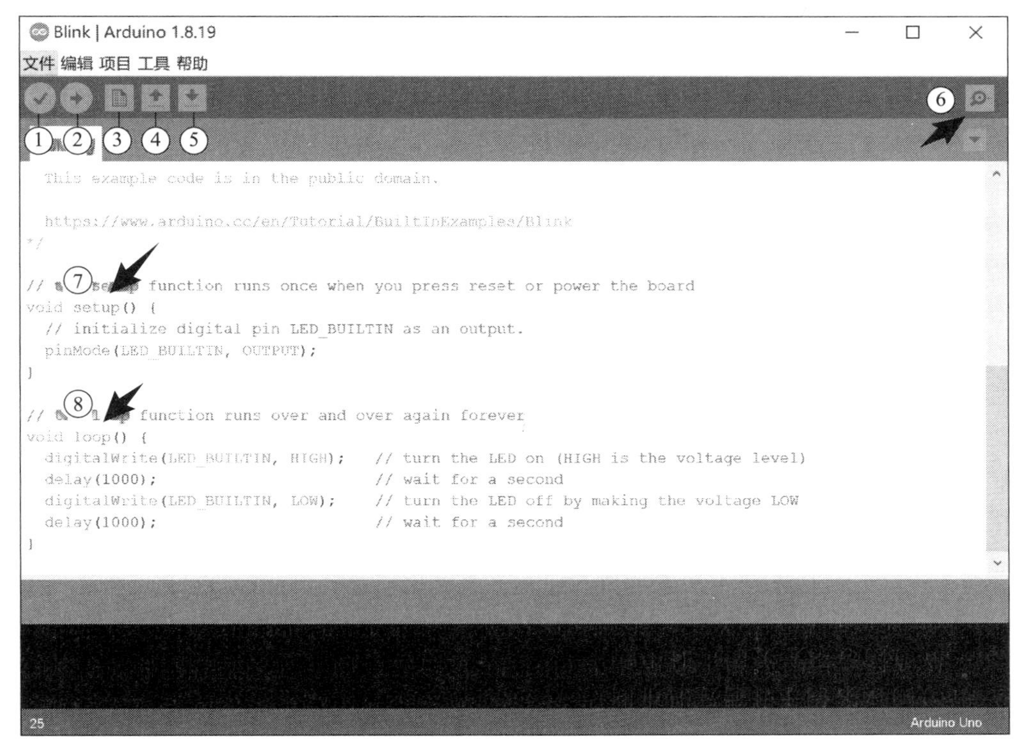

图 6-4　Arduino IDE 程序窗口

图 6-4 中，按钮①用于检查是否存在编译错误；按钮②用于将程序上传到 Arduino 开发板；按钮③用于创建新程序/项目窗口，默认项目名称为 sketch_当前日期；按钮④用于打开程序文件；按钮⑤用于保存当前程序；按钮⑥用于打开串行口监视器。

图中箭头⑦、⑧所指处，显示 Arduino 的程序结构与传统的 C/C++结构的不同——Arduino 程序中没有 main( )函数。实际上，main( )函数的定义隐藏在 Arduino 的核心库文件中。Arduino 的开发一般不直接操作 main( )函数，而是使用 setup( )和 loop( )这两个函数。其中，setup( )是设备上电后调用的初始化函数，只执行一次；loop( )相当于 C 语言中的 main( )函数，函数内部的代码在开发板掉电或复位前会循环执行，开发者定义的其他函数可以在 loop( )调用。

编辑好的程序代码下载到开发板之前，需要先对 Arduino IDE 进行必要的配置：

(1) 选择对应的开发板型号，如图 6-5a 所示；

(2) 选择相应的串行口，可在 Windows 系统的设备管理器中查看有关串行口信息，如图 6-5b 所示；

(3) 如果开发板为 Arduino Nano(简称 Nano)，则还需进一步选择确认微处理器型号[部分 Nano 兼容开发板可能需选择其中的“ATmega328P(Old Bootloader)”]，如图 6-5c 所示。

全部配置好后，可以单击菜单中的“取得开发板信息”，如果配置正确，会弹出相应的开发板信息窗口，如图 6-5d 所示。

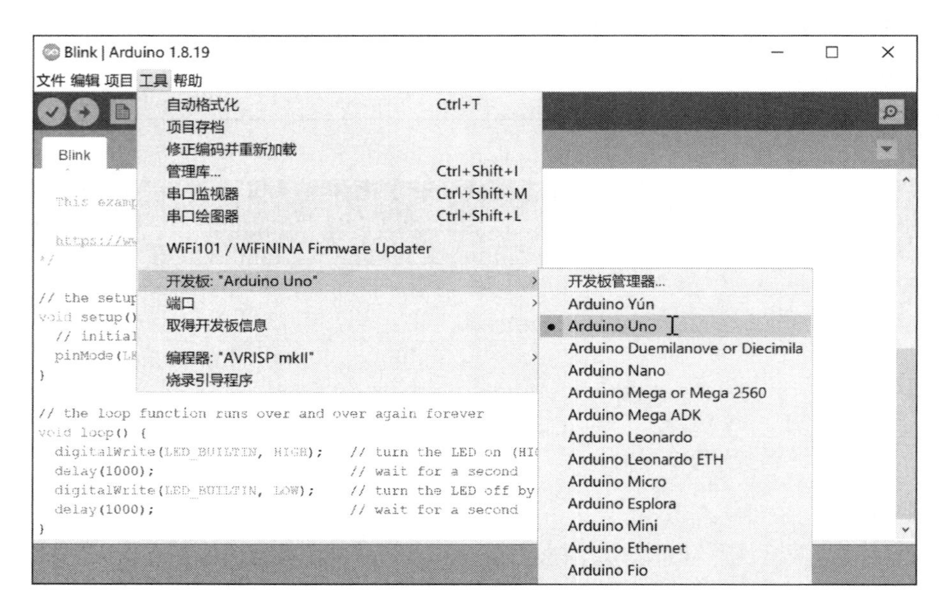

(a) 选择开发板型号

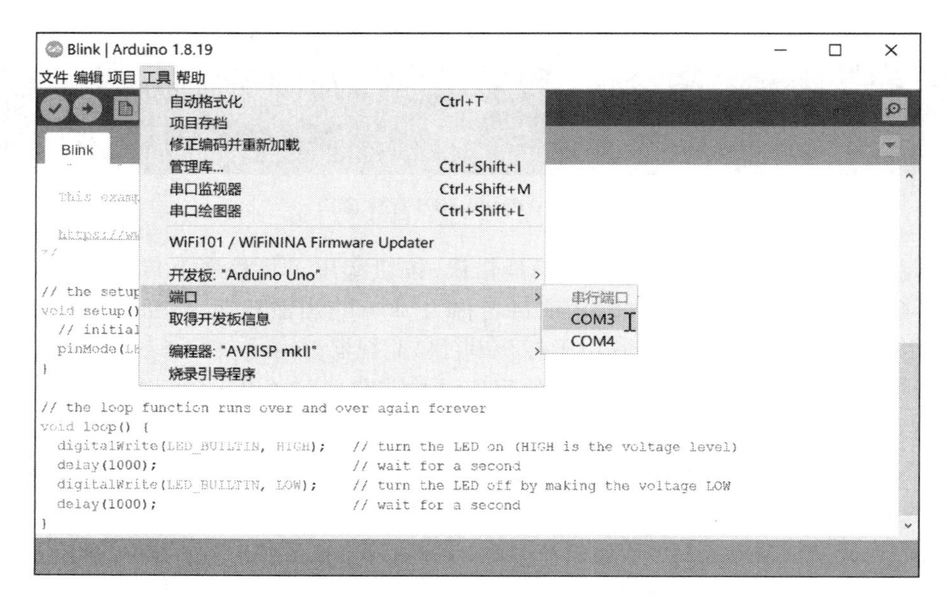

(b) 选择开发板所连接的串行口

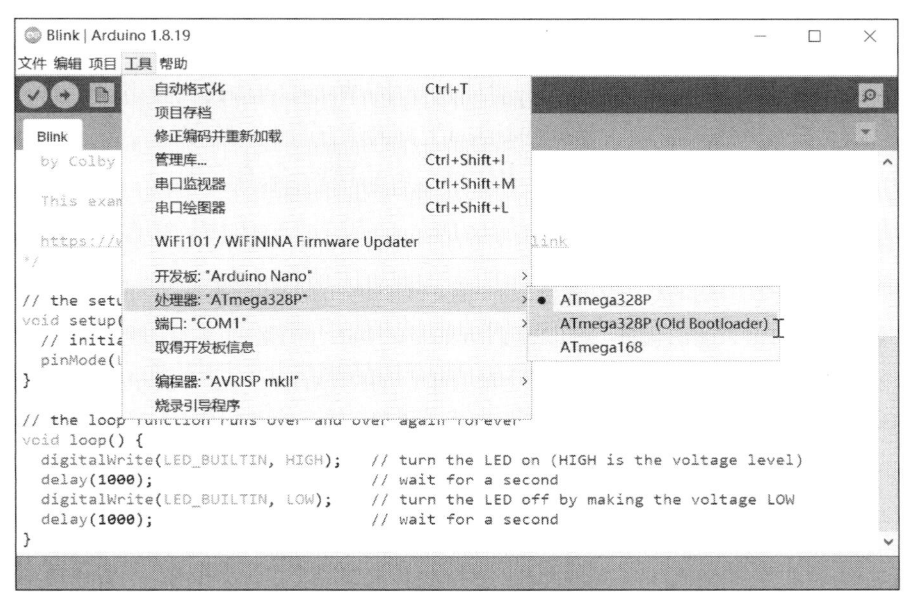

(c) 选择Arduino Nano开发板的处理器型号

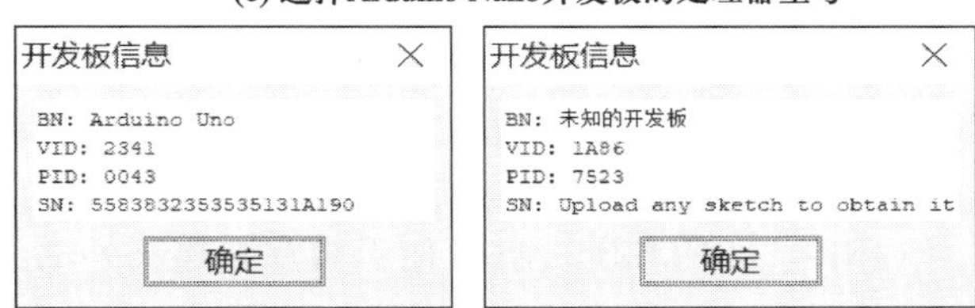

(d) 不同开发板返回的应答信息(右侧为兼容开发板返回的信息)

图 6-5 Arduino IDE 的开发配置

6.4 Arduino Uno 的编程与实践

如前所述,Arduino 基于核心库以及各种扩展库所提供的库函数和 API 函数进行程序编写,其语法风格类似于 C/C++混合编程。由于这些库函数和 API 函数是对 AVR 单片机底层支持库进行二次封装后形成的,因此使用过程中可以避开对单片机寄存器的设置操作,程序也显得更加清晰直观。图 6-4 中箭头⑦、⑧处显示了 Arduino 程序的结构风格,即 Arduino 程序基本结构由 setup( ) 和 loop( ) 两个函数组成:Arduino 控制器通电或复位后,执行且只执行一次 setup( ) 函数。通常在 setup( ) 中完成软、硬件的初始化设置,如变量设置、I/O 接口状态设置和串行口初始化等操作。setup( ) 执行完后,系统自动执行 loop( ) 函数。顾名思义,loop( )是一个循环执行的函数,函数中的程序代码将不断地重复运行,直至系统断电或复位。loop( )函数类似于 C 语言中的 main( )函数,负责完成程序的主要功能。

6.4.1 数字 I/O 接口的编程使用

Arduino Uno(简称 Uno)拥有 0~13 共 14 个数字 I/O 接口,用于实现高低电平的输入输出。

当数字 I/O 接口不敷使用时,可以将模拟输入接口作为数字 I/O 接口用,此时 A0 对应编号 14,A1 对应编号 15,其余以此类推,可参考图 6-2a。

使用数字 I/O 接口的输入输出功能前,需先通过 pinMode( )函数配置引脚工作模式:

pinMode(pin, mode);

其中,参数 pin 为要配置的引脚编号;mode 为指定的配置模式,共有三种:

INPUT　　　　　　输入模式

OUTPUT　　　　　输出模式

INPUT_PULLUP　　输入上拉模式

如果配置成 OUTPUT 输出模式,可以使用 digitalWrite( )函数输出高、低电平:

digitalWrite(pin, value);

其中,参数 pin 为指定的引脚编号;value 为输出电平的状态,value=HIGH 为高电平,value=LOW 为低电平。

如果配置成 INPUT 输入模式,可以使用 digitalRead( ) 函数读取外部输入数字信号:

int value=digitalRead(pin);

其中,参数 pin 为指定的引脚编号;value 为获取到的信号状态,1 为高电平,0 为低电平。

Arduino 核心库中将 OUTPUT 和 HIGH 预定义为 1,INPUT 和 LOW 预定义为 0,因而在函数中可以直接用数字 0、1 替代这些预定义的布尔常量,如 pinMode(10,1)、digitalWrite(10,1),等价于 pinMode(10,OUTPUT)、digitalWrite(10,HIGH)。

INPUT_PULLUP 为输入上拉模式。Arduino 微控制器内部自带上拉电阻,可利用 pinMode( )函数将引脚设置为输入上拉(INPUT_PULLUP)模式,使引脚在未连接外部组件的时候也能保持确定的逻辑电平。

【例 6-1】 利用引脚 13 驱动 Uno 内置 LED 闪烁点亮。

分析: Uno 开发板引脚 13 连接内置 LED,通过控制引脚 13 输出电平的高低变化,可以实现 LED 的亮灭控制。

程序代码:

```
void setup()
{
  pinMode(13, OUTPUT);           //将引脚 13 配置为 OUTPUT 输出模式
}

void loop()
{
  digitalWrite(13, HIGH);        //设置引脚 13 输出高电平点亮 LED
  delay(1000);                   //利用内置函数延时 1 000 ms
  digitalWrite(13, LOW);         //设置引脚 13 输出低电平熄灭 LED
  delay(1000);                   //延时 1 s
}
```

补充说明:

① Arduino IDE 带有丰富的示例，可参考示例学习板载资源的使用，只需略微修改即可。示例可从 Arduino IDE 菜单“文件”→“示例”中寻找，如图 6-6a 所示。

② Arduino 官网中提供了函数、变量、核心类库的说明和示例，可以参考学习，如图 6-6b 所示的“DOCUMENTATION”栏。

③ Arduino IDE 提供库管理器，利用库管理器可以检索并选取下载对应的库文件并自动安装，下载后的资源可以在菜单“文件”→“示例”或者“项目”→“加载库”中看到，如图 6-6a、c 所示。

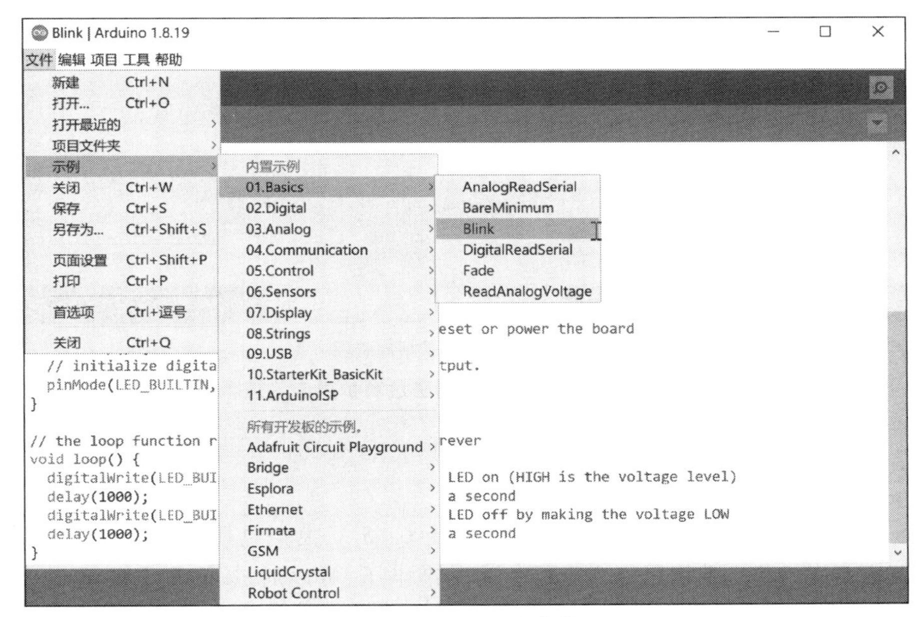

(a) Arduino IDE示例文件

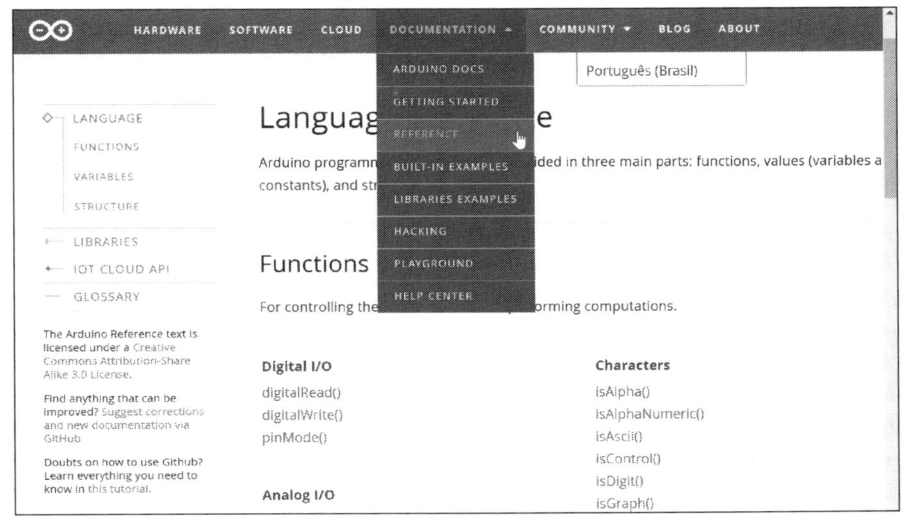

(b) Arduino官网提供的参考文档和函数示例

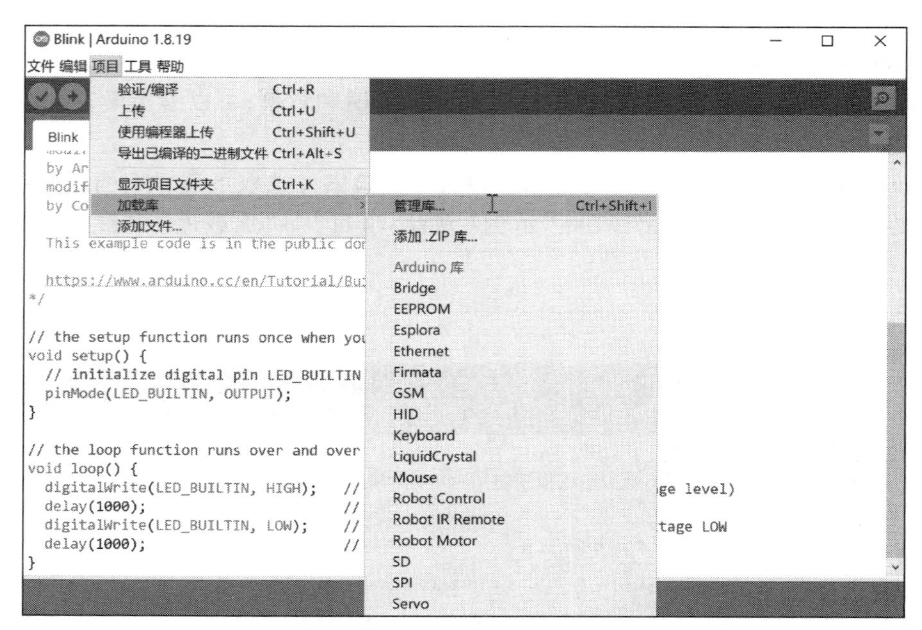

(c) Arduino IDE的扩展库管理

图 6-6 Arduino 的示例函数和扩展库管理

6.4.2 模拟量输入通道的编程使用

Arduino Uno 有 6 个模拟量输入接口,可以接受 0~5 V 模拟电压输入,A/D 转换精度为 10 位,输出数值为 0~1 023。默认以输入电压作为基准电压,可以通过 analogReference( )函数选择转换时的参考电压。

使用模拟量输入功能时,对应的函数为

```
int value = analogRead(pin);
```

其中,参数 pin 为指定的模拟量输入引脚(必须是 A0~A5),例如 analogRead(A0)表示读取 A0 引脚的电压值。

$$\text{返回值 value} = 1\ 023\ \frac{V_{in}}{V_{REF}}$$

当用户没有设置参考电压 V_{REF} 时,Arduino 默认使用工作电压 V_{CC} 作为参考电压,如 Uno 工作电压 $V_{CC}=5$ V。实际使用时,如果外部工作电压不稳定,或待测电压较小而测量精度要求较高,则可以考虑使用内部 1.1 V 参考电压,或者通过 AREF 引脚引入高精度的外部参考电压。参考电压使用 analogReference(type)函数设置,其中参数 type 的选项如下所示:

type=DEFAULT,默认以当前工作电压作为参考电压;

type=INTERNAL,使用内部参考电压,对 Uno 而言,$V_{REF}=1.1$ V;

type=EXTERNAL,使用 AREF 引脚输入的外部参考电压。

一般而言,外置电源供电时误差略大,USB 供电稍微好一些。使用内部 1.1 V 参考电压时,平均误差为 1%~2%。此外,使用内部 1.1 V 参考电压,ADC 分辨率提升为 1.1 V/1 023 =

1.07 mV;而使用 5 V 参考电压,其分辨率为 5 V/1 023 = 4.88 mV。但要注意,使用 1.1 V 参考电压时,最大能转换的输入电压不能大于 1.1 V。

Arduino Uno 没有 DAC 转换器,但可以通过 PWM 方式利用 I/O 接口输出近似模拟电压值。由图 6-1 和图 6-2 可见,具有 PWM 输出功能的引脚为引脚 3、5、6、9、10、11。模拟量输出函数为

analogWrite(pin,value);

其中,参数 pin 为指定输出 PWM 波的引脚,整型数 value 为指定的占空比,范围为 0~255。PWM 信号的频率约为 490 Hz(引脚 5、6 为 980 Hz)。

【例 6-2】 编程读取 A3 引脚的模拟电压输入,并利用引脚 9 的 PWM 输出方式调整 LED 亮度。

分析:模拟量可直接使用 analogRead( )函数读取,数值范围为 0~1 023。PWM 输出使用 analogWrite( )函数。为了便于观察,可以将模拟量读取结果通过串行口打印函数发送到 PC 端。

程序代码:

```
int ledPin=9;                    //引脚 9 作为 LED 驱动引脚
int val=0;                       //保持模拟量输入数值
float vin;                       //转换为模拟电压

void setup()
{
   pinMode(ledPin, OUTPUT);      //将引脚 9 设置为 OUTPUT 输出模式
   Serial.begin(9600);           //打开串行口,设置波特率为 9 600 bit/s
}

void loop()
{
   val=analogRead(A3);           //读取 A3 引脚的模拟电压并转换,范围为 0~1 023
   vin=val* 5000.0/1023;         //转换为电压值,mV
   Serial.print(vin,3);          //串行口输出电压值,小数点后保留 3 位
   Serial.println();             //输出换行
   analogWrite(ledPin, val/4);   //按 A3 引脚模拟电压调整 LED 亮度,val/4 满足
                                   0~255
   delay(1000);                  //延时 1 s
}
```

6.4.3 时间函数的编程使用

Arduino 提供了 4 种时间操作函数,分别为 delay(ms)、delayMicroseconds(us)、millis( ) 和 micros( )。

其中:

① delay(ms)以 ms 为单位延时,其中变量 ms 的类型为 unsigned long。delay( )也被称为“阻塞函数”,在执行此函数期间,可能因延时等待而无法进行算术计算和模拟量连续输入等操作。

但不影响中断、串行输入和 PWM 输出等功能。

② delayMicroseconds(us)以 μs 为单位延时,最大延时时间为 16 383 μs。

③ millis( ) 返回自 Arduino 开发板程序运行以来的毫秒数,返回值类型为 unsigned long。当运行超过 50 天时,会跳转从 0 重新开始记录。

④ micros( )返回自 Arduino 开发板程序运行以来的微秒数,返回值类型为 unsigned long。最长记录时间大约 70 分钟,溢出后重新回到 0。

millis( )和 micros( )可以实现非阻塞计时。

6.4.4 中断函数的编程使用

Arduino 的中断可以分为定时中断和外部中断两类。

(1) 定时中断

Uno 和 Nano 使用的是 ATmega328P 芯片,拥有 Timer0、Timer1、Timer2 三个定时器。其中,Timer0 和 Timer2 是 8 位寄存器,Timer1 是 16 位寄存器,对应的常用库文件为 TimerOne、MsTimer2 和 TimerThree。

以 MsTimer2 为例,常用的函数有 3 个:

```
void set(unsigned long ms, void(* f)( ))
void start( )
void stop( )
```

其中:

① set( )函数用于设置定时中断的时间间隔和调用的中断服务程序,ms 表示定时时间的间隔长度,单位是 ms;void(* f)( )表示被调用的中断服务程序,只写函数名字就可以。

② start( )函数用于开启定时中断。

③ stop( )函数用于关闭定时中断。

这 3 个函数使用时都要加上作用域。如 MsTimer2::start( )。

【例 6-3】 利用 MsTimer2 库和定时中断编程实现 LED 的闪烁控制,周期为 1 s。

分析:利用时钟中断,每 500 ms 改变 LED 状态一次。

程序代码:

```
#include <MsTimer2.h>                    //定时器 Timer2 的库文件
void Flash_LED( ) {                      //中断响应函数
    static boolean out=HIGH;
    digitalWrite(13, out);               //数字量输出
    out=!out;                            //取反操作改变下次运行时的 LED 状态
}

void setup(){
    pinMode(13, OUTPUT);                 //配置输出引脚
    MsTimer2::set(500, Flash_LED);       //定时器间隔 0.5 s, 中断响应函数 Flash
                                          _LED
```

```
    MsTimer2::start();                //开始计时
}

void loop(){
                                      //可在此处加入自己的代码
}
```

(2) 外部中断

外部中断相关的函数有 4 个:

① attachInterrupt(interrupt, function, mode),中断初始化函数,用于设置外部中断,参数 interrput 表示中断源编号(并非引脚编号),参数 function 表示中断响应处理函数,参数 mode 表示中断触发模式。对于 Uno 开发板,中断编号 0、1 分别对应 I/O 接口的引脚 2、3。中断触发模式有以下 4 种类型:

LOW　　当输入低电平时触发中断;
CHANGE　　当输入电平发生改变时触发中断;
RISING　　当输入电平由低变高时(即上升沿)触发中断;
FALLING　　当输入电平由高变低时(即下降沿)触发中断。

注意:

a. 中断服务程序没有参数和返回值;
b. 中断函数中 delay( ) 函数不再起作用;
c. 中断函数中 millis( ) 函数的值不会增加;
d. 串行数据将会丢弃;
e. 需在中断函数内部更改的数值需要声明为 volatile 类型。

② detachInterrupt(interrupt),中断分离函数,用于禁用外部中断,其中 interrput 为禁用的中断源编号。

③ interrupt( ),中断使能函数。

④ noInterrupt( ),暂时禁止中断处理。

【例 6-4】 利用按键和外部中断控制 LED 的亮灭。

分析:将按键接入数字量 I/O 接口的引脚 2,利用外部中断 0,在中断响应函数中改变 LED 的亮灭状态。

程序代码:

```
volatile int state=HIGH;
void setup( )
{
    pinMode(13,OUTPUT);               //设定 LED 驱动 I/O 引脚及输出模式
    pinMode(2,INPUT_PULLUP);          //设定中断 I/O 接口为上拉模式,保证按
                                        键没有输入时高电平
    attachInterrupt(0, LED,CHANGE);   //中断初始化,中断编号 0,中断响应函数
                                        为 LED
```

```
}

void loop( )
{
    digitalWrite(13, state);            //循环输出,state值随中断处理函数的
                                          执行自动反转
}

void LED( )
{
    state =! state;                     //当有外部中断时取反变量 state 的
                                          状态
}
```

6.4.5 串行口的编程使用

当使用 USB 线连接 Arduino Uno 与计算机时,计算机上会增加一个 USB 接口的虚拟串行端口,建立两者之间的串行口连接,实现信息互传。串行口不仅可以用来实现 Arduino 和计算机之间的通信,许多传感器和外设模块(如 GPS 接收器等)也需要通过串行口进行数据读取和运行管理。

(1) 串行口初始化

Arduino 开发板使用串行口时需要先在 setup( )中初始化串行口通信功能,初始化函数为

Serial.begin(speed);

其中,参数 speed 为串行口通信波特率。通信双方必须使用相同的波特率。

(2) Arduino 串行口输出函数

常用的 Arduino 串行口输出函数有

Serial.print(val);或 Serial.print(val, format);

Serial.println(val);或 Serial.println(val, format);

Serial.write(val);

其中,val 为任意类型的输出数据。format 为输出数据的格式,可以输出 BIN(二进制)、DEC(十进制)和 HEX(十六进制)等。对于浮点数,则用于指定小数点后的位数。如:

Serial.print(18, BIN)得到二进制数"0001 0010";

Serial.print(18,DEC)得到十进制数"18";

Serial.print(18,HEX)得到十六进制数"12";

Serial.print(1.2345,0)得到"1";

Serial.print(1.2345,1)得到"1.2";

Serial.print(1.2345,2)得到"1.23"。

Serial.println( )与 Serial.print( )使用方法相同,只是增加了发送后换行功能。

Serial.print( )发送的是字符,而 Serial.write( )发送的是数值。例如,执行 Serial.print(97),

串行口监视器显示结果为 97,而执行 Serial.write(97),串行口监视器显示的是十进制数 97(十六进制 0x61)所对应的字符“a”。

(3) Arduino 串行口读取函数

常用的 Arduino 串行口读取函数如下:

Serial.available( ),判断串行口缓冲区的状态,返回从串行口缓冲区读取的字节数。

Serial.read( ),读取串行口数据,一次读一个字符,读完后删除已读数据。

Serial.peek( ),读取串行口数据,但不删除该数据。因此,连续调用 peek( )将返回同一个字符。

Serial.readBytes(buffer, length),从串行口读取指定长度 length 的字符到缓存数组 buffer 中。

Serial.readString( ),从串行口缓存区读取全部数据到一个字符串型变量。

当需要用到多个串行口设备时,Arduino 还可以基于 SoftwareSerial 类库模拟建立软件串行口,此时一般建议波特率不超过 57 600 bit/s。

【例 6-5】 利用硬件串行口实现数据即收即发。

分析:串行口接收可先使用 Serial.available( )判断是否接收数据,再使用 Serial.read( )读取数据。之后可以用 Serial.println( )输出所接收的数据。

程序代码:

```
int val;
void setup(){
    Serial.begin(9600);           //打开串行口,设置波特率为 9 600 bit/s
}

void loop(){
    if(Serial.available()>0){ //判断数据是否送达串行口
        delay(100);               //延迟保证串行口字符接收完毕,保证 available()
                                    返回准确数据
        val=Serial.read();
        Serial.println(val);
    }
}
```

【例 6-6】 利用软串口实现数据即收即发。

分析:使用 SoftwareSerial 类库和数字量 I/O 接口模拟的串行口称为软件模拟串行口,简称软串口。SoftwareSerial 类库并非 Uno 的核心类库,因此需要包含 SoftwareSerial.h 头文件。SoftwareSerial 类的成员函数及用法都与硬串口类似,除此之外,需利用构造函数定义软串口对象,并指定软串口 RX、TX 引脚。构造函数的使用语法如下:

```
SoftwareSerial mySerial= SoftwareSerial(rxPin, txPin);
```

或:

```
SoftwareSerial mySerial(rxPin, txPin);
```

由于 Arduino Uno 在同一时间仅能监听一个软串口,当建立多个软串口并要监听某一软串口时，需利用 mySerial.listen( )函数切换开启该软串口的监听状态：

```
mySerial.listen();
```

程序代码：

```
#include <SoftwareSerial.h>
SoftwareSerial mySerial_1(10, 11);          //定义软串口 1,指定 RX, TX
SoftwareSerial mySerial_2(2, 3);            //定义软串口 2

void setup()
{
    Serial.begin(9600);                     //硬串口初始化
    mySerial_1.begin(9600);                 //软串口初始化
    mySerial_2.begin(9600);
}

void loop()
{
    mySerial_1.listen();                    //监听 mySerial_1
    Serial.println("Serial_1:");
    if( mySerial_1.available()){
        Serial.write( mySerial_1.read()); //将 mySerial_1 接收的数据通过
                                             硬串口发送
    }
    Serial.println();                       //换行

    mySerial_2.listen();                    //监听 mySerial_2
    Serial.println("Serial_2:");
    if( mySerial_2.available())
    {
        Serial.write( mySerial_2.read());
    }
    Serial.println();
}
```

(4) Arduino 串行口中断

Arduino 提供了 serialEvent( )作为串行口中断回调函数，当 Arduino 板上的 RX 引脚收到数据时，serialEvent( )会被系统自动调用。但与 MCS-51 单片机的串行口硬件中断不同，serialEvent( )函数并非通过中断方式调用，只有在 loop( )全部执行完后才会连带执行，即无法做到实时响应。如果 loop( )中使用了 delay( )函数，serialEvent( )的调用也会被延迟，可能导致一次收到 2 个以上的字符。

【例 6-7】 利用 serialEvent( ) 函数实现串行口数据接收。

分析:由于 loop( ) 执行完毕后才会执行 serialEvent( ),为了使串行口数据能够及时处理,应使中断函数尽量简短,并设置好标志位,以便在 loop( ) 中进行相应处理。

程序代码:

```
String Str="";                          //定义字符串
boolean strFlag=false;                  //设置接收标志位

void setup()
{
    Serial.begin(9600);
    Str.reserve(50);                    //为字符串分配预留缓冲空间
}

void loop()
{
    if(strFlag)
    {                                   //判断接收完毕标志位
        Serial.println(Str);            //输出接收到的字符
        Str="";                         //清空字符串等待下次接收
        strFlag=false;                  //重置标志位
    }
}

void serialEvent()
{
    while(Serial.available())
    {
        char Ch=(char)Serial.read();    //读取缓冲区数据并存入字符串数组
        Str += Ch;
        if(Ch == '\n')
        {
            strFlag=true;               //收到换行符后置 1 标志位
        }
    }
}
```

6.4.6 Arduino 的库文件加载

Arduino 有丰富的库函数,可以根据所用模块的型号下载对应的开源库文件并加载到

Arduino IDE 中使用，从而提高开发效率。库文件的下载和安装有在线和离线两种方式。

（1）在线下载安装库文件

Arduino 的库管理器可以很方便地添加第三方扩展库，单击 Arduino IDE 菜单“工具”→“管理库”或者“项目”→“加载库”→“库管理”，调出“库管理器”对话框，在搜索框中输入和硬件模块相关的关键词，库管理器会搜索并列出可供下载的相关库文件资源，选取合适的资源单击安装即可，如图 6-7a 所示。

安装后的库文件和示例可以在 Arduino IDE 菜单“文件”→“示例”→“第三方库示例”，或者“项目”→“加载库”中看到。其中，示例可以用来参考学习相关扩展库的具体使用方法；加载库用来将库函数的头文件自动加入开发者的项目文件中。

安装后的扩展库文件一般默认安装在“此电脑>文档>Arduino>libraries”路径下，如图 6-7b 所示。

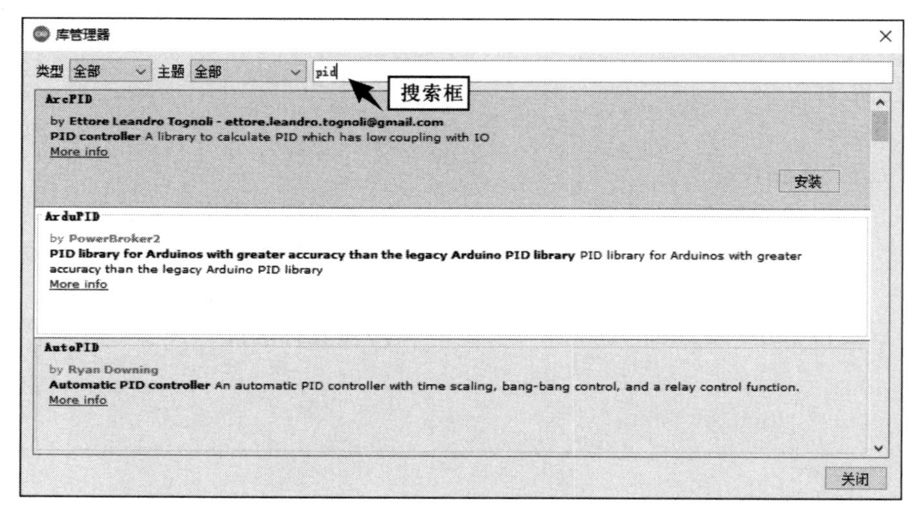

(a) Arduino的库管理器

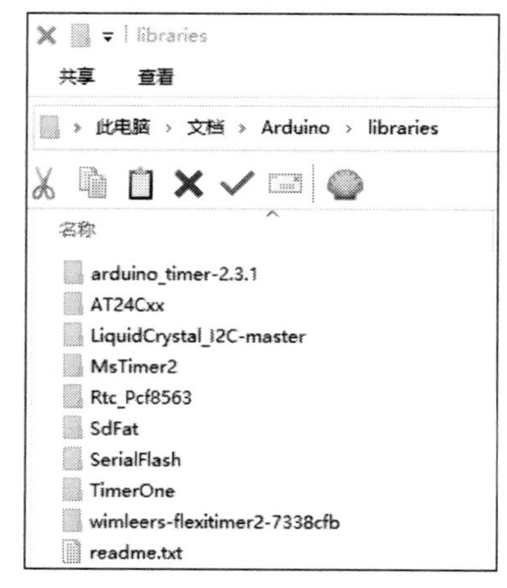

(b) Arduino扩展库文件路径

图 6-7　Arduino 的库管理器及扩展库文件路径

（2）离线安装库文件

对于某些库管理器中搜索不到，但可以在其他网络资源中下载的扩展库文件，可以通过离线方式安装。单击 Arduino IDE“项目”→“加载库”→“添加.ZIP 库...”，按照提示加入包含有目标库的 ZIP 文件即可。或者将目标库的压缩文件解压后放到“此电脑>文档>Arduino>libraries”路径下，Arduino IDE 启动时会自动搜索该路径下的库文件并添加到“第三方库示例”及贡献库中。如果使用过程中 Arduino IDE 的加载库越来越多，可以进入上述目标库保存路径中，直接手动删除暂时不用的库文件对应子目录。

6.4.7 Arduino 开发实例

【例 6-8】 利用 Arduino 开发一个传感器数据读取、显示系统。要求按下按键 1 时，LCD1602 液晶显示屏依次显示当前时间、传感器 1 的数值、传感器 2 的数值、传感器 3 的数值，继续按动 S1 时屏幕熄灭；过程中按动 S2，则中断当前显示，屏幕熄灭。此外，系统时钟可以通过串行口进行校时。

（1）任务分析

本例是一个较为全面完整的示例，带有按键输入、传感器模拟通道数据读取、LCD 液晶显示和串行口通信等功能。

系统采用了带有 I^{2}C 接口的 LCD1602 液晶显示屏。LCD1602 为 8 位并行接口，通过带有 8 位准双向口和 I^{2}C 接口的 PCF8574 可以实现双向总线驱动，节省对控制器的 I/O 资源占用，如图 6-8a 所示。

实时时钟选用同样带有 I^{2}C 总线接口的工业级时钟/日历芯片 PCF8563，如图 6-8b 所示。

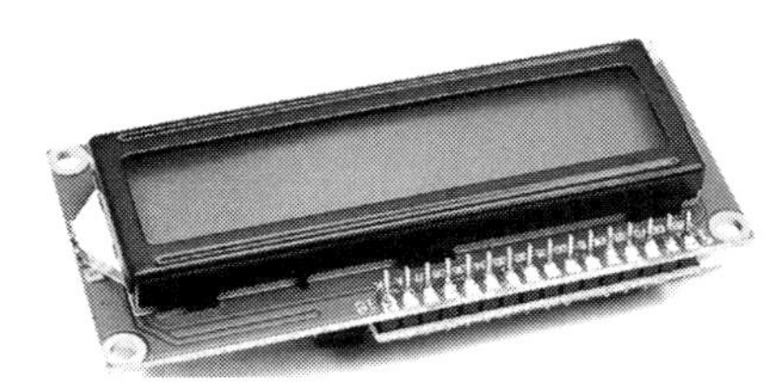
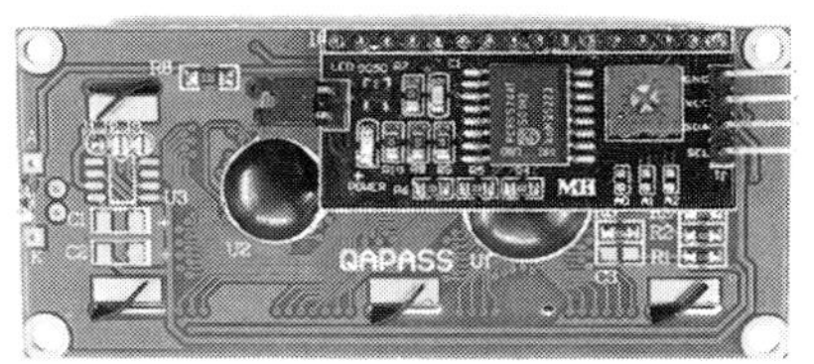

(a) 带有I^{2}C接口的LCD1602液晶显示屏

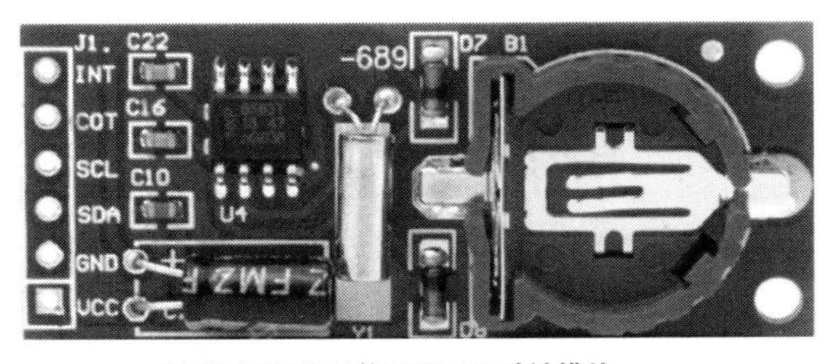

(b) 带有I^{2}C接口的PCF8563时钟模块

图 6-8　系统选用的带有 I^{2}C 接口的显示和时钟模块

系统传感器均为模拟量输出，分别接到 A0～A2 三个模拟量输入通道。按键输入和串行口输入采用中断响应方式处理。考虑到资源需求较少，从成本控制角度考虑，控制器采用 Arduino

Nano 模块,其使用方式与 Uno 相同,只需注意功能引脚的分布差异,并在 IDE 中进行对应元件和 CPU 的选择。

(2) 硬件设计

根据任务分析,绘制系统硬件原理图,如图 6-9 所示。图中 PCF8563 和 LCD1602 由于采用成品模块,与 Nano 控制器之间的电气连接变得简洁明了,使用时只需根据图 6-8 所示的模块引脚功能定义连接至 Nano 控制器相应引脚即可。Nano 控制器的 A4、A5 引脚可以作为 I/O 接口和 I^2C 总线使用,图中 PCF8563 和 LCD1602 模块并列至 A4、A5 引脚,访问时依靠设备地址实现识别区分。R_{12}、R_{13}为按键的上拉电阻,无按键按下时 S1 和 S2 两个输入接口保持高电平,防止外界干扰。R_{14}、R_{15}为 I^2C 总线的上拉驱动电阻。

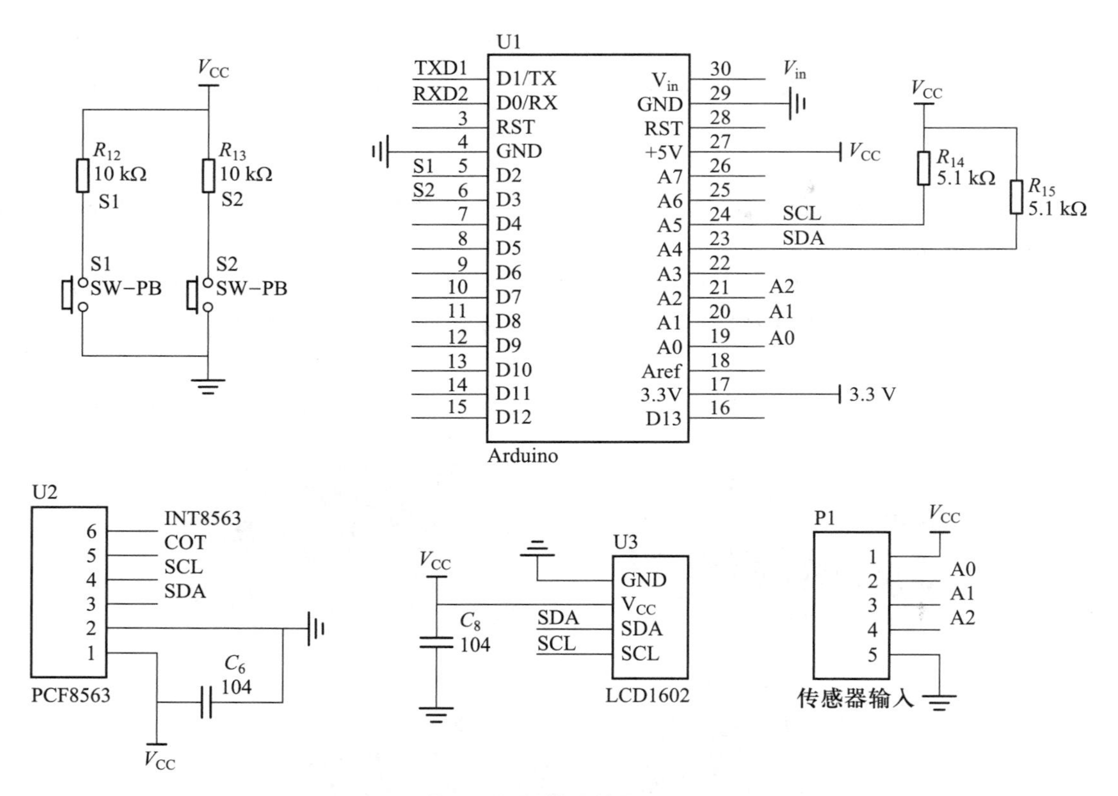

图 6-9 系统硬件原理图

(3) 软件设计

系统主程序需要进行基于 I^2C 总线的 PCF8563 时钟驱动以及基于 PCF8574 芯片的 LCD1602 驱动。为此在利用 Arduino IDE 编程时,可先通过库管理器添加第三方扩展库,再通过加载库文件实现对扩展库的调用,从而大大提高开发效率。本例中使用了"Rtc_Pcf8563"和"LiquidCrystal_I2C"两个驱动库。

程序中分别演示了如何进行按键中断的响应处理、串行口数据的接收和解析处理、字符串 String 对象的操作、PCF8563 的时间设定以及 LCD1602 的操作和数据信息显示处理。

程序清单如下：

```
#include <Rtc_Pcf8563.h>
#include <LiquidCrystal_I2C.h>
//定义引脚功能
int pinS1=2;
int pinS2=3;
//定义变量
unsigned long  S1Millis=0;
int S1interval=10000;           //用于误触 S1 后延时恢复
unsigned long  S2Millis=0;
char    S1_Count=0;             //按键状态
bool    S1_Change=0;            //按键状态变化
bool    S2_Change=0;
bool sensorRead=0;              //传感器读取状态量
bool     stringComplete=false;
String   inputString="";        //定义字符变量(变长)
//定义时钟和 LCD 对象
Rtc_Pcf8563 rtc;
LiquidCrystal_I2C lcd(0x27, 16, 2);

/***************/
void setup()
{
  pinMode(pinS1, INPUT);                          //按键设置
  pinMode(pinS2, INPUT);
  attachInterrupt(0, onButtonS1, FALLING);//CHANGE);//按键中断
  attachInterrupt(1, onButtonS2, FALLING);//CHANGE);
  //LCD1602 函数初始化
  LCD1602_setup();
  //initialize serial
  Serial.begin(9600); while(! Serial);
  DisplayPcf8563();
  delay(2000);
  lcd.noDisplay(); lcd.noBacklight();
}

/***************/
void loop()
```

```
{
  if(S1_Count)                                  //按键 S1 按下
  {
      if((S1_Count! =5) &&(S2_Change))
        {
          S2_Change=0;
          S1_Count=0;
          lcd.noDisplay();
          lcd.noBacklight();
        }
    if(S1_Change)                               //按键
    {
      S1_Change=0;
      lcd.display();
      lcd.backlight();
      switch(S1_Count)
      {
        case 1:
          lcd.clear();
          lcd.setCursor(2, 0);
          DisplayPcf8563();                     //LCD 显示时间年月日时分秒
          break;
        case 2:
          lcd.clear();
          lcd.setCursor(2, 0);
          ReadSensor(1);
          break;
        case 3:
          lcd.clear();
          lcd.setCursor(2, 0);
          ReadSensor(2);
          break;
        case 4:
          lcd.clear();
          lcd.setCursor(2, 0);
          ReadSensor(3);
          break;
        case 5:
```

```
          lcd.noDisplay();
          lcd.noBacklight();
          S1_Count=0;
          break;
        default:
          break;
      }
    }
    currentMillis=millis();                    //在 S1_Count>0 的时候进行处理
    if(currentMillis - S1Millis>=S1interval)
    {
      S1_Count=0;                              //一段时间没有按键,重置计数
      lcd.noDisplay();                         //一段时间没有按键,关 LCD
      lcd.noBacklight();
    }
  }

  if(stringComplete)                           //处理串行口中断数据
  {
    Serial.println(inputString);
    SerialCtrlModule();
    stringComplete=false;
    delay(500);
  }
}

/***************/
void onButtonS1()                              //按键处理函数
{
  if((millis() - S1Millis) < 200) return;    //防抖
  if(sensorRead) return;
  S1_Change=1;
  S1_Count=S1_Count + 1;
  if(S1_Count > 5) S1_Count=0;
  S1Millis=millis();                           //如果指定时间没有按键动作熄屏
}

void onButtonS2()
```

```
    {
      if((millis()-S2Millis)<200)return;
      if(sensorRead) return;
      S2_Change=1;
      S2Millis=millis();
    }

/***************/
    //串行口中断的处置,接收并保存串行口数据,Nano 缓冲区长度为 64 字节
    void serialEvent()
    {
      while(Serial.available() > 0)
      {
        // get the new byte:
        char inChar=(char)Serial.read();
        inputString += inChar;
        if(inChar == '\n')
        {
          stringComplete=true;                  //接收完毕置位标记量
        }
      }
    }

/***************/
    //串行口指令简单解析示例
    void SerialCtrlModule()
    {
      char Str_year[3], Str_month[3], Str_date[3], Str_DoW[3], Str_hour
[3], Str_minute[3], Str_second[3];
      char tdata[15];
      byte year, month, day, DoW, hour, minute, second;
      String inputBuf="";

      if(inputString.startsWith("ST"))          //设置校时
      {
        //假设现在的时间是 2022 年 9 月 6 日 周二 15 点 40 分 50 秒
        //就在 PC 端的串行口写入数字 ST22090601154050 发送即可。
        Serial.println(String("CMD:")+"SetTime");
```

```
        inputBuf=inputString.substring(2);
        inputBuf.toCharArray(tdata, sizeof(tdata));
        Str_year[0]=tdata[0];
        Str_year[1]=tdata[1];
        Str_month[0]=tdata[2];
        Str_month[1]=tdata[3];
        Str_date[0]=tdata[4];
        Str_date[1]=tdata[5];
        Str_DoW[0] =tdata[6];
        Str_DoW[1] =tdata[7];
        Str_hour[0]=tdata[8];
        Str_hour[1]=tdata[9];
        Str_minute[0]=tdata[10];
        Str_minute[1]=tdata[11];
        Str_second[0]=tdata[12];
        Str_second[1]=tdata[13];

        //Str to byte
        year=atoi(Str_year);
        month=atoi(Str_month);
        day=atoi(Str_date);
        DoW=atoi(Str_DoW);
        hour=atoi(Str_hour);
        minute=atoi(Str_minute);
        second=atoi(Str_second);
        rtc.initClock();
        rtc.setDate(day, DoW, month, 0, year);
        rtc.setTime(hour, minute, second);
        Serial.println("ST Finished.");
      }
    }

/****************/
    //读取传感器数值
    void ReadSensor(char sIndex)
    {
        sensorRead=1;
        if(sIndex == 1)
```

```
      {
         lcd.setCursor(2, 1);
         lcd.print("Sensor1=");
         lcd.print(analogRead(A0));
      }
      else if(sIndex==2)
      {
         lcd.setCursor(2, 1);
         lcd.print("Sensor2=");
         lcd.print(analogRead(A1));
      }
      else if(sIndex == 3)
      {
         lcd.setCursor(2, 1);
         lcd.print("Sensor3=");
         lcd.print(analogRead(A2));
        }
      sensorRead=0;
   }

/***************/
   void DisplayPcf8563()                         //PCF8563时钟显示函数
   {
     String Str_Date=rtc.formatDate(RTCC_DATE_ASIA);  //年月日
     String Str_Time=rtc.formatTime(RTCC_TIME_HM);    //时分秒
     lcd.display();
     lcd.setCursor(1, 1);                        //设置开始的指针位置
     lcd.print(rtc.formatDate(RTCC_DATE_ASIA));
     lcd.setCursor(10, 1);
     lcd.print(rtc.formatTime(RTCC_TIME_HM));
   }

/***************/
   void LCD1602_setup()                          //LCD1602初始化函数
   {
     lcd.init();
     lcd.home();
     lcd.backlight();
```

```
  lcd.display();
  DisplayPcf8563();
  delay(1000);
}
```

6.5 本章小结

Arduino 系统作为一款优秀的开源软硬件平台，应用在简单的机电控制系统中可以有效提高开发效率，降低开发难度，对缺少硬件开发基础的开发者而言十分友好。本章以 Arduino Uno 为例，介绍了其资源配置和 IDE 编程软件环境配置，并从实践角度出发，通过实例分别介绍了数字 I/O 接口、模拟量输入通道、时间函数、中断函数以及串行口等资源的编程使用。

本章知识重点如下：

1. 数字 I/O 接口的编程与使用；
2. 模拟量通道的编程与使用；
3. 串行口的编程与使用。

复习参考题

1. 试编程以实现对 Arduino 的 I/O 接口的操作及基于 I/O 输出的 LED 亮灭控制和按键状态读取。

2. 试编程以实现对 Arduino 模拟量输入的操作，并通过 Arduino 的串行口将转换后的结果发送到计算机，利用串行口助手软件进行数值观察。

3. 通过 I/O 接口驱动 LED，并利用 Arduino 的延时函数实现不同频率的亮灭控制。

4. 利用 Arduino Uno 模块编程以实现基于中断响应的按键输入处理。

5. 试利用 Arduino IDE 的库管理功能下载相关扩展库文件，实现对 EEPROM 芯片 AT24C02 的读写操作。

第7章 总线接口与通信

总线(bus)是指计算机各种功能部件之间实现信息交换的公共传输通道,通常包括片内总线、片间总线、系统总线和外部总线。

(1) 片内总线,芯片内部用于连接各功能单元模块(ALU、寄存器、指令部件等)的信息传输通路,属于片内电路级的互联。

(2) 片间总线(chip bus),又称元件级总线,是把各种不同的芯片连接在一起构成特定功能模块的信息传输通路,如 I^2C、SPI 总线等,属于芯片级的互联。

(3) 系统总线,又称为内总线,是计算机内部 CPU、内存、I/O 接口模块等各大部件之间的信息传输通路。如 ISA、PCI、PCIe 总线等,属于模块或板卡级的互联。按照传输信息的不同,又分为数据总线(data bus,DB)、地址总线(address bus,AB)和控制总线(control bus,CB)。

(4) 外部总线,又称为通信总线,用于计算机系统之间或计算机系统与其他电子仪器或设备之间的通信,属于设备级的互联。按传输方式可分为串行通信总线和并行通信总线,如 EIA RS-232C、IEEE-488、USB 等。

机电设备或机电控制系统的设计与开发主要涉及片间总线和通信总线的开发应用。其中,通信总线一般又分为工业总线(如 RS-485)和现场总线(如 CAN、ProfiBus 总线等)。

7.1 片间串行总线

传统的片间总线通常限制在一块印制电路板(PCB)内,因而也称为板上总线,用来实现微处理器与板内各元件之间的相互连接,是各种总线中速度最快、功能最直接的总线。随着微电子技术和计算机技术的发展,总线技术也在不断地发展和完善,采用串行通信方式的片间总线,如 I^2C、SPI 总线等,以其结构简单、配置方便和可扩展性强等特点应用日益广泛,并逐步占据主导地位。

7.1.1 I^2C 总线

I^2C(inter-integrated circuit)总线是一种由 PHILIPS 公司开发的两线式串行总线,用于连接微控制器及其外围设备。它由串行数据线(SDA)和串行时钟线(SCL)构成,可发送和接收数据。I^2C 总线使用多主从架构,I^2C 总线的拓扑连接示意图如图 7-1 所示,图中 R_1、R_2为上拉电阻。

1. I^2C 总线的特点

(1) I^2C 总线是两线式串行总线,包括 SDA 和 SCL 两根双向 I/O 线,容易实现标准化和模块化,从而可以简化硬件电路的 PCB 布线,降低系统成本,提高系统可靠性。

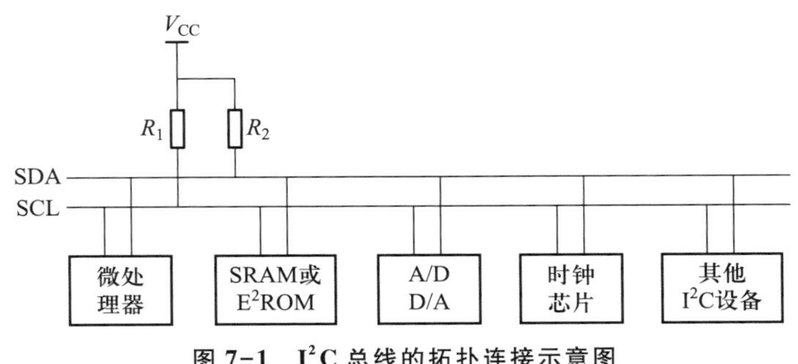

图 7-1　I^2C 总线的拓扑连接示意图

(2) I^2C 总线是真正的多主机总线,可以通过冲突检测和仲裁防止数据破坏。每个连接到总线上的元件都有唯一的 7 bit 地址(可从元件的数据手册中查知)。根据功能需求,总线上的元件既可以作为主机,也可以作为从机。其中,负责初始化总线并产生允许传输的时钟信号的元件称为主机(同一时刻只允许有一个主机),被寻址的器件则作为从机。实际使用中,一般将带有 I^2C 总线接口的微处理器模块作为主机。总线上的数据传输和地址设定由软件灵活设定,元件增加和删除不影响其他元件正常工作。

(3) 连接到相同总线上的器件数量受总线 400 pF 最大电容的限制,如果连接的是相同型号的元件,则还受元件地址位的限制。理论上,I^2C 总线最多可以挂接 127 个元件(除去保留地址后实际为 112 个元件),但受驱动能力的影响,若设备太多将导致信号下降沿过缓,数据读取容易出错甚至失败。

(4) SDA 和 SCL 均采用开漏(open-drain)输出,必须配置上拉电阻。图 7-2 所示为 SDA 和 SCL 的内部结构,由 Buffer 与 FET 两部分组成。总线上的元件只能把总线拉低或者释放总线,需依靠外部的上拉电阻把其拉高到高电平。

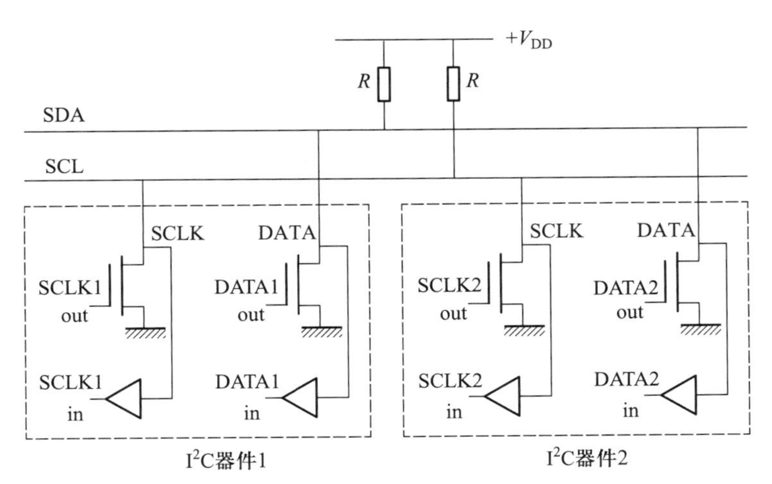

图 7-2　SDA 和 SLA 的内部结构

(5) I^2C 总线上主机与从机之间以串行的 8 位字节为单位进行双向数据传输。传输速率在标准模式下可达 100 Kbit/s,快速模式下可达 400 Kbit/s,高速模式下可达 3.4 Mbit/s。一般通过

I^2C 总线接口可编程时钟来实现传输速率的调整,同时也跟上拉电阻的阻值有关。

上拉电阻 R 的阻值一般取 1~10 kΩ,典型值为 1.8 kΩ、2.2 kΩ、4.7 kΩ 和 10 kΩ。

2. I^2C 总线协议

I^2C 总线协议规定,总线上数据的传输必须以一个起始信号作为开始条件,以一个结束信号作为传输的停止条件。起始信号和结束信号总是由主机产生,其中起始信号产生后,总线处于忙状态,由本次数据传输的主、从机独占,其他元件无法访问总线;停止信号产生后,本次数据传输的主、从机将释放总线,总线处于空闲状态。

(1) 空闲状态

各元件的输出级场效应管均处在截止状态,SDA、SCL 两条信号线在各自上拉电阻作用下同时保持高电平。

(2) 起始信号与结束信号

① 起始信号 S:SDA、SCL 维持高电平状态并持续大于 4.7 μs;SCL 维持高电平,SDA 由高电平向低电平跳变,并维持低电平状态大于 4.7 μs,将开始传输数据。即起始信号是一种电平跳变的时序信号,而不是一个电平信号。

② 结束信号 P:SDA 处于低电平、SCL 处于高电平,维持此状态不少于 4.7 μs;SCL 维持高电平,SDA 由低电平向高电平跳变,并维持高电平状态大于 4.7 μs,将终止数据传输。即结束信号也是一种电平跳变的时序信号,而不是一个电平信号,如图 7-3 所示。

(3) 应答信号(ACK)

发送器每发送一个字节,就在第 9 个时钟脉冲期间释放数据线,由接收器反馈一个应答信号。应答信号为低电平时规定为有效应答位(ACK),表示接收器已经成功接收该字节。要求接收器在 SCL 线的第 9 个时钟脉冲上升沿到来之前,将 SDA 线电平拉低,并使 SDA 线在第 9 个时钟脉冲的下降沿结束前保持稳定低电平,如图 7-3 所示。

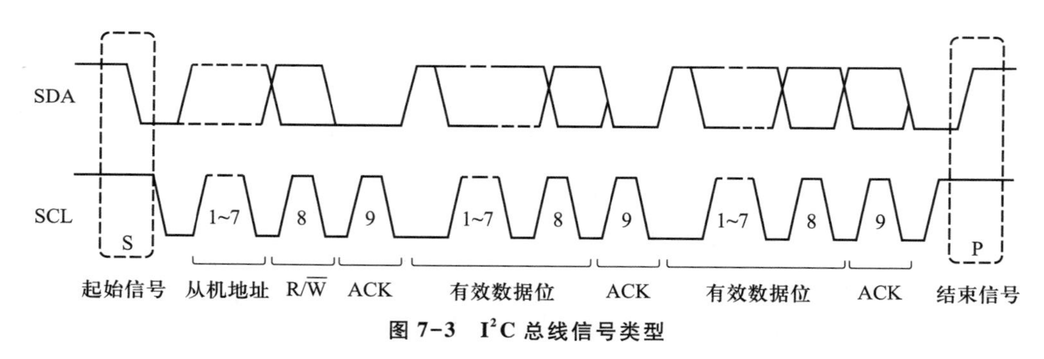

图 7-3 I^2C 总线信号类型

3. I^2C 总线的数据传输

I^2C 总线的数据传输实际就是主、从机之间的读写操作,数据位的传输是边沿触发,在 SCL 线串行时钟的配合下,以字节为单位,由 SDA 线以串行方式逐位传送。每个字节传送完毕后必须跟随一个有效应答位(ACK)。当有数据传输时,主机发出起始信号,进行数据传输过程;传输完成后主机发出结束信号,表示数据传输完毕。数据传输时,SCL 为高电平期间,SDA 上的数据必须保持稳定,只有在 SCL 的信号为低电平期间,SDA 上的电平状态才允许变化。

(1) 设备寻址

I^2C 总线上主、从机之间的数据传输建立在元件地址基础之上。因此,主机在传输有效数据之前需先指定从机地址,即存在元件寻址问题。主机发出起始信号后,必须将从机地址作为第一个字节发送,地址字节的最后一位根据协议规定用来表示接下来数据传输的方向($R/\overline{W}$),0 表示主机向从机写数据($\overline{W}$),1 表示主机向从机读取数据(R),如图 7-4 所示。主机通过发送地址码与对应的从机建立通信关系,挂接在总线上的其他从机虽然也同时收到地址码,但因为地址不相符合,会退出与主机的通信。

由图 7-4 可见,I^2C 元件都具有一个 7 位专用地址,一般包括高 4 位的固定部分和低 3 位的可编程部分。其中,高 4 位为元件类型,由生产厂家制定,低 3 位为可编程的元件引脚定义地址,由使用者定义。以 AT24C02 为例,其固定部分为 1010,可编程部分则根据地址引脚 A0、A1 和 A2 来设置,因此 AT24C02 的地址为 1010+A2A1A0+$R/\overline{W}$。这里所说的编程并非通过软件编程,而是把 A0、A1、A2 引脚接到不同的电平来确定数值(高电平为 1,低电平为 0)。同一个 I^2C 总线上最多可以接 8 个相同的 AT24C02 芯片。图 7-5 所示为 AT24C02 的引脚功能分配图。

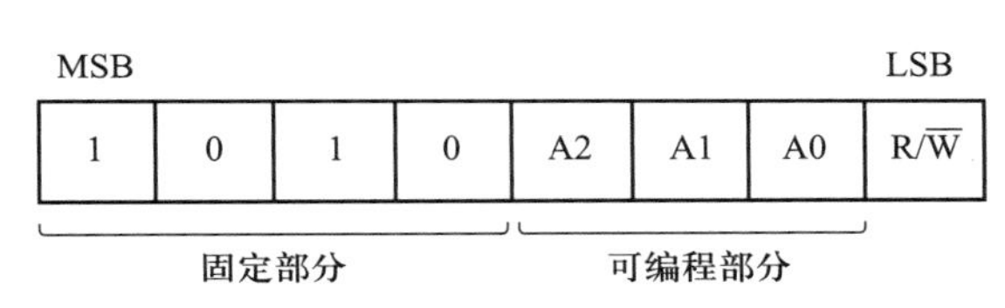

图 7-4 I^2C 总线的设备寻址(图示为 AT24C02 地址码)

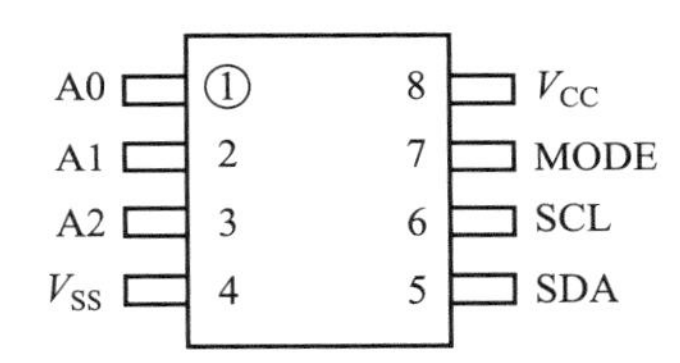

图 7-5 AT24C02 的引脚功能分配图

(2) 数据传送

I^2C 总线是一个标准的双向接口。一次通信过程中,数据发送的数量不受限制,主机通过结束信号 P 通知发送的结束,从机收到结束信号后将退出本次通信。发送方在每次发送后通过接收方的应答信号了解接收状况,如果应答错误,则重新发送。数据传输方式主要有以下几种:

① 主机向从机发送数据,数据传输方向在整个传输过程中保持不变。基本工作流程:主机发送起始信号以及要访问的从机地址→主机发送数据→主机发送结束信号。数据传输方式如图 7-6a 所示。

② 主机顺序读取从机发来的数据。基本工作流程:主机发送起始信号以及要访问的从机地址→主机接收从机发来的数据→主机发送结束信号。数据传输方式如图 7-6b 所示。

③ 主机随机读取从机寄存器数据。和②不同,随机读取从机的寄存器数据需要首先发送要读取的从机寄存器地址,再重复②的过程。其基本工作流程分为两段:a. 主机发送起始信号以及要访问的从机地址($R/\overline{W}$ 置 0,执行写操作)→主机发送寄存器地址;b. 主机重复发送起始信号以及要访问的从机地址($R/\overline{W}$ 置 1,执行读操作)→主机接收从机发来的数据(可以是 1 个或多个字节)→主机发送结束信号。

④ 主机先写后读或先读后写,读写转换过程中不使用结束信号,而是重启起始信号。在单主机系统中,重启起始信号比用结束信号终止传输后再次开启总线更有效率。数据传输方式如图 7-6c 所示。

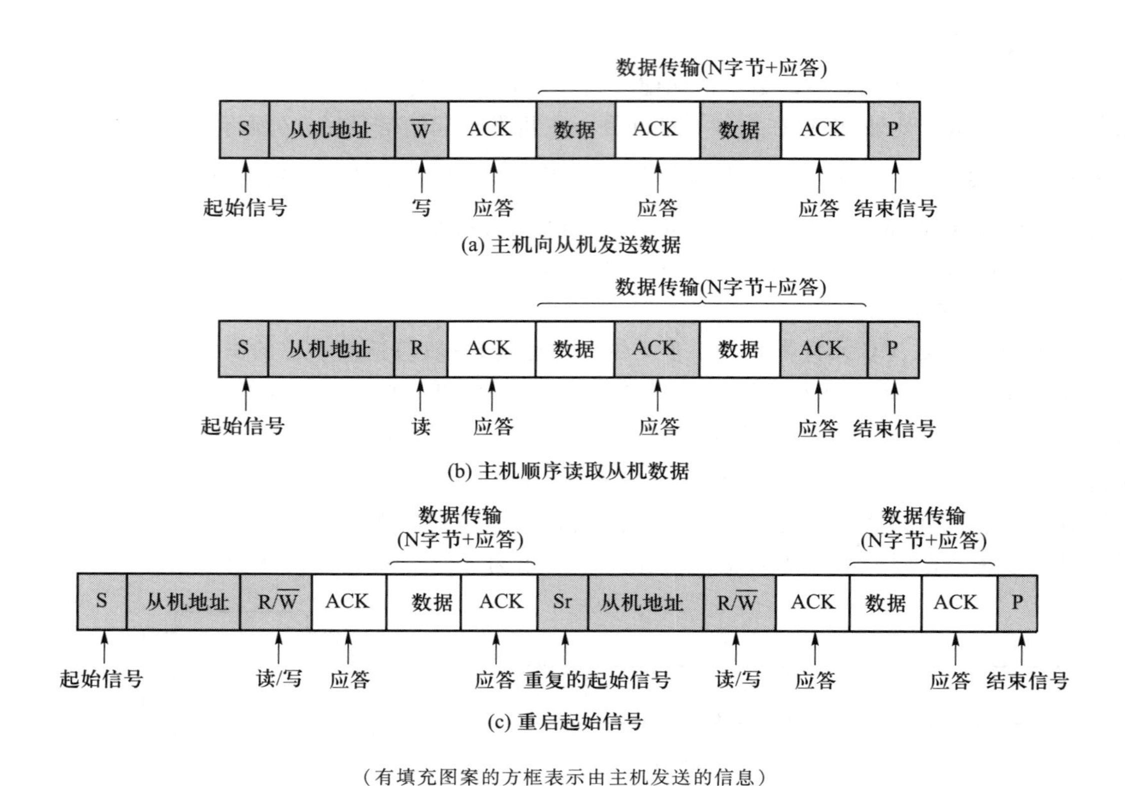

（有填充图案的方框表示由主机发送的信息）

图 7-6 I^2C 总线的数据传送

4. I^2C **总线应用实例**

【例 7-1】 使用 MCS-51 单片机操作 2 片 AT24C02 实现数据存储。

AT24C02 是采用 I^2C 总线的串行 CMOS E^2PROM，存储容量为 2 KB，内容分成 32 页，每页 8 B，共 256 B。其系统电路图如图 7-7 所示，单片机采用 STC15F2K60S2，通过 P2.0 和 P2.1 两个 I/O 接口模拟 I^2C 总线的 SDA 和 SCL，驱动两片 AT24C02 进行数据存储，两只电阻值为 4.7 kΩ 的电阻 R_1、R_2连接到 V_{CC}作为上拉电阻，三只电容值为 0.1 μF 的电容 C_1、C_2和 C_3分别连接在各芯片的 V_{CC}引脚附近作为退耦电容。

由图 7-4、图 7-5 可知，作为从机的 AT24C02 地址高 4 位是固定的 1010，低 4 位需根据 A0、A1、A2 引脚（即图 7-7 中的 E0、E1、E2）的接法和数据方向位来确定。图 7-7 中，U3 的 A0、A1、A2 引脚全部接地（GND），均为 0，因此其读地址为 1010 0001B，转换为十六进制，即为 A1H（0xA1）；写地址为 1010 0000B，转换为十六进制为 A0H（0xA0）。为避免地址冲突，U2 的 A0 接高电平（V_{CC}），A1、A2 接地（GND），即 001，因此其读地址为 1010 0011B，转换为十六进制，即为 A3H（0xA3）；写地址为 1010 0010B，转换为十六进制，即为 A2H（0xA2）。

作为参考，这里给出 I^2C 总线操作的部分 C51 代码示例。

```
#include<reg52.h>
sbit SDA=P2^0;
sbit SCL=P2^1;      //利用 I/O 接口模拟 I²C 的数据线
```

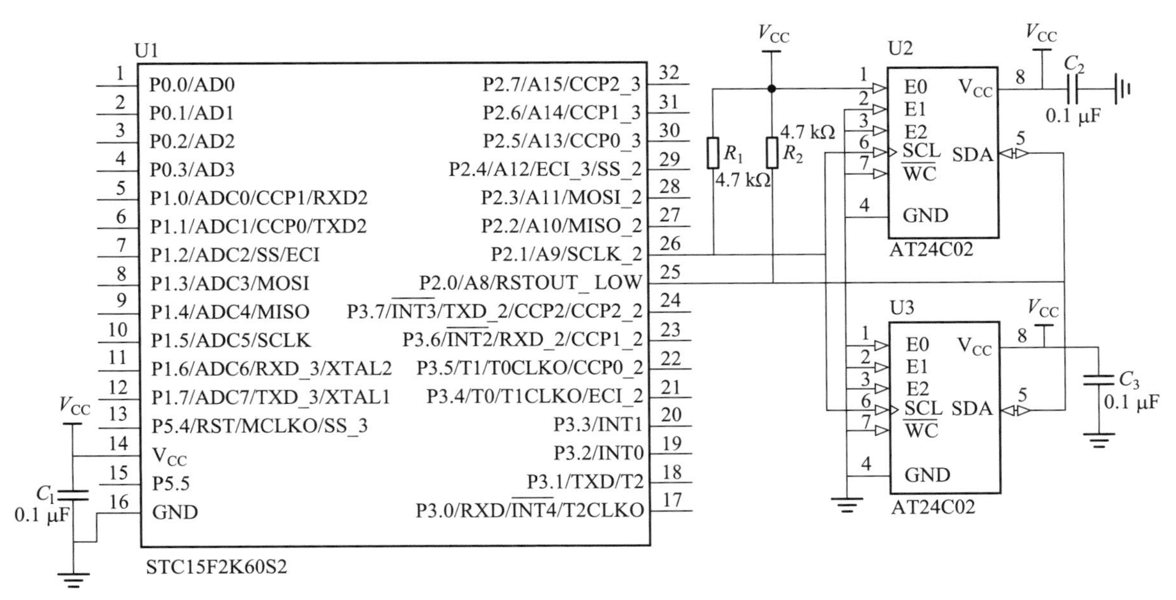

图 7-7　单片机驱动 E^2PROM(AT24C02)的系统电路图

```
//① 起始信号
void start()
{ SDA=1;
  SCL=1;
  Delay();            //SDA 和 SCL 高电平保持 4.7 μs 以上
  SDA=0;              //Delay()函数仅为示意,需根据单片机工作频率调整延时长度
  Delay();            //SDA 低电平保持 4 μs 以上
  SCL=0;
}
//② 停止信号
void stop()
{ SDA=0;
  SCL=1;
  Delay();            //保持 4 μs 以上
  SDA=1;
Delay();              //SDA 保持 4.7 μs 以上
}
//③ 发送 ACK 信号
void sendACK(bit bACK)
{ SCL=0;
  if(bACK)            //ACK
    SDA=0;
```

```
  else
    SDA=1;           //noACK
  SCL=1;
  Delay();           //保持 4 μs 以上
  SCL=0;
}
//④ 等待 ACK 应答信号
unsigned char waitACK()
{
  unsigned char ack=0;
  SDA=1;
  SCL=0;
  Delay();
  SCL=1;
  Delay();
  If(SDA==0)
    ack=1;
  else
    ack=0;
  SCL=0;
  Return ack;
}
//⑤ 主机发送 1 个字节
void sendBYTE(unsigned char byteDATA)
{ unsigned char I;
  for(i=0;i<8;i++)
  { SCL=0;
    byteDATA<<1;   //最高位移至 PSW 寄存器的 Cy 位
    SDA=CY;        //将待发送的字节按位放到 SDA 上
    SCL=1;         //SCL 高电平期间发送 SDA 数据
  }
  SCL=0;
  SDA=1;           //发送完毕释放总线
}
//⑥ 主机读取一个字节
unsigned char readBYTE()
{ unsigned char i,dat;
  SCL=0;
```

```
  SDA=1;
  for(i=0;i<8;i++)
  {  SCL=1;
     Delay();                //SCL为高电平时发送方会将1位数据放到SDA
     dat=(dat<<1)|SDA;       //按位保存到dat中
     SCL=0;
     Delay();
   }
   return dat;
}
//⑦ 向U3-AT24C02的指定地址写入数据
void AT24C02Write(unsigned char addr, unsigned char dat)
{
    start();
    sendBYTE(0xA0);
    waitACK();
    sendBYTE(addr);
    waitACK();
    sendBYTE(dat);
    waitACK();
    stop();
}
//⑧ 从U3-AT24C02的指定地址读出数据
unsigned char AT24C02Read(unsigned char addr)
{
    unsigned char dat;
    start();
    sendBYTE(0xA0);
    waitACK();
    sendBYTE(addr);
    waitACK();

    start();
    sendBYTE(0xA1);
    waitACK();
    dat=readBYTE();
    sendACK(0);
    stop();
```

```
    return dat;
}
```

7.1.2 SPI 总线

SPI 总线是由摩托罗拉(Motorola)公司推出的全双工同步串行总线,用于微处理器(MCU)和外围元件之间进行同步串行通信。不同厂家生产的标准外围元件,如 E^2PROM、闪存、实时时钟(RTC)、D/A 转换器和 UART 收发器等,都可通过 SPI 总线直接与 MCU 连接,从而简化了电路设计。

1. **SPI 总线特点**

SPI 总线具有较高的数据传输速率,硬件结构简单,从机不像 I^2C 总线那样需要唯一地址,也不像 CAN 总线那样需要收发器。同时,因为直接使用主机的时钟,从机不需要精密的时钟振荡电路。

(1) 主从(master-slave)控制模式

SPI 总线协议规定两个 SPI 元件之间的通信必须由主机(master)控制从机(slave),从机的时钟脉冲信号由主机通过 SCK 引脚提供给从机,从机自身不产生或控制 SCK 信号。一个主机可以通过提供 SCK 时钟脉冲以及对从机进行片选 SS(slave select)操作控制多个从机。当有多个从机连接 SPI 总线时,其连接方式如图 7-8 所示。

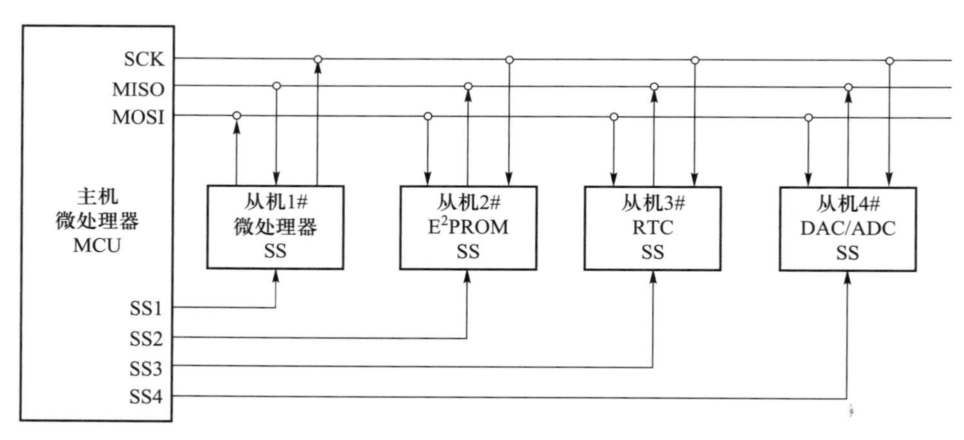

图 7-8 SPI 总线多从机连接方式

(2) 数据同步传输

SPI 主机根据要交换的数据产生相应的时钟脉冲,形成时钟信号 SCK。时钟信号通过时钟极性(CPOL)和时钟相位(CPHA)决定总线工作方式,控制两个 SPI 元件之间何时进行数据交换,何时对接收到的数据进行采样,以保证数据在两个元件之间同步传输。

(3) 数据交换

SPI 元件之间的数据传输又称为数据交换,完成一个字节传输的实质是两个元件的寄存器内容的交换。按照 SPI 协议规定,SPI 元件在数据通信过程中既是“发送器(transmitter)”,又是“接收器(receiver)”。在每个时钟周期内,主、从 SPI 元件都会发送并接收 1 bit 数据,即数据的发送和接收同时进行。主机首先通过 SS/CS 对从机进行片选；在数据传输过程中，每次接收到的数据必须在下一次数据传输之前被采样。如果之前接收到的数据没有被读取，则这些已经接收完成的数据有可能会被丢弃，导致通信失败。

SPI 总线的缺点在于：没有硬件上的从机应答信号、没有定义硬件级别的错误检查协议，且通常仅支持单个主机。与 I^2C 总线相比，SPI 总线需要的引脚更多；与 RS-232 和 CAN 总线相比，通信距离非常短。

(4) SPI 总线和 I^2C 总线的对比

① I^2C 总线是半双工通信，SPI 总线是全双工通信；

② I^2C 总线支持多主多从模式，SPI 总线只有一个主机；

③ I^2C 总线有应答响应机制，数据可靠性更高，SPI 没有应答机制；

④ I^2C 总线最高传输速率为 3.4 Mbit/s，SPI 可以达到很高的传输速率（一般情况下 SPI 模块的最大时钟频率为系统时钟频率的 1/2，但传输速率受 CPU 模块处理 SPI 数据能力的制约）；

⑤ I^2C 总线通过元件地址来选择从机，从机数量的增加不会导致 I/O 接口的相应增加，而 SPI 通过 SS 片选引脚选择从机，每增加一个从机就要多占用一个 I/O 接口；

⑥ I^2C 总线在 SCL 高电平期间进行数据采样，SPI 协议在 SCK 边沿进行数据采样。

2. SPI 总线的 I/O 接口

SPI 总线接口一般使用 4 条 I/O 口线实现主从通信，分别如下：

① 串行时钟线 SCK，由主机产生，用于控制数据交换的时机和传输速率；

② 主机输入/从机输出数据线 MISO，也称为 Rx-Channel，用作主机的数据入口，实现数据接收；

③ 主机输出/从机输入数据线 MOSI，也称为 Tx-Channel，用作主机的数据出口，实现数据发送；

④ 低电平有效的从机选择线 SS，使被主机选中的从机能够被主机访问。

总线传输速率由时钟信号 SCK 决定，主机通过片选信号 SS 选择从机进行通信，未被选中的从机其 MISO 呈高阻状态。通常情况下，只需要对上述四个 I/O 接口进行编程即可控制 SPI 设备之间的数据通信。

3. SPI 总线的数据传输过程

SPI 可以用全双工通信方式同时发送和接收 8 位或 16 位数据，由两个双向移位寄存器进行数据交换，具体过程如下：

① 主机启动发送过程，输出时钟信号。

② 主机将 SS/CS 引脚切换到低电平状态，激活目标从机。

③ 主机移位寄存器内的数据沿 MOSI 线一次一位串行发出，从机接收这些数据并移入移位寄存器；如果需要响应，从机移位寄存器内的数据沿 MISO 线一次一位串行返回主机的移位寄存器。传送完毕后，时钟停止，移位寄存器内的数据自动装入接收缓冲器，缓冲器满标志位（BF）和中断标志位（SSPIF）置 1。

④ 主、从机内的微处理器检测到 BF 或 SSPIF 置 1 后，读取缓冲器中的数据，完成一次传输过程。

4. SPI 总线应用示例

【例 7-2】 使用 MCS-51 单片机操作 SPI 接口的实时时钟芯片 DS1302。

系统电路图如图 7-9 所示，单片机采用 STC15W408AD，通过 P1.2、P1.3 和 P1.4 三个 I/O 接口模拟 SPI 总线的数据线驱动 DS1302。三只电阻值为 10 kΩ 电阻 R_1、R_2、R_3 连接到 V_{CC} 作为上拉电阻。

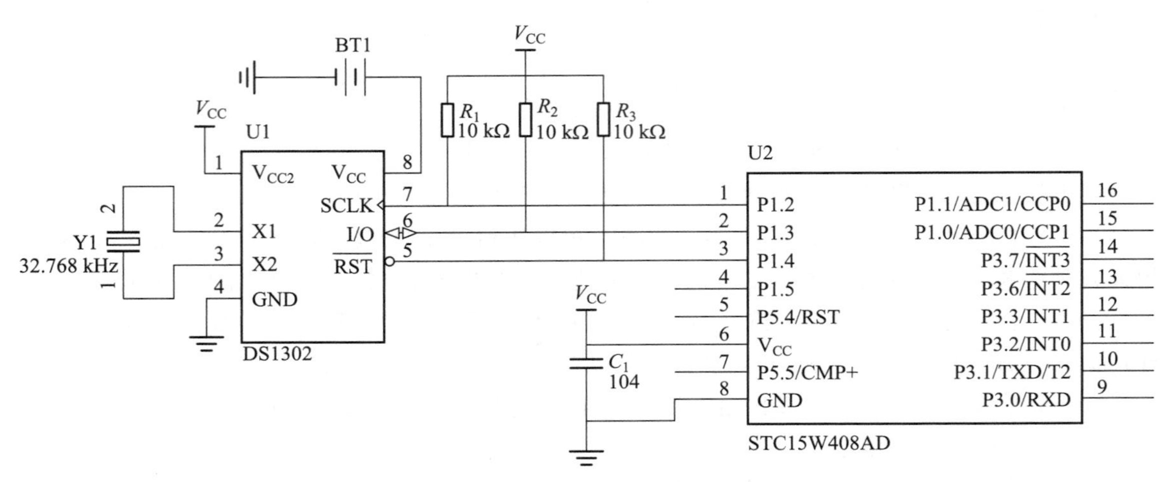

图 7-9 单片机驱动 DS1302 的系统电路图

DS1302 是 Dallas 公司推出的涓流充电低功耗实时时钟芯片，内含实时时钟/日历和 31 字节的静态 RAM(SRAM)，工作电压为 2.0～5.5 V，2.0 V 供电时工作电流小于 300 nA($1\ nA = 10^{-6}\ mA$)，工作电平与 TTL 电平兼容。两个电源引脚中，V_{CC2}是主电源输入，V_{CC}是备用电源输入(一般为纽扣电池)。当主电源电压比备用电源电压高 0.2 V 以上时，由主电源供电，否则由备用电源供电。

DS1302 采用简单的 SPI 三线接口：$\overline{RST}$(复位)、I/O(数据线)和 SCLK(同步串行时钟)，其引脚分布和功能如图 7-9 所示。图中 Y1 为 32.768 kHz 外接晶振，注意 DS1302 要求选用负载电容为 6 pF 的晶振，此时外部电路可以不用另接谐振电容。否则应放置 6～22 pF 的电容进行负载匹配。芯片内置输入移位寄存器模块用于完成串行数据的输入/输出，数据在同步串行时钟信号 SCLK 的上升沿串行输入，其中复位后开始传送的第一个字节(8 个数据位)作为控制命令用于指定 DS1302 内部被访问的寄存器。输入移位寄存器模块的所有串行数据的输入/输出都必须通过拉高$\overline{RST}$启动，当$\overline{RST}$为低电平时所有数据传输都会终止，且 I/O 接口变换为高阻状态。

微处理器对 DS1302 进行数据读写操作时，所有的读写操作都必须由控制字进行初始化。DS1302 的控制字格式如表 7-1 所示。

表 7-1 DS1302 的控制字格式

D7	D6	D5	D4	D3	D2	D1	D0
1	RAM/$\overline{CK}$	A4	A3	A2	A1	A0	RD/$\overline{WR}$

控制字的 D7 必须为 1，如 D7 为 0 则将禁用 DS1302。D6 用于选择是对 RAM 进行访问

(D6=1)还是对时钟/日历寄存器进行访问(D6=0)。D5~D1 用于组合选择特定的时钟/日历寄存器。D0 用于选择对 DS1302 是读取(D0=1)还是写入(D0=0)。DS1302 的时钟/日历寄存器共有 12 个,常用的有 7 个。由表 7-1 可知,DS1302 控制字最后一位是读/写控制位,所以对于同一个寄存器单元,DS1302 读寄存器和写寄存器的指令是不一样的,如表 7-2 所示。

表 7-2 DS1302 时间/日历寄存器(数据格式:BCD 码)

读寄存器	写寄存器	D7	D6	D5	D4	D3	D2	D1	D0	范围
81H	80H	CH	10 秒			秒				00~59
83H	82H		10 分			分				00~59
85H	84H	1:12 0:24	0	10 AM/PM	时	时				1~12 0~23
87H	86H	0	0	10 日		日				1~31
89H	88H	0	0	0	10 月	月				1~12
8BH	8AH	0	0	0	0	0	周日			1~7
8DH	8CH	10 年				年				00~99
8FH	8EH	WP	0	0	0	0	0	0	0	/

DS1302 的基本操作非常简单:一是设定时间参数,二是读取实时时间。微处理器在通过 SPI 接口与 DS1302 进行数据交互时,需按照数据手册规定的时序进行。例如,控制字的输出总是从最低位开始,在控制字指令输入后的下一个 SCLK 时钟信号的上升沿,数据被写入 DS1302,数据的写入也是从最低位到最高位。时间数据的读出同样从最低位开始,在控制字指令输入后的下一个 SCLK 时钟信号的下降沿,数据按照从低位到高位依次从 DS1302 读出。其单字节读写操作时序如图 7-10 所示。

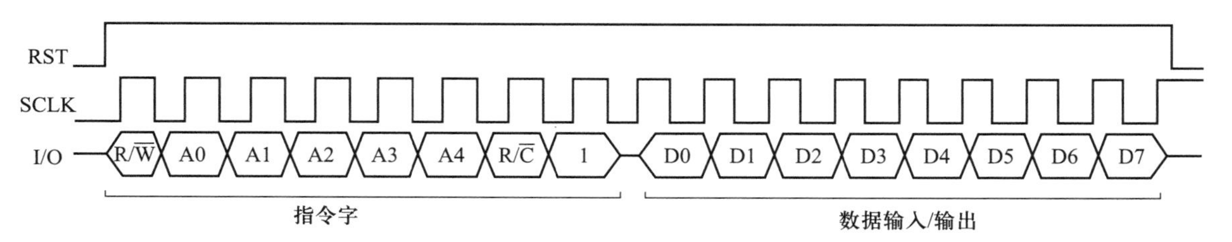

图 7-10 DS1302 的单字节读写操作时序

作为参考,这里给出 DS1302 读写操作的部分 C51 代码示例。

```
sbit RST=P1^4;        //RST 引脚
sbit DSIO=P1^3;       //IO 双向通信引脚
sbit SCLK=P1^2;       //SCLK 时钟信号
//① 字节读
unsigned char DS1302_ReadByte(unsigned char addr)
{
```

```
    unsigned char n,dat,tmp;
    RST=0;
    Delay();                  //延时函数,根据芯片文档定义合适时长
    SCLK=0;
    Delay();
    RST=1;
    Delay();
    for(n=0; n<8; n++)    //发送要读出数据的寄存器地址
        {
            DSIO=addr & 0x01;
            addr >>= 1;
            SCLK=1;
            Delay();
            SCLK=0;
            Delay();
        }
    for(n=0; n<8; n++)    //读出寄存器的数据
        {
            tmp=DSIO;
            dat=(dat>>1) |(tmp<<7);
            SCLK=1;
            Delay();
            SCLK=0;
            Delay();
        }
    RST=0;
    Delay();
    SCLK=1;
    Delay();
    DSIO=0;
    Delay();
    DSIO=1;
    Delay();
    return dat;
}
//② 字节写
void DS1302_WriteByte(unsigned char addr, unsigned char dat)
{
```

```
    unsigned char n;
    RST=0;
    Delay();
    SCLK=0;
    Delay();
    RST=1;                  //在 SCLK 为低电平的时候拉高 RST
    Delay();
    for(n=0; n<8; n++)      //发送要写入数据的寄存器地址
        {
            DSIO=addr & 0x01;
            addr >>= 1;
            SCLK=1;
            Delay();        //在 SCLK 的上升沿写入数据位
            SCLK=0;
            Delay();
        }
    for(n=0; n<8; n++)      //将指定内容写入寄存器
        {
            DSIO=dat & 0x01;
            dat >>= 1;
            SCLK=1;
            Delay();        //在 SCLK 的上升沿写入数据位
            SCLK=0;
            Delay();
        }
    RST=0;
    Delay();
}
```

7.2 RS-485 串行工业总线

RS-485 的标准名称是 TIA485/EIA-485-A,一般习惯称为 RS-485 标准[RS 为推荐标准(recommended standard)的简称]。RS-485 和 RS-232 一样都是串行通信标准。但 RS-485 总线采用差分传输方式,弥补了 RS-232 通信距离短、速率低的缺点,传输速率最高可达 10 Mbit/s,理论通信距离可达 1 200 m,且允许多个收发设备接到同一条总线上,因而在工业控制、电力通信、智能仪表等领域得到广泛应用。

RS-485 属于物理层协议,规定了总线传输介质、连接接口等机械特性,传输电平的范围、每种电平表示的具体含义等电气特性以及信号的收发机制。使用 RS-485 作为物理层的常用标准协议有工业 HART 总线、Modbus 协议和 Profibus DP 等。

7.2.1 RS-485 电气特性

(1) 通常采用双线差分信号传输(定义为 A、B 线或 Date+、Date-),发送端的逻辑“1”以 A、B 两线间的电压差为+(2~6) V 表示;逻辑“0”以 A、B 两线间的电压差为-(2~6) V 表示。该电平与 TTL 电平兼容,方便与 TTL 电路连接。接收端 A 线绝对电压值比 B 线高至少 200 mV 时为逻辑 1,A 线绝对电压值比 B 线低至少 200 mV 时为逻辑 0。

(2) RS-485 接口采用平衡驱动器(driver)和差分接收器(receiver)组合,抗共模干扰能力增强,抗噪声干扰性好。

(3) RS-485 最大通信距离约为 1 219 m,最大传输速率为 10 Mbit/s。其传输速率与传输距离成反比,最大通信距离只有在 100 Kbit/s 的传输速率下才能达到。当要传输更长距离时,需增加中继器。

(4) RS-485 总线一般最大支持 32 个节点(包括主控设备与被控设备在内),使用特制的 485 芯片可以达到 128 或 256 个节点。

(5) RS-485 总线是特性阻抗为 120 Ω 的半双工通信总线,一般采用屏蔽双绞线传输。任何时候只能有一点处于发送状态,发送电路须由使能信号加以控制。在远距离通信系统中,为了增加系统的传输稳定性、消除驻波和反射信号,一般在第一个节点和最后一个节点处增加 120 Ω 匹配电阻。长距离传输还可以采用光纤作为传播介质,收发两端各加一个光电转换器。采用多模光纤时传输距离可达 5~10 km,采用单模光纤时传输距离可达 50 km。

(6) RS-485 布线时要注意 A、B 极性,不能接反。总线上的设备只能采用如图 7-11 所示的菊花链式布线方式,不支持树形、星形或混合型布线方式。

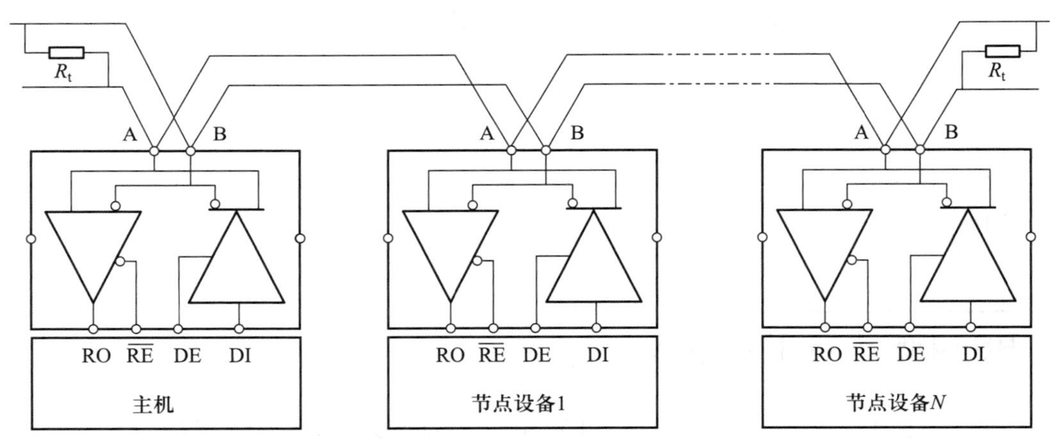

图 7-11 RS-485 总线的菊花链式布线方式

7.2.2 RS-485 收发器接口电路设计

RS-485 采用差分传输方式,用单片机等微处理器控制 RS-485 接口的设备时,需要用到收发器接口电路。接口电路的主要功能:将来自微处理器的发送信号 TX 通过“发送器”转换成通信网络中的差分信号,将通信网络中的差分信号通过“接收器”转换成被微处理器接收的 RX 信号。图 7-12 是 RS-485 收发器的结构简图。

由图 7-12 可见,收发器内部由一个接收器(上半部分)和一个发送器(下半部分)构成。其中,A 和 B 为总线,RO 为接收器输入,$\overline{\text{RE}}$为接收器使能信号,DE 为发送器使能信号,DI 为发送器输出。在任一时刻,RS-485 收发器只能够工作在"接收"或"发送"模式下,A、B 线所接的上拉、下拉电阻是为了避免出现不确定的中间态。同时,还需为 RS-485 接口电路增加一个收发逻辑控制电路,图 7-13 所示为微处理器与 RS-485 收发器的连接电路,也体现出微处理器通过 DIR 对$\overline{\text{RE}}$、DE 的控制。

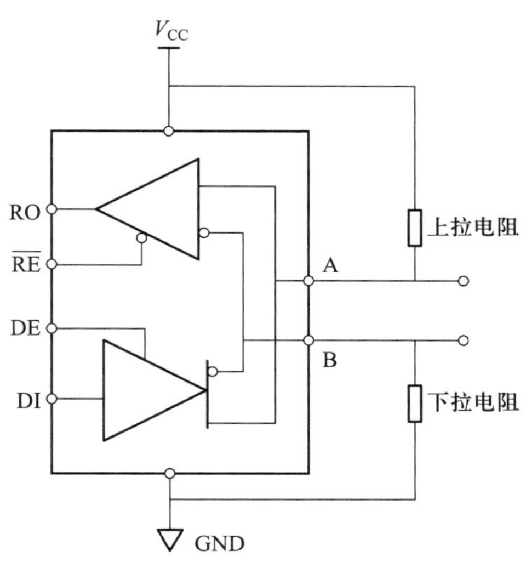

图 7-12　RS-485 收发器的结构简图

1. RS-485 **基本收发电路**

图 7-13 也是微处理器与收发器 MAX485 之间的接口电路示意图。当 DIR=0 时,接收使能$\overline{\text{RE}}$=0,发送使能 DE=0,对总线而言相当于高阻,此时接收有效、发送禁止;当 DIR=1 时,接收使能$\overline{\text{RE}}$=1,发送使能 DE=1,此时接收禁止、发送有效,总线 A/B 信号取决于发送输出 DI 的电平状态。$\overline{\text{RE}}$和 DE 设计成相反的有效逻辑便于用一个 GPIO 同时控制收发电路。图中 P6KE6.8CA 是瞬变电压抑制 TVS 二极管,可以限制后端电路电压,实现对后端电路的保护。

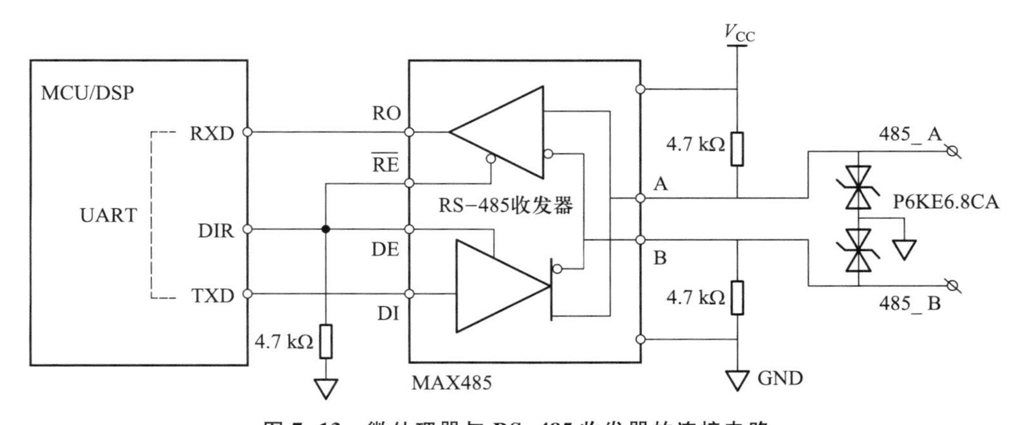

图 7-13　微处理器与 RS-485 收发器的连接电路

2. **隔离型** RS-485 **收发电路**

工业控制领域现场情况复杂,有时通信节点之间可能存在较高的共模电压。当共模电压超过 RS-485 接收器的极限接收电压时,接收器将无法正常工作,严重时甚至会烧毁芯片和仪器设备。为此可以通过 DC-DC 将系统电源和 RS-485 收发器的电源隔离;通过光电隔离元件将信号隔离,彻底消除共模电压的影响。如图 7-14 所示,图中使用了单通道高速光耦合器 6N137。也可以使用带集成式电气隔离的收发器芯片,如 ADM2483 等。

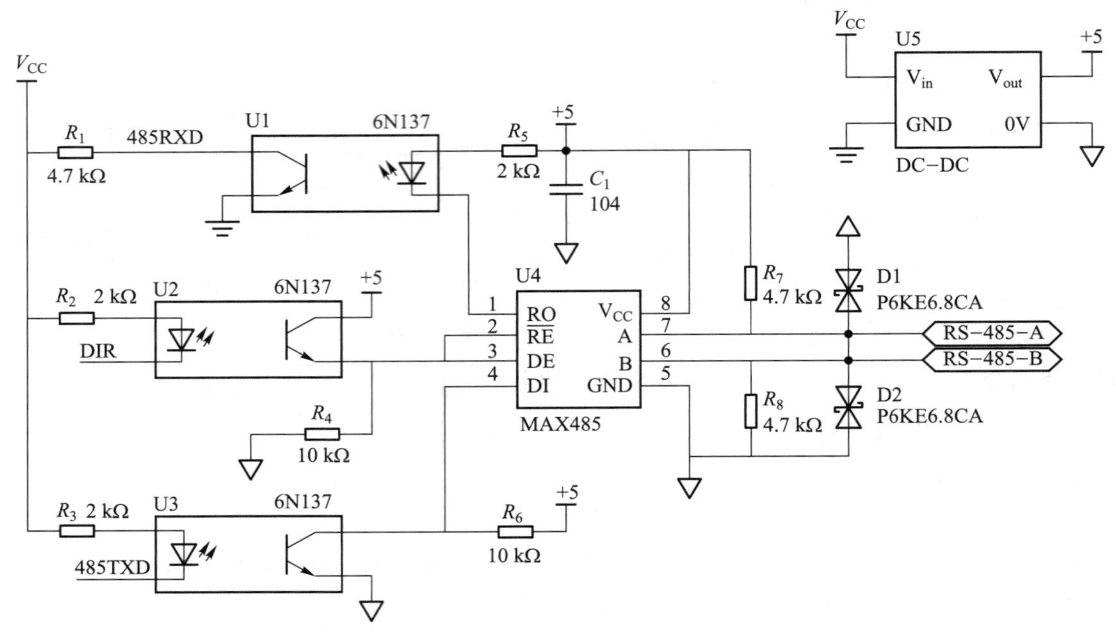

图 7-14　隔离型 RS-485 收发器电路

普通光耦合器只适用于通信速率较低的情况。在高速信号传输电路中可以使用高速数字隔离芯片来实现 RS-485 电路的隔离，相较于传统光耦电路，既提高了系统传输速率，又降低了系统复杂度。图 7-15 所示为基于光耦隔离和数字隔离的 RS-485 隔离电路。其中，使能信号 DIR 仍然采用光耦合器 6N137 进行隔离。数字隔离采用了 NSi8121N0 数字隔离器，具体技术参数可参阅其说明文档。

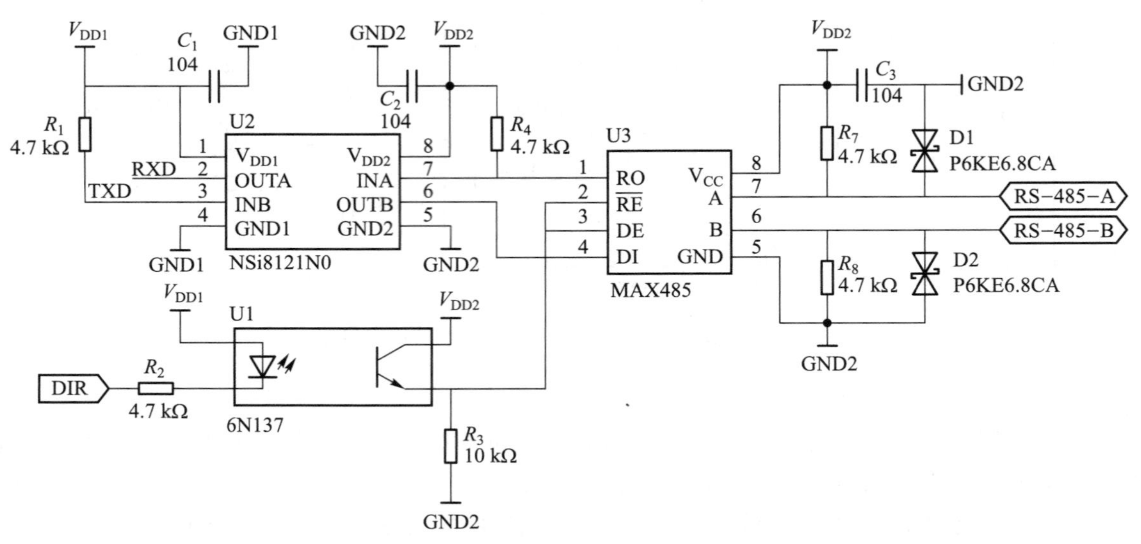

图 7-15　基于光耦隔离和数字隔离的 RS-485 隔离电路

3. RS-485 自动收发电路

由于 RS-485 总线是半双工模式，因此通信时需要切换收发状态，增加了程序的复杂度。为了编程方便，经常采用图 7-16 所示的自动收发电路。图 7-16a 为由分立元件构成的基于三极管的 RS-485 自动收发电路。图中 RXD 和 TXD 分别接微处理器 UART（图中未画出）接口的接收和发送引脚，上拉电阻 R_1、R_5 保证在没有通信时引脚 RXD 和 TXD 均为高电平，防止引起数据扰乱。

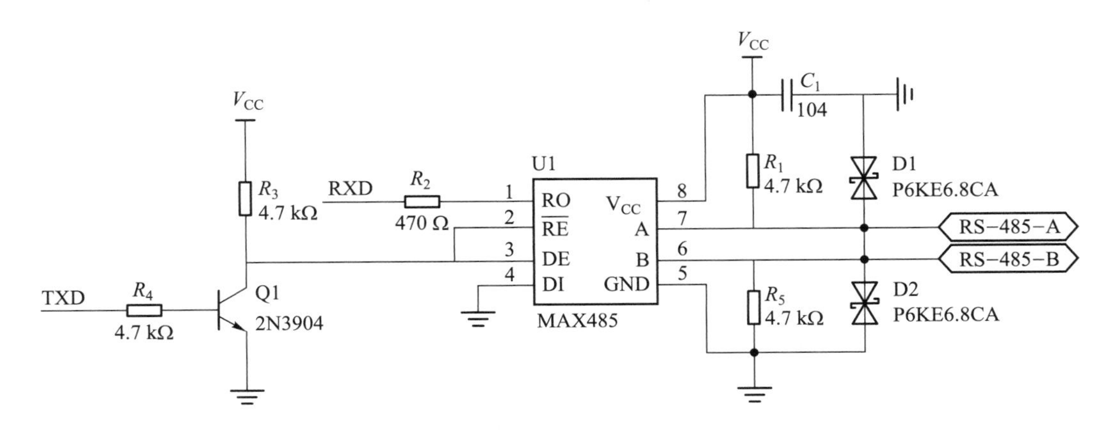

(a) 基于三极管的RS-485自动收发电路

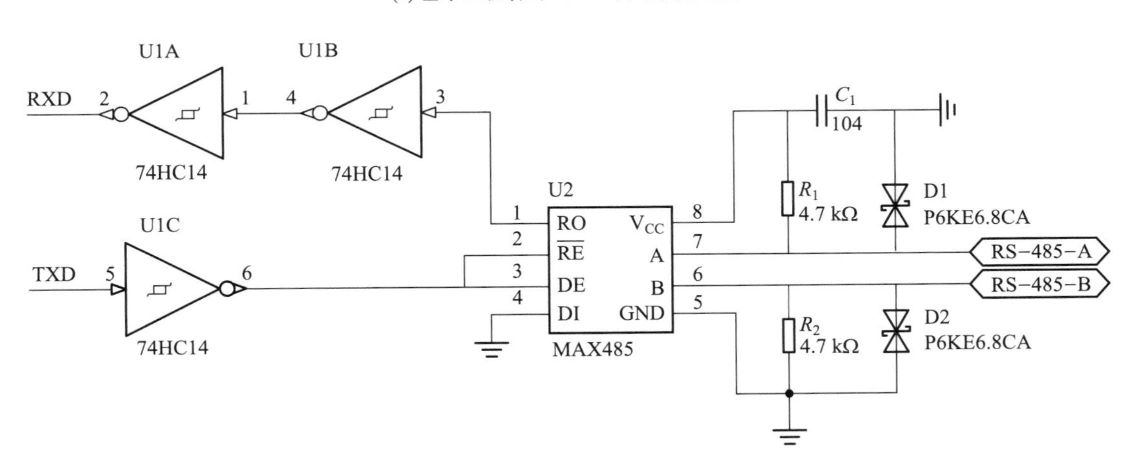

(b) 基于74HC14施密特触发器的RS-485自动收发电路

图 7-16　两种 RS-485 自动收发电路

接收数据时，TXD 保持高电平，三极管导通，$\overline{\text{RE}}$/DE 引脚接地，进入接收模式。此时如果 A、B 口收到数据会通过 RO 通道经 RXD 传递到微处理器，完成数据接收过程。

发送数据时，UART 会首先发送起始位“0”，因而 TXD 会有一个下拉的低电平，表示数据开始发送。此时三极管截止，$\overline{\text{RE}}$/DE 引脚变为高电平，进入发送模式。之后，当发送数据“0”时，由于 DI 接地，数据“0”传送到 A、B 口，总线 $V_A-V_B<0$，完成低电平传输。当发送数据“1”时，三极管导通，$\overline{\text{RE}}$/DE 为低电平，收发器 MAX485 处于高阻态，A、B 口状态由上拉电阻 R_1 和下拉电阻 R_5

决定，总线 $V_A - V_B > 0$，完成高电平传输。即高电平“1”是利用接收使能时收发器的高阻态和上、下拉电阻构成的 A、B 口偏置电路共同实现的。受三极管状态切换速度和$\overline{RE}$/DE 内部接口阻抗等的影响，基于分立元件构成的自动收发电路波特率不能太高。

图 7-16b 为基于 74HC14 施密特触发器(“非”门)的 RS-485 自动收发电路。基本原理与图 7-16a相同，当 TXD 为 1 时，经过图中施密特触发器 U1C 的“非”运算使$\overline{RE}$/DE 为 0(低电平)，收发器呈高阻态，此时 A、B 口由于上、下拉电阻的影响输出逻辑“1”。当 TXD 为 0 时，$\overline{RE}$/DE 为 1，由于 DI 接地，A、B 口输出逻辑“0”。

7.2.3 Modbus 通信协议

Modbus 是 OSI 模型第 7 层上的应用层报文传输协议，它规定了传输过程中每个字节或每一位表示的实际功能和含义，在连接至不同类型总线或网络的设备之间提供客户机/服务器通信。作为一种应用层软件协议，Modbus 需要基于 RS-485 总线等物理层硬件接口实现，如图 7-17 所示。

Modbus 协议规定了数据信息的结构、命令代码和应答方式等，其数据通信采用主从(maser/slave)方式，主机端发出数据请求消息，从机端接收到正确消息后就可以发送数据到主机端以响应请求；主机端也可以直接发消息修改从机端的数据，实现双向读写。

Modbus 协议分为 RTU 协议、ASCII 协议和 TCP 协议三种模式，其中 Modbus RTU 和 ASCII 属于串行通信，而 Modbus TCP 基于 TCP/IP 协议，属于以太网通信。目前采用 RTU 协议的仪表设备较多，一般来说基于串行口的 Modbus 通信协议就是指 Modbus RTU 协议。

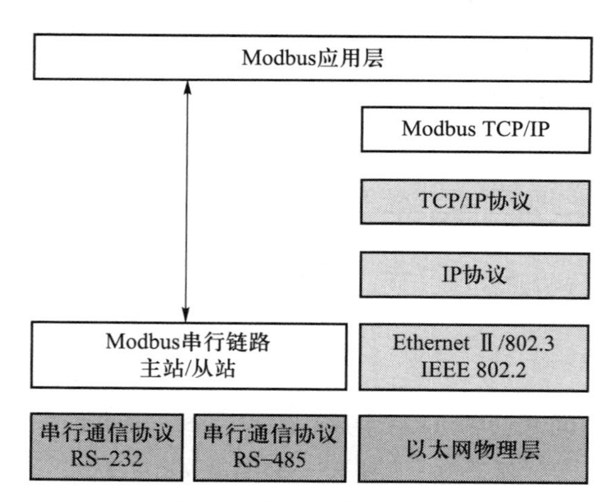

图 7-17 Modbus 协议规范和现有协议的关系

1. Modbus RTU 报文格式

RTU 协议的报文(也称为信息帧)格式由地址码、功能码、数据区和错误校验码四部分组成，如表 7-3 所示。

表 7-3　RTU 协议信息帧格式

地址码	功能码	数据区	错误校验码
1 字节	1 字节	*N* 字节	2 字节 CRC 码

其中：

(1) 地址码　地址码是信息帧的第一个字节(8 位)，协议规定从机地址范围是 0～247。每个从机都必须有唯一的地址码，只有符合地址码的从机才能接收主机发送来的消息并进行响应回送。当从机回送信息时，地址码可表明该信息来自何处。

(2) 功能码　功能码是数据帧的第二个字节，Modbus 协议规定功能码编号为 1～127。主机通过功能码告诉从机执行何种动作；从机发送的功能码与主机发送来的功能码一样，表明从机已响应主机进行操作。Modbus RTU 常用功能码如表 7-4 所示。

表 7-4　Modbus RTU 常用功能码

代码	中文名称	位/字操作	操作数量	作用
01	读线圈状态	位操作	读单个或多个	取得逻辑线圈当前状态
02	读离散输入状态	位操作	读单个或多个	取得开关输入当前状态
03	读保持寄存器	字操作	读单个或多个	读取保持寄存器当前二进制值
04	读输入寄存器	字操作	读单个或多个	读取输入寄存器当前二进制值
05	写单个线圈	位操作	单个	强置一个逻辑线圈的通断状态
06	写单个保持寄存器	字操作	单个	将二进制值装入保持寄存器
15	写多个线圈	位操作	单个	强置连续逻辑线圈的通断状态
16	写多个保持寄存器	字操作	单个	将二进制值装入连续保持寄存器

表 7-4 中的对象数据主要分为线圈状态、离散输入、输入寄存器和保持寄存器四类，这些概念是从 PLC 继承派生而来的。其中：

① 线圈状态对应开关量/数字量输出寄存器，一般表示位输出；

② 离散输入对应开关量输入寄存器，一般表示位输入；

③ 输入寄存器对应双字节模拟量输入寄存器，一般表示只读模拟量；

④ 保持寄存器对应双字节模拟量输出寄存器，一般表示可读写的模拟量。

可见，Modbus 协议本质上是对寄存器进行读写，并通过指定寄存器地址来交换数据。

(3) 数据区　数据区包含需要从机执行的动作或由从机采集的返送信息，这些信息可以是实际数值、参考地址等。当功能码读取从机寄存器的数值时，数据区必须包含要读取寄存器的起始地址及读取长度。

(4) 错误校验码　主机或从机可用校验码判别接收信息是否出错，增加系统的安全和效率。RTU 协议的错误校验采用 CRC-16 校验方法，共 2 个字节。比较计算得到的 CRC 码是否与接收到的相符，不相符表明出错。

2. Modbus RTU 报文示例解析

(1) 01 指令代码，读可读写数字量寄存器(读线圈状态)

读线圈状态的报文指令格式：[设备地址] [命令号 01] [起始寄存器地址高 8 位] [起始寄

存器地址低 8 位]［读取寄存器数高 8 位]［读取寄存器数低 8 位]［CRC 校验码低 8 位]［CRC 校验码高 8 位]。例如:

下行帧(主机发送的指令):[01][01][00][10][00][12][BD][C2]

故上述指令解释如下:从机地址为 01H,指令代码为 01,要读取开关量的起始寄存器地址为 0010H,要读取开关量的个数为 0012H(18 个状态量,需要 3 个字节的空间),由前述 6 个字节计算获得的 16 位 CRC 校验码为 C2BDH。

从机收到读取指令后,上行响应数据至主机。

01 指令代码的从机响应报文格式:[设备地址][命令号 01][返回的字节数][数据 1][数据 2]…[数据 n][CRC 校验码的高 8 位][CRC 校验码的低 8 位]。例如:

上行帧(从机设备的响应):[01][01][03][CD][6B][B2][02][F4]

故上述报文解释如下:从机地址为 01H,指令代码为 01,数据区字节数为 03H,数据为 CDH、6BH、B2H,CRC 校验码为 02F4H。注意,数据段中每个字节对应的二进制序列应从低位到高位读,如第一个数据 CD,转为二进制序列为 1100 1101,其中 1 代表闭合,0 代表分断。根据下行帧的起始地址 0010H 可知,设备的第 17 位(计数地址从 0 开始,故地址 16 实际为第 17 位)为 1,第 18 位为 0,第 19 位为 1,第 20 位为 1,第 21 位为 0,第 22 位为 0,第 23 位为 1,第 24 位为 1。

(2) 05 指令代码,写数字量(写单个线圈)

写单个线圈的报文格式:[设备地址][命令号 05][下置寄存器地址高 8 位][下置寄存器地址低 8 位][下置数据高 8 位][下置数据低 8 位][CRC 校验码低 8 位][CRC 校验码高 8 位]。例如:

下行帧:[01][05][00][AB][FF][00][FD][DA]

上述指令解释如下:从机地址为 01H,指令代码为 05(写单个线圈),下置寄存器地址高 8 位为 00H、低 8 位为 ABH,下置数据高 8 位为 FFH、低 8 位为 00H(注意:此处 FF00 表示闭合,0000 表示断开,其他数值无效),CRC 校验码为 FDDAH。

上行帧:[01][05][00][AB][FF][00][FD][DA]

上行帧完全重复下行帧命令,相当于确认命令执行。

(3) 03 指令代码,读可读写模拟量寄存器(读保持寄存器)

读保持寄存器的报文格式:[设备地址][命令号 03][起始寄存器地址高 8 位][起始寄存器地址低 8 位][读取寄存器数高 8 位][读取寄存器数低 8 位][CRC 校验码高 8 位][CRC 校验码低 8 位]。例如:

下行帧:[01][03][00][AB][00][02][B5][EB]

故上述指令解释如下:从机地址为 01H,指令代码为 03(读取模拟量),待读取模拟量的起始寄存器地址高 8 位为 00H、低 8 位为 ABH,从起始寄存器地址开始读取的模拟量个数高 8 位为 00H、低 8 位为 02H(共 2 个模拟量。注意:返回信息中一个模拟量需返回两个字节),CRC 校验码为 B5EBH。

03 指令代码的从机响应报文格式:[设备地址][命令号 03][返回的字节数][数据 1][数据 2]…[数据 n][CRC 校验码高 8 位][CRC 校验码低 8 位]。例如:

上行帧:[01][03][04][02][2B][00][01][00][64][77][7A]

故上述报文解释如下:从机地址为 01H,指令代码为 03,返回的字节数为 04H(1 个模拟量需要 2 个字节,共 4 个字节),返回的数据为 022BH、0001H、0064H,CRC 校验码为 777AH。

(4) 06 指令代码,写单个模拟量寄存器(写单个保持寄存器)

写单个保持寄存器的报文格式:[设备地址][命令号 06][下置寄存器地址高 8 位][下置寄存器地址低 8 位][下置数据高 8 位][下置数据低 8 位][CRC 校验码高 8 位][CRC 校验码低 8 位]。例如:

下行帧:[01][06][00][01][00][02][59][CB]

上述指令解释如下:从机地址为 01H,指令代码为 06(写单个模拟量寄存器),下置寄存器地址高 8 位为 00H、低 8 位为 01H,下置数据高 8 位为 00H、低 8 位为 02H(即十进制的 2),CRC 校验码为 59CBH。

设置成功则上行帧重复下行帧命令,否则不响应。

7.3 工业现场总线

现场总线(field bus)是自动化领域中的底层数据通信网络,主要用于过程自动化、制造自动化、楼宇自动化等领域的现场智能化仪器仪表、控制器、执行机构等现场设备间的数字通信,以及这些现场控制设备和更高层次控制管理系统之间的信息传递问题,其关键标志是支持双向、多节点、总线式的全数字化通信。

现场总线符合国际电工委员会现场总线标准(IEC61158),IEC61158 标准是按照国际标准化组织(ISO)制定的开放系统互连(OSI)参考模型建立的。IEC61158 标准参考使用了 OSI 参考模型中的应用层、数据链路层和物理层,如图 7-18 所示。

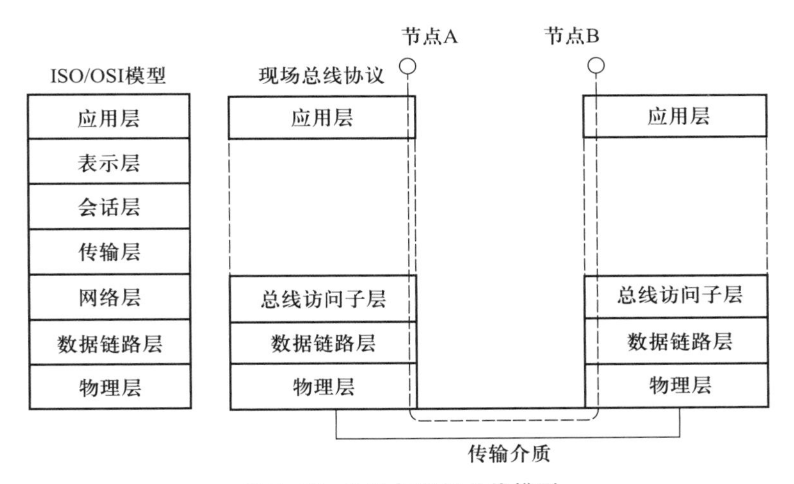

图 7-18　OSI 与现场总线模型

其中:

第 1 层物理层,主要规定了使用何种物理介质(铜导线、无线电和光缆)来进行通信,以及传输速率、最大传输距离和可接仪器设备数量等。

第 2 层数据链路层,主要定义了数据结构、网络数据存取规则和传输差错识别等内容,现场总线网络存取方式包括令牌传送、立即响应和申请令牌三种类型。

第 7 层应用层,主要定义了每一包数据的具体含义,如何读写、解释和执行信息及命令等。

此外,考虑到现场装置控制功能和具体应用,增加了新的用户层,通过标准化的输入输出和基本参数保证现场仪器仪表的互操作性。

从物理结构来看,现场总线系统主要包括现场仪表设备和系统传输介质(主要包括双绞线、同轴电缆、光纤等)两个组成部分。根据网络结构的不同,现场总线的网络拓扑结构有环型、星型、总线型和树型 4 类拓扑结构,如图 7-19 所示。

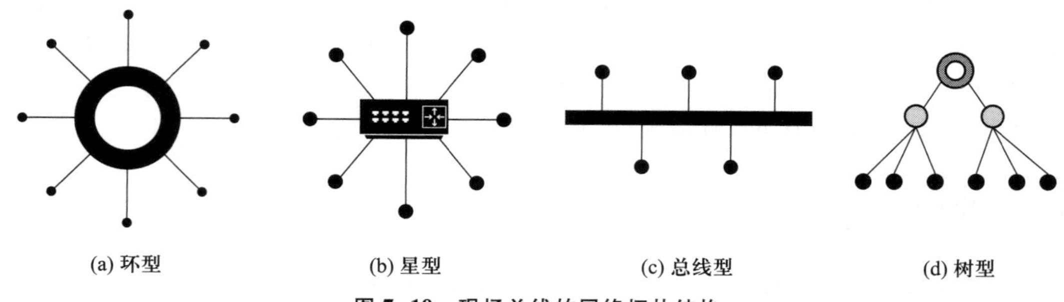

图 7-19　现场总线的网络拓扑结构

现场总线顺应了自动控制系统"智能化、数字化、信息化、网络化、分散化"的发展方向,使传统的控制系统无论在结构上还是在性能上都出现了巨大的飞跃,形成了网络通信的全分布式控制系统——现场总线控制系统(fieldbus control system,FCS)。

一般把 20 世纪 50 年代前的气动信号控制系统(PCS)称作第一代,把 4~20 mA 等电动模拟信号控制系统称为第二代,把数字计算机集中式控制系统称为第三代,把 20 世纪 70 年代中期以来的集散式分布控制系统(DCS)称作第四代,把现场总线控制系统(FCS)称为第五代控制系统。

作为信息数字化、控制分散化、系统开放化和设备间相互可操作的新一代自动化控制系统,FCS 突破了 DCS 采用通信专用网络的局限。在遵循统一的技术标准条件下,用户可以把不同品牌、功能相同的产品集成在同一个控制系统内,构成一个集成的现场总线控制系统。

7.3.1　工业现场总线的特点

1. 系统的开放性

这里的开放性是指相关标准协议的一致性、公开性,强调对标准的共识与遵从。现场总线网络系统必须是开放的,一个开放系统可以与任何遵守相同标准的其他设备或系统相连,不同厂家的设备之间可进行互联并实现信息交换,从而使用户可按自己的需要和对象把来自不同供应商的产品组成大小随意的 FCS。

2. 互操作性与互换性

互操作性是指实现互联设备间、互联系统间可实行点对点、一点对多点的数字化信息传送与沟通。互换性意味着不同生产厂家的性能类似的设备可进行互换。

3. 智能化与功能自治性

将传感测量、补偿计算、工程量的处理与控制等功能分散到现场设备中完成,仅靠现场设备即可完成自动控制的基本功能,并可随时诊断设备的运行状态。

4. 系统结构的高度分散性

从根本上改变了现有 DCS 集中与分散相结合的集散控制系统体系,依靠现场设备本身完成自动控制的基本功能。用户可以灵活选用各种功能构建所需要的 FCS 体系结构，简化了系统结构，提高了可靠性。

5. **对现场环境的适应性**

总线是现场底层数据通信网络，支持双绞线、同轴电缆、光缆、射频、红外线、电力线等传输介质，具有较强的抗干扰能力。可采用两线制实现送电与通信，并可满足本征安全防爆等要求。

7.3.2 CAN 总线

CAN（controller area network）即控制器局域网，是一种能够实现分布式实时控制的串行通信网络。1986 年由德国 BOSCH 公司开发，并最终成为国际标准，是汽车计算机控制系统和嵌入式工业控制局域网的标准总线，也是国际上应用最广泛的现场总线之一。CAN 总线标准规定了物理层和数据链路层，应用层需要用户自定义。不同的 CAN 总线标准（如 CANopen、DeviceNet 等）仅物理层不同，如图 7-20 所示。图中 CAN 收发器负责逻辑电平和物理信号之间的转换，将逻辑信号转换成物理信号（差分电平）或者将物理信号转换成逻辑电平。

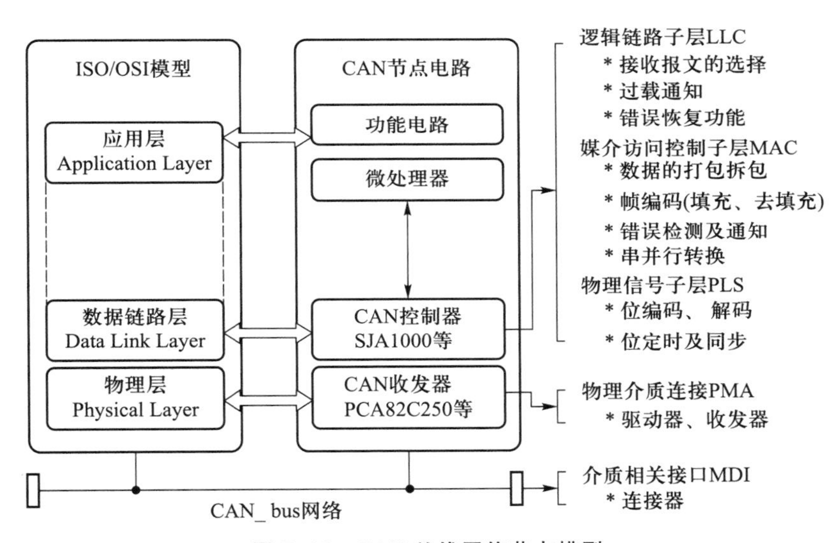

图 7-20 CAN 总线网络节点模型

CAN 总线传输速率最高可达 1 Mbit/s，通信距离最远到 10 km，采用无损位仲裁机制并支持多主结构。

CAN 有 ISO 11898 和 ISO 11519-2 两个标准。其中，ISO 11898 是针对传输速率为 125 Kbit/s～1 Mbit/s的高速通信标准（闭环总线），总线最大长度为 40 m/1 Mbit/s，最大连接单元数为 30 个；而 ISO 11519-2 是针对传输速率为 125 Kbit/s 以下的低速通信标准（开环总线），总线最大长度为 1 km/40 Kbit/s，连接单元数为 20 个。两者差分电平的特性不同，如图 7-21 所示，图中有信号时为显性，无信号时为隐性。

1. **CAN 总线的特点**

（1）CAN 总线是一种多主结构总线，各节点的地位平等，即每个节点均可成为主机，且节点之间也可进行通信，方便区域组网，总线利用率高。

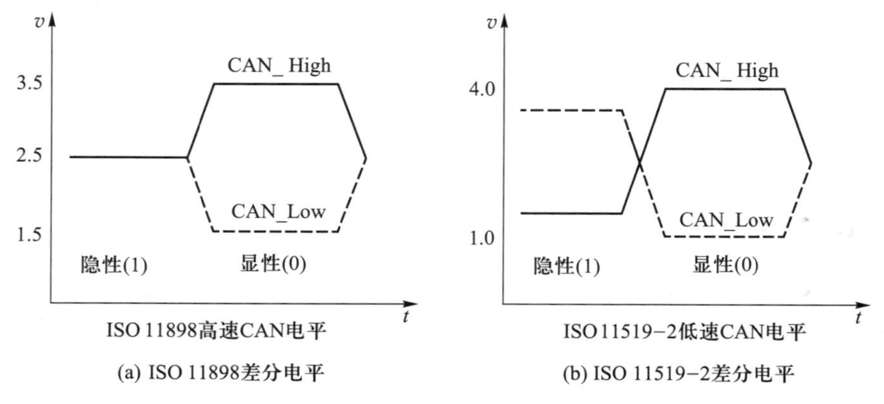

图 7-21　CAN 总线差分电平

(2) 通信介质可以是双绞线、同轴电缆或光导纤维,传输速率高(最高可达 1 Mbit/s),传输距离远(最远为 10 km)。

(3) CAN 总线通信接口中集成了 CAN 协议的物理层和数据链路层功能,可完成对通信数据的成帧处理,包括位填充、数据块编码、循环冗余校验、优先级判别等项工作。具备硬件报文滤波功能,并能自动检测报文发送成功与否,可硬件自动重发,传输可靠性很高。

(4) 单条总线最多可接 110 个节点,并可方便扩充节点数。CAN 协议的一个最大特点是废除了传统的站地址编码,代之以对通信数据块进行编码。采用这种方法的优点是可使网络内的节点个数在理论上不受限制,数据块的标识码可由 11 位或 29 位二进制数组成,因此可以定义 211 或 229 个不同的数据块。这种数据块编码方式,还可使不同的节点同时接收到相同的数据,这一点在分步式控制中非常重要。

(5) 实时性高,采用非破坏总线仲裁技术,优先级高的节点无延时。报文数据段长度多为 8 个字节,可满足通常工业领域中控制命令、工作状态及测试数据的一般要求。同时,8 个字节不会占用总线时间过长,从而保证了通信的实时性。

(6) CAN 协议采用短帧结构报文和硬件 CRC 检验,并可提供相应的错误处理功能,受干扰概率小,数据出错率极低,保证了数据通信的可靠性。出错的 CAN 节点会自动关闭并切断和总线的联系,不影响总线的通信。

2. CAN 总线物理层节点结构

图 7-22 为 CAN 节点软、硬件结构示意图。自下而上分为四个部分:CAN 节点电路、CAN 控制器驱动、CAN 应用层协议、CAN 节点应用程序。不同 CAN 节点完成的功能不同,但都具有相同的硬件和软件结构。

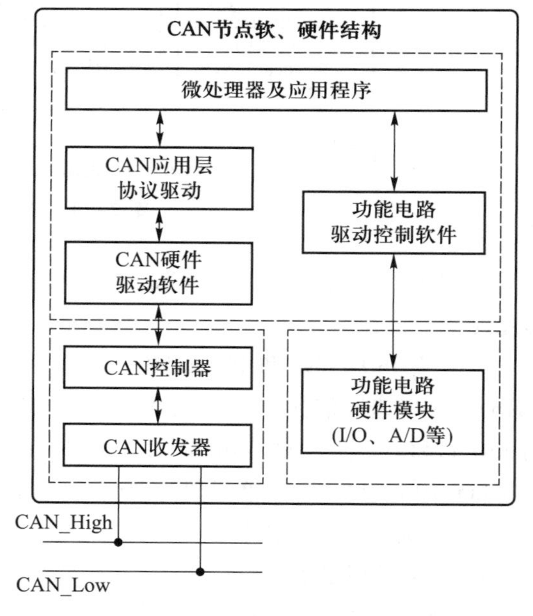

图 7-22　CAN 节点软、硬件结构示意图

图 7-22 中,CAN 收发器和控制器分别对应 CAN 总线的物理层和数据链路层,完成 CAN 报文的收发;功能电路负责完成诸如信号采集或控制外设等特定功能;微处理器及应用程序按照 CAN 报文格式解析报文,完成相应控制。

CAN 硬件驱动软件是运行在微处理器(如 AT89C51)上的软件程序,主要完成以下工作:基于寄存器操作,初始化 CAN 控制器、发送 CAN 报文、接收 CAN 报文。如果直接使用 CAN 硬件驱动软件,当更换控制器时,需要修改上层应用程序,移植性较差。在应用层和硬件驱动层加入虚拟驱动层,能够屏蔽不同 CAN 控制器的差异。CAN 节点除了完成通信的功能,还包括一些特定的硬件功能电路,功能电路驱动对下直接控制功能电路,对上为应用层提供控制功能电路的函数接口。

CAN 收发器(如 PCA82C250 和 TJA1050 等)实现 CAN 控制器逻辑电平与 CAN 总线上差分电平的互换。实现 CAN 收发器的方案有两种:一是使用 CAN 收发芯片(需要加电源隔离和电气隔离),另一种是使用 CAN 隔离收发模块。

CAN 控制器是 CAN 总线核心元件,它实现了 CAN 协议中数据链路层的全部功能,能够自动完成 CAN 协议的解析。CAN 控制器一般有两种:一种是专用的控制器芯片(如 SJA1000 和 MCP2515 等),另一种是集成 CAN 控制器的微处理器(如 LPC11C00 等)。

微处理器负责实现对功能电路和 CAN 控制器的控制:在节点启动时,初始化 CAN 控制器参数;通过 CAN 控制器读取和发送 CAN 帧;在 CAN 控制器发生中断时,处理 CAN 控制器的中断异常;根据接收到的数据输出控制信号。

图 7-23 为 CAN 控制器 SJA1000 的内部结构。其中,逻辑管理接口负责解释微处理器指令,寻址 CAN 控制器中各功能模块的寄存器单元,向主控制器提供中断信息和状态信息。发送缓冲器和接收缓冲器能够存储 CAN 总线网络上的完整信息。接收滤波是将存储的验证码与 CAN 报文识别码进行比较,跟验证码匹配的 CAN 帧才会存储到接收缓冲器。CAN 内核(位流处理器、错误管理逻辑和位逻辑控制)则实现了数据链路的全部协议。

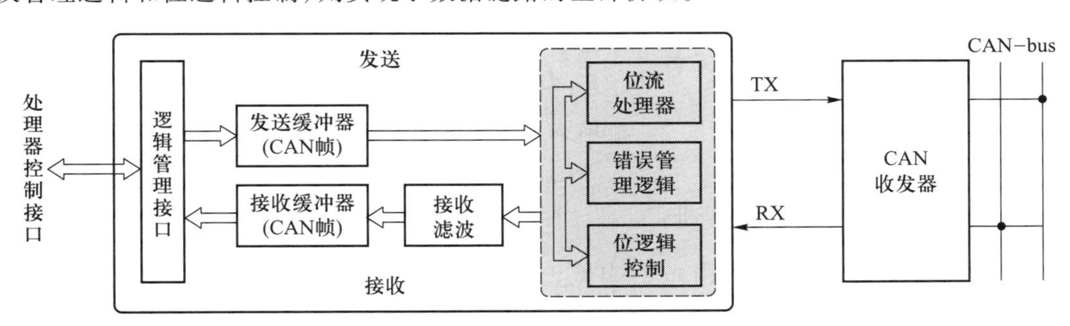

图 7-23　CAN 控制器 SJA1000 的内部结构

3. CAN 总线应用层与通信帧

CAN 总线只提供可靠的传输服务,节点接收报文时要通过应用层协议来判断是哪一个节点发来的数据以及数据代表的具体含义。常见的 CAN 应用层协议有 CANOpen、DeviceNet、J1939、iCAN 等。

CAN 应用层协议驱动是运行在主控制器上的程序,它按照应用层协议来对 CAN 报文进行定义、完成 CAN 报文的解析与拼装。例如,一般将帧 ID 用来表示节点地址,当接收到的帧 ID 与自身节点 ID 不通过时，就直接丢弃，否则交给上层处理；发送时，将帧 ID 设置为接收节点的地址。

CAN 总线规定了五种通信帧，分别为数据帧、远程帧、错误帧、过载帧和帧间隔。数据帧用来在节点之间收发数据，是使用最多的帧类型；远程帧用来接收节点向发送节点接收数据；错误帧是某节点发现帧错误时用来向其他节点通知的帧；过载帧是接收节点用来向发送节点告知自身接收能力的帧；帧间隔是将数据帧、远程帧与前面帧隔离的帧。数据帧是使用最多的帧，根据仲裁段长度不同分为标准帧（2.0A）和扩展帧（2.0B）。

4. **CAN 接口电路设计**

图 7-24 为 AT89C51 单片机控制的 CAN 总线通信节点模块的电路原理图。图中 120 Ω 电阻 R_1 为 CAN 总线的终端反射电阻。高频信号传输时，信号波长相对传输线较短，信号在传输线终端会形成反射波，干扰原信号，需要在传输线末端加终端电阻，使信号到达传输线末端后不发生反射。图 7-24 中为了提高 CAN 接口的防静电和抗干扰能力，进行了必要的 EMC 防护设计。其中，L1 为共模电感，用于滤除差分线上的共模干扰，阻抗选择范围选择 120 Ω/100 MHz～2 200 Ω/100 MHz，典型值可选 600 Ω/100 MHz。C_2、C_3 为信号线滤波电容，为干扰信号提供低阻抗回流路径，容值选取范围为 22～1 000 pF。D1 为组合式瞬态抑制二极管，典型选值要求反向关断电压 3.5 V 以上，用来实现静电防护，CAN 总线一般使用结电容小于 100 pF 的 TVS 管。

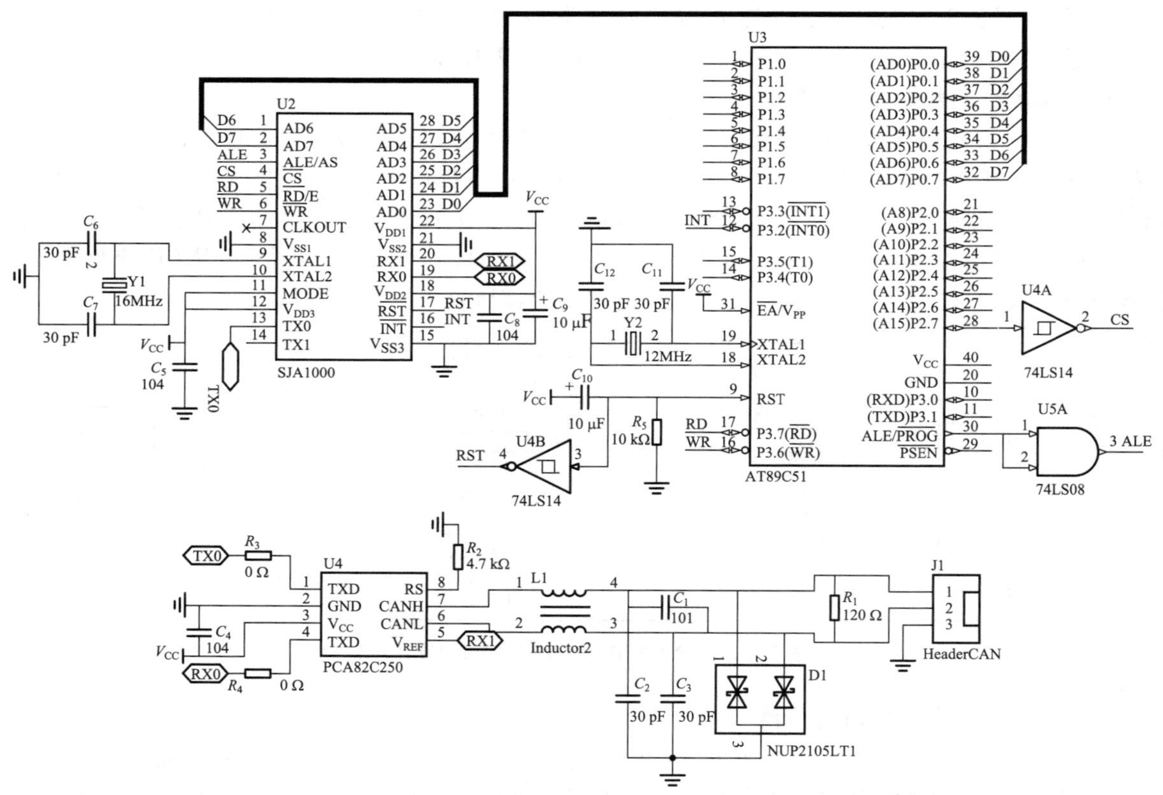

图 7-24　AT89C51 单片机控制的 CAN 总线通信节点模块的电路原理图

5. **CAN 控制器 SJA1000 的寄存器地址**

图 7-24 中采用了 SJA1000 独立 CAN 控制器。在基于 C51 进行 SJA1000 软件设计时，一般

包括三部分内容:初始化、报文的发送和接收。除此之外,还需要考虑对 CAN 总线各种错误等情况的处理。

对 MCU 而言,SJA1000 可视为 1 个扩展的 RAM 芯片,单片机通过地址总线、数据总线和控制总线与 SJA1000 连接。SJA1000 为 8 位地址宽度,其内部带有地址锁存器,可由 ALE 信号实现数据与地址的分离。

图 7-24 中,访问 SJA1000 的地址取决于地址总线的低 8 位和 CS 片选信号。SJA1000 在 BasicCAN 模式下有 32 个寄存器,在 FullCAN 模式下有 128 个寄存器,这些寄存器的内部位置关系是固定的,可以采用绝对编址方式进行访问。但考虑到 SJA1000 寄存器的访问地址会因为硬件设计的不同而变化,一般可采用基址+偏移量的方式进行寄存器访问。图中 SJA1000 的地址空间为 A[0:7]=0x00~0xFF,A[8:15]=xxxx xxx0,因此其基址可以取为 0x7F00,其寄存器地址可以定义如下:

```
#define REG_BASE_ADD 0x7F00          //寄存器基址
#define REG_CAN_MOD 0x00             //内部控制寄存器
#define REG_CAN_CMR 0x01             //命令寄存器
#define REG_CAN_SR 0x02              //状态寄存器
#define REG_CAN_IR 0x03              //中断寄存器
#define REG_CAN_IER 0x04             //中断使能寄存器
……
```

当需要对 SJA1000 的寄存器进行读写时,可以定义一个指向外部存储器的指针,从而可以通过指针利用基址和偏移地址进行寄存器访问。

```
unsigned char xdata * pointer_SJA = (unsigned char xdata * ) REG_BASE_ADD;
//① 写寄存器
void WriteReg(unsigned char RegAddr, unsigned char dat)
{
    * (pointer_SJA+RegAddr) =dat;
    return;
}
//② 读寄存器
unsigned char ReadReg(unsigned char RegAddr)
{
    Return(* ( pointer_SJA+RegAddr));
}
```

当然,也可以在宏定义时直接给出寄存器的绝对地址:

```
#define REG_CAN_MOD XBYTE[REG_BASE_ADD+0x00]
#define REG_CAN_CMR XBYTE[REG_BASE_ADD+0x01]
……
```

7.3.3 工业以太网

工业以太网是建立在 IEEE802.3 系列标准和 TCP/IP 上的分布式实时控制通信网络，适用于数据传输量大，传输速率要求较高的场合。它采用 CSMA/CD 协议，同时兼容 TCP/IP 协议。与普通的以太网相比，工业以太网在开放性、实时性、同步性、可靠性、抗干扰性及安全性等诸多方面有较高要求，以确保在需要执行特定操作的时间和位置发送和接收正确信息，满足工业环境的使用需求。

1. 工业以太网的分类

根据从站设备的实现方式，可将工业以太网分为三类：

第一类：采用通用硬件和标准 TCP/IP 协议，如 Modbus/TCP、PROFINET/CBA、Ethernet/IP 均采用这种方式。使用标准 TCP/IP 协议和通用以太网控制器，所有的实时数据（如过程数据）和非实时数据（如参数配置数据）均通过 TCP/IP 协议传输。优点是成本低廉，实现方便，完全兼容标准以太网。在具体实现中某些产品可能通过更改或优化 TCP/IP 协议以获得更好的性能，但实时性受到底层结构的限制。

第二类：采用通用硬件和自定义实时数据传输协议，如 Ethernet、Powerlink、PROFINET/RT 采用这种方式。利用通用以太网控制器，并定义了专用的实时数据传输协议以传输高实时性数据；利用 TCP/IP 协议传输非实时数据，但其对以太网的读取受到实时层限制，以提高实时性能。优点是实时性较强，硬件与通用以太网兼容。

第三类：采用专用硬件和自定义实时数据传输协议，如 EtherCAT、PROFINET/IRT、SERCOS-Ⅲ 均采用这种方式。这种方式在第二类基础上使用专有以太网控制器以进一步优化性能。优点是实时性强，缺点是成本较高，需使用专有协议芯片、交换机等。

2. 工业以太网的技术特点

（1）通信的确定性与实时性

工业控制网络相对于普通数据网络的最大特点在于它必须满足实时控制要求，即信号传输要足够快并满足信号的确定性。以太网由于采用 CSMA/CD 方式，当网络负荷较大时，网络传输难以满足工业控制系统的确定性和实时性要求。

（2）安全性

工业生产现场经常存在易燃、易爆或有毒气体等，需对现场的以太网智能装置及设备采取增安、气密、浇封等隔爆、防爆技术措施，使现场设备自身故障产生的点火能量不外泄，以保证系统运行的安全性。对于没有严格安全要求的非危险场合，可以不考虑复杂的防爆措施。

同时，工业以太网在协议里引入了 safety 协议的概念，可以避免黑客对网络信息的监听、盗取及篡改，同时可以采用网关或防火墙等对工业网络与外部网络进行隔离，还可以通过权限控制、数据加密等多种安全机制加强网络的安全管理。

（3）稳定性与可靠性

传统的以太网并不是为工业应用而设计的，没有考虑对工业现场环境恶劣工况的适应性需要。而生产环境中的工业网络必须具备较好的可靠性、可恢复性及可维护性，保证网络系统中任何组件发生故障时，都不会导致应用程序、操作系统、甚至网络系统的崩溃和瘫痪。此外，在实际应用中，主干网可采用光纤传输，现场设备的连接可采用屏蔽双绞线，对于重要的网段还可采用冗余网络技术，以此提高网络的抗干扰能力和可靠性。

(4) 总线供电问题

总线供电(POE)是指连接到现场设备的线缆不仅传输数据信号，还能给现场设备提供工作电源。工业现场存在着大量的总线供电需求，对于现场设备供电可以采取以下方法：

① 在目前以太网标准的基础上适当地修改物理层的技术规范，将以太网的曼彻斯特信号调制到一个直流或低频交流电源上，在现场设备端再将这两路信号分离开来。

② 不改变目前物理层的结构，而通过连接电缆中的空闲线缆为现场设备提供电源。

3. 工业以太网的技术优势

以太网技术引入工业控制领域，其技术优势非常明显：

(1) 以太网是全开放、全数字化的网络，遵照网络协议不同厂商的设备可以很容易实现互联。

(2) 以太网能实现工业控制网络与企业信息网络的无缝连接，形成企业级管控一体化的全开放网络。

(3) 软、硬件成本低廉，由于以太网技术已经非常成熟，支持以太网的软、硬件受到厂商的高度重视和广泛支持，有多种软件开发环境和硬件设备供用户选择。

(4) 通信传输速率高，随着企业信息系统规模的扩大和复杂程度的提高，对信息量的需求也越来越大，有时甚至需要音频、视频数据的传输，当前 10 M、100 M 快速以太网广泛应用，千兆以太网技术也已成熟，10 G 以太网也正在研究，其传输速率比现场总线快很多。

(5) 可持续发展潜力大，信息技术与通信技术发展迅速，也更加成熟，保证了以太网技术不断地持续向前发展。

4. 工业以太网的主要协议种类

(1) HSE：现场总线基金会(fieldbus foundation，FF)于 2000 年发布的 Ethernet 规范，为 high speed ethernet 的简称。HSE 是以太网协议 IEEE802.3、TCP/IP 协议族与 FFIII 的结合体。现场总线基金会明确将 HSE 定位于实现控制网络与 Internet 的集成。

(2) Modbus TCP/IP：由施耐德公司推出，以简单方式将 Modbus 帧嵌入 TCP 帧，使 Modbus 与以太网和 TCP/IP 结合，成为 Modbus TCP/IP。这是一种面向连接的方式，每一个呼叫都要求一个应答，这种呼叫/应答的机制与 Modbus 的主/从机制相互配合，使交换式以太网具有很高的确定性。

(3) PROFINET：由德国西门子于 2001 年发布，它将原有的 PROFIBUS 与互联网技术结合，形成了 PROFINET 的网络方案。PROFINET 与 PROFIBUS 的对比见表 7-5。PROFINET 采用标准以太网作为连接介质，采用标准 TCP/IP 协议加上应用层的 RPC/DCOM 来完成节点间的通信和网络寻址。它可以同时挂接传统 PROFIBUS 系统和新型的智能现场设备。

表 7-5 PROFINET 与 PROFIBUS 的对比

功能特性	PROFINET	PROFIBUS
网络拓扑结构	星形、线形、树形	线形
网段长度	100 m	100 m

续表

功能特性	PROFINET	PROFIBUS
主站个数	无限制	多主站影响速率
数据传输方式	全双工	半双工
最大传输速率	100 Mbit/s	12 Mbit/s
最大数据量	1 400 B	254 B
一致性数据范围	254 B	32 B
响应速度	快	慢
诊断方式与功能	标准以太网接口	专用接口板
设备网络定位	具备	不具备
使用成本	低	高

PROFINET 定义了三种通信协定等级,其中 TCP/IP 针对 PROFINET CBA 及工厂调试用,反应时间约为 100 ms;RT(实时)通信协定针对 PROFINET CBA 及 PROFINET IO 应用,使用带有优先级的以太网报文帧,并优化掉 OSI 协议栈的 3 层和 4 层,大大缩短了实时报文在协议栈的处理时间,提高了实时性能,反应时间小于 10 ms;IRT(等时实时)通信协定针对驱动系统的 PROFINET IO 通信,是基于以太网的扩展协议栈,能够同步所有的通信伙伴并使用调度机制,反应时间小于 1 ms。在 IRT 域内可以并行传输 TCP/IP 协议包。图 7-25 所示为 FROFINET 网络传输模型。

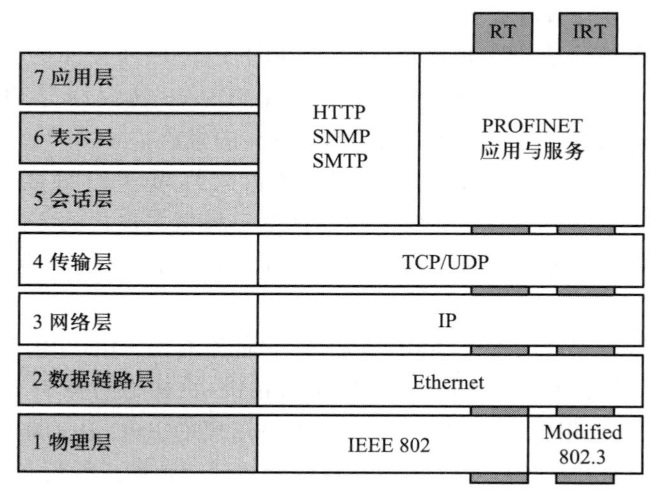

图 7-25 PROFINET 网络传输模型

(4) Ethernet/IP:Ethernet/IP 是适合工业环境应用的协议体系。Ethernet/IP 采用和 DeviceNet 以及 ControlNet 相同的应用层协议 CIP,使用相同的对象库和一致的行业规范,具有较好的一致性。Ethernet/IP 采用标准的 Ethernet 和 TCP/IP 技术传送 CIP 通信包,通用且开放的应用层协议 CIP 加上已经被广泛使用的 Ethernet 和 TCP/IP 协议，共同构成 Ethernet/IP 协议的体系结构。

（5）EtherCAT（Ethernet for control automation technology）：由德国倍福公司开发，并由 EtherCAT 技术组（EtherCAT technology group，ETG）支持。它采用以太网帧，并以特定的环状拓扑发送数据。通过内部优先级系统，使实时以太网帧比其他的数据（如组态或诊断数据等）具有较高的优先级。组态数据只在传输实时数据的间隙（如间隙时间足够传输的话）中传输，或者通过特定的通道传输。采用基于 IEEE 1588 的时间同步机制，以支持运动控制中的实时应用。EtherCAT 保留了标准以太网功能，并与传统 IP 协议兼容。

（6）POWERLINK：POWERLINK 融合了 CANopen 和 Ethernet 两项技术的优点，即拥有 Ethernet 的高速、开放性接口，以及 CANopen 在工业领域中良好的 SDO 和 PDO 数据定义。某种意义上 POWERLINK 相当于 Ethernet 上的 CANopen，其物理层、数据链路层使用 Ethernet 介质，应用层则保留了原有的 SDO 和 PDO 对象字典结构。

7.3.4 工业无线通信

无线通信不需要布置供电线路，能够连接更多监测和控制点，为节省网络运营成本和简化安装带来了新的机遇，有可能成为工业网络的未来。最常见的工业自动化无线技术包括 802.11.x、Wi-Fi、蓝牙、蜂窝网络、无需许可证的私有 ISM 频段无线电，以及 Wireless HART、ISA100.11a、WIA-PA 和 ZigBee 等基于 802.15.4 的协议。其中，Wi-Fi 通常伴随着工业以太网进行部署；蓝牙用于替代点对点（如 HMI 解决方案和现场设备之间）的布线；蜂窝网络通常用于工厂之间的远程通信、远程 SCADA 应用中远程设备的连接以及机械设备和机器人的第三方访问。

工业无线通信领域的国际标准主要包括 Wireless HART、WIA-PA、WIA-FA 和 ISA100.11a。其中：

Wireless HART 通信协议由 HART 通信基金会发布，2010 年获得国际电工委员会（IEC）的认可，成为工业过程测量和控制领域的无线国际标准 IEC62591。

WIA-PA（工业过程自动化的无线网络规范）由国家标准化管理委员会提出，2011 年获得国际电工委员会认可，成为工业过程测量和控制领域的无线国际标准 IEC62601。

WIA-FA（工厂自动化工业无线网络技术规范）由中国科学院沈阳自动化研究所牵头制定，2014 年获得国际电工委员会认可，成为国际上第一个面向工厂高速自动控制应用的无线技术规范。

ISA100.11a 由 ISA（国际自动化学会）的 ISA100 工业无线委员会提出，2014 年获得国际电工委员会的认可，成为工业过程测量和控制领域的无线国际标准 IEC62734。

上述 4 个国际标准中，除了 WIA-FA 面向工厂自动化生产线外，其余 3 个均面向工业过程测量和控制领域，用户可按所属领域选用以上标准。

7.3.5 工业现场总线的使用注意事项

工业现场总线在使用中需要注意以下几个问题：

（1）通信距离。通信距离是指两个节点之间不通过中继器能够实现相互通信的距离，或整个网络相隔最远的两个节点之间的距离。现场总线的通信距离一般有一定要求，例如，

PROFIBUS/DP 在传输速率为 12 Mbit/s 时，采用标准电缆，通信距离可以达到 200 m；如果传输速率为187.5 Kbit/s，通信距离可以达到 1 000 m。

（2）线缆选择。现场环境决定现场总线的传输速率和通信介质。现场总线采用电信号传递数据时不可避免地受到周围电磁环境的影响。大多数现场总线采用屏蔽双绞线。电磁条件极度恶劣时可以选择光缆。

（3）隔离。通常现场总线的电信号与设备内部是电气隔离的。

（4）屏蔽。现场总线采用的屏蔽电缆的外层必须在一点良好接地，如果高频干扰严重，可以采用多点电容接地，不允许多点直接接地，避免产生回路电流。

（5）连接器。现场总线一般没有对连接器做严格规定，但必须注意在不影响现有通信的前提下实现设备插入和拔除，处理不当会影响整个系统通信。

（6）终端匹配。现场总线每一个网段的两个终端都应该采用电阻匹配。

7.4 本章小结

总线是机电设备或机电控制系统进行片内、片间和设备间信息交换的传输通道。尤其是工业现场总线，顺应了自控系统“智能化、数字化、信息化、网络化、分散化”的发展方向，在工业控制、电力通信、智能仪表等领域有着广泛应用。本章按照片间总线、RS-485 串行工业总线和工业现场总线的逻辑层次，依次介绍了机电控制系统中常见的 I^2C、SPI 片间总线的特点及设计应用，RS-485 及 Modbus 协议的设计应用，以及主流工业现场总线的类型、特点等，并对 CAN 总线进行了较为详细的说明。

复习参考题

1. 试述片内、片间等常见总线的特点和适用场合。

2. 试述 I^2C 总线的特点，并尝试利用 MCS-51 单片机和 I^2C 总线协议驱动控制 E^2PROM 芯片 AT24C02 的读写操作。

3. 试述 SPI 总线的工作特点，并尝试利用 MCS-51 单片机和 SPI 总线协议实现对时钟芯片 DS1302 的操作。

4. 试述 RS-485 总线的电气特性和工作特点。

5. 试述 CAN 总线的工作原理和特点。

附录

一、ASCII 码

ASCII(American standard code for information interchange,美国信息互换标准代码)是一套基于拉丁字母的字符编码,共收录有 128 个基本字符,其中包括 32 个控制字符,96 个可显示字符。

附表 1　ASCII 控制字符

十六进制	十进制	符号	中文含义
0x00	0	NUL(null)	空字符
0x01	1	SOH(start of headline)	标题开始
0x02	2	STX(start of text)	正文开始
0x03	3	ETX(end of text)	正文结束
0x04	4	EOT(end of transmission)	传输结束
0x05	5	ENQ(enquiry)	请求
0x06	6	ACK(acknowledge)	收到通知
0x07	7	BEL(bell)	响铃
0x08	8	BS(backspace)	退格
0x09	9	HT(horizontal tab)	水平制表符
0x0A	10	LF(line feed),NL(new line)	换行键
0x0B	11	VT(vertical tab)	垂直制表符
0x0C	12	FF(form feed),NP(new page)	换页键
0x0D	13	CR(carriage return)	回车键
0x0E	14	SO(shift out)	不用切换
0x0F	15	SI(shift in)	启用切换
0x10	16	DLE(data link escape)	数据链路转义
0x11	17	DC1(device control 1)	设备控制 1
0x12	18	DC2(device control 2)	设备控制 2
0x13	19	DC3(device control 3)	设备控制 3

续表

十六进制	十进制	符号	中文含义
0x14	20	DC4(device control 4)	设备控制 4
0x15	21	NAK(negative acknowledge)	拒绝接收
0x16	22	SYN(synchronous idle)	同步空闲
0x17	23	ETB(end of trans. block)	结束传输块
0x18	24	CAN(cancel)	取消
0x19	25	EM(end of medium)	媒介结束
0x1A	26	SUB(substitute)	代替
0x1B	27	ESC(escape)	换码(溢出)
0x1C	28	FS(file separator)	文件分隔符
0x1D	29	GS(group separator)	分组符
0x1E	30	RS(record separator)	记录分隔符
0x1F	31	US(unit separator)	单元分隔符

附表 2　ASCII 可显示字符

十进制	十六进制	符号	中文含义	十进制	十六进制	符号	中文含义
32	0x20	(space)	空格	49	0x31	1	字符 1
33	0x21	!	感叹号	50	0x32	2	字符 2
34	0x22	"	双引号	51	0x33	3	字符 3
35	0x23	#	井号	52	0x34	4	字符 4
36	0x24	$	美元符	53	0x35	5	字符 5
37	0x25	%	百分号	54	0x36	6	字符 6
38	0x26	&	与/和	55	0x37	7	字符 7
39	0x27	'	单引号	56	0x38	8	字符 8
40	0x28	(	左括号	57	0x39	9	字符 9
41	0x29	)	右括号	58	0x3A	:	冒号
42	0x2A	*	星号	59	0x3B	;	分号
43	0x2B	+	加号	60	0x3C	<	小于
44	0x2C	,	逗号	61	0x3D	=	等号
45	0x2D	-	减号/破折号	62	0x3E	>	大于
46	0x2E	.	句号或小数点	63	0x3F	?	问号
47	0x2F	/	斜杠	64	0x40	@	电子邮件符号
48	0x30	0	字符 0	65	0x41	A	大写字母 A

续表

十进制	十六进制	符号	中文含义	十进制	十六进制	符号	中文含义
66	0x42	B	大写字母 B	97	0x61	a	小写字母 a
67	0x43	C	大写字母 C	98	0x62	b	小写字母 b
68	0x44	D	大写字母 D	99	0x63	c	小写字母 c
69	0x45	E	大写字母 E	100	0x64	d	小写字母 d
70	0x46	F	大写字母 F	101	0x65	e	小写字母 e
71	0x47	G	大写字母 G	102	0x66	f	小写字母 f
72	0x48	H	大写字母 H	103	0x67	g	小写字母 g
73	0x49	I	大写字母 I	104	0x68	h	小写字母 h
74	0x4A	J	大写字母 J	105	0x69	i	小写字母 i
75	0x4B	K	大写字母 K	106	0x6A	j	小写字母 j
76	0x4C	L	大写字母 L	107	0x6B	k	小写字母 k
77	0x4D	M	大写字母 M	108	0x6C	l	小写字母 l
78	0x4E	N	大写字母 N	109	0x6D	m	小写字母 m
79	0x4F	O	大写字母 O	110	0x6E	n	小写字母 n
80	0x50	P	大写字母 P	111	0x6F	o	小写字母 o
81	0x51	Q	大写字母 Q	112	0x70	p	小写字母 p
82	0x52	R	大写字母 R	113	0x71	q	小写字母 q
83	0x53	S	大写字母 S	114	0x72	r	小写字母 r
84	0x54	T	大写字母 T	115	0x73	s	小写字母 s
85	0x55	U	大写字母 U	116	0x74	t	小写字母 t
86	0x56	V	大写字母 V	117	0x75	u	小写字母 u
87	0x57	W	大写字母 W	118	0x76	v	小写字母 v
88	0x58	X	大写字母 X	119	0x77	w	小写字母 w
89	0x59	Y	大写字母 Y	120	0x78	x	小写字母 x
90	0x5A	Z	大写字母 Z	121	0x79	y	小写字母 y
91	0x5B	[	左方括号	122	0x7A	z	小写字母 z
92	0x5C	\	反斜杠	123	0x7B	{	左大括号
93	0x5D	]	右方括号	124	0x7C	|	垂直线
94	0x5E	^	音调符号	125	0x7D	}	右大括号
95	0x5F	_	下画线	126	0x7E	~	波浪号
96	0x60	`	重音符	127	0x7F	DEL	删除

二、MCS-51单片机指令表

附表3 数据传送类指令

助记符与指令格式	指令说明	字节数	机器周期数
MOV A,R*n*	寄存器内容送累加器	1	1
MOV R*n*,A	累加器内容送寄存器	1	1
MOV A,@R*i*	片内RAM内容送累加器	1	1
MOV @R*i*,A	累加器内容送片内RAM	1	1
MOV A, #data	立即数送累加器	2	1
MOV A, direct	直接寻址单元内容送累加器	2	1
MOV direct, A	累加器内容送直接寻址单元	2	1
MOV R*n*,#data	立即数送寄存器	2	1
MOV direct, #data	立即数送直接寻址单元	3	2
MOV @R*i*, #data	立即数送片内RAM	2	1
MOV direct, R*n*	寄存器内容送直接寻址单元	2	2
MOV R*n*, direct	直接寻址单元内容送寄存器	2	2
MOV direct, @R*i*	片内RAM内容送直接寻址单元	2	2
MOV @R*i*, direct	直接寻址单元内容送片内RAM	2	2
MOV direct2,direct1	直接寻址单元内容送另一直接寻址单元	3	2
MOV DPTR, #data16	16位立即数送数据指针	3	2
MOVX A, @R*i*	片外RAM内容送累加器(8位地址)	1	2
MOVX @R*i*, A	累加器送片外RAM(8位地址)	1	2
MOVX A, @DPTR	片外RAM内容送累加器(16位地址)	1	2
MOVX @DPTR, A	累加器送片外RAM(16位地址)	1	2
MOVC A, @A+DPTR	查表数据送累加器(DPTR为基址)	1	2
MOVC A, @A+PC	查表数据送累加器(PC为基址)	1	2
XCH A, R*n*	累加器与寄存器交换内容	1	1
XCH A, @R*i*	累加器与片内RAM交换内容	1	1
XCHD A, @R*i*	累加器与片内RAM低4位交换	1	1
SWAP A	累加器高4位与低4位交换	1	1
POP direct	栈顶内容弹出到直接寻址单元	2	2
PUSH direct	直接寻址单元内容压入栈顶	2	2

附表 4　算术运算类指令

助记符与指令格式	指令说明	字节数	机器周期数
ADD A, R*n*	累加器与寄存器内容相加	1	1
ADD A, @R*i*	累加器与片内 RAM 相加	1	1
ADD A, direct	累加器与直接寻址单元内容相加	2	1
ADD A, #data	累加器内容与立即数相加	2	1
ADDC A, R*n*	累加器与寄存器内容相加(带进位)	1	1
ADDC A, @R*i*	累加器与片内 RAM 内容相加(带进位)	1	1
ADDC A, #data	累加器内容与立即数相加(带进位)	2	1
ADDC A, direct	累加器与直接寻址单元内容相加(带进位)	2	1
INC A	累加器加 1	1	1
INC R*n*	寄存器加 1	1	1
INC direct	直接寻址单元加 1	2	1
INC @R*i*	片内 RAM 内容加 1	1	1
INC DPTR	数据指针加 1	1	2
DA A	十进制调整	1	1
SUBB A, R*n*	累加器内容减去寄存器内容(带借位)	1	1
SUBB A, @R*i*	累加器减去片内 RAM 内容(带借位)	1	1
SUBB A, #data	累加器减去立即数(带借位)	2	1
SUBB A, direct	累加器减去直接寻址单元内容(带借位)	2	1
DEC A	累加器减 1	1	1
DEC R*n*	寄存器减 1	1	1
DEC @R*i*	片内 RAM 减 1	1	1
DEC direct	直接寻址单元减 1	2	1
MUL AB	累加器乘寄存器 B	1	4
DIV AB	累加器除以寄存器 B	1	4

附表 5　逻辑运算类指令

助记符与指令格式	指令说明	字节数	机器周期数
ANL A, R*n*	累加器“与”寄存器	1	1
ANL A, @R*i*	累加器“与”片内 RAM	1	1
ANL A, #data	累加器“与”立即数	2	1
ANL A, direct	累加器“与”直接寻址单元	2	1

续表

助记符与指令格式	指令说明	字节数	机器周期数
ANL direct, A	直接寻址单元“与”累加器	2	1
ANL direct, #data	直接寻址单元“与”立即数	3	1
ORL A, R*n*	累加器“或”寄存器	1	1
ORL A,@R*i*	累加器“或”片内 RAM	1	1
ORL A,#data	累加器“或”立即数	2	1
ORL A,direct	累加器“或”直接寻址单元	2	1
ORL direct, A	直接寻址单元“或”累加器	2	1
ORL direct, #data	直接寻址单元“或”立即数	3	1
XRL A, R*n*	累加器“异或”寄存器	1	1
XRL A,@R*i*	累加器“异或”片内 RAM	1	1
XRL A,#data	累加器“异或”立即数	2	1
XRL A,direct	累加器“异或”直接寻址单元	2	1
XRL direct, A	直接寻址单元“异或”累加器	2	1
XRL direct, #data	直接寻址单元“异或”立即数	3	2
RL A	累加器左循环移位	1	1
RLC A	累加器连进位标志左循环移位	1	1
RR A	累加器右循环移位	1	1
RRC A	累加器连进位标志右循环移位	1	1
CPL A	累加器取反	1	1
CLR A	累加器清零	1	1

附表 6　控制转移类指令

助记符与指令格式	指令说明	字节数	机器周期数
ACALL addr11	2 KB 范围内绝对调用	2	2
AJMP addr11	2 KB 范围内绝对转移	2	2
LCALL addr16	64 KB 范围内长调用	3	2
LJMP addr16	64 KB 范围内长转移	3	2
SJMP rel	相对短转移(-128~+127 B)	2	2
JMP @A+DPTR	相对长转移(64 KB 范围内)	1	2
RET	子程序返回	1	2
RET1	中断返回	1	2

续表

助记符与指令格式	指令说明	字节数	机器周期数
JZ rel	累加器为零则转移	2	2
JNZ rel	累加器非零则转移	2	2
CJNE A, #data, rel	累加器与立即数不等则转移	3	2
CJNE A, direct, rel	累加器与直接寻址单元内容不等则转移	3	2
CJNE R*n*,#data, rel	寄存器与立即数不等则转移	3	2
CJNE @R*i*, #data, rel	片内 RAM 内容与立即数不等则转移	3	2
DJNZ R*n*, rel	寄存器减 1 不为零则转移	2	2
DJNZ direct, rel	直接寻址单元减 1 不为零则转移	3	2

附表 7　布尔/位操作指令

助记符与指令格式	指令说明	字节数	机器周期数
NOP	空操作	1	1
MOV C, bit	直接寻址位送“进位位”C	2	1
MOV bit, C	C 送直接寻址位	2	1
CLR C	C 清零	1	1
CLR bit	直接寻址位清零	2	1
CPL C	C 取反	1	1
CPL bit	直接寻址位取反	2	1
SETB C	C 置位	1	1
SETB bit	直接寻址位置位	2	1
ANL C, bit	C“逻辑与”直接寻址位	2	2
ANL C, /bit	C“逻辑与”直接寻址位的反	2	2
ORL C, bit	C“逻辑或”直接寻址位	2	2
ORL C, /bit	C“逻辑或”直接寻址位的反	2	2
JC rel	C 为 1 转移	2	2
JNC rel	C 为零转移	2	2
JB bit,rel	直接寻址位为 1 转移	3	2
JNB bit,rel	直接寻址为 0 转移	3	2
JBC bit,rel	直接寻址位为 1 转移并清除该位	3	2

参考文献

[1] 杨汝清,张伟军.机电控制技术[M].北京:科学出版社,2009.

[2] 郁建平.机电控制技术[M].2版.北京:科学出版社,2021.

[3] 罗华,傅波,刁燕,等.机械电子学:机电一体化系统中的数字化检测与控制[M].北京:机械工业出版社,2014.

[4] 王本轶.机电设备控制基础[M].2版.北京:机械工业出版社,2015.

[5] 杨素行.模拟电子技术基础简明教程[M].3版.北京:高等教育出版社,2006.

[6] 西门子(中国)有限公司.S7-200 SMART可编程控制器系统手册[Z].Ver2.6,2021.

[7] 向晓汉.S7-200 SMARTPLC完全精通教程[M].北京:机械工业出版社,2013.

[8] 张迎新.单片机初级教程:单片机基础[M].3版.北京:北京航空航天大学出版社,2015.

[9] 魏立峰,王宝兴.单片机原理与应用技术[M].2版.北京:北京大学出版社,2016.

[10] 马忠梅,李元章,王美刚,等.单片机的C语言应用程序设计[M].6版.北京:北京航空航天大学出版社,2017.

[11] 深圳国芯人工智能有限公司.STC8H系列单片机技术参考手册[Z].2022.

[12] 张毅刚,赵光权,刘旺.单片机原理及应用[M].北京:高等教育出版社,2016.

[13] 陈吕洲.Arduino程序设计基础[M].2版.北京:北京航空航天大学出版社,2015.